LA TRANSFORMATION

DES

MOYENS DE TRANSPORT

ET SES

CONSÉQUENCES ÉCONOMIQUES ET SOCIALES.

SAINT-DENIS. — IMPRIMERIE CH. LAMBERT, 17, RUE DE PARIS.

LA TRANSFORMATION

DES

MOYENS DE TRANSPORT

ET SES

CONSÉQUENCES ÉCONOMIQUES ET SOCIALES

PAR

ALFRED DE FOVILLE

Ancien Élève de l'École polytechnique, Chef de Bureau au Ministère des finances,
Professeur à l'École des Sciences politiques.

(Ouvrage couronné par l'Académie des Sciences morales et politiques)

PARIS

LIBRAIRIE GUILLAUMIN ET Cⁱᵉ

Éditeurs du *Journal des Économistes*, de la *Collection des principaux Économistes*
du *Dictionnaire de l'Économie politique*,
du *Dictionnaire du Commerce et de la Navigation*, etc.
RUE RICHELIEU, 14.

1880

INTRODUCTION

———

I

Le mouvement peut se concevoir et se rencontrer en dehors de la vie ; mais il n'y a point ici-bas de vie possible sans mouvement.

Prenez la série entière des créatures animées ; descendez de l'homme à la bête et de la bête à la plante ; poursuivez jusque dans ses derniers retranchements la vie animale et végétale : partout vous la verrez basée sur le mouvement.

Le mouvement intérieur d'abord.

Chez l'animal comme dans la plante, le mécanisme à la fois délicat et puissant de la circulation renouvelle incessamment la substance organique, éliminant et remplaçant les molécules superflues ou nuisibles.

Puis le mouvement extérieur.

L'homme marche, le serpent rampe, l'oiseau vole, le poisson nage ; et les divers moyens de locomotion que le Créateur a mis à la disposition de chacune des variétés du type animal sont, avant tout, des moyens d'existence.

Dans le règne végétal, les choses se passent autrement. La plante, considérée dans son ensemble, est condamnée par la nature à une fixité relative ; il n'y a plus ici de déplacements volontaires ni même instinctifs, quoi qu'on en ait dit. Mais la conservation et le développement de l'individu supposent encore d'autres mouvements que ceux de la sève. Si la plante ne va pas chercher elle-même çà et là les aliments qui sont indispensables à son entretien, les aliments liquides ou gazeux viennent spontanément la trouver : l'air s'agite autour de ses feuilles ; l'eau tombe du ciel ou descend des montagnes pour apporter à ses racines l'humidité qu'elles réclament. Ce que nous appelions déjà le mouvement extérieur en parlant des animaux est, pour les végétaux, plus extérieur encore ; mais, aux uns comme aux autres, l'immobilité absolue, au dehors comme au dedans, serait mortelle !

La vie sociale échappe-t-elle à cette loi du mouvement que nous observons partout dans la vie individuelle ?

Évidemment non.

L'existence en commun ne supprime aucun de nos besoins. Elle les multiplie, au contraire. La puissance de l'association nous assurant une foule d'avantages auxquels l'homme isolé ne saurait prétendre, nous nous trouvons amenés à considérer peu à peu comme indispensables des biens que nos premiers pères n'ont jamais connus. Le superflu, le luxe même deviennent bientôt nécessaires partout où ils deviennent possibles ; et, les exigences croissant de la sorte aussi vite que les ressources, il n'est pas douteux que la vie d'une nation de trente-sept millions d'habitants, comme la France, comporte une somme de mouvement plus de trente-sept millions de fois égale à celle que pouvait exiger la vie d'un sauvage de l'âge de pierre. Loin de supprimer le mouvement à la surface du globe, loin même de le diminuer, la civilisation l'augmente et le développe incessamment. Mais en même temps elle le règle, elle l'organise ; elle crée pour chaque peuple un mécanisme social comparable au mécanisme physiologique dont nous parlions tout à l'heure.

Et ici encore, c'est le mouvement intérieur que nous avons d'abord à constater. Il est partout au milieu de nous, le mouvement : dans la mine, d'où sortent les richesses minérales du sol, désagrégées par la poudre ou la pioche ; dans le champ, où l'automne voit passer tour à tour la faux et la charrue ; dans la ferme, dans l'atelier, dans l'usine, dans la maison. Il est plus encore sur les chemins qui vont de l'un à l'autre, et rien ne correspond mieux, dans le corps social, à la circulation vasculaire de l'animal ou de la plante que les transports proprement dits. Les veines et les artères d'un peuple, ce sont ses voies de communication, routes, rivières, canaux, railways, etc... Son système nerveux, c'est le réseau postal et télégraphique qui sert de véhicule à sa parole, à sa pensée... Immobilisez tout cela, et voilà un peuple mort !

Mais ce mouvement intérieur qui est l'essence même de la vie sociale, ne suffit pas à l'existence des peuples modernes. Il leur faut, en outre, comme à l'individu lui-même, un mouvement extérieur. Le commerce international, qui établit de peuple à peuple des relations analogues à celles qui existent entre concitoyens, le commerce international est devenu pour l'humanité une véritable nécessité. Le plus riche pays du monde, si ses frontières se trouvaient tout à coup murées, ne tarderait pas à dépérir.

Et cela s'explique.

Le Créateur, pour mieux affirmer sans doute la solidarité humaine et pour mieux nous convier à la fraternité, a fait des biens d'ici-bas, entre les diverses contrées, le partage le plus capricieux en apparence et, à coup sûr, le plus inégal. En doutez-vous? Prenez sur la carte, au hasard, deux points quelconques et comparez... Vous allez voir surgir immédiatement d'innombrables dissemblances.

Il suffira de signaler ici les principales.

1° *Différences de climat.* — La forme sphérique de la terre suffirait, en présence de l'unique foyer solaire, pour modifier considérablement, d'une latitude à une autre, les conditions météorologiques. L'inclinaison du plan de l'écliptique sur le plan de l'équateur ajoute à l'inégalité des latitudes la diversité des saisons ; et il n'y a pas deux parallèles qui aient le même ciel, depuis les régions polaires qui voient, sur leurs glaces éternelles, des nuits de six mois succéder à des jours de six mois, jusqu'aux régions équatoriales, dont les hivers sont plus chauds que nos étés.

2° *Différences géographiques.* — L'eau couvre les quatre cinquièmes de la surface du globe. Des six continents qui forment le surplus, aucun ne ressemble à l'autre. L'Europe, avec son sol complaisant et ses contours accidentés, ne nous donne pas une idée plus exacte de l'Amérique, avec ses immenses prairies, que de ces grands déserts calcinés qui traversent l'Afrique. Et, sans sortir de l'ancien monde, sans quitter l'Europe, est-ce qu'on pourrait confondre l'Italie et l'Angleterre, la Prusse et l'Espagne, la Russie et la France? Mais, en France même, n'y a-t-il pas des départements tout en montagnes et des départements tout en plaines? Passez de la Flandre dans la Corse, du Cantal dans la Beauce, des Landes dans les Vosges ; passez seulement de Bretagne en Normandie, deux provinces contiguës, et l'on n'aura pas besoin de vous prévenir que vous avez changé de sol. La géographie est peut-être la seule science qui ne se répète jamais.

3° *Différences géologiques.* — Ce n'est pas seulement la configuration superficielle qui varie d'un pays à un autre, mais aussi la constitution intime du sol. Mille convulsions violentes ayant troublé l'ordre primitif des sédiments, tous les terrains, sans en excepter les plus anciennement formés, se trouvent représentés dans l'écorce terrestre et y donnent lieu à toutes les combinaisons possibles.

4° *Différences de production.* — La conséquence naturelle des différences climatologiques, géographiques et géologiques dont nous venons de parler, c'est la diversité des productions naturelles, soit animales, soit végétales. Les animaux et les plantes n'ont pas, comme l'homme, le don de vivre partout. Les zones tropicales possèdent le palmier, la canne à sucre, le café, le coton... qu'on essaierait vainement d'acclimater sous le ciel brumeux du Nord. Les zones tempérées ont les forêts touffues et les verts herbages où paissent de nombreux troupeaux. L'oranger et le citronnier, dont les fruits d'or se mirent à Nice dans les eaux bleues d'une mer toujours tiède, s'étiolent et meurent à quelques lieues de là. L'olivier ne pénètre guère plus avant dans les terres. La vigne, plus souple et moins frileuse, s'avance de côteaux en côteaux jusque sur les bords de la Seine, mais elle s'arrête là. Chaque essence est limitée d'une manière si précise dans sa propagation, qu'on peut, sur une carte, dessiner aussi nettement le périmètre d'une culture que le contour d'une province.

5° *Différences de races.* — A l'extrême diversité des productions naturelles s'ajoute encore celle des races et des peuples. Les climats exercent sur l'homme une incontestable influence ; mais le tempérament d'une nation n'est pas exclusivement déterminé par la nature du sol qu'il foule et de l'air qu'il respire : il y a dans ses qualités physiques et intellectuelles quelque chose qui lui est propre, de sorte que deux races distinctes n'exploitent pas de même le domaine qui leur est échu. L'Angleterre et la Chine, à latitude égale, diffèrent plus, quant au caractère, aux aptitudes et aux tendances de leurs habitants, que l'Espagne et le Brésil. Et sur la même terre, au pied des Apennins, quel contraste que celui des Romains d'il y a deux mille ans et des Italiens de la Renaissance !

6° *Différences de législation.* — Enfin la même race, dans le même pays, peut se trouver diversement dirigée par ceux qui la gouvernent. Ce ne sont pas toujours les mœurs qui font les lois : les lois font quelquefois les mœurs. Le régime protectionniste, par exemple, partout où il est en vigueur, développe artificiellement d'autres productions que celles qui résulteraient spontanément de la manière d'être du sol et des habitants. Cette sorte de violence faite à la nature est un bien aux yeux de certains hommes ; pour nous, c'est un mal ; mais sur l'effet lui-même, tout le monde est d'accord.

Différences de climat, différences géographiques, différences géologiques, différences de production, de race et de législation... voilà, sans aller plus loin, de quoi expliquer surabondamment que deux pays, si voisins ou si distants qu'on les suppose, puissent avoir constamment besoin l'un de l'autre. La nécessité de l'échange est le résultat forcé de l'inégale répartition des biens de ce monde ; et puisque cette inégalité se montre plus grande encore de peuple à peuple que d'homme à homme, il est clair que l'échange international n'a pas moins de raison d'être que l'échange entre compatriotes.

II

L'échange à l'intérieur et l'échange au dehors : c'est sur ce double va-et-vient que repose toute la vie matérielle du monde moderne. Et, de même que dans le règne animal le degré de perfection de chaque espèce se mesure au développement de l'appareil circulatoire qui, du madrépore à l'insecte, de l'insecte au mollusque, du mollusque au poisson, du poisson au reptile, du reptile à l'oiseau et de l'oiseau au mammifère, va se complétant et s'améliorant de plus en plus, de même le degré de civilisation de chaque peuple peut se mesurer à l'importance, à la puissance, à la valeur de ses voies et moyens de communication.

L'histoire révèle partout l'existence de cette sorte de parallélisme qui, d'ailleurs, n'a rien que de logique. Outre qu'il est naturel de voir les diverses formes de l'activité humaine se développer ensemble comme les diverses branches d'un même arbre, il existe entre toutes les sciences et toutes les industries une réelle solidarité. Chacune d'elles profite des conquêtes des autres et fait profiter les autres de ses propres conquêtes.

La transformation du système circulatoire des sociétés, telle qu'elle résulte de nos jours de la substitution de la vapeur aux moteurs animés, ne pouvait donc pas manquer de produire dans les conditions générales de la vie individuelle et sociale une profonde révolution.

Il semble même que de l'instant où une locomotive fonctionna pour la première fois, opposant ainsi aux sceptiques le même genre de démonstration que ce philosophe de l'antiquité qui prouvait le mouvement en marchant, tout esprit clairvoyant aurait dû comprendre et saluer la puissance du merveilleux talisman qui allait brusquement, sans rétrécir la terre, y réduire toutes les distances.

On sait cependant qu'il se rencontra, sur les pas du dieu nouveau, de singulières incrédulités. Ceux qui avaient traité Stephenson d'extravagant se consolaient de ne pouvoir plus nier les effets matériels de la vapeur en contestant les avantages économiques des chemins de fer. On opposait à l'incertitude des résultats l'énormité certaine des frais d'établissement. On disait que ces coûteux travaux, entrepris dans l'intérêt de la prospérité publique, ruineraient l'Europe au lieu de l'enrichir.

Chose étrange ! en 1830, alors que des milliers de voyageurs circulaient déjà sur la voie ferrée qui reliait Liverpool à Manchester [1], Perdonnet, à l'École centrale, faisait hausser les épaules en disant que l'invention des railways pourrait ne pas être moins féconde que celle de l'imprimerie.

On sait quelles étaient notamment les préventions de M. Thiers, qui parlait des chemins de fer après 1830 comme des traités de commerce après 1860. Ce n'est qu'en 1835 qu'au retour d'un voyage à Liverpool, où il avait pu, comme saint Thomas, voir et toucher, il se décidait à reconnaitre « que les chemins de fer présentaient quelques avantages pour le transport des voyageurs, mais en tant que l'usage en était limité au service de quelques lignes fort courtes et aboutissant à de grandes villes comme Paris. »

[1] Le chemin de fer de Saint-Étienne à Andrézieux et celui de Lyon à Saint-Étienne, livrés à la circulation, l'un en 1828, l'autre en 1830, ne furent d'abord que de simples tramways, en ce sens que la traction s'y faisait au moyen de chevaux. C'est en 1832 que fonctionna, pour la première fois en France, sur cette ligne de Lyon à Saint-Étienne, une véritable locomotive.

En Angleterre, le railway de Darlington à Steckton avait été inauguré en septembre 1825.

« Si l'on venait m'assurer, s'écriait-il encore en 1836 qu'on fera en France cinq lieues de chemins de fer par an, je me tiendrais pour fort heureux ! »

Parmi les grands noms du siècle, il en est un qu'on s'étonne plus encore de voir, à cette époque, acquis à tous les votes hostiles au nouveau mode de locomotion : c'est le nom d'Arago.

Nommé, en 1838, rapporteur d'un projet de loi de M. Martin du Nord tendant à la création par l'État d'une sorte de premier réseau de chemins de fer, Arago fulmina contre les propositions du gouvernement un véritable réquisitoire dans lequel une compétence technique incontestable servait de passeport aux barbarismes économiques les plus osés :

« Ne point s'abandonner, disait-il, à des illusions, même en matière de locomotives à vapeur ; ne pas admettre, par exemple, avec l'exposé des motifs, que deux tringles de fer parallèles donneront une face nouvelle aux landes de Gascogne, tels étaient nos devoirs et nous les avons scrupuleusement accomplis. »

L'exposé des motifs du projet de loi disait : « C'est surtout en vue du transit qu'ils sont destinés à créer au travers de la France que les chemins de fer doivent attirer toute notre sollicitude. » Écoutez la triomphante réponse du rapporteur : « Il y aurait, disait-il, un travail très intéressant à faire, travail que nous recommandons en passant au zèle et à la sagacité de nos jeunes historiens moralistes, ce serait le tableau des mille et mille circonstances dans lesquelles les hommes les plus éclairés, les assemblées délibérantes, la masse du public se sont laissé gouverner par des mots sans portée, nous dirons même par des mots entièrement vides de sens. » Et, abordant cette question du transit dont le ministre avait affirmé l'importance, il ajoutait : « En 1836, le poids total des marchandises expédiées en transit à travers la France a été de 34,025,365 kilogrammes. Le parcours moyen de ces marchandises s'est élevé à 103 lieues. Par le roulage ordinaire, le prix de transport par lieue et par tonne de 1,000 kilogrammes est de 80 centimes. Le montant total des frais de transit, dans toute l'étendue de notre territoire, a donc été, en nombre rond, de 2,803,000 francs. Si tous les chemins de fer étaient exécutés, si tout le transport s'effectuait par rails et locomotives, les 2,803,000 francs dont nous venons de parler se réduiraient, d'après le tarif de 30 centimes par tonne et par lieue, à 1,051,000 francs. Ce serait par an une diminution de 1,752,000 francs. Le pays perdrait donc environ les deux tiers de la dépense totale qu'occasionne aujourd'hui le mode de transport par rouliers. Ce serait plus de 2 millions que le commerce de nos voisins laisserait de moins sur les routes de France. Ce serait 2 millions de capitaux étrangers qui se trouveraient enlevés annuellement aux commissionnaires, aux rouliers, aux aubergistes, aux marchands de chevaux, aux charrons, etc... »

La conclusion naturelle de ce beau raisonnement serait qu'un pays intelligent doit s'appliquer à rendre de plus en plus coûteux les transports qui se font sur son territoire ; et l'on a le droit d'être surpris de voir Arago, le grand Arago, parler ici comme ce muletier des Alpes que M. de Gasparin complimentait sur la beauté d'une route nouvellement percée dans ses montagnes et qui lui répondait : « Que Dieu confonde les malheureux qui nous ont ruinés avec leurs routes : une seule charrette fait maintenant l'ouvrage de dix d'entre nous ! » [1]

---

[1] Il est curieux de voir aujourd'hui encore les mêmes préventions se manifester contre les chemins de fer chez les peuples qui ont cru devoir s'en interdire jusqu'ici les bienfaits. C'est le cas de l'Empire chinois. Une compagnie

A vrai dire, ceux-là même dont les chemins de fer étaient l'œuvre furent d'abord loin de se faire une exacte idée de leur puissance et de leur avenir. Qu'on se rappelle ce que furent les premières gares de Paris. On croyait *faire grand ;* M. Garnier-Pagès disait : « Nous avons examiné la gare immense dont l'entrée doit avoir lieu par la rue Saint-Lazare. Cette gare, qui est de 23,000 mètres carrés, peut suffire à une prospérité dont il n'existe aucun exemple dans le monde. Celle du chemin de Londres à Birmingham, dans Londres, n'occupe qu'une superficie de 14,000 mètres, et celle du chemin de Grande-Jonction, dans Birmingham, est de 11,634 mètres, quoique ces deux chemins reçoivent un très grand nombre d'embranchements et, par suite, un nombre beaucoup plus grand de voyageurs et une quantité plus considérable de marchandises que la gare de Paris n'est appelée à en *jamais* recevoir. »

anglaise avait été autorisée, il y a quelques années, à construire un chemin de fer entre les deux villes voisines de Shang-Haï et de Woosung. Mais, à peine organisée, cette petite ligne a été rachetée et détruite par le gouvernement chinois, et depuis lors la locomotive n'a pas reparu sur le sol du Céleste Empire. Les motifs de cette expropriation étaient surtout politiques. Cependant les arguments d'ordre économique ou soi-disant tels ne font pas défaut aux mandarins. Le journal chinois de Shang-Haï, le *Hwei-Pao*, exposait, dès 1874, que l'accélération des transports était chose également funeste pour les producteurs, les voituriers et les commerçants : « Les marchands intelligents, disait-il, ne peuvent que redouter les ruineuses accumulations de marchandises qui en résulteraient. » Le journal ajoutait bravement : « Dans tous les pays où il existe des chemins de fer, ils sont considérés comme un mode de locomotion très périlleux, et *presque personne ne veut s'en servir.* »

Tout récemment encore, en 1879, un voyageur chinois, dont les impressions de voyage ont été traduites par le *Courrier de Shang-Haï*, constate que l'adoption des chemins de fer en Chine serait un danger perpétuel.pour la vie des sujets du Fils du Ciel, une ruine certaine pour beaucoup d'industries et une facilité donnée aux envahisseurs. Le voyageur dont il s'agit attribue à nos chemins de fer l'invasion allemande de 1870. « Au surplus, conclut-il, les chemins de fer ne valent pas à beaucoup près, au point de vue de la rapidité des transports et du bon marché, les chariots volants des anciens empereurs de la Chine. » Seulement l'auteur est obligé d'avouer que la recette de ces véhicules aériens a été perdue, ce qui diminue singulièrement la valeur de son argument.

Ainsi, une surface de deux hectares paraissait surabondante pour desservir à perpétuité tout un côté de Paris. Aujourd'hui la double gare du chemin de fer l'Ouest, sur la rive droite, occupe une superficie supérieure à celle de bien des villes, et l'on s'y trouve à l'étroit.

Il y eut bien, comme toujours, quelques prophètes parmi les incrédules. M. Martin du Nord, en 1838, n'hésitait pas à affirmer que les chemins de fer devaient exercer « une influence immense sur l'avenir moral, politique, industriel et commercial des nations. » Et une voix plus lyrique encore évoquait, en plein Institut, le temps « où les riches oisifs dont Paris fourmille partiront le matin de bonne heure pour aller voir appareiller notre escadre à Toulon, déjeuneront à Marseille, visiteront les établissements thermaux des Pyrénées, dîneront à Bordeaux et, avant que les vingt-quatre heures soient révolues, reviendront pour ne pas manquer le bal de l'Opéra ! »

Nous n'en sommes pas tout à fait là. Mais assurément les nouveaux moyens de transport qui donnaient lieu à des appréciations si contradictoires réservaient plus de surprises aux sceptiques que de déceptions aux enthousiastes. Nul aujourd'hui ne songe à contester, non seulement la puissance matérielle de la vapeur, mais même l'énorme influence exercée par elle sur le commerce, l'agriculture, l'industrie, la fortune publique... Tout le monde a compris peu à peu que cette force nouvelle, avec laquelle le passé n'a pas eu à compter, était appelée à modifier profondément l'avenir de l'humanité. Ce n'est plus un paradoxe, c'est une banalité de dire des chemins de fer que, depuis l'invention de l'imprimerie, l'homme n'avait pas réalisé une seule conquête qui leur puisse être comparée.

III

Est-ce à dire qu'en entreprenant l'analyse méthodique des conséquences multiples et diverses de cette grande conquête, nous nous vouons fatalement au lieu commun? Nous ne le pensons pas, et l'Académie des sciences morales et politiques n'a pas considéré non plus le sujet comme épuisé, puisqu'elle a cru devoir poser publiquement la question à laquelle nous venons répondre.

C'est que le tout n'est pas d'affirmer, de proclamer l'importance économique et sociale des nouveaux moyens de transport. Pour bien faire, il faudrait pouvoir énumérer, détailler, préciser et mesurer pour ainsi dire les résultats acquis, puis prévoir et prédire les résultats futurs. Or, ainsi formulé, le problème n'a plus rien de banal ; car, dans l'infinie complexité des choses humaines, rien n'est plus malaisé que de discerner l'exacte filiation des phénomènes, et ce travail devient plus difficile encore dans un siècle qui a vu surgir, pêle-mêle, tant d'éléments nouveaux de progrès et de civilisation.

Si la postérité veut, en effet, donner un nom au xixᵉ siècle, elle n'aura que l'embarras du choix. On pourrait l'appeler le siècle des chemins de fer, ou, d'une manière plus générale, le siècle des machines. On pourrait l'appeler le siècle de l'or. Peut-être pourra-t-on l'appeler, si le triomphe définitif de la vérité sur l'erreur doit être prochain, le siècle de la liberté commerciale. Il y a donc bien là un concours exceptionnel de puissantes influences, et il sera toujours délicat, il sera souvent impossible de bien marquer, dans l'œuvre commune, la part qui revient à chacune d'elles.

Considérons, par exemple, le développement rapide du commerce international depuis une cinquantaine d'années. La France, en 1828, importait pour 454 millions et exportait pour 511 millions de marchandises; total: 965 millions de francs. En 1878, malgré la crise qui sévit sur l'Europe, la valeur des importations est de 4,176 millions, et celle des exportations de 3,180, total: 7,356 millions; plus de sept fois le chiffre de 1828 [1] !

Voilà donc un fait considérable, un mouvement prodigieux : à quoi faut-il attribuer l'étonnante rapidité de cette progression ?

Est-ce à la multiplication des procédés de fabrication mécaniques ? — Oui, sans doute.

Est-ce à l'augmentation de l'aisance publique ? — Oui encore.

Est-ce aux chemins de fer, aux bateaux à vapeur ? — Assurément.

N'est-ce point aussi à l'abondance plus grande des métaux précieux ? — Probablement.

Mais alors les traités de commerce n'y sont pas pour grand chose ? — Ils y sont au contraire pour beaucoup et il est même très ordinaire d'en voir revendiquer pour eux tout l'honneur...

Ainsi, voilà déjà, sans parler de l'accroissement des populations à l'intérieur et au dehors, cinq explications différentes d'un même fait, et toutes les cinq sont vraies. Mais dans quelle proportion chacune de ces forces parallèles a-t-elle donc contribué à l'effet général? Ah ! *that is the question !* et rien n'est plus simple que de la poser, cette question, mais

---

[1] Ces chiffres sont ceux du commerce spécial. Comme commerce général, c'est-à-dire avec le transit, le chiffre total de 1828 est de 1,218 millions, et celui de 1878 de 9,200 millions, ce qui fait encore une plus grande augmentation

rien ne serait plus chimérique que de prétendre y répondre avec la précision que comporte un problème de géométrie ou d'algèbre. Nous ne croyons même pas que personne ait encore tenté de si subtiles analyses.

Il s'en faut donc de beaucoup que le chemin où nous nous engageons soit un chemin battu. Il n'est que frayé, et puisque ceux-là même qui nous y ont glorieusement précédé nous y appellent aujourd'hui, c'est qu'il reste beaucoup à glaner sur leurs pas.

Le moment est d'ailleurs particulièrement propice pour une étude de ce genre. Les principaux peuples de l'Europe ont terminé leurs grands réseaux et ne sont plus occupés qu'à en multiplier les ramifications. Les nouveaux courants sont donc créés, et la substitution des nouveaux moteurs aux anciens est un fait accompli. Les messageries et ce roulage qui, il y a dix ou vingt ans, prolongeaient encore dans certaines parties de la France, une résistance évidemment désespérée, ont capitulé. L'omnibus et le camion pullulent autour de chaque station; mais la diligence est morte, laissant la locomotive seule maîtresse du champ de bataille.

Est-ce à dire que la paix et le silence se soient faits autour des chemins de fer?

Loin de là. Plus que jamais, la question des transports est à l'ordre du jour, et l'on n'ouvre plus un journal, une revue, un imprimé parlementaire, sans l'y rencontrer. Chez nous, elle doit en grande partie cet intérêt d'actualité à deux entreprises parallèles, dont nous n'aurons d'ailleurs à nous occuper ici qu'incidemment, malgré leur importance, parce que la réalisation en appartient encore aux futurs contingents.

C'est, d'un côté, l'idée du rachat des chemins de fer par l'État qui, imposée en Allemagne au pouvoir législatif par la pression gouvernementale, pourrait bien être en France imposée prochainement par la Chambre des députés au pouvoir exécutif. La déconfiture des petites lignes des départements de l'Ouest a fourni l'occasion d'une première tentative en ce sens, et la commission compétente n'a pas attendu que cet *experimentum in anima vili* ait pu donner des résultats concluants pour faire un pas de plus dans la même voie.

C'est, d'autre part, l'initiative hardie prise par un ministre, auquel ses adversaires eux-mêmes n'ont pu reprocher que l'ampleur inusitée de ses vues et de ses programmes. Nous avons à peine 25,000 kilomètres de voies ferrées. M. de Freycinet veut que nous en ayons au moins 40,000 dans dix ans, et, pour que nos ports, nos canaux, nos rivières, nos routes et nos chemins vicinaux ne soient pas jaloux, il veut qu'ils aient leur part, leur grande part des milliards qu'un nouveau mode d'emprunt public, imaginé tout exprès par M. Léon Say, met à la disposition de nos ingénieurs.

Le portefeuille des finances et celui des travaux publics viennent, il est vrai, de changer de mains, mais l'œuvre commune n'en souffrira pas.

Une phase nouvelle commence donc en France pour l'industrie des transports ; et, dans ces conditions il n'y a pas à s'étonner de voir tous les problèmes qui s'y rapportent, problèmes techniques, problèmes financiers, problèmes économiques, se discuter autour de nous avec une vivacité qui rappelle les grandes batailles parlementaires de 1838, 1839, 1840...

Les chemins de fer alors naissaient en France. Aujourd'hui, nous serions tenté de dire qu'ils viennent d'atteindre leur majorité. L'heure est favorable, on le voit, pour interroger utilement leur passé et leur avenir.

IV

La division de notre travail sera bien simple.

Toute révolution comporte deux sortes de conséquences : 1° des conséquences directes et immédiates ; 2° des conséquences indirectes qui dérivent peu à peu et successivement des premières.

Exemple : Quand un changement de gouvernement vient à se produire tout à coup dans un pays, comme cela n'a eu lieu que trop souvent en France depuis une centaine d'années, l'effet direct de la crise, c'est de modifier la constitution des pouvoirs publics ; c'est de substituer la République à la Monarchie ou la Monarchie à la République ; c'est de concentrer dans une chambre unique ou de partager entre plusieurs assemblées la puissance législative, etc... Mais ce n'est pas tout. Jamais le gouvernement n'a changé de forme et de nom sans que la politique intérieure et extérieure s'en soit plus ou moins ressentie. Autres hommes, autres idées, autres tendances. Effacez de notre histoire contemporaine 1815, 1830, 1848, 1851, 1870, et nul ne pourra dire ce qui se serait passé ; mais chacun sent bien que tout se serait passé autrement. La France n'aurait eu ni les mêmes guerres, ni les mêmes alliances, ni les mêmes lois... On peut même affirmer que les résultats indirects d'une révolution politique ont au moins autant d'importance que ses effets immédiats.

Il en est de même pour une révolution économique comme celle dont nous nous occupons.

L'application de la vapeur au transport des voyageurs et des marchandises, tant sur mer que sur terre, l'emploi de l'électricité pour la transmission des correspondances, le perfectionnement des anciens procédés de locomotion accompagnant l'invention des procédés nouveaux, ont tout d'abord produit deux choses considérables : 1° l'accélération des transports, 2° la réduction du prix des transports. Augmentation des vitesses et diminution des dépenses, voilà le double phénomène que l'on commence par constater quand on compare les moyens de communication actuellement en usage à ceux qu'ils ont supplantés.

La première partie de notre travail sera consacrée à l'analyse attentive de ce double phénomène ; et nous nous demanderons en même temps quels progrès nouveaux l'avenir peut encore nous réserver.

Mais qu'avons-nous démontré tout à l'heure ?

Nous avons démontré que la question des transports est pour les peuples une question vitale, comme la question du mouvement pour les créatures animées ; nous avons démontré qu'à un système circulatoire plus ou moins développé et plus ou moins perfectionné correspondent, pour un pays, des degrés de civilisation supérieurs ou inférieurs, comme pour un animal un rang plus ou moins élevé dans l'échelle des êtres. Aussi notre travail serait-il très incomplet si, après avoir déterminé, avec autant de précision que possible, les progrès réalisés comme vitesse et comme prix, nous n'élargissions pas ensuite le champ de nos observations de manière à voir et à faire voir quelle a été l'action de ces progrès purement matériels sur toutes les formes de l'activité humaine.

Nous consacrerons donc la seconde partie de ce livre à l'étude des conséquences indirectes de la transformation des moyens de locomotion. Nous y rechercherons l'influence exercée par les chemins de fer, par la navigation à vapeur, par la télégraphie électrique, etc... sur le prix de toutes choses, sur la prospérité agricole, industrielle, commerciale des peuples modernes et surtout de la France, sur la fortune publique et privée, sur les mouvements de la population, sur les mœurs, sur les arts, sur la politique, sur les relations internationales...

Nous ne disserterons pas, et pour cause, *de omni re scibili et quibusdam aliis*... Mais la question, ainsi élargie, prend d'elle-même des proportions si vastes qu'il nous faudra bien des pages, rien que pour essayer d'en faire faire le tour à ceux qui voudront bien nous lire.

10 janvier 1880.

PREMIÈRE PARTIE

EFFETS DIRECTS DE LA TRANSFORMATION DES VOIES ET MOYENS DE TRANSPORT

LA TRANSFORMATION

DES

MOYENS DE TRANSPORT

ET SES

CONSÉQUENCES ÉCONOMIQUES ET SOCIALES.

CHAPITRE PREMIER.

L'accélération des transports par terre.

Les moteurs animés.—L'homme et les animaux.—Lenteur des voyages dans les siècles passés. — Carrosses, coches, diligences, messageries, malles-poste. — Progrès des voitures publiques en France et en Angleterre. — Les chemins de fer. — Leurs débuts et leurs progrès. — Vitesses des trains de voyageurs dans les différents pays. — Vitesses des transports de marchandises.

I

Le progrès dans les voies et moyens de locomotion a presque toujours eu pour premier effet l'accélération des transports.

L'homme primitif, qui faisait à la fois fonction de moteur et de véhicule, ne pouvait même pas marcher aussi vite que nous, malgré la supériorité probable de son organisation physique, parce que les chemins frayés lui manquaient. En dehors des coureurs de profession, dont la vitesse atteint jusqu'à 7 mètres par seconde, soit 25 kilomètres à l'heure, l'homme, même non chargé, ne fait guère plus de 6 kilomètres à l'heure et 50 kilomètres par jour. Pour les soldats en campagne, qui portent une charge de 15 à 20 kilogrammes par tête, la journée de marche ne doit pas dépasser 32 kilomètres, avec un jour de repos tout au moins par semaine. Le parcours maximum de nos facteurs ruraux, qui sont moins chargés que les soldats, mais dont le service est quotidien, est également fixé à 32 kilomètres.

Parmi les animaux de trait et les bêtes de somme, le bœuf et l'âne sont seuls à marcher moins vite encore que l'homme. Le chameau, avec un fardeau de 400 kilogrammes, l'éléphant, avec une charge double ou triple, peuvent faire jusqu'à 60 et 80 kilomètres par jour. Le renne, tirant un traîneau, fait 30 kilomètres par heure et de 120 à 150 kilomètres par jour.

Le cheval, au pas, parcourt de 0 m. 50 à 1 m. 60 par seconde, soit de 1,800 à 5,760 mètres par heure ; au trot, un bon cheval ordinaire, attelé à une voiture légère, fait facilement 3 mètres par seconde, soit de 10 à 12 kilomètres par heure. Au galop, le cheval de troupe fait 16 kilomètres à l'heure. Quant aux chevaux de course, ils arrivent à fournir, pendant quelques moments, des vitesses de 14, 15 et même 16 mètres par seconde, presque la vitesse d'un train express.

Mais les chiffres qui précèdent supposent une route en bon état ; et comme c'était autrefois chose rare, les voitures de nos pères allaient bien moins vite que les nôtres. Louis XIV lui-même, se rendant de Paris à Châlons (43 lieues), couchait cinq fois en route : à Dammartin, à Villers-Cotterets, à Soissons, à Fimes et à Reims. De Nevers à Bourbon l'Archambault, il comptait trois étapes, passant la

première nuit à Saint-Pierre-le-Moutier, la seconde à Moulins-sur-Allier [1].

On sait comment voyageait Mme de Sévigné : « Je vais à deux calèches, écrit-elle ; j'ai sept chevaux de carrosse, un cheval de bât qui porte mon lit, et trois ou quatre hommes à cheval ; je serai dans ma calèche tirée par mes deux beaux chevaux ; l'autre aura quatre chevaux avec un postillon. » Or, avec ce riche équipage, et tout en s'aidant de bateaux dès qu'elle en trouvait l'occasion, la belle marquise mettait huit jours pour gagner Nantes ou Vichy, et près d'un mois pour revenir de Provence. Citons aussi, sans trop le prendre au sérieux toutefois, le bon La Fontaine écrivant à sa femme, deux jours après avoir quitté Paris pour Limoges : « J'ai tout à fait bonne opinion de notre voyage ; nous avons déjà fait trois lieues sans mauvais accident. Présentement, nous sommes à Clamart : là nous devons nous rafraîchir deux ou trois jours. » L'optimisme du poète ne devait pas durer autant que le voyage forcé qu'il entreprenait, et c'est des chemins affreux du Limousin qu'il disait :

Qui n'y fait que murmurer,
Sans jurer,
Gagne cent jours d'indulgence.

Les voitures publiques n'allaient pas moins lentement que les autres. L'édit de 1623, qui les tarifait, exigeait des entrepreneurs « au moins 9 lieues par jour en été et 8 en hiver. » C'est ainsi que les deux carrosses qui, vers 1692, partaient chaque semaine de Paris pour Dijon et de Dijon pour Paris, consacraient à ce trajet de 75 lieues huit grands jours en hiver et sept en été [2].

---

[1] Voir les lettres de Colbert des 19 février 1680 et 27 janvier 1681.
[2] Voir la *Correspondance des contrôleurs généraux*, tome I, lettre 1132.

Sous Louis XV, ce n'était plus en carrosse, mais en coche qu'on voyageait. Le coche qui allait de Paris à Lyon se composait d'une caisse de 7 pieds de long sur 5 de large, éclairée sur chaque face par trois espèces de meurtrières, et suspendue, à l'aide de soupentes, sur un train qui portait à l'avant le cocher, à l'arrière les bagages. Douze personnes s'entassaient bon gré mal gré dans cette boîte, et fouette, cocher ! Cinq jours en été, six jours en hiver suffisaient désormais, grâce aux travaux de Colbert, pour arriver de Paris à Lyon (125 lieues). Cela faisait, dans la belle saison, 25 lieues par jour, et l'on trouvait cela si beau que le nom flatteur de *diligence* fut précisément inventé pour cette voiture merveilleuse. Le trajet de Paris à Rouen (32 lieues) se faisait en trente-six heures. Pour aller de Paris à Strasbourg (117 lieues), on mettait trois jours de plus que pour traverser aujourd'hui l'océan Atlantique [1] !

Cette lenteur, qui nous semble incompréhensible, n'étonnait alors personne. Il ne paraissait même pas admissible que l'on dût jamais aller beaucoup plus vite. On citait volontiers, comme le *nec plus ultra* de la célérité, la malle de Hanovre à Cologne (65 lieues), qui n'était que trente-six heures en route, et Leibnitz avait fait hausser les épaules en disant que l'on pourrait peut-être un jour franchir l'espace

---

[1] Voici le détail de ce laborieux voyage. Le carrosse de Strasbourg partait de la rue Jean-Robert le samedi, à 6 heures du matin : on allait dîner vers midi à Ville-Parisis, et coucher à Meaux. Le dimanche, dîner à La Ferté-sous-Jouarre et coucher à Château-Thierry. Le lundi, dîner à Dornans et coucher à Épernay. Le mardi, dîner à Jalons et coucher à Châlons. Le mercredi, dîner à Pagny et coucher à Vitry-le-François. Le jeudi, dîner à Saint-Dizier et coucher à Bar-le-Duc. Le vendredi, dîner à Saint-Aubin et coucher à Void. Le samedi, dîner à Toul et coucher à Nancy. Le second dimanche, dîner à Lunéville et coucher à Herbéwiller. Le lundi, dîner à Héming et coucher à Sarrebourg. Le mardi, dîner à Saverne et coucher à Wiwersheim. On aurait pu arriver à Strasbourg le mardi soir; mais la fermeture des portes ne permettait d'entrer dans la ville que le mercredi matin.

plus rapidement : « Il avait songé, dit Fontenelle, à rendre les carrosses plus vites et plus commodes ; et de là un docteur prit occasion de lui imputer, dans un écrit public, qu'il avait eu dessein de construire un chariot qui aurait fait en vingt-quatre heures le trajet de Hanovre à Amsterdam ! »

Les améliorations considérables réalisées en France par Turgot, au double point de vue des voies de communication et des instruments de transport, ne furent pas un des moindres bienfaits de son intelligente administration. Le monopole a ses heures d'opportunité : Turgot réunit en une seule toutes les entreprises particulières de messageries, et imprima au service des *turgotines* (c'est le nom que la reconnaissance publique donnait alors aux diligences) toute la célérité possible.

On en jugera par les indications suivantes, extraites de la *Liste générale des postes de France pour l'année* 1782.

Marche des diligences en 1782.

DE PARIS A .	Nombre de lieues parcourues [1].	Durée du voyage.
Marseille.	197	13 jours.
Toulouse.	169	8 —
Bordeaux.	155	6 —
Calais.	68	3 —
Lille.	57	2 —
Strasbourg	117	4 1/2
Lyon.	111	5 —

Ajoutons que, sur les vingt-six lignes desservies par les Messageries royales, il n'y avait alors que celle de Lyon qui comptât jusqu'à cinq départs par semaine. Pour Orléans, Lille, Valenciennes, il y avait trois départs ; il y en avait deux pour Bordeaux, Chartres, Rennes, Caen et Metz ; partout ailleurs un seul départ tous les huit jours. Est-il besoin

[1] Lieues de 3,898 mètres.

de faire remarquer qu'à raison de ces intermittences, les voyageurs perdaient souvent beaucoup de temps, en dehors même de la durée du voyage proprement dit ?

Montrons maintenant combien, cinquante ans plus tard, les conditions du transport des voyageurs entre la capitale et les principales villes du royaame s'étaient déjà améliorées. Les départs étaient devenus quotidiens. La vitesse avait triplé :

Marche des messageries et malles-poste en 1832.

DE PARIS A :	Nombre de lieues parcourues [1].	Durée du voyage par les messageries.	en malle-poste.
Toulouse	182	110 heures.	70 heures.
Bordeaux.	155	72 —	46 —
Nantes	96	60 —	37 —
Brest.	150	96 —	61 —
Calais.	69	36 —	28 —
Lille.	60	30 —	22 —
Strasbourg	121	72 —	47 —
Lyon.	120	84 —	47 —

A quinze ans de là, nous constatons de nouveaux progrès :

Marche des messageries et malles-poste en 1848.

DE PARIS A :	Nombre de kilomètres parcourus.	Durée du voyage par les messageries.	en malle-poste.
Toulouse.	685	80 heures.	54 heures.
Bordeaux	561	60 —	36 —
Calais.	272	22 —	18 —
Lille.	241	20 —	16 —
Strasbourg.	455	49 —	33 —
Lyon	476	55 —	33 —

[1] On pourrait s'étonner de voir ici les distances exprimées par des chiffres supérieurs à ceux de 1782. C'est qu'il y a souvent profit à faire quelques kilomètres de plus pour profiter d'un meilleur chemin, et qu'il avait été procédé, sous le premier Empire et sous la Restauration, à beaucoup de rectifications de routes en vue d'éviter les côtes trop rapides. Ce qu'on appelle, dans le vocabulaire des ponts et chaussées, une *rectification*, consiste presque toujours, non à rectifier un tracé sinueux, mais, au contraire, à remplacer une pente à peu près droite par des lacets.

La malle-poste, il ne faut pas l'oublier, n'était pas le mode normal de locomotion. Deux, trois, quatre voyageurs au plus pouvaient prendre place chaque soir dans ce rapide véhicule, tandis que les autres, entassés dans les vastes diligences des Messageries royales, suivaient de loin le courrier et ses compagnons. Pour les Messageries, les *Documents statistiques sur les routes et ponts*, que le ministère des travaux publics a publiés en 1873, établissent que la vitesse moyenne, y compris les temps d'arrêt, était de 2 kil. 2 par heure au XVIIᵉ siècle, de 3 kil. 4 à la fin du dix-huitième, de 4 kil. 3 en 1814, de 6 kil. 5 vers 1830 et de 9 kil. 5 vers 1848. On peut dire que, de la fin du siècle dernier au milieu du siècle actuel, la vitesse *moyenne* des voitures publiques en France avait triplé, et que la rapidité *possible* des voyages, grâce aux malles-poste, avait quadruplé.

La même transformation s'était opérée en Angleterre, et plus brusquement encore. Il n'y existait en 1662 que six voitures publiques, et John Crossdell disait que « c'était six de trop ». Sir Henry Herbert, parlant à la Chambre des communes, s'écriait : « Si un homme venait nous proposer d'établir un service régulier de voitures pour nous transporter à Édimbourg en sept jours et pour nous ramener dans le même temps, ne l'enverrions-nous pas tout droit aux Petites-Maisons ? » La distance de Londres à Édimbourg est, à vol d'oiseau, de 560 kilomètres. C'est donc d'une vitesse moyenne de 20 lieues par jour que l'on parlait alors comme d'une utopie. En 1742, d'ailleurs, il fallait encore deux jours, deux jours entiers, pour aller de Londres à Oxford (22 lieues). On sait l'effrayante description que fait Macaulay de l'état des routes anglaises à la fin du XVIIᵉ siècle [1]. En 1685, un vice-

---

[1] Voir *The history of England*, vol. 1, p. 307. Édition de Leipzig.

roi d'Irlande se trouvait réduit à requérir, à chaque instant, sur la grande route d'Holyhead, le secours des paysans gallois pour tirer sa voiture des ornières profondes où elle s'embourbait. Jugez de ce que pouvaient être les chemins de second ordre, puisque telle était la principale voie de communication entre la capitale de l'Angleterre et l'Irlande !

La viabilité anglaise ne fit de sérieux progrès que vers la fin du xviiie siècle, et c'est à partir de cette époque que l'on vit, chez nos voisins, le service des voitures publiques s'accélérer d'une manière tout à fait inattendue. La passion de l'aristocratie britannique pour les beaux chevaux hâta l'amélioration de la race indigène. Les voitures publiques, en un quart de siècle, doublèrent, triplèrent leur vitesse, et nulle part, lors de l'apparition des chemins de fer, le transport des voyageurs ne s'effectuait avec autant de rapidité et de sécurité qu'en Angleterre. Les diligences y étaient en outre aussi confortables que possible. Les relais avaient été multipliés à l'extrême, et, le *macadam* aidant, le *flying-coach* d'Oxford, par exemple, ne mettait plus que six heures à franchir les 90 kilomètres qui demandaient autrefois deux jours entiers.

II

Arrivons aux chemins de fer, et cherchons à déterminer avec précision l'accélération obtenue dans les transports sur terre par la double substitution de la vapeur aux moteurs animés et des *rail-roads* aux routes ordinaires.

Ce serait une grande erreur de croire que la locomotive soit un jour sortie tout armée du cerveau de l'homme, prête à vaincre à la course quiconque oserait se mesurer avec elle. Ses débuts ont été beaucoup plus modestes.

La première voiture à vapeur dont l'histoire fasse mention,

celle de Cugnot, sorte de fardier à trois roues que l'inventeur destinait au transport des canons, et qui attira successivement l'attention de Gribeauval et celle de Bonaparte, faisait péniblement 4 kilomètres à l'heure, comme un cheval au pas.

Les machines plus ou moins ingénieuses essayées par Olivier Evans à Philadelphie (1800), par Vivian dans le pays de Galles (1802), par Blenkinsop à Middleton (1811), par Brunton, par Blackett,... auraient été également incapables de suivre une diligence.

Stephenson lui-même eut grand'peine à mettre la vitesse de la locomotive au niveau de sa puissance. La première machine à roues solidaires qu'il ait construite faisait, dit-on, « jusqu'à 6,500 mètres à l'heure »; mais le souffle lui manquait bientôt, et ce n'est que dix ans plus tard que Seguin lui donna des poumons presque inépuisables en imaginant la chaudière tubulaire. La cheminée où la vapeur produit, en s'échappant, un tirage énergique, vint bientôt compléter l'œuvre commune des deux inventeurs. Ainsi perfectionnée, la locomotive de Stephenson, *the Rocket*, remporte en 1829 le prix du concours organisé sur le chemin de Liverpool à Manchester : les juges constatent qu'elle peut remorquer une charge de 13,000 kilogrammes à raison de 6 lieues à l'heure, et que, sans charge, elle fournit, dans le même temps, une course de 10 lieues.

Cela semblait énorme, et cependant c'était peu de chose à côté des résultats qu'on devait obtenir plus tard. Le progrès est venu peu à peu. En 1840, il y avait déjà sur les chemins de fer anglais, de Londres à Southampton, par exemple, des trains de voyageurs de trois vitesses différentes : un train faisant 10 lieues 1/2 par heure (c'était l'express du temps), un train faisant 8 lieues, et un train faisant

5 lieues. A la même époque, la vitesse maximum prévue par les règlements français n'était que de 8 lieues à l'heure.

Voilà qui explique l'enthousiasme et l'émotion des quelques privilégiés qui, l'année précédente, avec le duc d'Orléans, avaient pris part à l'inauguration du chemin de fer de Paris à Versailles (2 août 1839). On fit ce jour-là « jusqu'à une lieue en cinq minutes » !

« C'est tout à fait, s'écriait le *Journal des Débats*, la vitesse d'un cheval anglais dans les plus belles courses du Champ de Mars. »

On n'avait alors sur chaque ligne qu'une seule espèce de locomotives, servant aussi bien pour les trains de marchandises que pour les trains de voyageurs. Peu à peu, les constructeurs et les compagnies ont compris que, le but à atteindre n'étant pas le même dans les deux cas, il y aurait tout avantage à faire varier la forme du moteur avec sa destination. Ce qu'on était arrivé à obtenir pour l'espèce chevaline était plus facile encore à réaliser pour la locomotive. On a aujourd'hui des locomotives de course et des locomotives de trait, aussi différentes les unes des autres que les chevaux de trait et les chevaux de course. La locomotive de course, c'est, par exemple, la machine Crampton, employée par les compagnies de l'Est, du Nord, de Lyon. Avec sa longue chaudière et ses grandes roues motrices placées en arrière du foyer, elle fait jusqu'à 8 mètres de route par coup de piston et 10,000 coups de piston par heure. La locomotive de trait, c'est l'Engerth, avec ses six ou huit petites roues accouplées et son vaste foyer. Sa vitesse ne dépasse guère 30 kilomètres ; mais sa charge peut aller jusqu'à 45 wagons portant chacun 10,000 kilogrammes.

Puis, de même qu'entre le pur sang anglais et le lourd percheron qui ne marche qu'au pas, il y a le cheval d'omnibus, à la fois fort et vite, de même on a construit des locomotives dites mixtes, dont les roues motrices comptent de 1 m. 50 à 1 m. 60 de diamètre, et qui peuvent imprimer une vitesse de 35 à 50 kilomètres à un train de 20 à 25 wagons, voyageurs ou marchandises.

Toutes les grandes compagnies ont ainsi une double ou triple cavalerie (qu'on nous passe le mot), et chaque type de machine a son rôle distinct dans l'exploitation.

En fait, quelles ont été les vitesses pratiquées aux différentes époques sur nos divers réseaux ?

Les vitesses réelles, arrêts compris, sont indiquées, pour 1853, par le tableau suivant :

Chemins de fer français.

Désignation des lignes.	Vitesse moyenne des trains			
	mixtes.	omnibus.	directs.	express.
Nord.	28 kil.	33 k l.	42 k·l.	53 kil.
Lyon.	»	30	38	46
Orléans	»	30	40	»
Rouen.	27	33	41	»
Strasbourg.	24	33	37	»

En 1873, *the Globe* de Londres publiait un tableau comparatif de la vitesse des trains express sur diverses lignes de chemins de fer de l'Europe. Nous en détachons les chiffres suivants :

Londres à Bristol	73 kil.
— à Chester.	66 —
— à Manchester	61 —
Paris à Bordeaux	54 —
— à Marseille.	52 —
Leipzig à Dresde.	49 —
Bologne à Brindisi	46 —
Saint-Pétersbourg à Varsovie	40 —
Bruxelles à Cologne	39 —
Vienne à Munich.	39 —

Donnons maintenant les vitesses actuellement indiquées

par l'*Indicateur officiel* pour les principales lignes françaises, anglaises et espagnoles. Ce n'est pas au hasard que nous avons choisi comme terme de comparaison l'Espagne et l'Angleterre : l'exploitation des voies ferrées n'est nulle part plus arriérée que chez nos voisins d'outre-monts ; elle n'est nulle part plus perfectionnée que chez nos voisins d'outre-Manche :

	Vitesse moyenne à l'heure (arrêts compris).	
ESPAGNE ET PORTUGAL.	Minimum	Maximum.
Badajoz à Lisbonne	19 kilom.	25 kilom.
Madrid à Séville.	22 —	29 —
— à Saragosse.	23 —	32 —
— à Irun	20 —	35 —
FRANCE.		
Paris au Havre.	28 —	53 —
— à Calais	27 —	53 —
— à Nancy	28 —	53 —
— à Lyon.	28 —	60 —
— à Bordeaux	30 —	63 —
ANGLETERRE.		
Londres à Norwich	38 —	50 —
— à Inverness	40 —	51 —
— à Derby	41 —	65 —
— à Liverpool.	37 —	67 —
— à Bristol	30 —	80 —

A ces vitesses maximum, qui, arrêts compris, varient en Espagne de 25 à 35 kilomètres, en France de 53 à 63, en Angleterre de 50 à 80, correspondent des vitesses effectives s'élevant jusqu'à 75 kilomètres sur la ligne de l'Est, jusqu'à 80 et 90 sur celle de Bordeaux et jusqu'à 100 entre Londres et Bristol.

Et le *lightning-train* des États-Unis ! Tout le monde se rappelle ce fameux train-éclair qui fut mis, le 1er juin 1876, à la disposition de la troupe d'un théâtre de New-York. Les journaux américains l'ont célébré comme une merveille, et,

le mot aidant, on a pu croire qu'il y avait eu là, en fait
de rapidité, un phénomène extraordinaire. Il n'en est pas
tout à fait ainsi. Certes c'est un remarquable résultat que de
voir franchir en 85 heures l'immense espace qui sépare San-
Francisco de New-York, surtout quand on songe qu'il y a
vingt ans, aucun moyen de transport régulier n'existait
entre l'Est et l'Ouest de l'Amérique du Nord, que l'*overland-
mail*, créé à grands frais en 1858, mettait 25 jours à aller
seulement de Saint-Louis en Californie, et qu'en 1866 encore, on ne comptait pas moins de 19 jours pour faire,
moitié en wagon, moitié en diligence, le trajet que le train-
éclair devait, dix ans plus tard, effectuer en 3 jours et demi.
Il y a là un contraste qui explique et excuse l'enthousiasme
des *yankees* au lendemain de ce voyage sans précédent.
Mais, à regarder les choses de près, il ne s'agit, en somme,
la distance parcourue étant de 5,540 kilomètres, que d'une
vitesse moyenne de 65 kilomètres à l'heure. Le « rapide »
de Bordeaux en fait à peu près autant, et il n'y a qu'à se
reporter au tableau qui précède pour voir que certains
trains anglais ont une marche plus foudroyante encore que
celle du soi-disant train-éclair.

Quant aux convois ordinaires des lignes américaines, ils ne
donnent guère plus de 30 kilomètres à l'heure, arrêts compris. Ainsi on met communément 7 jours et 7 nuits, au lieu
de 84 heures, pour aller de New-York à San-Francisco. Sur
beaucoup de voies, la lourdeur du matériel roulant et l'insuffisance des travaux d'entretien ne permettraient guère d'aller
plus vite. Nous ne connaissons qu'un train quotidien faisant
60 kilomètres à l'heure : c'est le *fast-mail*, qui, en 26 heures,
franchit les 1,600 kilomètres séparant Chicago de New-York.
Mais c'est un train exclusivement postal : il ne prend pas de
voyageurs.

III

Ce n'est pas seulement de la vitesse des trains que dépend la rapidité d'un voyage en chemin de fer, c'est aussi du plus ou moins de détours que font les lignes sur lesquelles on circule. Dans aucun cas, le voyageur n'est transporté en ligne droite de son point de départ à son point d'arrivée, et par conséquent l'espace réellement parcouru est toujours supérieur à la distance existant à vol d'oiseau entre ces deux points. Mais l'itinéraire que l'on suit peut être plus ou moins direct, et par suite le voyage plus ou moins court.

Pour aller de Paris à Toulouse, par exemple, il fallait, il y a vingt ans, passer par Bordeaux, soit un trajet total de 842 kilomètres. Plus tard, quand la ligne d'Orléans à Agen, par Châteauroux, Limoges et Périgueux, fut ouverte, on n'eut plus que 772 kilomètres à faire. Plus récemment encore, l'ouverture de la ligne de Saint-Yrieix à Toulouse par Brive et Capdenac a encore diminué le trajet de 21 kilomètres. Il est clair qu'à vitesse égale, la durée du voyage se réduit ainsi dans la même proportion que la distance parcourue.

Le développement successif du réseau ferré d'un pays contribue donc à économiser les heures des voyageurs, non seulement en multipliant le nombre des parcours qui peuvent se faire en wagon, mais aussi en offrant d'une gare à une autre des itinéraires de plus en plus directs.

Cherchons à apprécier, au moins d'une manière approximative, l'effet de cette dernière influence.

Imaginons un pays dont tous les chemins de fer dirigés

du Nord au Sud ou de l'Est à l'Ouest, seraient en outre équidistants, de manière à former sur la carte un véritable damier, chaque croisement correspondant à une localité habitée, ville ou village. Si l'on calcule, dans ces conditions, le trajet qu'on aurait à faire pour aller *successivement* d'une station quelconque aux 24 stations les plus voisines, on trouvera qu'il faudrait faire 60 fois la distance existant entre deux lignes parallèles et voisines.

Ouvrons maintenant par la pensée, dans chaque carré, deux chemins nouveaux formant diagonales, et recommençons ensuite les 24 voyages de tout à l'heure : on reconnaît aisément que le parcours se trouve alors réduit dans le rapport de 60 à 48, c'est-à-dire de 20 p. 100. Ainsi, en augmentant dans le rapport de 1 à $1 + \sqrt{2}$, c'est-à-dire de 140 p 100, le développement kilométrique du réseau, on aura, dans l'espèce, abrégé d'un cinquième, la longueur et par suite la durée des parcours.

A vrai dire, le calcul qui précède est basé sur l'hypothèse d'un réseau quadrangulaire, et cette hypothèse peut être critiquée. M. Léon Lalanne, inspecteur général des ponts et chaussées, a démontré, dans un très curieux mémoire soumis, le 27 juillet 1863, à l'Académie des sciences, que le type normal, le type théorique de la distribution des divers centres de population dans un pays non accidenté, serait, non pas le carré, mais le triangle, le triangle équilatéral. Le raisonnement que nous appliquions tout à l'heure à un damier rectangulaire devrait donc plutôt être appliqué à une triangulation équilatérale. Mais là encore on peut, par des parallèles intercalées, compléter le réseau, — on en double alors exactement la longueur, — et voir ensuite quelle variation il en résulte dans la somme des trajets à effectuer pour aller successivement d'une localité centrale aux 18 stations les plus voisines. La conclusion reste la même, sauf que l'itinéraire total se trouve réduit, non plus d'un cinquième, mais d'un sixième seulement.

Ainsi, d'un côté, le réseau s'accroît de 140 p. 100, et les parcours s'abrègent de 20 p. 100; de l'autre côté, le réseau s'accroît de 100 p. 100, et les parcours s'abrègent de 16 à 17 p. 100. Le rapport entre les deux chiffres est presque le même de part et d'autre; il y a donc lieu d'admettre dans les deux cas que, même entre les stations du réseau primitif, la rapidité des voyages augmente d'environ 15 p. 100, quand de nouvelles lignes, égales en longueur aux premières, viennent resserrer les mailles de ce réseau.

A ce point de vue, il est intéressant de faire connaître quelle a été, depuis un demi-siècle, la progression annuelle de notre réseau ferré. Il se construit en France, depuis 1845, près de 700 kilomètres en moyenne par an. Voici les chiffres officiels :

Chemins de fer français. — Longueurs exploitées.

Époques.	Lignes d'intérêt général. (kilom.)	Lignes d'intérêt local. (kilom.)	Réseau de l'État. (kilom.)
31 décembre 1828.	22	»	»
— 1829.	22	»	»
— 1830.	37	»	»
— 1831.	37	»	»
— 1832.	58	»	»
— 1833.	80	»	»
— 1834.	147	»	»
— 1835.	147	»	»
— 1836.	147	»	»
— 1837.	166	»	»
— 1838.	181	»	»
— 1839.	246	»	»
— 1840.	433	»	»
— 1841.	571	»	»
— 1842.	598	»	»
— 1843.	827	»	»
— 1844.	829	»	»

31 décembre 1845	881	»	»
— 1846	1,320	»	»
— 1847	1,829	»	»
— 1848	2,219	»	»
— 1849	2,857	»	»
— 1850	3,008	»	»
— 1851	3,552	»	»
— 1852	3,868	»	»
— 1853	4,058	»	»
— 1854	4,647	»	»
— 1855	5,533	»	»
— 1856	6,199	»	»
— 1857	7,461	»	»
— 1858	8,684	»	»
— 1859	9,077	»	»
— 1860	9,442	»	»
— 1861	10,114	»	»
— 1862	11,096	»	»
— 1863	12,041	»	»
— 1864	13,078	»	»
— 1865	13,593	»	»
— 1866	14,547	»	»
— 1867	15,724	17	»
— 1868	16,259	90	»
— 1869	16,974	170	»
— 1870	17,476	290	»
— 1871	17,256 [1]	426 [1]	»
— 1872	17,837	750	»
— 1873	18,567	1,284	»
— 1874	19,115	1,502	»
— 1875	19,790	1,802	»
— 1876	20,346	2,149	»
— 1877	21,025	2,307	»
— 1878	20,600	2,027	1,591
30 juin 1879	20,600	2,103	1,612

24,315 kilomètres.

On sait qu'après les élections générales d'octobre 1877,
M. de Freycinet, nommé ministre des travaux publics, a cru
pouvoir soumettre au Président de la République et au Par-

[1] L'annexion de l'Alsace-Lorraine à l'Allemagne a fait perdre à la France
738 kilomètres de chemins de fer d'intérêt général et 19 kilomètres de chemins
de fer d'intérêt local.

lement un vaste programme comprenant, en ce qui concerne le réseau ferré d'intérêt général, la construction, dans un délai d'une dizaine d'années, d'environ 16,000 kilomètres de chemins de fer, représentant une dépense de plus de 3 milliards [1]. Les Chambres s'étant montrées disposées à favoriser cette grande entreprise, et des mesures ayant été prises pour fournir au gouvernement les ressources extraordinaires qu'elle nécessitera (création, sur le modèle des obligations de chemins de fer, de rentes 3 p. 100 amortissables), il y a lieu de prévoir qu'en 1890, la France possédera plus de 35,000 kilomètres de lignes d'intérêt général.

Quant au réseau d'intérêt local, M. de Freycinet estime qu'il devra, tôt ou tard, atteindre un chiffre au moins égal.

On a pu critiquer ces projets au point de vue financier, les lignes qui restent à faire devant être de moins en moins productives, et beaucoup de celles qui ont été ouvertes depuis une vingtaine d'années ayant déjà peine à couvrir leurs frais. Mais il est clair qu'au point de vue de l'accélération des transports, il y a tout intérêt pour le pays à développer son système circulatoire.

Voici, pour ceux des autres pays dont l'importance mérite ici une mention spéciale, l'indication des longueurs de chemins de fer exploitées en 1850, 1860, 1870 et à l'époque la plus récente atteinte, dans chaque cas, par les statistiques officielles :

	1850. (kilom.)	1860. (kilom.)	1870. (kilom.)	1876-1878. (kilom.)
Grande-Bretagne	10,142	16,792	24,672	27,889 (1878)
Allemagne.	»	10,760	19,000	30,303 (1878)
Autriche-Hongrie.	»	5,434	10,181	17,984 (1878)
Belgique.	600	1,729	3,000	3,644 (1878)
Pays-Bas.	»	396	1,454	1,681 (1877)
Italie	470	1,705	6,000	7,804 (1877)

[1] Voir le *Journal officiel* du 3 janvier 1878.

Suisse.	»	1,063	1,300	2,443 (1878)
Espagne.	»	1,923	5,441	5,796 (1877)
Portugal.	»	137	»	1,079 (1878)
Russie.	1,008	1,591	12,000	20,285 (1877)
Danemark	»	224	»	1,366 (1877)
Suède.	»	1,776	»	4,914 (1877)
Norwège.	»	»	367	822 (1877)
Turquie.	»	62	180	1,350 (1876)
Roumanie	»	»	»	1,239 (1877)
Grèce.	»	»	»	12 (1877)

Le réseau total de l'Europe dépasse, dès à présent, 150,000 kilomètres : les autres parties du monde ont ensemble un nombre de kilomètres de chemins de fer encore plus considérable, les États-Unis seuls en donnant environ 130,000, et l'Inde anglaise 13,000.

IV

Nous n'avons parlé jusqu'ici que des trains de voyageurs. Les trains de marchandises ne justifient que trop, en France, le nom de *petite vitesse* qui leur est donné. Les cahiers des charges des concessions de chemins de fer fixent à vingt-quatre heures, par fraction indivisible de 125 kilomètres, la durée maximum des transports d'animaux, denrées, marchandises et objets quelconques voyageant autrement que par les trains de voyageurs. Cela fait 5 kilomètres par heure, 5,2 si l'on veut. Ou plutôt c'est moins encore; car, si la distance kilométrique de la gare d'expédition à la gare destinataire est juste de 125, 250, 375, 500 kilomètres, le délai accordé aux compagnies sera bien de 1, 2, 3, 4 jours, soit en effet 5 kil. 2 par heure; mais, si la distance est de 130, 260, 380, 510 kilomètres, le délai sera de 2, 3, 4, 5 jours, soit une moyenne de 2,7, de 3,6, de 4 ou de 4,25 kilomètres par heure. Et ce n'est pas tout. L'article 50 du cahier des charges, qui fixe la durée maximum du trajet à vingt-quatre heures par 125 kilomètres, commence par dire que les objets mis à la petite vitesse « seront expédiés dans le jour qui suivra celui de la remise, » et que l'administration pourra même « étendre ce délai à deux jours ; » puis il ajoute que « les colis seront mis à la disposition des destinataires dans le jour qui suivra leur arrivée en gare. »

Ainsi, un objet déposé le lundi matin dans la gare A, située à 130 kilomètres de la gare B, peut ne partir que le mardi, n'arriver que le jeudi ; c'est le vendredi que le destinataire sera avisé, et, s'il demande la livraison à domicile, elle aura lieu le samedi. On arriverait ainsi à une vitesse, ou plutôt à une lenteur moyenne d'un peu plus d'un kilomètre par heure.

D'ailleurs, tout expéditeur qui réclame le bénéfice des tarifs réduits, de ce que les compagnies appellent les *tarifs spéciaux* (voir le chapitre III), se prive par cela même du droit d'exiger que la livraison ait lieu dans les délais réglementaires. Et, comme les tarifs réduits sont d'une application beaucoup plus fréquente que les tarifs réglementaires, il s'ensuit qu'en moyenne, les marchandises mises à la petite vitesse pourraient même ne pas faire un kilomètre à l'heure.

Il va sans dire que la marche réelle des trains de marchandises est tout autre que celles que nous venons de calculer. Ils font en général de 20 à 30 kilomètres par heure ; et, même en tenant compte de leurs nombreux arrêts et garages, ils ne parcourent presque jamais moins de 15 kilomètres par heure. Mais qu'importe ?

> Rien ne sert de courir, il faut partir à point.

Or c'est ce que ne font pas assez nos compagnies, qui ont plus de tendance à retarder qu'à hâter le départ de leurs wagons de marchandises, leur préoccupation étant peut-être moins d'éviter le chômage du matériel que d'imposer les tarifs de grande vitesse à tout expéditeur un peu pressé. Sans cela, les transports s'accéléreraient singulièrement, sinon pour la totalité du trafic, du moins pour les grosses marchandises circulant sur de grandes lignes, sans changement de réseaux ni bifurcations. De Dieppe à Paris, la compagnie de l'Ouest est arrivée, dans ces derniers temps, à imprimer aux transports de houilles une suffisante rapidité : il ne s'écoule pas quarante-huit heures entre le moment où les trains de charbon quittent le port de Dieppe et celui où les wagons y rentrent, retour des Batignolles. C'est un exemple qui malheureusement ne paraît pas avoir eu d'imitateurs.

A vrai dire, les réclamations provoquées depuis longtemps par l'abus que nous signalons n'ont pas été tout à fait infructueuses. Un arrêté ministériel du 12 juin 1866 désignait, sur chaque réseau, quelques lignes où la durée du trajet était désormais réduite à vingt-quatre heures par fraction indivisible de 200 kilomètres (au lieu de 125) pour les animaux vivants, ainsi que pour les marchandises de la première et de la seconde série des tarifs généraux de chaque compagnie.

Un autre arrêté du 15 mars 1877 a étendu à toutes les lignes importantes du réseau français le bénéfice de cette réduction de délai.

C'est un progrès, mais ce n'est pas assez. Le délai reste de deux jours entre Paris et Dieppe (201 kilomètres), de trois jours entre Bordeaux et Narbonne (406 kilomètres), soit 4 kil. 2 par heure dans le premier cas, et 5,6 dans l'autre, sans compter le délai de départ et le délai de livraison. Il n'y a pas encore là de quoi faire honte à l'ancien roulage.

CHAPITRE II.

Le prix des voyages par terre.

Tarifs des anciennes voitures publiques. — La poste aux chevaux et les diligences. — Les chemins de fer en France. — Tarifs réglementaires, tarifs de faveur, prix moyens. — Leur décroissance. — L'impôt sur les voitures publiques *et* sur les transports des voyageurs par chemins de fer. — Calcul de l'économie réalisée. — Tarifs étrangers. — Angleterre, Belgique, etc..., États-Unis.

L'industrie des transports a deux manières de rapprocher les uns des autres les peuples et les hommes : la première consiste à rendre les voyages plus rapides, et nous venons de faire connaître les progrès réalisés à cet égard ; la seconde consiste à rendre les voyages moins coûteux, et nous allons nous demander maintenant quels ont été, à ce point de vue, les résultats de la transformation qui s'est opérée dans l'appareil circulatoire des peuples civilisés.

Pour la question de prix, ainsi que pour la question de vitesse, nous nous occuperons d'abord des transports par terre, voyageurs et marchandises. Nous passerons ensuite aux transports par eau.

I

Comme premier terme de comparaison, et sans vouloir remonter au déluge, voici quel était à la fin du XVIIe siècle le tarif des carrosses publics qui circulaient périodiquement entre Paris et Dijon : 24 livres par personne, et pour les paquets ou bagages, 3 sols par livre. Il ne faut pas oublier que, dans 24 livres de cette époque, il y avait un poids d'argent correspondant à peu près à 40 francs d'aujourd'hui. Pour un trajet de 80 lieues, cela fait 50 centimes par lieue, ou 12 centimes 1/2 par kilomètre. Ajoutons que, d'après l'échelle générale des prix sous Louis XIV, ces 12 centimes 1/2 valaient bien 40 centimes d'aujourd'hui. Le voyage de Paris à Versailles et à Saint-Germain était relativement plus coûteux encore (40, 30 et 25 sols).

Sous Louis XVI, le tarif des diligences était de 16 sols par lieue, soit 20 centimes par kilomètre. Il en coûtait aux Parisiens 24 livres pour aller à Rouen, 54 livres 8 sols pour aller à Calais, 124 livres pour aller à Bordeaux, 157 livres 12 sols pour aller à Marseille... La livre du temps de Louis XVI avait la même consistance métallique que le franc; mais, le prix moyen de toutes choses ayant au moins doublé depuis, ce tarif est encore comparable à ce que serait de nos jours un prix de 40 centimes par kilomètre.

Cinquante ans plus tard, en 1830, la malle-poste ne coûtait pas plus cher que la diligence sous Louis XVI. Le tarif était de 75 centimes par lieue, c'est-à-dire 18 centimes 3/4 par kilomètre. A ce taux, on payait 23 fr. 65 cent. de Paris à Rouen, 54 fr. 40 de Paris à Calais, 119 fr. 65 de Paris à Bordeaux, 160 francs de Paris à Marseille. Ce sont à peu près les mêmes prix que ceux des diligences du temps de Louis XVI, la longueur plus grande des itinéraires ayant, dans un grand nombre de cas, compensé la légère réduction du tarif.

Le dernier règlement dont la poste aux chevaux ait été l'objet en France est l'ordonnance royale du 25 décembre 1839, mise en vigueur le 1er janvier 1840. Elle substituait aux anciennes mesures, postes et lieues, le myriamètre et le kilomètre. Le prix des places dans les malles-poste était fixé à 1 fr. 75 c. par myriamètre, 17 centimes 1/2 par kilomètre.

Ce prix était un peu supérieur à celui des voitures publiques ordinaires ; par contre, le voyage en chaise de poste coûtait plus cher que le voyage en malle-poste. Et cela était tout naturel, car il était évidemment plus agréable d'avoir sa voiture et d'être maître d'en régler les mouvements que de prendre place à côté du courrier avec les sacs à lettres et les paquets pressés.

Pour les voyageurs qui prenaient une voiture particulière, le prix stipulé par les ordonnances royales des 8 décembre 1738 et 28 novembre 1756 était, par poste de deux lieues, de 25 sols par cheval et de 5 ou 10 sols par postillon : le tarif officiel portait 5 sols seulement, mais l'usage avait doublé ce chiffre. On arrivait ainsi à un minimum de 3 livres par poste, ou 30 sols par lieue (37 centimes 1/2 par kilomètre), car on ne payait jamais moins de deux chevaux et un postillon : « Tout courrier à franc-étrier, dit l'ordonnance de 1756, doit avoir un postillon monté pour lui servir de guide. Les voitures montées sur deux roues, ayant brancard, chargées d'une personne, seront conduites par un postillon et attelées de deux chevaux ; — chargées de deux personnes, elles seront conduites par un postillon et attelées de trois chevaux, et il en sera payé cinq… Les voitures montées sur quatre roues, ayant timon, chargées d'une ou de deux personnes, seront conduites par deux postillons et attelées de quatre chevaux, et il en sera payé neuf. » A ce compte, une personne seule, voyageant en chaise, avait, pour un trajet de 100 lieues, 150 livres à payer. A une famille de six personnes, le même voyage coûtait 640 livres, soit encore plus de 100 livres par tête. Et nous n'avons pas fait figurer dans notre calcul certains droits supplémentaires stipulés par les ordonnances, par exemple pour la sortie de Paris, ou pour les chevaux et bœufs de renfort.

Dans les pays étrangers, le prix des chaises de poste était plus élevé encore qu'en France. Nous trouvons des renseignements précis à cet égard dans une plaquette intitulée : *Itinéraire des routes les plus fréquentées, ou Journal d'un voyage aux villes principales de l'Europe*, et publiée en 1775, sans nom d'auteur.

Nous citons textuellement ce petit livre, devenu fort rare :

Prix des chevaux de poste dans les différents pays de l'Europe.

ANGLETERRE.

Pour deux chevaux de chaise, 9 pence ou sols sterling (90 c.) par mille (1,609 mètres).
Pour quatre chevaux de chaise, 15 pence par mille.
Pour un cheval de selle, 3 pence par mille.
On donne 18 pence ou 2 shillings (1 fr. 80 ou 2 fr. 50) à chaque postillon, et 6 pence au palefrenier.

PIÉMONT.

Pour deux chevaux de chaise, 7 livres 10 sols de Piémont (8 fr. 87) par poste (14,400 mètres).

Pour un cheval de selle, 2 livres 10 sols de Piémont (3 fr. 10)
par poste.

En *cambiatura* [1] :

Pour deux chevaux de chaise, 4 livres 10 sols.

Pour un cheval de selle, 1 livre 10 sols.

On donne environ 30 sols au postillon.

Gênes.

Pour deux chevaux de chaise, 9 livres de Gênes (8 fr.) par
poste.

Pour un cheval de selle, 3 livres de Gênes (2 fr. 70).

État de Parme et Plaisance.

Pour deux chevaux de chaise, 15 paoli (9 fr.) par poste.

Pour un cheval de selle, 5 paoli (3 fr.).

Toscane et États ecclésiastiques.

Pour deux chevaux de chaise, 8 paoli par poste.

Pour un cheval de selle, 3 paoli.

États de Naples.

Pour deux chevaux de chaise, 11 carlini (5 fr. 50) par
poste.

Pour un cheval de selle, 5 carlini 1/2 (2 fr. 75).

États de Venise.

En *cambiatura*, 5 paoli 1/2 par cheval, soit de chaise ou de
selle.

Milanez.

En poste :

Pour deux chevaux de chaise, 15 paoli.

Pour un cheval de selle, 5 paoli.

En *cambiatura* :

Pour deux chevaux de chaise, 11 paoli.

Genève et Suisse.

Il n'y a point de poste en Suisse ; on prend des chevaux de
voiturier, et l'on fait un accord avec lui, le plus avantageux

---

[1] Tarif réduit accordé aux voyageurs qui consentent à certaines restrictions
de leurs droits réglementaires « comme de ne pouvoir obliger le postillon à
faire galoper son cheval et de ne pouvoir voyager après le soleil couché. »

qu'il soit possible. Pour aller de Genève à Basle, avec trois couples de chevaux de chaise et un cheval de selle, j'ai donné 15 louis, 8 louis jusqu'à Berne et 7 jusqu'à Basle.

SAVOIE.

Il y a poste en Savoie ; mais il est rare qu'on s'en serve, la nature des chemins ne permettant pas qu'on aille plus vite en poste qu'avec des chevaux de voiturier, excepté pour des chaises à deux roues et légères. On s'accorde avec des voituriers, ce qui est plus commode.

ALLEMAGNE.

Les postes sont très bien réglées pour le prix en Allemagne ; on y paye un florin (2 fr.) par poste pour chaque cheval, excepté dans les États de l'impératrice-reine, où l'on ne paye que 3/4 de florin.

HOLLANDE.

On va en poste jusqu'à Bréda. Là il ne se trouve plus de chevaux de poste ; vous y prenez des chevaux de voiturier. J'ai donné 36 florins (72 francs) de Bréda à Gorcum pour sept chevaux, et 3 florins 1/2 (7 fr.) par cheval depuis Gorcum jusqu'à Utrecht ; le reste à proportion.

PASSAGE DU MONT CENIS.

De Turin à Genève, j'ai donné, en 1770, 28 louis pour une chaise à l'anglaise à quatre chevaux, une chaise à deux roues à deux chevaux, un cheval de selle, porteurs de chaise pour la montagne et jusqu'à Modane ; nourriture pour deux maîtres sur la route, et le transport de la chaise et du bagage de l'autre côté du mont Cenis sur des mulets. — En 1761, je n'avais donné que 20 louis pour le même accord.

Le même livre contient un curieux tableau intitulé : *Tables des rapports de la dépense en voyages en Angleterre, en France et en Italie.* Les frais de voyage y sont détaillés par mille anglais et par poste, et exprimés côte à côte en monnaie française ou italienne et en monnaie anglaise, « parce que, dit l'auteur, les Anglais seuls voyagent plus que toutes les nations ensemble. On suppose ici, ajoute-t-il, que chaque poste est d'environ 14 milles en Angleterre,

5 milles ou deux lieues en France, et 9 milles en Italie ; que l'on fait 60 milles par jour en Angleterre, 10 postes en France, 5 postes en Italie (environ 20 lieues). On passe un demi-écu par jour d'argent à dépenser aux officiers ou domestiques sans livrée en Angleterre, 22 livres en France, 3 paoli en Italie ; aux domestiques de livrée, 1 shilling 6 sols en Angleterre, 35 sols en France, 3 paoli en Italie. Pour la dépense dans les auberges, on compte en Angleterre 2 livres 10 shillings, 2 louis en France, 4 zecchins en Italie. » Pour « un grand train », la dépense, comprenant : carrosse à 4 ou 6 chevaux, chaise à 2 ou 3 chevaux, chevaux de selle, postillons (3 ou 4), palefrenier, 3 officiers et 3 laquais à entretenir, frais d'auberge, barrières, bacs, casuels, etc,... est évaluée par jour, en chiffres ronds, à 340 francs en Angleterre, à 300 francs en France, à 310 francs dans l'Italie septentrionale et à 250 francs dans l'Italie méridionale.

Notre auteur, on le voit, écrivait plutôt pour les princes que pour les bourgeois. Mais les bourgeois ne voyageaient guère en poste il y a cent ans. C'est ainsi qu'un précurseur des Richard, des Joanne et des Conti, l'Anglais Thomas Martyn, dans un *Guide du voyageur en Italie* imprimé en 1791, compte 780 livres pour aller en chaise de poste de Calais à Paris, et 3,000 livres pour passer de Calais à Nice. Il est permis de croire que Martyn ne voyageait pas seul et qu'il faisait bonne chère. Peut-être aussi, sachant que tout chemin mène à Rome, avait-il commencé son voyage en Italie par un tour de France complet.

De l'an VII à 1840, les personnes qui circulaient en voiture particulière avec les chevaux de la poste avaient à payer en France, par poste de deux lieues, 1 fr. 50 pour chaque cheval et 1 fr. 50 en fait (en droit 75 centimes seulement) pour chaque postillon. A ce taux, une personne seule,

voyageant en cabriolet avec deux chevaux, nombre minimum, et un postillon, avait 4 fr. 50 à dépenser par poste,
soit 2 fr. 25 par lieue (56 cent. 1/4 par kilomètre). A vrai
dire, il n'en coûtait pas davantage s'il y avait dans la voiture
deux personnes au lieu d'une. Une calèche à deux brancards
pouvait recevoir trois personnes, exigeait trois chevaux, et,
avec le postillon, coûtait 6 francs par poste, ou 3 francs par
lieue. Pour six personnes, il fallait payer six chevaux, et la
dépense montait à 12 francs par poste, 6 francs par lieue.
Le coût minimum ressort donc à environ 20 centimes par
tête et par kilomètre.

L'ordonnance du 25 décembre 1839 relevait encore un peu
le tarif : pour chaque cheval fourni, 2 francs par myriamètre
(20 centimes par kilomètre); même prix pour les voitures
et même prix pour les postillons. Le prix minimum du kilomètre, avec une voiture à deux places, un postillon et deux
chevaux, atteignait ainsi 80 centimes. Une berline à quatre
places, attelée de quatre chevaux et conduite par deux postillons, coûtait 14 francs par myriamètre, soit au moins
35 centimes par voyageur et par kilomètre.

La malle-poste et la chaise de poste n'étaient pas, nous
l'avons dit, les seuls moyens de transport offerts au voyageur avant l'établissement des chemins de fer. Pour les
petites bourses, il y avait les messageries, la diligence, la
grosse diligence à cinq chevaux, avec sa haute bâche noire
et sa longue caisse jaune divisée en trois parties : coupé,
intérieur et rotonde. Le voyage en diligence était notablement plus économique que le voyage en poste. Voici quelques
chiffres puisés, comme les précédents, aux sources officielles :

ROUTE DE PARIS A GENÈVE (499 kilom.).

En malle-poste. Prix unique. . . . . 87 fr. 50 c.
En diligence. Coupé. . . . . 90 »
   —   Intérieur . . . . 74 »
   —   Rotonde. . . . . 63 »
Soit 18 cent. 15 et 12,60 par kilomètre.

ROUTE DE PARIS A LYON (476 kilom.)

En malle-poste. Prix unique. . . . . 84 fr. 35 c.
En diligence. Coupé. . . . . 75 »
   —   Intérieur . . . . 60 »
   —   Rotonde. . . . . 50 »
Soit 15 cent. 75, 12,60 et 10,50.

ROUTE DE PARIS A TOULOUSE (685 kilom.).

En malle-poste. Prix unique. . . . . 123 fr. 40 c.
En diligence. Coupé. . . . . 100 »
   —   Intérieur . . . . 90 »
   —   Rotonde. . . . . 75 »
Soit 14 cent. 60, 13 et 11.

ROUTE DE PARIS A BORDEAUX (561 kilom.).

En malle-poste. Prix unique. . . . . 101 fr. 15 c.
En diligence. Coupé. . . . . 95 »
   —   Intérieur. . . . . 85 »
   —   Rotonde. . . . . 70 »
Soit 17 cent. 15, 15 et 8.

On voit que le tarif des messageries n'était pas tout à fait le même sur les différentes lignes, le prix kilométrique variant de 14 cent. 1/2 à 18 en coupé, de 12 cent. 1/2 à 15 pour les places d'intérieur, de 8 centimes à 12 cent. 1/2 pour celles de rotonde; mais, en moyenne, on peut évaluer la dépense moyenne par kilomètre à 16 centimes en coupé, 14 centimes dans l'intérieur et 11 centimes dans la rotonde, soit une économie de 1 cent. 1/2, 3 cent. 1/2 et 6 cent. 1/2 sur la malle-poste, et de plus de moitié sur la chaise de poste.

II

En regard de ces prix, qui constituaient déjà un grand progrès sur les prix antérieurs, plaçons le tarif réglementaire de nos compagnies de chemins de fer. En voici la forme ordinaire :

	Voyageurs de		
	1re classe.	2e classe.	3e classe.
Péage	0 fr. 067	0 fr. 05	0 fr. 037
Transport	0 033	0 025	0 018
Ensemble. . .	0 fr. 10	0 fr. 075	0 fr. 055

C'est à peu près la moitié de la dépense kilométrique qu'avaient à supporter respectivement, avant les chemins de fer :

1° Les voyageurs riches circulant en malle-poste (17 centimes 1/2) ou en chaise de poste (20 c. et au-dessus) ;

2° Les voyageurs aisés qui prenaient la diligence, coupé (16 c.) ou intérieur (14 c.) ;

3° Les voyageurs pauvres qui prenaient la diligence, rotonde ou impériale (11 c.).

A vrai dire, le prix moyen des voyages en diligence, tel que nous l'avons calculé, comprend un impôt qui, au contraire, ne se trouve pas compris dans le tarif réglementaire des chemins de fer ci-dessus reproduit.

La loi du 9 vendémiaire an VI avait primitivement fixé à 10 p. 100 du prix des places le droit proportionnel imposé « aux voitures publiques de terre et d'eau », et la loi du 6 prairial an VII avait ajouté un premier décime. Tel fut donc le régime auquel les chemins de fer se trouvèrent assujettis dès leur apparition. Cette taxe de 11 p. 100 ne portait d'abord que sur la partie du tarif correspondant au prix de *transport*, non compris *le péage* (loi du 2 juillet 1838). La loi du 14 juillet 1855, qui établissait un second décime, décidait en même temps que le droit serait calculé sur le prix total des places. L'impôt n'est cependant basé sur le prix intégral payé par le public que lorsqu'il s'agit de voitures ou de bateaux. Pour les chemins de fer, la Cour de cassation, par un arrêt du 25 juillet 1845, a décidé qu'aux termes de leurs cahiers des charges, « qui ont le caractère de lois spéciales », les compagnies de chemins de fer peuvent retenir le bénéfice intégral de leurs tarifs, et que l'impôt qui vient s'y ajouter pour former le prix que paye le public doit être réglé d'après ces tarifs. Ainsi, pour les chemins de fer, le droit est calculé, non sur le prix total des places, mais seulement sur la portion de ce prix qui revient aux compagnies, déduction faite de l'impôt lui-même.

Il suit de là qu'aux termes de la loi de 1855, le tarif réglementaire était porté de 10 centimes, 7 cent. 1/2 et 5 cent. 1/2 à 11 cent. 2 pour la première classe, 8 cent. 96 pour la seconde et 6 cent. 16 pour la troisième.

Ensuite est venue la loi du 16 septembre 1871, qui a encore créé une taxe additionnelle, fixée à 10 p. 100 du prix alors perçu, impôt compris [1]. Nous arrivons ainsi aux chiffres suivants : première classe, 12 cent. 32 ; deuxième classe, 9 cent. 24 ; troisième classe, 6 cent. 776. Telle est la situation actuelle. Somme toute, l'impôt représente 18,83 p. 100 du prix total payé par les voyageurs, et il augmente pour eux le tarif réglementaire de 23,2 p. 100.

Mais nous allons voir qu'en réalité, et malgré cette surcharge fiscale, la moyenne des prix réellement perçus par les

---

[1] Sont exemptés de la taxe additionnelle les prix et fractions de prix inférieurs à 50 centimes.

compagnies n'est pas même égale au tarif primitif, dégagé de tout impôt. Autre chose est évidemment le *tarif moyen* d'un ensemble quelconque de transports, autre chose le *prix moyen*. Dans une diligence pleine, si l'on compte trois places de coupé à 16 centimes par kilomètre, six places d'intérieur à 14 centimes et dix places de rotonde ou d'impériale à 11 centimes, le prix kilométrique moyen ressort à 12 cent. 73. Admettons en outre une proportion de cinq voyageurs en diligence contre un voyageur en poste payant le kilomètre 20 centimes, et nous arrivons alors, pour l'ensemble des anciens procédés de locomotion par terre, à un *prix moyen* de 14 centimes au kilomètre.

Quel est maintenant le *prix moyen* des voyages par chemin de fer ?

Le premier tarif, homologué en 1835, ne prévoyait qu'une seule espèce de wagons et qu'une seule catégorie de voyageurs, payant, impôt non compris, 7 cent. 1/2 par kilomètre. Bientôt on créa les trois classes, qui ont toujours subsisté depuis, et dont nous rappelions tout à l'heure les prix respectifs [1]. Mais, la répartition des voyageurs entre les trois classes n'étant pas ici réglée par le véhicule lui-même, puisqu'on peut mettre dans un train un nombre variable de wagons de chaque espèce, il est arrivé que la clientèle des compagnies s'est divisée d'une manière très inégale entre les trois classes. D'après les statistiques officielles, 84 voyageurs seulement sur 1,000 prennent la première classe, 273 prennent la seconde, 643 la troisième. Étant donnée cette répartition,

---

[1] La troisième classe n'avait d'abord été tarifée qu'à 5 centimes par kilomètre ; mais les voitures étaient alors découvertes et les voyageurs exposés à toutes les intempéries. Ces wagons primitifs furent supprimés en 1848, et le tarif kilométrique fut alors rehaussé d'un demi-centime pour indemniser les compagnies de l'augmentation de dépenses qui allait résulter pour elles de la nécessité d'abriter tous les voyageurs.

le prix moyen ressort à 6 cent. 424, impôt non compris, et à 8 centimes, chiffre rond, avec l'impôt actuel.

Voici déjà un *prix moyen* inférieur au tarif moyen. Mais ce n'est pas tout. Les compagnies n'ont pas tardé à reconnaître qu'elles peuvent avoir, dans bien des cas, intérêt à abaisser spontanément les taxes fixées, à titre de maximum, par le législateur. De là ce qu'elles appellent les tarifs de faveur.

Il en est de bien des sortes.

1° Il arrive souvent que deux stations qui, à vol d'oiseau, sont à 10 lieues l'une de l'autre, imposent au voyageur un trajet en wagon de 20 ou 30 lieues, faute d'une ligne directe ; exemple : Cahors et Villefranche, ou tout simplement Versailles et Saint-Germain. Les compagnies ont jugé qu'il était impossible de faire pâtir le public de ces longs détours, et elles ont substitué aux parcours réels, pour la fixation des prix, des distances réduites, dites *distances d'application.* Dans beaucoup de cas, on a ainsi escompté l'économie que devait procurer une ligne projetée et non encore exécutée.

2° Tout le monde connaît et pratique les billets d'aller et retour, qui, expérimentés d'abord à Paris et dans la banlieue de quelques grandes villes, ont été successivement étendus à une foule de localités. Dès 1866, l'aller et retour à prix réduit était organisé dans plusieurs centaines de villes, savoir :

Nord	18 centres sur	162	gares	(11 p. 100).
Est	92	—	397	—	(23 p. 100).
Ouest	53	—	319	—	(16 p. 100).
Orléans	57	—	380	—	(15 p. 100).
Lyon	50	—	491	—	(10 p. 100).
Midi	25	—	216	—	(11 p. 100).

L'institution s'est encore développée notablement depuis cette époque.

La réduction accordée aux billets d'aller et retour n'est pas partout la même. Quelquefois on demande pour un voyage double : en première classe, le double du prix du voyage simple en seconde ; et en seconde classe, le double du prix du voyage simple en troisième. Plusieurs compagnies portent la réduction jusqu'à 40 p. 100.

3° Aux personnes qui ont à répéter très fréquemment le même trajet, les compagnies offrent les abonnements à prix réduits : abonnements à l'année, abonnements de six mois, abonnements de saison. Limités d'abord, comme les billets d'aller et retour, aux environs de Paris, les billets d'abonnement se sont peu à peu généralisés ; cependant ils ne sont que rarement applicables à des parcours de plus de 100 kilomètres.

D'après M. Jacqmin, directeur de la compagnie des chemins de fer de l'Est, le prix de ces abonnements représenterait, en général, le prix réglementaire de 120 voyages aller et retour, ou de 80, selon que la période est d'un an ou de six mois. La compagnie du Nord procède de la sorte jusqu'à un prix maximum de 1,800 et 1,200 francs pour la première classe, 1,350 et 900 pour la seconde, qui assure alors le parcours gratuit de tout son réseau.

Sur les lignes de l'Ouest, le tarif des abonnements annuels varie, selon les distances, de 26 à 9 francs par kilomètre pour la première classe, de 17 à 7 pour la seconde.

Le bénéfice de l'abonnement est refusé à la troisième classe.

4° Pour tenter les touristes, les compagnies organisent les voyages circulaires à bon marché, que Paris et la province voient chaque été annoncés dans tous les journaux et affichés sur tous les murs. Sur les lignes de l'Ouest, le prix des billets de ce genre ne dépasse pas 8 centimes par kilomètre pour la première classe et 6 centimes pour la seconde. Il descend souvent plus bas.

5° Les trains de plaisir proprement dits comportent des réductions plus considérables encore. Exemple : Paris à Dieppe, aller et retour, soit 402 kilomètres : 13 francs en seconde et 10 francs en troisième, soit 3 cent. 1/4 et 2 cent. 1/2 par kilomètre. Il s'organise même aujourd'hui des trains de plaisir internationaux. On va, par exemple, en seconde classe, de Paris à Venise et retour, environ 2,600 kilomètres, moyennant 96 francs !

6° Autre avantage accordé au public : nos chemins de fer de banlieue, auxquels une clientèle abondante est assurée, ont tous des tarifs réduits.

La ligne de Paris à Versailles, adjugée en 1837, par voie de rabais, sur une mise à prix de 1 fr. 90 c. par voyageur pour le trajet total, ne prenait que 1 fr. 50 et 1 fr. 25, impôt compris (première et deuxième classe), avant 1871. On paie maintenant, à raison de la taxe additionnelle, 1 fr. 65 et 1 fr. 35. Au taux légal, pour 23 kilomètres, on aurait à payer 2 fr. 80 en première et 2 fr. 10 en seconde.

Sur la ligne de Vincennes, le tarif des jours de semaine correspond, pour certaines stations, à un prix kilométrique de 7 et 5 centimes seulement, impôt compris (première et deuxième classe). Il y a, en outre, matin et soir, un train spécial de troisième classe, destiné aux ouvriers qui habitent la banlieue Est de Paris, et pour lequel les prix perçus ne dépassent guère une moyenne kilométrique de 2 centimes, impôt compris.

De même sur le chemin de ceinture, qui n'a pas moins de 35 kilomètres de développement, tout parcours de 20 kilomètres ou plus coûte, en semaine, 85 et 55 centimes, selon la classe. On peut ainsi faire, en seconde classe, le tour complet de la capitale à raison de 1 cent. 6 par quart de lieue.

7° D'autres réductions sont motivées par la qualité des voyageurs. Nous ne parlons pas seulement des cartes de circulation que les compagnies accordent, nòn seulement à leur personnel, mais aussi à certaines puissances qu'elles trouvent intérêt à ménager, telles que ministres, préfets... et journalistes. Nous parlons surtout du tarif réduit stipulé en faveur des militaires et marins, soit en service, soit en congé.

Primitivement les cahiers des charges disaient : « Les militaires en service ne seront assujettis, eux et leurs bagages, qu'à la moitié de la taxe des tarifs. » Les cahiers des charges actuels disent : « Les militaires en service ou en permission ne seront assujettis qu'au quart de la taxe. »

Des réductions de 50 p. 100 sont également accordées aux indigents, aux membres de certaines congrégations : sœurs de Saint-Vincent-de-Paul, frères de la Doctrine chrétienne, lazaristes, etc ;... aux orphéons, aux lycées et pensionnats en promenade, aux sociétés savantes en excursion, etc...

De toutes ces concessions volontaires ou forcées, on va voir le résultat.

Nous montrions tout à l'heure que le tarif réglementaire, en le supposant constamment appliqué, sans réduction aucune, donnerait pour les trois classes réunies, avec leur clientèle inégale, une recette moyenne de 6 cent. 4, impôt non compris, et de 8 centimes, impôt compris, par voyageur et par kilomètre. Or, en fait, la moyenne réelle a varié comme il suit, impôt non compris :

*Tarif moyen perçu par voyageur et par kilomètre, impôt non
compris, sur les chemins de fer français d'intérêt général* [1].

Années.	Grandes compagnies. (centimes)	Petites compagnies. (centimes)	Moyenne générale. (centimes)
1832-1836 . . .•.	»	»	7,75
1841-1847	»	»	7
1851.	»	»	6,90
1855.	5,91	»	5,91
1860.	5,64	»	5,64
1865.	5,53	5,55	5,53
1866.	5,51	5,31	5,51
1867.	5,29	5,31	5,29
1868.	5,41	5	5,40
1869.	5,44	4,94	5,43
1872.	5,31	5,40	5,31
1873.	5,30	5,31	5,30
1874.	5,31	5,37	5,31
1875.	5,22	5,01	5,21
1876.	5,20	4,73	5,17
1877.	5,21	4,86	5,19

Ainsi la recette moyenne des compagnies par voyageur
kilométrique est tombée un peu au-dessous de 5 cent. 2,
soit, avec l'impôt actuel de 23 p. 100, 6 cent. 4.

Nous avions évalué à 14 centimes par kilomètre le prix
des voyages d'autrefois : 6 cent. 4 au lieu de 15, c'est une
économie de 55 p. 100.

Il nous reste encore à tenir compte de deux éléments qu'on

[1] En 1855, le coût moyen (impôt non compris) du « voyageur kilométrique »
variait, dans les grandes compagnies, d'un minimum de 5 cent. 20 (Midi) à un
maximum de 6,50 (Ouest). En 1865, le minimum est 5,04 (Est), et le maximum
6,35 (Nord). En 1869, le minimum est 4,84 (Est), et le maximum 5,88 (Nord).
En 1876, le minimum est 4,86 (Ouest), et le maximum 5,67 (Nord). En 1877,
le minimum est 4,85 (Est), et le maximum 5,53 (Nord).
Parmi les petites lignes d'intérêt général, celles qui donnent la moyenne la
plus faible sont le chemin de ceinture (rive droite), 3 cent. 08 en 1869 et 3,48
en 1877, et la ligne d'Anzin à Somain, 4,07 en 1869 et 3,34 en 1876. Les
moyennes les plus élevées correspondent aux lignes de Bondy à Aulnay, 7,93
en 1877 ; de Lille à Béthune, 6,84 ; et d'Enghien à Montmorency, 9,93. Cette
dernière ligne, longue de 3 kilomètres seulement, est par exception tarifée sur
le pied de 6 kilomètres.

oublie quelquefois dans les comparaisons de ce genre, comme quelquefois aussi on en exagère l'importance.

Premièrement, il est clair que de la brièveté même des voyages actuels résulte une réduction de dépense très appréciable. *Time is money.* Le temps, c'est de l'argent. Le proverbe est vrai en France comme en Angleterre. Les oisifs, les désœuvrés, qui consomment sans produire, pourraient seuls nier cet axiome de la sagesse des nations. Et encore, la vie ne leur coûte-t-elle pas à eux-mêmes beaucoup plus cher quand ils s'éloignent de chez eux que lorsqu'ils y restent? D'ailleurs, les individualités absolument improductives sont l'exception : les travailleurs constituent partout, Dieu merci! l'immense majorité. Chaque jour de voyage entraîne donc une perte, indépendamment des frais de transport proprement dits. Seulement cette perte est bien difficile à chiffrer [1]. Remarquons, sans tenter une évaluation aussi délicate, qu'un déplacement qui nous prend deux jours avec les chemins de fer, ne nous en prendrait guère moins de cinq ou six, l'un dans l'autre, s'ils n'existaient pas, et que, par conséquent, les dépenses accessoires, quel qu'en soit le montant, se trouvent, grâce aux chemins de fer, plus réduites encore que les frais de transport. La proportion indiquée tout à l'heure se trouverait facilement portée de ce chef de 55 à 57 p. 100.

D'autre part, nous avons comparé les chemins de fer aux messageries ou à la poste aux chevaux, au point de vue des tarifs, comme si la partie était égale entre les uns et les autres. Or les voitures publiques ont toujours joui, en France, d'un privilège qui ne s'étend pas aux compagnies de chemins de fer, savoir : la gratuité des voies parcourues. Nos routes,

---

[1] M. J. Brunfaut, dans son *Étude sur les voies de transport en France,* compte 15 francs par jour. Mais c'est un chiffre arbitraire et qui, comme moyenne, nous paraît exagéré.

construites et entretenues soit par l'État, soit par les départements, soit par les communes, sont mises gratuitement à
la disposition du voiturier comme du piéton[1]. Il n'en est pas
de même des lignes ferrées, dont la construction incombe aux
compagnies, et qui ne deviennent pas leur propriété, puisque
la concession n'est jamais faite pour plus de 99 ans, et qu'à
l'expiration de cette période, le retour au domaine public est
de droit. Il faut donc que les recettes des chemins de fer suffisent, non seulement à couvrir les frais de l'exploitation,
mais aussi à servir l'intérêt et à assurer l'amortissement du
capital immobilisé. C'est ce qu'indique d'ailleurs le tarif
stipulé dans les cahiers des charges, en affectant un tiers de la
taxe kilométrique totale au transport proprement dit et deux
tiers au péage. Mais cette division par tiers n'est qu'une hypothèse. En fait, pour les grandes compagnies, le coût moyen
du transport d'un voyageur à un kilomètre de distance, en ne
tenant compte que des dépenses d'exploitation, a toujours été,
depuis 1860, de 2 centimes, à 2 dixièmes près, tantôt en plus
tantôt en moins.

Si donc l'État livrait gratuitement les voies ferrées toutes
construites aux compagnies, comme il livre les routes ordinaires aux voituriers, les tarifs actuels pourraient encore
être réduits dans des proportions considérables.

Seulement nous devons nous hâter de faire observer qu'en
déchargeant ainsi les compagnies de chemins de fer de toutes

[1] Les ponts à péage font exception; mais le nombre en est aujourd'hui très
réduit, et un projet de loi, récemment déposé par le ministre des travaux
publics, tend à en hâter le rachat. Une autre exception est spéciale aux chemins
vicinaux. Aux termes de la loi du 21 mai 1836, des subventions spéciales sont
imposées aux exploitations (forêts, mines, carrières, usines) dont les charrois
sont cause de dégradations extraordinaires. Les subventions spéciales sont
réglées, soit par voie d'expertise, soit par voie d'abonnement. Les subventions
sont fournies en nature ou en argent, et exclusivement affectées aux chemins
qui y ont donné lieu.

les dépenses afférentes à la construction et à l'entretien des voies qu'elles exploitent, l'État leur ferait un avantage hors de toute proportion avec celui que les voituriers peuvent trouver dans la libre jouissance des chemins publics.

Recherchons, en effet, ce qu'il en peut coûter pour établir et conserver en bon état : 1° une voie ferrée; 2° une route ordinaire.

Nos chemins de fer à double voie, avec leurs dépendances nécessaires, n'absorbent pas moins de 3 hectares de terrain par kilomètre. Au prix moyen des terres en France, cela ferait à peine 6,000 francs. Mais, sans parler de la générosité parfois excessive des jurys d'expropriation, la traversée des villes et les dommages causés aux parcelles riveraines augmentent énormément cette première dépense. Elle dépasse 23,000 francs par kilomètre sur la ligne de l'Ouest, 28,000 francs sur celle de l'Est, 44,000 sur celle du Midi [1].

Viennent ensuite les terrassements et ouvrages d'art. Là aussi, là surtout, de très grandes inégalités résultent de la nature plus ou moins accidentée des divers terrains; mais l'exclusion forcée de toute pente et de toute courbure un peu rapides rend toujours ces travaux d'infra-structure fort couteux. La compagnie de l'Est les évalue à près de 95,000 francs par kilomètre; celle du Midi à 95 ou 100,000. Les mêmes compagnies comptent, toujours par kilomètre : 2,176 francs et 5,588 francs pour frais de clôture, 23,226 francs et 39,924 francs pour l'établissement des gares et stations,

[1] Dans un discours prononcé le 3 juin 1868, M. de Franqueville signalait les énormes différences que présentent les prix alloués par les jurys d'expropriation. Les terrains nécessaires pour la construction du chemin de fer de Toulouse à Bayonne ont coûté par kilomètre, indemnités comprises : 22,800 francs dans la Haute-Garonne; 28,117 francs dans les Hautes-Pyrénées; 38,739 francs dans les Basses-Pyrénées; 83,700 francs dans les Landes. Sur la ligne de Lisieux à Honfleur, le kilomètre est revenu à 90,000, et, sur la ligne du Var à la frontière d'Italie, à 272,990 francs.

80,486 francs et 133,475 francs pour l'armement de la voie, comprenant ballast, traverses, rails...

Avec le matériel roulant, le chiffre total des dépenses de premier établissement s'élève en moyenne à 461,113 francs par kilomètre sur l'ensemble de nos lignes d'intérêt général (grandes compagnies et compagnies diverses) et à 472,891 francs sur le réseau, ancien et nouveau, des six compagnies principales (Nord, Est, Ouest, Lyon, Orléans, Midi).

Il y a naturellement des lignes, même des lignes à double voie, qui coûtent beaucoup moins cher, soit à raison de la nature particulièrement favorable du terrain, soit parce qu'on s'est moins préoccupé en les construisant de la solidité du travail que du bon marché.

On trouve de nombreux exemples de construction économique dans le rapport d'une commission administrative qui avait été chargée, en 1851, d'études relatives à l'exécution des chemins de fer. Ainsi, en France, la ligne à double voie de Creil à Saint-Quentin (102 kilomètres) revenait à 225,000 francs le kilomètre; celle d'Hazebrouck à Calais (60 kilomètres) à 233,000 francs; celle de Dunkerque à Lille (83 kilomètres) à 245,000 francs; la ligne à voie unique de Bordeaux à la Teste (53 kilomètres) n'avait coûté que 113,000 francs le kilomètre; celle d'Anzin à Somain (19 kilomètres), 165,000 francs; celle de Montpellier à Cette (28 kilomètres), 168,000 francs. Sur des terrains moins plats, la ligne de Rouen à Dieppe (61 kilomètres), qui n'avait alors qu'une voie, revenait à 276,000 francs. Dans une région très accidentée, le chemin à double voie de Saint-Étienne à Lyon (57 kilomètres) revenait à 350,000 francs, et la ligne simple de la Grand'Combe à Alais (93 kilomètres), à 211,000 francs.

M. Jacqmin, directeur du chemin de fer de l'Est, citait également, en 1877, devant la commission sénatoriale chargée d'une enquête sur le régime de nos chemins de fer d'intérêt général, les chiffres suivants, qui sont remarquables par leur modération. Les dépenses de construction ressortent, par kilomètre : sur la ligne de Chaumont à Pagny (95 kilomètres), à 148,233 francs ; sur celle de Reims à Metz (184 kilomètres), à 125,331 francs ; sur celle de Chatillon à Chaumont (43 kilomètres), à 107,672 francs ; sur celle de Chatillon à Bar-sur-Seine (32 kilomètres), à 101,102 francs ; sur celle de Saint-Dizier à Wassy (22 kilomètres), à 79,949 francs ; et enfin, sur celle de Bazancourt à Betheniville (17 kilomètres), à 60,386 francs.

En moyenne, nos 1,459 premiers kilomètres de petits chemins d'intérêt général revenaient à 295,400 francs par kilomètre.

Quant aux chemins d'intérêt local, un tableau publié par le *Journal officiel*, en novembre 1877, donnait le coût de construction de 1,218 kilomètres sur 2,204, et le prix moyen était de 147,000 francs.

Toutes choses égales, un kilomètre de chemin de fer coûtait moins cher autrefois que dans les dernières années. Dans un travail récemment publié par M. Louis Bodio, l'éminent directeur de la statistique du royaume d'Italie, on voit le prix moyen du kilomètre monter :

En Angleterre. . . . . de 530,000 fr. en 1858 à 587,500 en 1875 ;
En Allemagne. . . . . de 217,500 fr. en 1865 à 313,750 en 1875 ;
En Belgique. . . . . . de 267,500 fr. en 1865 à 287,500 en 1870 ;
En Autriche-Hongrie. . de 166,250 fr. en 1850 à 327,500 en 1873.

Pour l'ensemble des 300,000 kilomètres de chemins de fer dont le globe terrestre est actuellement sillonné, le coût moyen du kilomètre paraît être de 275,000 à 300,000 francs.

Les routes ordinaires coûtent infiniment moins cher, et malgré l'immense développement qu'elles présentent en France, leur valeur totale n'arrive pas à la moitié de celle de nos chemins de fer. Il serait d'ailleurs impossible de reconstituer le prix initial de nos 37,300 kilomètres de routes nationales, de nos 39,000 kilomètres de routes départementales, de nos 350,000 kilomètres de chemins vicinaux. Dans les parties nouvellement ouvertes, le coût moyen d'établissement paraît être d'environ 24,000 francs par kilomètre pour les routes nationales, de 15 à 20,000 francs pour les routes départementales, de 12,000, 6,000 et 4,000 francs pour les chemins vicinaux de grande communication, d'intérêt commun et ordinaires. Quant à l'entretien de ces divers réseaux, on peut en évaluer la dépense annuelle à 600 francs par kilomètre pour les routes nationales, 450 francs pour les routes départementales, 310, 220 et 100 francs pour les chemins vicinaux.

Ces chiffres montrent bien que la voie, dans les voyages en voiture, représente une part infiniment moindre de la dépense totale que dans les voyages en chemin de fer; et il suit de là que, pour arriver à une comparaison équitable, il convient, non pas de réduire le tarif des chemins de fer au simple prix de transport, mais d'ajouter au tarif des anciennes voitures publiques un supplément calculé de manière à pouvoir couvrir les dépenses de construction et d'entretien qui, en fait, restent à la charge exclusive de l'État, des départements ou des communes.

Pour les grandes routes que parcouraient les anciennes messageries, en comptant 24,000 francs pour frais de premier établissement et 600 francs pour frais annuels de conservation, le loyer total du kilomètre serait de 5 francs par jour, ce qui, avec une circulation générale de 200 à 210 col-

liers, ferait un peu plus de 2 centimes par collier et environ 1 centime par voyageur.

C'est peu de chose, on le voit. Cependant il n'en faut pas
davantage pour porter de 57 à 60 p. 100 l'économie véritable que la vapeur procure aux voyageurs.

Et, si nous rapprochons ce résultat de la recette totale
encaissée en 1877 par les compagnies françaises d'intérêt
général, rien que pour le transport des personnes, soit
250 millions, nous nous trouvons autorisé à croire que les
chemins de fer ont, de ce seul chef, épargné à la France une
fois et demie la même somme, soit 375 millions.

III

Après avoir analysé les tarifs français, il nous reste à
passer en revue les tarifs étrangers, afin de montrer dans
quelle mesure les conclusions qui précèdent peuvent être
généralisées.

Commençons par l'Angleterre.

Les voyages en diligence y coûtaient en moyenne près de
25 centimes par kilomètre. C'était, comme on le voit, beaucoup plus cher que chez nous. Les chemins de fer anglais
ont eux-mêmes des tarifs supérieurs aux nôtres, mais l'écart
est bien moindre que pour les voitures ; de sorte que l'économie due à l'emploi de la vapeur comme moyen de transport est plus grande encore pour nos voisins d'outre-Manche
que pour nous.

En Angleterre comme en France, les actes de concession
fixent le maximum des taxes que chaque compagnie est
autorisée à percevoir. Mais en Angleterre ce maximum n'est
pas le même partout ; il varie considérablement d'une compagnie à une autre, ainsi que le prouve le tableau ci-dessous,

extrait de l'excellent travail de M. Ch. de Franqueville sur le
Régime des travaux publics en Angleterre :

Maximum légal des tarifs anglais par kilomètre.

Compagnies.	1re classe. (centimes)	2e classe. (centimes)	3e classe. (centimes)
London and North-Western	14	9	6,2
London-Chatam-Dover.	19	12,5	6,2
Great-Eastern	19	12,5	9,5
London et South-Western	16	9	6,2
London, Brighton and South Coast . .	17	14	6,2
Great-Northern.	19	12,5	9,5
South-Eastern	19	12,5	6,2
Caledonian.	19	12,5	9,5
Glasgow and South-Western.	17	15,5	6,2
Great-Southern and Western (Irlande).	19	12,5	6,2
Great-Western.	12,5	9,5	6,2
Lancashire et Yorkshire.	17	12,5	7,7
Manchester, Sheffield and Lincolnshire.	19	12,5	9,5
Midland	19	12,5	9,5
North-British.	19	12,5	9,5
North-Eastern	19	12,5	7,7

Certaines compagnies sont même soumises à des conditions
différentes pour les diverses parties de leur réseau. Ainsi,
dans les actes relatifs à la concession des lignes dont la réunion forme aujourd'hui le *Great Eastern*, la limite légale varie
de 19 à 16 centimes par kilomètre pour la première classe,
de 13,2 à 9,5 pour la seconde, de 9,5 à 6,2 pour la troisième.

En fait, la plupart des compagnies font payer le tarif plein
(6 c.2) aux voyageurs de troisième classe. Pour la première
classe et la seconde, les compagnies qui perçoivent la taxe
maximum, comme celle du Sud de la Tamise, sont l'exception;
presque toutes réduisent leurs prix, surtout pour les aller et
retour [1]. Quelquefois aussi le tarif kilométrique est réduit

[1] Le billet simple de première classe, pour aller de Londres à Manchester,
coûte 40 fr. 96 cent.; le billet d'aller et retour, 68 fr. 74 cent., soit 34 fr. 37 cent.
pour chaque voyage.

pour les longs parcours. Ainsi le voyageur à qui l'on demande 14 et 10 centimes par kilomètre pour le porter de Londres à Birmingham (111 kilom.) ne paie plus que 11 cent. 8 et 9,2 par kilomètre pour aller de Londres à Inverness (951 kilom.).

Les prix actuels sont d'ailleurs, en Angleterre comme en France, plus modérés dans leur ensemble que la plupart de ceux qui les ont précédés. Voici, d'après MM. de Franqueville et Flachat, la recette moyenne, par voyageur et par kilomètre, à cinq époques différentes de l'histoire des chemins de fer anglais :

Époques.	1re classe. (centimes)	2e classe. (centimes)	3e classe. (centimes)
1842 (M. de Franqueville)	17	11	7
1847 (id.)	12,6	9	5
1852 (id.)	13,8	8,5	6,5
1861 (M. Flachat).	13,5	10,5	6,4
1874 (M. de Franqueville)	12	9	6,2

Presque toutes les compagnies anglaises accordent la franchise pour les bagages, non jusqu'à 30 kilogrammes uniformément, comme en France, mais jusqu'à 54, 45 ou 25 kilogrammes, selon que le billet est de première, seconde ou troisième classe.

Si les tarifs anglais sont plus élevés que les nôtres, il n'en est pas de même des tarifs belges : nulle part en Europe, et même ailleurs, les tarifs ne sont descendus aussi bas. Comme les chemins de fer appartiennent en grande partie à l'État, le gouvernement avait toute liberté pour y faire des expériences. Peut-être les a-t-il un peu trop multipliées. On a essayé successivement de tous les systèmes. En 1866, voici quelles étaient les bases du tarif kilométrique :

	Trains express. (centimes)	Trains omnibus. (centimes)
1re classe	10	8
2e classe	7,5	6
3e classe	»	4

On essaya ensuite des tarifs différentiels. Les 50 premiers kilomètres se payaient sur le pied de 6, 4 et 3 centimes ; au delà de 50 kilomètres, on payait 3 centimes, 2 centimes et 1 centime 1/2 ; enfin, au delà de 100 kilomètres, le kilomètre ne coûtait plus que 2 centimes, 1 centime 1/2 et 1 centime.

Ainsi, pour aller de Bruxelles à Ostende (124 kilom.), on payait 5 francs en première classe, 3 fr. 50 en seconde, 2 fr. 50 en troisième. Pour se rendre compte de la hardiesse d'une pareille réforme, il suffit de remarquer qu'en France, un parcours égal, comme par exemple celui de Paris à Chauny (Aisne), revient à 15 fr. 25, 11 fr. 40 et 8 fr. 40. Nos prix actuels représentent donc plus du triple du tarif que la Belgique pratiquait avant 1871.

Le tarif proportionnel qui a remplacé ce tarif différentiel était encore très modéré. En voici les bases :

	Trains express. (centimes)	Trains omnibus. (centimes)
1re classe	9	7,2
2e classe	6,75	5,4
3e classe	4,50	3,6

Tout récemment (juillet 1879), les prix ont dû être, par suite de nécessités budgétaires, relevés de 5 p. 100.

On remarquera que, contrairement à ce qui se fait en France et en Angleterre, il n'est accordé aucune franchise pour les bagages.

Les tarifs des voyageurs sont uniformes :

En Suède et Norvège : 10 centimes, 6 centimes et 5 cent. 3 par kilomètre, avec 2 p. 100 d'augmentation pour les express, qui marchent à raison de 50 kilomètres à l'heure ;

En Hollande : 10 cent. 5, 18 cent. 4 et 5 cent. 25 ;

En Autriche : 12 centimes, 9 centimes et 5 centimes ;

En Portugal : 14 centimes, 10 centimes, 6 et 7 centimes.

En Espagne, la taxe uniforme de 13 centimes, 10 cent. 07 et 6 cent. 17, par kilomètre, ne rencontre d'exception que sur la ligne de Madrid à Irun, où la première classe coûte un peu plus cher, soit 13 cent. 15, la seconde et la troisième un peu moins cher, 9 cent. 87 et 5 cent. 92.

Sur les chemins de fer russes, les compagnies perçoivent 18 ou 19 centimes par kilomètre pour les billets de première classe, 13 centimes pour les billets de seconde. La troisième classe leur paie : sur la ligne de Moscou à Odessa, 7 cent. 6; sur celle de Saint-Pétersbourg à Moscou, 10 centimes dans les trains express et 4 centimes seulement dans les trains omnibus.

Mais ces taxes, déjà si lourdes pour la plupart, ne constituent pas aujourd'hui la dépense totale du voyageur, une loi du 26 décembre 1878 ayant établi au profit de l'État, sur les prix des places, un impôt fixé à 25 p. 100 de ces prix pour les voyageurs de première et seconde classe et à 15 p. 100 pour ceux de troisième.

M. Jacqmin, en 1867, établissait comme il suit les tarifs des chemins de fer prussiens par kilomètre :

Lignes.	1re classe. (centimes)	2e classe. (centimes)	3e classe. (centimes)	4e classe. (centimes)
Chemin rhénan.	12,1	6	4	1,80
Cologne-Minden.	11,6	7,5	5	2,66
Est prussien	10,6	8,1	5	2,66
Berg-Marche.	9,8	7,8	5,6	3,2

Les voitures de quatrième classe, aujourd'hui supprimées, étaient des espèces de tombereaux couverts, mais dépourvus de sièges, assez semblables à nos wagons à bestiaux. Sur plusieurs lignes, les prix étaient majorés de 20 p. 100 pour les express.

Aujourd'hui, les tarifs allemands varient entre les limites suivantes, toujours par kilomètre :

	Prix maximum. (centimes)	Prix minimum. (centimes)
1re classe	11,6	8
2e classe	8,9	6
3e classe	6,25	3

En 1874, le Conseil fédéral, prenant en considération la situation financière des compagnies allemandes, avait cru devoir relever de 20 p. 100 les tarifs maximum. Les compagnies n'ont pas toutes fait usage de cette faculté : quelques-unes ont conservé leurs prix antérieurs ; d'autres les ont augmentés de plus d'un cinquième. De là les écarts considérables que présentent les tarifs actuels.

Les tarifs des chemins de l'État ont eux-mêmes été plus d'une fois changés. Dans l'Alsace-Lorraine, ils ont été si brusquement rehaussés, le 20 juillet 1874, que « des voyageurs, dit M. Jacqmin, arrivèrent dans les gares sans avoir en poche l'argent nécessaire au payement de la nouvelle taxe. » Le 19 juillet, on payait d'Avricourt à Strasbourg : 7 fr. 45, 4 fr. 35 et 2 fr. 50 ; le lendemain on avait à payer : 9 fr. 30, 6 fr. 20 et 4 francs.

En Italie, avant 1870, le tarif kilométrique était partout de 10 centimes pour la première classe, de 7 à 8 centimes pour la seconde, de 5 à 6 centimes pour la troisième. Nous trouvons maintenant les chiffres suivants :

	Prix maximum. (centimes)	Prix minimum. (centimes)
1re classe.	12,5	10
2e classe.	9	7
3e classe.	6,5	5

C'est sur la ligne de Venise à Bologne par Padoue que nous relevons les prix les plus élevés. Les plus bas sont ceux

de la grande ligne du littoral Ouest (Turin, Gênes, Rome).
Les bagages que le voyageur peut conserver avec lui sont
seuls transportés gratuitement.

Les chemins de fer suisses, en 1867, étaient tarifés sur le
pied de 10 cent. 41 par kilomètre pour la première classe, de
7 cent. 29 pour la seconde, de 5 cent. 2 pour la troisième.
Voici actuellement les prix extrêmes :

	Prix maximum. (centimes)	Prix minimum. (centimes)
1re classe.	11,1	10
2e classe.	8	6,7
3e classe.	5,9	4,5

La ligne de Lausanne à Berne est celle qui fournit les prix
maximum. Le minimum est donné, pour la première classe,
par la ligne de Winterthur à Constance, pour la deuxième et
la troisième, par celle de Coire à Wesen.

Pour la Turquie, le livret Chaix nous indique les limites
suivantes :

	Prix maximum. (centimes)	Prix minimum. (centimes)
1re classe.	19,3	15,5
2e classe.	14,3	11,5
3e classe.	9,5	7,5

Les prix les plus élevés sont ceux de la ligne de Doberlin
à Banjaluka; les plus modérés sont ceux de la ligne d'An-
drinople à Dedeagh.

Somme toute, voici dans quel ordre les différents pays de
l'Europe pourraient se classer au point de vue, non de la
recette moyenne, mais du tarif kilométrique moyen applicable à la troisième classe, en commençant par les prix les
moins élevés :

Belgique. — Allemagne. — Suisse. — Suède et Norvège.
— Hollande. — Italie. — Autriche-Hongrie. — France. —
Espagne. — Portugal. — Angleterre. — Russie. — Turquie.

En dehors de l'Europe, le réseau le plus intéressant est celui des États-Unis, qui, en 1879, possèdent à eux seuls 132,000 kilomètres de chemins de fer, presque autant que tous les pays de l'Europe ensemble. .

D'après M. Michel Chevalier, les voitures publiques, dans l'Amérique du Nord, transportaient autrefois les voyageurs à raison de 15 centimes en moyenne par kilomètre, et le tarif unique qui fut d'abord appliqué sur les voies ferrées des États-Unis n'était guère moindre : 13 centimes 1/2. C'était encore le taux généralement adopté au milieu du siècle, au dire de M. Stucklé, qui signale cependant des exceptions : par exemple, la ligne de Boston à New-York, il y a trente ans, ne prenait que 6 centimes 3/4 par kilomètre, d'autres lignes demandaient 10 centimes 1/4.

Aujourd'hui, ce n'est pas chose facile que de donner en quelques mots une exacte idée du prix des voyages en Amérique, car le système de liberté absolue qui y a présidé à la création des chemins de fer a pour conséquence naturelle une extrême diversité et une extrême mobilité des tarifs. Les grandes compagnies des États-Unis en sont arrivées à constituer des puissances bien plus irrésistibles que les nôtres, et leur capricieuse indépendance ne profite ni au public ni aux actionnaires. La déférence intéressée des gouvernements locaux et du Congrès fédéral lui-même font des « sept rois », comme on les appelle, de véritables despotes. Aussi les tarifs changent-ils presque incessamment, s'élevant ou s'abaissant selon qu'il y a accord ou antagonisme entre les compagnies. C'est à ce point que, dans le livret mensuel d'Appleton (c'est le livret Chaix des États-Unis), le voyageur trouve les renseignements les plus complets sur les heures des trains, les distances, etc..., mais on y cherche vainement l'indication des prix, qui, variant selon les cours du papier-monnaie, selon les saisons et parfois selon les personnes, — car il n'est pas rare qu'on traite à forfait, — échappent ainsi à toute codification.

Quand la concurrence et par suite le bon marché sont à l'ordre du jour, les billets sont pour rien. Pendant l'Exposition de Philadelphie, en 1876, trois ou quatre compagnies rivales se disputaient le touriste qui, de New-York, voulait aller visiter les chutes du Niagara, et, grâce aux guerres de tarifs qu'elles se faisaient entre elles, ce trajet d'environ 600 kilomètres ne coûtait pas plus de 5 dollars (9 dollars aller et retour); c'était à peu près 4 centimes par kilomètre.

Là au contraire où la fusion des lignes concurrentes a créé de fait un monopole, les prix sont deux ou trois fois plus élevés. On a vu parfois sur le *Grand Trunk* et ailleurs des différences de 50 p. 100, en plus ou en moins, introduites presque instantanément dans les prix d'une compagnie [1].

Les trains américains ne comportaient primitivement qu'une seule classe de voyageurs, et, actuellement encore, les compagnies ne délivrent qu'une seule espèce de billets. Mais il est avec l'esprit égalitaire des Yankees de nombreux accommodements, et tout voyageur peut maintenant, moyennant un supplément, passer des wagons ordinaires dans les compartiments beaucoup plus confortables qu'un industriel, M. Pullmann, s'est fait autoriser à mettre partout à la disposition du public. Les wagons Pullmann sont de plusieurs sortes : wagons-lits, wagons-restaurants, wagons-hôtels. Le loyer qu'on paie à l'entrepreneur est de 2 dollars par nuit

[1] Deux voyageurs différents, qui ont traversé l'Amérique à quelques mois de distance, nous disent avoir payé, de San-Francisco à New-York : l'un, 163 dollars (815 francs); l'autre, 140 (700 francs). Le chiffre intermédiaire de 750 francs donnerait, pour un parcours de 5,540 kilomètres, un taux kilométrique moyen de 13 centimes 1/2, supérieur à celui des chemins de fer français, même en première classe.

dans les wagons-lits ordinaires. Les wagons-hôtels se louent 85 dollars par jour : il est vrai qu'ils ne coûtent pas moins de 22,000 dollars à construire. On y trouve salon, chambres, cuisine, etc,... bref, de quoi loger, tant bien que mal, vingt-cinq personnes.

Les tarifs des chemins de fer égyptiens sont très inégaux :

Lignes de la basse Égypte : trains express, 17 et 11 centimes par kilomètre ; trains omnibus, 14 cent. 9 et 6 centimes.

Ligne de Rosette : pour tous les trains, 15 centimes, 9 cent. 4 et 6 centimes.

Ligne de la haute Égypte : pour tous les trains, 10 centimes, 6 cent. 8 et 3 cent. 7.

Disons encore un mot d'un nouveau genre de tarif qui a été essayé sur le chemin de fer de la vallée de l'Irawaddy, dans la Birmanie anglaise, inauguré en 1877[1]. On a essayé là d'un prix invariable, indépendant de la distance parcourue, comme pour les omnibus de Paris ou comme pour les expéditions postales. Le billet coûte 1 fr. 25, 0 fr. 60 ou 0 fr. 30, selon la classe.

M. Tolain a un jour étonné l'Assemblée nationale en disant que la solution vraie de la question sociale consisterait à rendre ainsi le prix des transports indépendant des distances. Sait-il que le seul pays où la question sociale ait été résolue selon sa formule est le pays birman ?

[1] Voir le *Journal officiel* du 7 juin 1877.

CHAPITRE III.

Le prix des transports de marchandises par terre.

Les transports de marchandises par terre avant les chemins de fer. —
Le colporteur, la mule, le chameau. — Le roulage et ses prix. — Les
chemins de fer. — Tarifs réglementaires. — Tarifs de faveur. — Prix
moyens. — Leur décroissance. — Frais accessoires et charges fiscales.
— Calcul de l'économie réalisée. — Tarifs étrangers. — Angleterre,
États-Unis.

Les chemins de fer ont, en France, réduit de 60 p. 100 le prix
des voyages : telle est la conclusion du précédent chapitre.

Quelle a été leur influence sur le prix des transports de
marchandises ? C'est ce que nous avons à rechercher maintenant.

I

Les nouveaux moyens de transport se sont en grande
partie substitués aux anciens, mais ils n'en ont supprimé
aucun. Il n'y a qu'à jeter les yeux autour de soi pour retrouver, existant côte à côte, dans les pays les plus civilisés,

les divers moteurs et les divers véhicules correspondant aux phases successives de la civilisation ancienne et moderne.

Au commencement, l'homme ne connaissait d'autre véhicule ni d'autre moteur que lui-même. On chercherait vainement de nos jours une peuplade, si sauvage pût-elle être, qui en fût encore réduite là. Mais le transport à dos d'homme n'en reste pas moins universellement pratiqué.

Les gares de chemins de fer et les ports emploient des milliers de porteurs. Paris est sillonné par une foule de commissionnaires, garçons de magasin, filles de boutique, etc... dont la fonction consiste à distribuer dans la ville les paquets de toutes sortes que les marchands ont à faire parvenir à leurs clients. Enfin, le colporteur n'est pas un type disparu, même le colporteur à pied.

« Un homme, disait Proudhon, dans son curieux travail sur les *Réformes à opérer dans l'exploitation des chemins de fer*, un homme, sa boite sur le dos, allant de village en village et de foire en foire, par sentiers étroits et chemins de traverse, peut porter un poids de 30 à 36 kilogrammes, soit la moitié de son propre poids, et parcourir chaque jour, ainsi chargé, 20 kilomètres. Évaluons la dépense de cet homme à 3 francs par jour, et admettons que le bénéfice de son commerce soit en moyenne de 10 p. 100. Si la vente est de 30 francs par jour, le colporteur gagne sa vie ; si elle atteint 60 francs, il bénéficie de 3 francs. Supposons que la charge du colporteur, pesant 30 kilogrammes, vaille en tout 300 francs, et qu'il lui faille une semaine pour l'écouler. Le poids diminuant chaque jour, ce sera comme si notre porteballe avait transporté chaque jour un poids de 15 kilogrammes à 20 kilomètres, soit 300 kilogrammes à 1 kilomètre. La dépense dè l'homme étant de 3 francs par jour, le transport revient ainsi à 15 centimes par 15 kilos, charge moyenne du colporteur et par kilomètre, soit 10 francs par tonne kilométrique. Dans ces conditions, il est vrai, le porteballe cumule la qualité de négociant avec celle de porteur. S'il n'exerçait que la seconde de ces industries, comme il pourrait chaque jour transporter un poids moyen double et parcourir 30 kilomètres, le prix de revient du transport ne serait plus que 3 fr. 33 par tonne et par kilomètre. » Mais c'est encore un prix énorme, et il nous dit assez qu'en dehors des poids légers et des courses très limitées, le transport à dos d'homme est un procédé très insuffisant, presque barbare.

Passons de l'homme au quadrupède : en fait de transports, c'est progresser. Un muletier peut conduire deux mules, portant chacune un poids de 175 kilogrammes et faisant chaque jour 30 kilomètres.

Le coût du transport se règle alors de la manière suivante :

Dépense de l'homme.	3 fr.	»	par jour.
Dépense des deux mules.	3	50	—
Amortissement (bêtes et harnais).	1	»	—
Total. . .	7 fr.	50	par jour.

En supposant 300 jours de travail pendant l'année (soit, pour les deux mules, 3,150 tonnes kilométriques), le prix moyen de revient de la tonne kilométrique ressort à 87 centimes.

Le chameau est un moteur et un véhicule plus avantageux encore pour les pays auxquels la nature l'a destiné. Voici, d'après le général Daumas, comment sont organisés en Afrique les transports à dos de chameau et par caravane :

Quinze marchands se réunissent pour le voyage du Soudan et choisissent un chef, total : 16 hommes. Chaque entrepreneur charge de marchandises trois chameaux, un quatrième porte provisions et bagages, ce qui fait 60 chameaux pour la caravane entière. Ce robuste animal, avec son dos voûté, ses longues jambes, son pied fourchu, peut porter 400 kilogrammes à raison de 40 kilomètres par jour, et cela, au besoin, pendant plus d'un mois. Sa nourriture coûte peu ; mais la bête coûte assez cher, parce que la femelle porte douze mois et que le petit est long à élever.

Dans ces conditions, on peut établir comme suit le compte de revient du transport à dos de chameau :

<pre>
        Un homme. . . . . 2 fr. 50   par jour.
        Quatre chameaux. . . . 4   »   —
        Amortissement. 2   50   —
                                ───────────────
                  Total. . . 9 fr.   »   par jour,
</pre>

et pour l'année, 3,285 francs.

Deux voyages par an, aller et retour, soit 160 jours de marche, font un parcours total de 6,400 kilomètres. La charge normale étant de 400 kilogrammes par chameau, la totalité du transport, pour chaque entrepreneur et pour l'année, est de 7,680 tonnes kilométriques. La tonne kilométrique revient donc ici à 42 centimes.

Arrivons au roulage. Il faut nous attendre ici à un nouveau progrès dans la voie du bon marché, puisque le cheval, qui ne peut guère porter que son propre poids, traîne sans peine une voiture de 500 kilogrammes, chargée d'un poids triple (1,500 kilogr.) [1].

---

[1] Arago considérait que l'auteur inconnu de la substitution du roulage aux transports à dos de cheval avait réduit la dépense de 90 p. 100 et devait compter, à ce titre, parmi les bienfaiteurs de l'humanité.

Cependant, si nous remontions jusqu'aux carrosses du xvii⁰ siècle, nous verrions leur imperfection comme véhicules et l'insuffisance de la viabilité produire des prix de transport plus excessifs encore pour les colis que pour les personnes : 3 sols par livre de Paris à Dijon (80 heures), c'est-à-dire 300 livres pour 1,000 kilogrammes portés à 320 kilomètres, soit 18 ou 19 sols, en monnaie de nos jours, 1 fr. 50 par tonne kilométrique.

Le décret révolutionnaire du 6 ventôse an II nous révèle déjà des prix trois fois moindres : « Le prix maximum des transports de grains et de fourrages est descendu de 6 sous à 5 sous par heure et par quintal (65 cent. par tonne kilom.) ; celui des autres marchandises ne sera que de 4 sous sur les grandes routes et de 4 sous et demi sur les routes de traverse (50 et 56 cent.). »

Mais ce ne sont pas ces tarifs antiques qu'il faut comparer à ceux des chemins de fer. Demandons-nous ce que coûtait, en plein xix⁰ siècle, le transport par roulage d'une tonne de marchandises à 1,000 mètres de distance.

L'auteur des *Réformes à opérer dans l'exploitation des chemins de fer* analysait comme il suit les conditions économiques du roulage accéléré : « La carriole est la base du roulage accéléré;... une carriole vide pèse 500 kilogrammes, et pourrait en porter 2,000. Mais, eu égard à la force du cheval, la charge moyenne d'une carriole n'est, dans la pratique, que de 1,500 kilos... Ainsi chargé, un cheval peut fournir de 32 à 36 kilomètres par jour. Un seul homme conduit trois carrioles. Le cheval de carriole est, en général, un cheval de choix, de 800 à 1,000 francs; l'amortissement de ce cheval n'est pas moindre de 30 centimes par jour; l'usure de la carriole et des harnais représente de 75 centimes à 1 franc. »

D'après ces éléments, on peut découvrir le prix de revient du transport par roulage accéléré :

Un homme. . . . . 5 fr. » par jour.
Trois chevaux. 7   50   —
Amortissement des chevaux, des
    voitures, harnais. 3   90   —
                                    Total. . . 16 fr. 40   par jour.

« Soit, pour 4,500 kilogrammes transportés à 32 kilomètres ou 144,000 kilogrammes à 1 kilomètre, $\dfrac{16\,\text{fr.}\,40}{144} = 0\,\text{fr.}\,1129$ par tonne kilométrique. A quoi il convient d'ajouter, pour frais généraux dont nous omettons le détail, 4 cent. 5, ce qui porte le prix total du transport à 15 cent. 79. » Soit, avec le bénéfice nécessaire de l'exploitant, au moins 20 centimes.

Nous trouvons bien des tarifs inférieurs indiqués dans le *Journal des chemins de fer* du 24 juin 1854 :

Du Havre à Nantes (329 kil.), 55 à 60 francs la tonne, soit 16 cent. 71 à 18 cent. 24 par tonne kilométrique.

De Rouen à Orléans (200 kil.), 30 à 35 francs, soit 15 centimes à 17 cent. 5 par tonne kilométrique.

Mais ce sont là des chiffres trompeurs. Ce ne sont pas des prix normaux ; ce sont des prix de concurrence auxquels le roulage était descendu pour disputer aux chemins de fer d'Orléans et de Rouen une partie de leur trafic, avant le traité d'union de deux compagnies. C'était l'agonie d'une industrie à laquelle le chemin de ceinture allait bientôt donner le coup de grâce.

M. Eugène Flachat, dans l'enquête de 1861, évaluait la tonne kilométrique, par route, à 20 centimes : « Le transport d'une tonne de marchandises sur les routes de terre coûtait, dit-il, à l'origine des chemins de fer, de 80 centimes à 1 franc par lieue de 4 kilomètres. Il coûte encore de 75 centimes à 80 centimes, soit 20 centimes par kilomètre. »

M. Nicolas indique également pour le roulage ordinaire le taux de 20 centimes vers 1847; mais il en fait le terme extrême d'une série décroissante, où figurent les chiffres suivants : 25 centimes au moins vers 1830, plus de 30 centimes vers 1814, et plus de 40 centimes aux époques antérieures.

M. Jacqmin a extrait des prospectus des commissionnaires de roulage, pour la période 1834-1846, les chiffres cidessous :

Parcours.	Distances. (kilomètres)	Roulage accéléré. (par tonne)	Roulage ordinaire. (par tonne)
Paris à Metz.	322	150 fr.	90 fr.
— à Nancy	318	140	80
— à Strasbourg.	461	200	110
— à Mulhouse	476	200	110
— à Bâle.	509	220	130

Ce qui fait ressortir la tonne kilométrique de 43 centimes à 45 centimes 1/2 pour le roulage accéléré, et de 23 à 28 centimes pour le roulage ordinaire.

En confondant dans un même taux moyen les deux roulages, il n'y a évidemment aucune exagération à fixer, avec M. Krantz, à 25 centimes la dépense moyenne de l'expéditeur par tonne kilométrique [1].

---

[1] La diversité des évaluations provient de ce que les tarifs de l'ancien roulage variaient, non seulement d'une route à une autre, mais souvent du jour au lendemain. Quand la marchandise était abondante, les moyens de transport devenant insuffisants, les prix s'élevaient d'une manière désastreuse. C'est ainsi que les prix, aux époques de disette, en 1847 par exemple, et même en 1855, se trouvaient triplés, quintuplés, parfois décuplés. Lorsqu'au contraire la rareté du trafic menaçait les voituriers de voyager à vide, les prix tombaient. La fixité des tarifs des chemins de fer constitue pour le commerce un bienfait presque égal à celui qui résulte de leur modicité.

Notons ce résultat, et rapprochons-en le prix des transports de marchandises par chemin de fer.

II

Voici comment se résumait le premier tarif applicable aux expéditions de marchandises en petite vitesse par voies ferrées :

Tarif kilométrique de 1835.

ANIMAUX, PAR TÊTE.	Péage. (cent.)	Transport. (cent.)	Total. (cent.)
Bœufs, vaches	6	4	10
Chevaux, mulets	4	2	6
Veaux, porcs.	1	1	2
Moutons, chèvres.	1	0,75	1,75

MARCHANDISES, PAR TONNE.			
Houille.	5	3	8
Première classe.	7	5	12
Deuxième classe	9	5	14
Troisième classe	10	6	16

Voici maintenant le tarif réglementaire actuellement applicable à toutes nos grandes compagnies, grande et petite vitesse :

Tarif kilométrique actuel.

ANIMAUX, PAR TÊTE.	Péage. (cent.)	Transport. (cent.)	Total. (cent.)
Petite vitesse :			
Bœufs, vaches, chevaux, etc.	7	3	10
Veaux et porcs	2,5	1,5	4
Moutons, chèvres, etc.	1	1	2
Grande vitesse :			
Les prix de la grande vitesse sont doubles de ceux de la petite.			

MARCHANDISES, PAR TONNE.			
Petite vitesse :			
1re classe. Spiritueux. — Huiles. — Œufs. — Viande fraîche. — Gibier. — Sucre. — Café, etc. . .	9	7	16

	(cent.)	(cent.)	(cent.)
2e classe. Blés. — Grains. — Farines. — Chaux et plâtre. — Bois et charbon de bois. — Marbres. — Cotons. — Laines. — Vins. — Vinaigres. — Bières. — Coke. — Fers. — Cuivres, etc . . .	8	6	14
3e classe. Pierres de taille. — Minerais. — Fonte brute. — Sel. — Briques, ardoises, etc. . . .	6	4	10
4e classe [1]. Houille. — Marne. — Cendres. — Fumiers. — Engrais. — Pierres à chaux et à plâtre. — Minerais de fer. — Cailloux et sables.			
Pour le parcours de 0 à 100 kilomètres, sans que la taxe puisse être supérieure à 5 francs . . .	5	3	8
Pour le parcours de 101 à 300 kilomètres, sans que la taxe puisse être supérieure à 12 francs.	3	2	5
Pour le parcours de plus de 300 kilomètres . . .	2,5	1,5	4
Grande vitesse :			
Excédents de bagages et autres marchandises en grande vitesse. — Poisson frais, etc.	20	16	36

En résumé, la tonne kilométrique est tarifée :

En grande vitesse.	à 36 centimes.
En petite vitesse :	
1re classe	à 16 —
2e classe	à 14 —
3e classe	à 10 —
4e classe	à 8, 5 ou 4 centimes.

Le tarif moyen de la petite vitesse représente donc à peine la moitié des prix du roulage.

Et il faut répéter ici ce que nous avons dit en parlant des transports de voyageurs. Le prix moyen ne se confond pas avec le tarif moyen, il lui est toujours inférieur. Cette infériorité résulte tout d'abord de la répartition forcément très inégale du trafic entre les quatre classes du tarif de petite vitesse. Il suffit de parcourir le détail de chacune de ces classes pour

[1] Cette quatrième classe a été détachée de la troisième en 1863, lors de la révision des conventions passées en 1859 entre l'État et les grandes compagnies.

comprendre que, dans beaucoup de trains de marchandises, le nombre de tonnes appartenant à la quatrième classe doit être supérieur au contingent réuni des trois autres.

Et puis, il s'en faut de beaucoup que le tarif réglementaire que nous venons de mettre sous les yeux du lecteur, soit le seul appliqué en pratique. Les compagnies ne peuvent aller au delà des prix *maximum* qu'il stipule ; mais il leur est toujours loisible de rester en deçà, aux seules conditions suivantes :

1° Tout changement doit être affiché un mois d'avance.

2° Les tarifs abaissés ne peuvent être relevés qu'après des délais déterminés ;

3° Ils doivent être homologués par l'administration.

Or l'expérience a démontré aux compagnies la nécessité de superposer au tarif réglementaire de nombreux tarifs à prix réduits. Ces tarifs sont : les tarifs spéciaux, les tarifs différentiels, les tarifs communs, les tarifs d'exportation, les tarifs de transit ou internationaux.

1° Les tarifs spéciaux proprement dits sont accordés aux expéditeurs qui se soumettent à certaines conditions : acceptation de délais supérieurs aux délais réglementaires de petite vitesse ; poids minimum de chargement (3, 4, 5 ou même 10 tonnes) ; renonciation à toute répétition pour le cas d'avaries, etc.

2° Par tarifs différentiels, on entend tous ceux qui comportent des inégalités méthodiques, soit dans les prix perçus, soit dans les conditions d'application de ces prix. « Ce sont, disait au Sénat, en 1863, le comte Mallet, inspecteur général des ponts et chaussées, ceux qui varient pour les différents parcours d'un chemin de fer, suivant une loi autre que la proportionnalité à la distance, ou dans lesquels le prix demandé pour un parcours double ou triple n'est pas double ou triple de la distance simple. »

Le but ordinaire des tarifs différentiels est de rendre le monopole des compagnies de plus en plus effectif, en décourageant toutes les concurrences. M. Dietz Monnin, dans un rapport parlementaire du 14 mars 1874, donne à cet égard des éclaircissements propres à édifier le lecteur. C'est surtout contre la batellerie que ces tarifs sont ordinairement dirigés. Citons un exemple entre mille. Les vins et eaux-de-vie du Bordelais pourraient être conduits au Havre, par mer, à des conditions très modérées, soit 25 francs les 1,000 kilogrammes. Or le transport de la tonne, de Bordeaux à Pontoise, coûte 53 francs, et Pontoise est plus près de Bordeaux que le Havre. Eh bien, pour disputer à la batellerie son fret, le chemin de fer transporte les vins de Bordeaux au Havre à raison de 20 francs la tonne !

On comprend qu'une arme aussi meurtrière ait souvent provoqué de la part de ceux qu'elle frappe les réclamations les plus vives. On s'est quelquefois demandé si le principe et l'application des tarifs différentiels étaient compatibles avec l'égalité absolue pour tous les expéditeurs et la prohibition de tout traité de faveur que stipulent expressément l'ordonnance de 1846 et les cahiers des charges.

Mais il a été reconnu que ceux-là mêmes qui se plaignaient le plus vivement des tarifs différentiels en recueillaient indirectement le bénéfice. Ce sont, en effet, ces tarifs qui fournissent au trafic des grandes compagnies les masses de marchandises les plus considérables, et ce sont ces masses qui rendent possible la réduction, au profit de tous, des tarifs généraux [1].

---

[1] Dès 1843, M. Legrand, sous-secrétaire d'État au ministère des travaux publics, avait à défendre les tarifs différentiels contre les attaques qu'ils ont de

3° Les tarifs communs sont des tarifs spéciaux ou différentiels, consentis par deux ou plusieurs compagnies pour des transports qui intéressent deux ou plusieurs réseaux. Ce n'est qu'un cas particulier des deux sortes de tarifs précédemment définies.

4° Les tarifs d'exportation et les tarifs internationaux, applicables aux marchandises expédiées de France à l'étranger ou circulant en transit, ont pour objectif la concurrence des pays étrangers. Le décret du 26 avril 1862 dit : « En ce qui concerne le transport des marchandises de transit, le ministre pourra autoriser les compagnies qui en feront la demande à percevoir les prix et à appliquer les conditions qu'elles jugeront les plus propres à combattre la concurrence qui leur est faite par les voies étrangères... Les compagnies seront dispensées, pour les tarifs d'exportation à prix réduits, des formalités d'affichage préalable prescrites par l'ordonnance du 15 novembre 1846. Elles seront en outre exonérées de l'obligation, imposée par le cahier des charges, de ne pas relever les taxes avant le délai d'un an. »

Le bénéfice des tarifs réduits a même été étendu, dans ces derniers temps, à la grande vitesse par les six grandes compagnies, qui se sont entendues pour appliquer sur leurs réseaux les taxes suivantes à tout paquet dont le poids n'excède pas 5 kilogrammes, le tarif ordinaire ayant pour premier échelon un poids indivisible de 10 kilográmmes :

tout temps provoquées : « Les industries de transport par eau, par terre ou par chemin de fer, disait-il, ne vivent et ne prospèrent que par les tarifs différentiels. C'est en différenciant sagement leurs tarifs qu'elles attirent les marchandises et les voyageurs. »

| | Prix pour chaque paquet. (Timbre de récépissé et tous frais compr.s.) | | | | |
Parcours.	jusqu'à 500 gr. (fr. c.)	de 500 gr. à 1 kil. (fr. c.)	de 1 kil. à 2 kil. (fr. c.)	de 2 kil. à 3 kil. (fr. c.)	de 3 kil. à 5 kil. (fr. c.)
De 1 à 150 kilom.	» 85	» 85	» 85	» 85	» 85
151 à 300 —	» 85	» 85	» 85	» 85	1 10
301 à 500 —	» 85	» 85	» 85	1 10	1 35
501 à 700 —	» 85	» 85	1 10	1 35	1 85
701 à 1,000 —	» 85	1 10	1 35	1 85	2 35
1,001 à 1,300 —	1 10	1 35	1 85	2 35	2 85
Au delà de 1,300 —	1 35	1 85	2 35	2 85	3 35

Voici d'ailleurs comment ces taxes se partagent entre les compagnies et le fisc :

Décomposition des prix ci-dessus.

Taxes revenant aux chemins de fer. (fr. c.)	Perception pour le compte de l'État. (fr. c.)	Taxes totales. (fr. c.)
» 47 3	» 37 7	» 85
» 67 6	» 42 4	1 10
» 87 9	» 47 1	1 35
1 28 5	» 56 5	1 85
1 69 1	» 65 9	2 35
2 09 7	» 75 3	2 85
2 50 3	» 84 7	3 35

La croissante multiplicité de ces divers groupes de tarifs a l'inconvénient de faire du livret Chaix, où ils sont réunis, un énorme grimoire que les commerçants et les employés des chemins de fer eux-mêmes ont grand'peine à déchiffrer. Il n'y a pas jusqu'au ministre des travaux publics qui n'ait avoué gaiment, en pleine Chambre, l'année dernière, qu'il n'avait jamais pu s'y reconnaître.

C'est un très sérieux inconvénient, et il nous semble qu'on pourrait simplifier ce dédale, sans priver pour cela le public de l'avantage énorme qui résulte pour lui des tarifs de faveur, et dont le tableau ci-dessous va donner la mesure au lecteur, en ce qui concerne la petite vitesse :

Tarif moyen perçu par tonne kilométrique, sur les chemins de fer français d'intérêt général.

Années.	Grandes compagnies. (centimes)	Petites compagnies. (centimes)	Moyennes générales. (centimes)
1831.	»	»	16
1835.	»	»	12,60
1841.	»	»	12
1845.	»	»	11,30
1851.	»	»	9,70
1855 [1].	»	»	7,65
1861.	»	»	6,97
1865.	6,02	13,34	6,08
1866.	5,94	13,44	5,99
1867.	6,05	12,63	6,10
1868.	6,02	11,32	6,07
1869.	6,11	11,13	6,17
1872.	5,92	10,22	5,98
1873.	5,84	8,87	5,90
1874.	5,91	8,90	5,97
1875.	6	8,85	6,06
1876.	5,99	8,19	6,05
1877.	5,90	8,58	5,96

Ainsi la tonne kilométrique, en France, frais accessoires non compris, coûte à peine 6 centimes en moyenne [2], ce

[1] En 1855, le coût moyen (impôt non compris) de la tonne kilométrique variait, dans les grandes compagnies, d'un minimum de 6 cent. 53 (Nord) à un maximum de 9,05 (Ouest). En 1865, le minimum est 5,73 (Est) et le maximum 6,92 (Midi). En 1869, le minimum est 5,79 (Lyon) et le maximum 7,01 (Midi). En 1876, le minimum est 5,68 (Lyon) et le maximum 7,37 (Midi). En 1877, le minimum est 5,56 (Lyon) et le maximum 7,35 (Midi).

Parmi les petites lignes d'intérêt général, celles qui présentent ici les résultats extrêmes sont, pour 1877, d'un côté, celle d'Orléans à Châlons, 5 cent. 69 ; de l'autre, la ligne de Bondy à Aulnay, 28,67, et la ligne d'Enghien à Montmorency, dont les 3 kilomètres sont comptés pour 6, ce qui porte le coût moyen de la tonne kilométrique à 42,90.

[2] Le *prix de revient* moyen de la tonne kilométrique avait subi, d'après M. Brunfaut, les variations suivantes : 4 cent. 4 en 1860, 4,2 en 1861, 4,4 en 1862, 4,3 en 1863, 4,1 en 1864, 3,9 en 1865, 8,7 en 1866, 4 cent. en 1867, 3,9 en 1868, 3,8 en 1869, 3,4 en 1873. Il ne semble pas aujourd'hui dépasser sensiblement 3 centimes.

chiffre moyen se décomposant d'ailleurs comme il suit : houilles et cokes, environ 4 cent. 25 [1] ; autres marchandises, environ 6 cent. 35.

Que si l'on compare ce prix de 6 centimes au prix moyen du roulage, soit 25 centimes, l'économie réalisée ressort à 76 p. 100, proportion supérieure à celle que nous avions trouvée pour le transport des voyageurs.

Mais le prix de 6 centimes, avons-nous dit, ne comprend ni les frais accessoires, ni l'impôt. Ce sont des surcharges dont assurément l'expéditeur ne peut pas ne pas tenir compte. Nous maintenons cependant, comme évaluation de l'économie réalisée, cette proportion des trois quarts, à laquelle nous venons d'arriver.

Pourquoi ?

D'abord, parce qu'aux frais accessoires que comportent les expéditions de petite vitesse, on peut opposer ceux que comportait le roulage; puis parce qu'ici, comme pour le transport des voyageurs, il y a encore une économie indirecte, résultant de ce que les tarifs de petite vitesse paient leur part de l'intérêt du capital engagé dans la construction des lignes ferrées, tandis que le roulage usait gratuitement des routes et chemins; et enfin, parce que, si notre petite vitesse est aussi lente que l'ancien roulage accéléré, elle est plus rapide tout au moins que l'ancien roulage ordinaire, et que cette supériorité de vitesse constitue pour le commerce, comme pour les voyageurs, une économie indirecte, difficile à évaluer, mais impossible à nier.

Un mot seulement de ces frais accessoires, dont nous nous

---

[1] Les houilles et cokes, en 1877, ont payé en moyenne, par tonne kilométrique, 3 cent. 59 sur le réseau du Nord, c'est le minimum, et 4,88 sur le réseau du Midi, c'est le maximum.

croyons autorisé à ne pas tenir compte dans nos calculs comparatifs.

L'article 51 du cahier des charges dit : « Les frais accessoires non mentionnés dans les tarifs, tels que ceux d'enregistrement, de chargement, de déchargement, de magasinage, seront fixés annuellement sur la proposition de la compagnie. »

Tel a été l'objet des arrêtés ministériels des 30 avril 1862, 10 octobre 1871, 12 janvier et 31 décembre 1872, 30 novembre 1876.

Ce dernier règlement maintient le droit d'enregistrement à 10 centimes, malgré les réclamations des compagnies, qui auraient voulu le voir porter à 15.

Le droit de manutention est de 1 fr. 50 cent. par tonne (seulement pour les wagons complets), de 2 francs pour une voiture, de 1 franc pour un bœuf, un cheval, etc..... de 40 centimes pour un veau ou un porc, de 20 centimes pour un mouton ou une chèvre.

En grande vitesse, le droit de manutention est de 1 fr. 60 par tonne.

Les frais de magasinage commencent à courir quarante-huit heures après l'envoi de la lettre d'avis, sur le pied de 5 centimes pendant les trois premiers jours et 10 centimes les jours suivants, par quintal et par jour.

III

Nous n'avons pas fait intervenir jusqu'ici dans nos comparaisons l'élément fiscal ; il est temps de lui faire sa part.

Les transports par grande vitesse sont soumis au même

impôt (23 p. 100 tout compris) que les billets des voyageurs. De plus, la lettre de voiture coûte 35 centimes.

Aucune taxe spéciale n'avait été établie sur la petite vitesse avant la loi du 21 mars 1874, qui l'a assujettie à un droit de 5 p. 100 du prix de transport encaissé par la compagnie. Ce nouvel impôt avait paru nécessaire pour compléter l'équilibre de nos budgets, mais il avait été dès le début l'objet des plus vives attaques. M. Léon Say, dans son projet de budget pour 1878, s'appropriait ces critiques : « L'impôt de 5 p. 100 sur les transports à petite vitesse par chemin de fer, disait-il, est un obstacle à l'accroissement de la circulation... Il a pour ainsi dire créé une zone d'isolement autour de tous les établissements industriels ; son effet a été le même que si les usines s'étaient trouvées tout d'un coup éloignées à la fois du lieu de production des matières premières et du lieu de consommation des objets fabriqués. » Le ministre concluait à la suppression progressive de l'impôt en cinq ans (1 p. 100 par année). La commission du budget a été plus expéditive, et, dès le 1ᵉʳ juillet 1878, l'impôt de la petite vitesse disparaissait intégralement.

A vrai dire, il est une autre charge qui continue à peser sur la petite vitesse, et dont l'atténuation nous semblait également urgente. Nous voulons parler du timbre des récépissés de petite vitesse, qui n'était que de 20 centimes, aux termes de la loi du 13 mai 1863, mais qui, depuis 1872, a été porté au taux exorbitant de 70 centimes, timbre de quittance compris.

Voici, par exemple, un extrait du récépissé d'un envoi de linge de 80 kilogrammes à 124 kilomètres de distance (ligne du Nord) :

| | Port dû. |
Décompte des frais.	fr. c.
Enregistrement.	» 10
Chemin de fer du Nord : 80 kilogr., 1re série, à 21 fr.	1 70
Timbre	» 70
Total.	2 50

L'impôt de 5 p. 100 n'aurait ajouté que 10 centimes au coût de cette expédition. Le timbre détermine une perception septuple. Le fisc prélève donc ici 28 p. 100 du prix total, et l'on pourrait facilement citer des cas où la proportion serait plus forte encore, en prenant de moindres poids ou de moindres parcours.

C'est ce timbre de 70 centimes qui permet encore à certains voituriers de faire aux chemins de fer, pour le transport des petits colis, une réelle concurrence.

IV

Les tarifs étrangers sont, en général, un peu plus simples que les nôtres, et il n'y a, croyons-nous, qu'en France que l'on puisse trouver jusqu'à 1,500 tarifs spéciaux groupés autour d'un tarif général. Cependant, telles sont partout la multiplicité et la mobilité des prix, qu'une comparaison minutieuse et approfondie exigerait des volumes.

Nous n'entrerons dans quelques détails qu'en ce qui concerne la Grande-Bretagne et les États-Unis.

Les tarifs des marchandises, en Angleterre, sont, comme ceux qui s'appliquent aux voyageurs, limités par des maxima très inégaux.

M. Ch. de Franqueville relève, dans les *Acts* d'une même année (l'année 1845), des écarts considérables [1] :

---

[1] *Du régime des travaux publics en Angleterre*, par Ch. de Franqueville, 1874.

Chevaux . . . . de 18 c. 5 à 37 c. par kilom.
Moutons . . . . de 1 c. 5 à 15 c. 5 —
Houille. . . . . de 6 c. 2 à 25 c. —
Grains. . . . . de 9 c. 5 à 37 c. 2 —
Voitures . . . . de 2 c. 5 à 6 c. 2 —

Parfois le régime varie sensiblement d'une ligne à l'autre du même réseau ; c'est le cas du *Great Eastern*, qui présente les variations suivantes :

Chevaux et voitures. . . . . de 2 c. 5 à 44 c. par kilom.
Bestiaux . . . . de 6 c. 2 à 25 c. —
Engrais. . . . . de 7 c. 8 à 15 c. 5 —
Houille. . . . . de 11 c. à 22 c. —
Fer brut . . . . de 6 c. 2 à 22 c. —
Fer travaillé. . . . . de 15 c. 5 à 31 c. —
Coton, tissus. . . . . de 18 c. 5 à 31 c. —
Grains, sucres. . . . . de 9 c. 5 à 25 c. —

Le *Midland* a trois tarifs contenus dans trois ois différentes. L'une taxe la houille à 6 cent. 2, l'autre à 9 cent. 5. Les grains sont tarifés ici à 9 cent. 5, là à 12 cent. 5. Les concessions exploitées par le *Great-Western* font l'objet de treize lois. L'une taxe le fer à 3 cent. 1, l'autre à 9 cent. 5 ; et pour les grains, on trouve tantôt 6 cent. 2, tantôt 12 cent. 5, tantôt 17 centimes.

Cependant ces inégalités tendent à disparaître. « En effet, le Parlement saisit souvent l'occasion d'une demande en concession de lignes nouvelles, formée par une compagnie, pour imposer certaines modifications aux chiffres fixés par les actes primitifs pour les autres parties du réseau, et parfois aussi les compagnies qui s'opposent à la construction d'une ligne concurrente offrent spontanément d'abaisser le maximum de leurs tarifs. »

Le tableau ci-après indique le tarif maximum que les principales compagnies sont actuellement autorisées à percevoir sur l'ensemble de leur réseau :

Compagnies.	Bestiaux. (cent.)	Engrais. (cent.)	Houilles. (cent.)	Fer travaillé. (cent.)	Coton. (cent.)	Graines et farines. (cent.)
Caledonian.	12	12	15	24	24	18
Glasgow and South-Western.	12	9	12	24	18	18
Great-Northern	12	9	6	21	18	15
Great-Western.	10	9	6	15	18	15
Lancashire and Yorkshire . .	15	11	6	11	23	15
London and North-Western.	12	9	6	9	18	15
London and South-Western.	24	12	12	18	18	18
London-Brighton.	9	12	12	24	»	12
Manchester-Sheffield	12	7	6	10	18	15
Midland.	12	7	6	10	24	15
North-British.	12	9	12	12	24	18
North-Eastern	18	6	9	»	21	17
South-Eastern	12	9	12	12	24	18
Great-Southern and Western (Irlande).	12	9	12	21	21	15

Il parait d'ailleurs que ces maxima légaux ont souvent été, faute de contrôle et de publicité, dépassés par les compagnies. On en a trouvé la preuve dans l'enquête de 1866. Pour ne citer qu'un exemple, le *North Eastern* faisait payer 10 fr. 40 les transports de chaux d'York à Darlington, alors que le maximum du prix légal était de 4 fr. 65 seulement !

En revanche, dans un très grand nombre de cas, les compagnies anglaises, comme les nôtres, restent fort au-dessous de ce que le législateur leur permet d'exiger des expéditeurs.

Le *London and North Western* divise les marchandises en sept classes, et les taxe en fait à raison de 6 cent. 4, 7 cent. 8, 10 cent. 7, 12 cent. 5, 14 cent. 6, 19 cent. 7 et 27 cent. 5 par tonne kilométrique. Ce tarif général comporte d'ailleurs certaines réductions pour les parcours les plus usuels : Londres à Liverpool, à Manchester, à Birmingham, à Glasgow, etc...

On peut voir, dans le livre de M. Ch. de Franqueville, le détail de ces tarifications diverses. Le même travail y est fait pour le *Great Western*, le *London and South Western*, etc... Nous renvoyons le lecteur à cette excellente étude.

On y trouvera également le tarif assez compliqué des taxes appliquées aux transports de messagerie (grande vitesse) par la plupart des compagnies. C'est un tarif doublement différentiel pour les poids et pour les distances. Le prix minimum est de 60 centimes.

Outre le prix de transport proprement dit, les compagnies sont autorisées à percevoir des frais accessoires (*terminal charges*), dont le taux est à peu près abandonné à leur discrétion, ce qui est une cause d'abus fréquents. Dans leurs comptes réciproques, liquidés par le *Railway clearing house*, ces frais sont réglés comme suit :

Avec camionnage, 10 fr. 67 par tonne pour Londres, et 5 francs pour les autres localités ;

Sans camionnage, 1 fr. 85 partout.

En Belgique, l'administration des chemins de fer de l'État et les compagnies privées ont établi, en 1868, pour les transports de marchandises en petite vitesse, un tarif général qui se résume ainsi :

Tarif par tonne.

	De 0 à 75 kilom. (cent.)	De 75 à 150 kilom. (cent.)	De 150 à 250 kilom. (cent.)	De 250 à 350 kilom. (cent.)
Première classe : Charges incomplètes	10	9	7,4	6,4
Deuxième classe : Minimum 5,000 kilogr.	8	5,6	4,2	3,6
Troisième classe : Minimum 5,000 kilogr.	6	4	2,8	2,27
Quatrième classe : Minimum 10,000 kilogr. . . .	4	2,66	2	1,7

A ajouter, pour les quatre classes, 1 franc de frais fixes par tonne.

Indépendamment de ce tarif général, il existe un certain

nombre de tarifs d'importation, d'exportation et de transit, puis une foule de tarifs spéciaux.

On voit que le tarif belge ne tient compte de la nature des marchandises transportées que lorsque le même expéditeur charge d'une seule et même marchandise un wagon tout entier.

Le tarif réglementaire général actuellement imposé, à titre de maximum, aux chemins de fer allemands, est basé sur le même principe, avec cette différence qu'en Allemagne, l'expéditeur est autorisé à former des charges complètes, soit de 5,000, soit de 10,000 kilogrammes, avec des marchandises de natures diverses.

Voici comment peuvent se résumer, en tenant compte du relèvement de 20 p. 100 autorisé en 1874, le tarif réglementaire et les trois tarifs spéciaux des lignes allemandes :

	Réseau des compagnies. (cent.)	Réseau de l'État. (cent.)
GRANDE VITESSE.		
Tarif double du tarif de détail pour la petite vitesse.	30	27,5
PETITE VITESSE.		
Marchandises non dénommées aux tarifs spéciaux ci-après :		
A) Par wagon complet de 5,000 kil.	10	8,115
B) Par wagon complet de 10,000 kil.	8,33	7,5
Marchandises dénommées aux trois tarifs spéciaux :		
Par wagon complet de 5,000 kil. (Tarifs I, II, III.)	6,75	6,875
Par wagon complet de 10,000 kil. :		
Tarif I (69 articles)	5,66	5
Tarif II (51 articles)	4,55	4,375
Tarif III (38 articles)	3,375	3,33

Les frais accessoires sont fixés, pour les deux réseaux, et par tonne : à 5 francs pour la grande vitesse, à 2 fr. 50 ou 1 fr. 50 pour la petite vitesse.

La comparaison des tarifs maxima, que nous pouvons

seuls indiquer ici, ne suffit pas pour classer, au point de vue de
la cherté ou du bon marché réel des transports, les chemins
de fer français, anglais, belges et allemands. A cet égard,
nous nous bornerons à rappeler ce que disait, le 20 mars 1877,
M. Christophle, alors ministre des travaux publics :

« Voulez-vous quelques exemples ? Je prends des points
« de comparaison en Allemagne, en Angleterre et en Bel-
« gique : oui, même en Belgique, ce pays qu'on vous a cité
« comme étant, au point de vue de l'abaissement des prix
« de transport, un pays tout à fait exceptionnel.

« Voici les chiffres pour les céréales : en France, de 8 à
« 3 centimes; en Allemagne, de 10 à 5; en Angleterre, de
« 19 à 4; en Belgique, de 16 à 3.

« Vous voyez, Messieurs, que le régime pour les céréales
« est le même en France qu'en Belgique, puisqu'en France
« il est de 8 à 3, et en Belgique de 16 à 3. Il y a seulement
« cette différence, au profit de la France, que le tarif géné-
« ral belge part de 16, tandis que le nôtre part de 8 pour
« arriver à 3.

« Pour les cotons, qui sont un élément de transport éga-
« lement très considérable : en France, de 8 à 5; en Alle-
« magne, de 10 à 6; en Angleterre, de 18 à 7; en Belgique,
« de 18 à 4.

« Voulez-vous d'autres exemples ? Laissez-moi, Messieurs,
« vous en donner encore deux ou trois, car je crois qu'ils
« ont leur importance. (Parlez ! parlez !)

« La houille, en France, paye de 7 à 2; en Allemagne,
« de 8 à 3; en Angleterre, de 16 à 2; en Belgique, de 11 à 2.

« Il n'y a pas de différence bien sensible, sauf le point de
« départ, toujours plus favorable en France que dans les
« trois autres pays.

« Les plâtres, en France, 6 à 2 ; en Allemagne, 8 à 4 ; en
« Angleterre, 16 à 2 ; en Belgique, 14 à 2.

« Enfin, les fers en barres : en France, 9 à 4 ; en Alle-
« magne, 8 à 5 ; en Angleterre, 19 à 4 ; en Belgique, 16 à 3. »

S'il est vrai que les tarifs français, considérés dans leur
ensemble, fassent au commerce des conditions plus favorables que les tarifs allemands, anglais, et même dans certains cas que les tarifs belges, ils sont aussi plus avantageux
que ceux des chemins de fer austro-hongrois ; car, en 1878,
M. Koff, directeur de ces chemins de fer, constatait que la
perception moyenne, par tonne kilométrique, avait récemment remonté de 6 cent. 65 à 7, alors que chez nous
elle atteint à peine 6 centimes.

Cette supériorité des tarifs français que M. Christophle
affirmait, et dont nos industriels, il faut le dire, paraissent
moins convaincus, cesse en tous cas lorsqu'on tourne les
yeux du côté de l'Amérique du Nord. Le transport des marchandises y change souvent de prix, comme le transport des
voyageurs, et par les mêmes causes ; mais, dans ces dernières
années, la concurrence des compagnies rivales a eu pour
conséquence de pousser le bon marché jusqu'à l'invraisem-
blance. Le directeur de la comptabilité du *Pennsylvania
Railroad*, M. Edm. Smith, constatait, dans un discours prononcé au mois de juin 1879, que le prix de revient du transport d'une tonne à une distance d'un mille était en quelques
années tombé, sur les grandes lignes américaines, de 1 centième de dollar à 1/2 centième, ce qui équivaut à dire que le
prix de revient de la tonne kilométrique était de 3 centimes
et n'est plus que de 1 centime 1/2 [1] !

---

[1] Outre la construction très économique des lignes ferrées des États-
Unis, M. Smith explique ce progrès par l'emploi des rails d'acier, qui, dit-il,
ne coûtent que les deux tiers de ce que coûtaient, il y a trente ans, de

Mais, même à ce compte, les réductions extraordinaires que les chemins de fer américains ont opposées dans les dernières années à la concurrence des canaux restent presque inexplicables.

Pour le blé, qui est devenu le principal élément de l'exportation des États-Unis, le *bushel* (35 lit. 1/4) payait les prix suivants :

	Tarif moyen de l'année.	Tarif minimum en juillet.
1875.	40 cents	22 1/2 cents
1876.	45 —	20 —
1877.	30 —	25 —
1878.	40 —	15 —
1879.	30 —	15 —

Soit un tarif normal de 1 cent. 2 par tonne kilométrique et un tarif minimum de 0 cent. 6 !

Ce sont évidemment là, comme le constate M. Fournier de Flaix, à qui nous empruntons ces indications, des tarifs de guerre tout artificiels, et ils ne sauraient se perpétuer sans ruiner les compagnies, qui arrivent ainsi à transporter à perte.

simples rails de fer ; il invoque aussi le perfectionnement du matériel roulant, qui arrive à porter cinq tonnes par roue au lieu d'une.

CHAPITRE IV.

L'avenir des tarifs de chemins de fer.

Des chances d'abaissement ou de relèvement des tarifs de chemins de fer. — Opinion de MM. Jacqmin, Caillaux, Baum, etc.... — L'enquête sénatoriale de 1876-1878. — Motifs d'espérer que les tarifs ne se relèveront pas. — Calcul de M. Krantz.

Ce que nous avons dit des tarifs de chemins de fer dans le passé et dans le présent, peut conduire le lecteur à se demander ce qu'ils seront dans l'avenir. On réclame souvent dans les revues, dans les journaux, dans les sociétés savantes et dans les assemblées publiques, l'abaissement de ces tarifs; ailleurs on demande leur relèvement. Il y a là une question qui se rattache étroitement à notre sujet, et d'où dépend le plus ou moins de portée des conclusions que nous avons déjà tirées ou que nous pourrons tirer encore du prix actuel des transports sur rails : nous devons en dire un mot.

I

Nous avons montré, chiffres en main, que, malgré la mise en exploitation de lignes de moins en moins riches en trafic, les prix moyens du voyageur kilométrique et de la tonne kilométrique ont toujours eu, depuis que les chemins de fer existent, plus de tendance à décroître qu'à augmenter.

Ainsi pas d'équivoque possible quant au mouvement des prix depuis les premiers temps des chemins de fer jusqu'à nos jours. La décroissance est rapide et soutenue. Personne ne peut la nier.

Seulement, tandis que nous disons : « Puisque les prix ont toujours été en diminuant, il y a lieu de croire qu'ils baisseront encore, » d'autres disent : « Les tarifs devront être relevés, et d'autant plus relevés qu'ils ont été plus réduits depuis trente-cinq ans. »

Qui est-ce qui parle ainsi et quels sont les motifs invoqués à l'appui de cette thèse ?

Ceux qui parlent ainsi sont des hommes dont on ne saurait méconnaître la compétence, disons plus, l'autorité.

M. Jacqmin, dans sa savante étude sur *L'exploitation dès chemins de fer*, avait déjà signalé les embarras qui pourraient résulter pour les compagnies françaises d'une tarification légale applicable à une période aussi longue que celle de leurs concessions. « Lorsque les tarifs ont été fixés, dit-il, ils étaient en rapport avec le prix de toutes choses ; mais personne ne peut affirmer que le même rapport existera vingt-cinq années, cinquante années plus tard. L'expérience prouve que la valeur de l'argent va sans cesse en diminuant, c'est-à-dire que l'on n'obtient pas aujourd'hui pour un franc ce que l'on obtenait il y a cinquante ans pour ce même franc. Pendant quatre-vingt-dix-neuf années, les compagnies recevront toujours la même rémunération, tandis que leurs dépenses iront toujours en augmentant. La dépense d'un train dépend uniquement de la somme des salaires qui sont donnés à tous les agents et ouvriers dont le travail concourt, directement ou indirectement, à la mise en marche de ce train : si ces salaires sont doublés, le prix de revient d'un train sera doublé, tandis que la recette restera stationnaire... »

Le même argument a été porté, en 1875, à la tribune de l'Assemblée nationale par M. Caillaux, alors ministre des travaux publics, et depuis ministre des finances [1].

Amené, au cours d'une discussion dont il serait inutile de rappeler ici l'objet spécial, à s'expliquer sur la question de savoir si les tarifs actuels peuvent être considérés comme un maximum définitif, ou si, au contraire, il y a lieu d'en prévoir le rehaussement, M. Caillaux invoquait, en faveur de cette seconde opinion, l'influence de la production de l'or sur l'échelle générale des prix.

Citons textuellement :

« L'extraction de l'or dans le monde entier représente une valeur d'environ 250 millions par an. Ces 250 millions, par rapport à la quantité de numéraire en circulation, représentent environ 1 p. 100 ; de sorte que, ne tenant pas compte des pertes qui se font par usure ou autrement, on peut estimer que le prix de la main-d'œuvre, comme le prix de toutes choses, doit augmenter de 1 p. 100 par an, de 25 p. 100 en vingt-cinq ans. Il est donc assurément sage de prévoir l'époque à laquelle les frais de main-d'œuvre seront tellement augmentés qu'on sera obligé, pour obtenir la rémunération des capitaux employés, de relever les tarifs. »

L'argumentation, vous le voyez, est précise. Elle aurait même gagné à l'être un peu moins, car les chiffres sur lesquels l'honorable ministre basait son calcul de proportion se trouvaient inexacts. La production annuelle de l'or, évaluée par lui à 250 millions de francs, a été, en réalité, de

[1] Voir le *Journal officiel* du 25 mai 1875.

900 millions en 1852, de 600 millions en 1860 et 1865, et elle oscille, depuis 1870, entre 530 millions (chiffre maximum en 1873) et 445 millions (chiffre minimum en 1878). Avec l'argent, dont il faut bien tenir compte aussi, on arrive à un total qui, depuis le milieu du siècle, n'a jamais été inférieur à 750 millions, et montait encore à 900 millions en 1877. En introduisant cette rectification nécessaire dans le raisonnement de M. Caillaux, on voit que la hausse annuelle des prix devrait être de 3 ou 3,5 p. 100 par an, au lieu de 1 p. 100; et, pour un quart de siècle, la hausse totale ressortirait à environ 80 p. 100 au lieu de 25 p. 100. Les résultats de ce calcul rectifié suffiraient donc pour condamner une théorie qui, d'ailleurs, péchait par la base, attendu que les conditions de l'échange, pour les métaux précieux comme pour toute marchandise, ne dépendent pas moins des variations de la demande que de celles de l'offre. Mais n'insistons pas sur ces petites hérésies qu'excusent les nécessités de l'improvisation, et ne retenons des paroles de M. Caillaux que ce qui lui est commun avec M. Jacqmin : à savoir la prédiction d'un relèvement plus ou moins prochain des tarifs de chemins de fer, prédiction basée sur le renchérissement constant de la main-d'œuvre.

Cette prédiction se retrouve dans une intéressante étude publiée, en septembre 1877, dans le *Journal des Économistes*, par M. Baum, alors chargé de l'exploitation des chemins de fer de Maine-et-Loire. M. Baum rappelait d'abord que, sur certaines lignes allemandes, le relèvement des tarifs était un fait accompli depuis déjà trois ans. Puis il insistait, comme MM. Jacqmin et Caillaux, sur l'augmentation du prix de revient des transports : « Les motifs de cette augmentation de la dépense sont multiples, disait-il. Le prix toujours croissant de presque tous les objets nécessaires à la vie a entraîné une notable amélioration des traitements des employés; les salaires de ouvriers des chemins de fer sont beaucoup plus élevés que dans les premières années de l'exploitation. De plus, le prix des matières consommées par les divers services, telles que houilles, graisses, huiles, traverses, etc.... ont également augmenté... Toutes ces causes réunies ont déterminé une augmentation très sensible des dépenses de l'exploitation.

« En outre, le développement du trafic sur les lignes en exploitation a montré qu'en beaucoup de points, les installations créées par les compagnies, à l'origine, étaient insuffisantes; il a fallu agrandir, améliorer les bâtiments, l'outillage, les aménagements, poser de nouvelles voies de garage et quelquefois même la double voie, augmenter le nombre des locomotives, des voitures et wagons. Toutes ces acquisitions, tous ces travaux sont faits à l'aide des ressources financières disponibles de la compagnie, provenant de l'émission de ses actions et de ses obligations, et les dépenses correspondantes augmentent le montant du capital de construction; par suite, les dépenses d'intérêt et d'amortissement qui incombent à la compagnie subissent une augmentation proportionnelle. »

Opposant ainsi l'élévation probable des prix de revient à la réduction progressive des tarifs, M. Baum prévoit le moment où l'écart deviendra soit nul, soit même négatif, et conclut à la nécessité, presque à l'urgence d'un remaniement des taxes kilométriques, menaçant l'État, s'il s'y refuse, d'avoir bientôt à payer, sous forme de garantie d'intérêt, des sommes énormes.

La même opinion a été formulée par d'autres spécialistes dans l'enquête dont le régime de nos chemins de fer d'intérêt général a été récemment l'objet au Sénat. Une résolution, votée le 4 août 1876, instituait à cet effet une commission de dix-huit membres, et le questionnaire formulé par cette commission contenait la question suivante : « Y a-t-il quelques articles des tarifs dont le relèvement pût, sans froisser l'opinion publique ou des intérêts sérieux, être opéré dans l'intérêt du produit plus grand de l'exploitation des chemins de fer? »

En réponse à cette question, les divers ingénieurs ou directeurs de chemins de fer entendus par la commission ont été unanimes à déclarer nécessaire le relèvement des frais accessoires, qui, selon eux, sont aujourd'hui encore insuffisants pour couvrir leurs frais d'enregistrement, manutention, etc.... Quant aux frais de transport, la même unanimité ne se rencontre pas, mais l'idée du relèvement souriait évidemment à un certain nombre de déposants. M. Jacqmin affirmait dans sa déposition, comme dans son livre, l'insuffisance prochaine des tarifs actuels. M. Vuitry, président du conseil d'administration de la compagnie de Lyon, M. Huyot, directeur de la compagnie du Midi, prévoyaient qu'il y aurait bientôt lieu de rehausser, non pas les tarifs spéciaux, mais les tarifs généraux. M. Alfred Le Roux, président du conseil d'administration de la compagnie de l'Ouest, concluait à la suppression de tout tarif spécial pour les petits parcours ou les chargements incomplets.

Voilà, pour ceux qui, comme nous, persistent à croire possibles, sur les grandes lignes, non seulement le maintien des prix actuels, mais même des réductions nouvelles, de nombreux et redoutables contradicteurs. Mais on peut dire que tous ces adversaires n'en font qu'un : tous, en effet, personnifient d'une manière plus ou moins directe l'intérêt des compagnies ; presque tous, en outre, font ou ont fait partie de l'administration des ponts et chaussées. Nul assurément n'apprécie mieux que nous la valeur du corps éminent d'où sortent MM. Jacqmin, Caillaux, Baum et d'autres; mais leur double confraternité ne nous autorise-t-elle pas à dire qu'en plaidant contre l'abaissement éventuel des tarifs actuellement perçus par les chemins de fer français, ils plaidaient un peu *pro domo sua*. Le point de vue d'où ils envisagent la question est forcément le même; et, en outre, on a vu que leurs arguments sont presque identiques. Donc, en répondant à l'un quelconque d'entre eux, nous répondrons à tous.

II

Eh bien, ne remarquez-vous pas que le raisonnement auquel on fait appel pour annoncer le relèvement des tarifs eût été bien plus spécieux encore il y a vingt ans qu'aujourd'hui. C'était le temps où les mines de la Californie et de l'Australie, subitement révélées aux chercheurs d'or, leur livraient annuellement, à elles seules, un demi-milliard. C'était le temps où commençait, pour les salaires, ce rapide mouvement ascensionnel auquel a succédé de nos jours un temps d'arrêt ou au moins une période de ralentissement. Le moment eût donc été exceptionnellement favorable pour prédire l'insuffisance prochaine des tarifs imposés aux compagnies par le gouvernement de Juillet.

Or, en réalité, que s'est-il passé?

Tandis que l'or affluait, tandis que le signe monétaire se dépréciait, tandis que les prix augmentaient, et le prix de la main-d'œuvre plus que tout autre, le coût moyen du voyageur, et surtout de la tonne kilométrique, diminuait de plus en plus. C'est même aux époques où les salaires progressaient le plus vite que les taxes des chemins de fer ont le plus baissé.

Et dès lors que reste-t-il des menaces de nos éminents contradicteurs? Puisqu'une hausse sans précédent n'a pas empêché dans le passé nos voies ferrées de fonctionner à des conditions de plus en plus économiques, pourquoi le contraire se produirait-il dans l'avenir?

Après avoir ainsi pris en défaut la thèse des avocats des compagnies, disons où est leur erreur. Elle consiste à admettre, comme M. Jacqmin, que « la dépense d'un train dépend uniquement du taux des salaires, et que le jour où les salaires auraient doublé, le prix de revient d'un train serait également doublé, la recette restant stationnaire ».

'C'est ne tenir compte ni des progrès de la science ni de l'accroissement du trafic. Est-ce que chaque jour ne voit pas surgir, dans l'ordre industriel, de nouvelles inventions ou du moins de nouveaux perfectionnements, dont l'effet est toujours d'augmenter la productivité du travail humain? Est-ce qu'un cheval-vapeur ne représente pas aujourd'hui, malgré le renchérissement de la houille, une dépense moindre qu'autrefois? Est-ce que toutes ces machines qui peuplent aujourd'hui et nos usines et nos gares ne permettent pas à un moindre nombre d'ouvriers de faire dans le même temps plus de besogne avec moins de fatigue? Et l'organisateur, à cet égard, ne rend pas moins de services que le mécanicien. Gageons que M. Jacqmin lui-même a plus d'une fois trouvé le moyen de réaliser, du jour au lendemain, par d'ingénieuses combinaisons, par une meilleure division du travail, par une utilisation plus complète de son personnel et de son matériel, de précieuses économies. Et qui oserait soutenir que le progrès, sous les formes diverses qu'il peut revêtir dans l'exploitation d'une voie ferrée, a dit son dernier mot? Qui oserait affirmer qu'aucune amélioration n'est désormais possible? Ce n'est à coup sûr aucun de nos honorables contradicteurs. Ne disons donc pas que le doublement des salaires a pour conséquence obligée le doublement des frais d'exploitation.

Et ne disons pas non plus que la recette reste forcément

stationnaire quand les tarifs n'augmentent pas. Les revenus d'une entreprise de transports, comme ceux d'un commerce quelconque, dépendent moins du niveau des prix que de l'étendue de la clientèle. Le marchand légendaire qui, perdant quelques sous sur chaque article, prétendait se rattraper sur la quantité, n'aurait formulé qu'une banalité au lieu d'une sottise, s'il avait dit que, faisant beaucoup d'affaires, il pouvait se contenter de prélever sur chacune un bénéfice insignifiant. Eh bien, c'est l'histoire des chemins de fer. Chaque voyageur, chaque tonne de marchandise leur paie aujourd'hui un moindre tribut qu'autrefois et ne leur paiera pas dans vingt ans un tribut supérieur ; mais les mêmes rails voient passer beaucoup plus de voyageurs et de tonnes qu'autrefois, et ils en verront passer beaucoup plus encore dans vingt ans. Or il suffit que le trafic progresse pour que la réduction proportionnelle des frais généraux puisse compenser l'augmentation des salaires...

Ainsi deux choses ont empêché et empêcheront encore les tarifs de chemins de fer de suivre, dans sa marche ascendante, le prix de la main-d'œuvre : 1° les perfectionnements de l'exploitation, 2° les développements du trafic.

Quant à l'exemple de l'Allemagne, nous en sommes peu touché. Il est exact que M. de Bismark et le Reichstag ont autorisé les chemins de fer allemands à surtaxer de 20 p. 100 au plus [1], à dater du 1er janvier 1875, une partie au moins de leur trafic. Cela est très exact ; seulement il ne faut pas oublier que cette concession coïncidait avec l'idée du rachat des voies ferrées ; de sorte qu'il est assez naturel de croire à une arrière-pensée fiscale de la part du chancelier, dont tous les actes tendent depuis quelques années à compléter l'unification

---

[1] Cette surtaxe facultative revenait à peu près à substituer à l'ancien *pfennig* de 1 cent. 0466, le *pfennig* nouveau de 1 cent. 25.

de l'empire allemand, en donnant à son budget plus d'indépendance et plus d'élasticité.

Au surplus, M. Baum lui-même reconnaît que ce qui rendait nécessaire en Allemagne le rehaussement des prix, c'étaient les guerres de tarifs que s'étaient faites les compagnies parallèles, cherchant à s'entre-tuer. Avec le système français, qui exclut les concurrences inutiles, il n'y a pas à craindre qu'une compagnie exagère bénévolement le bon marché. Et, disons-le en passant, c'est une intéressante justification du régime adopté en France que ce renchérissement récent motivé, de l'autre côté du Rhin, par les excès de la concurrence.

Ainsi, il n'y a guère à s'alarmer des menaces d'augmentation qu'opposent aux demandes de réduction qui leur sont adressées quelques-unes de nos compagnies. Nous disons « quelques-unes ». Et, en effet, en dehors de la question secondaire des frais accessoires, il s'en faut de beaucoup que toutes soient d'accord pour réclamer le relèvement des tarifs. Parmi les directeurs ou présidents de conseils d'administration entendus en 1877 et 1878 par la commission sénatoriale, plus d'un s'est montré contraire à toute augmentation, surtout pour les marchandises. « En ce qui les concerne, disait M. Solacroup, directeur de la compagnie d'Orléans, je ne crois pas les tarifs actuels susceptibles d'être relevés. Il faut espérer, au contraire, que les accroissements à venir de notre trafic nous permettront de leur faire subir de nouveaux abaissements. » M. Fournier, directeur des chemins de fer des Vosges, M. Donon, président de la compagnie de l'Orne, n'étaient pas moins catégoriques.

M. Baum lui-même, qui, au mois de septembre 1877, cherchait à démontrer dans le *Journal des économistes* l'urgence du relèvement de nos tarifs, semble, dans sa déposition du

22 janvier 1878, y avoir tout à fait renoncé : « Je ne crois pas, dit-il, que l'on puisse relever les tarifs sans froisser l'opinion publique. » Puis il montre quelles difficultés pratiques rencontrerait soit un relèvement partiel, soit un relèvement général des prix de transport.

Il n'y a donc pas unanimité, même parmi les représentants des compagnies de chemins de fer, pour affirmer l'insuffisance des tarifs français ou même pour nier la possibilité de les réduire encore. Ce qui est vrai, c'est que les réductions déjà consenties ont notablement réduit la marge sur laquelle de nouvelles réductions devraient être imputées.

M. Krantz (encore un ingénieur) l'a démontré par le calcul suivant dans ses rapports à l'Assemblée nationale [1] :

En 1867, nos chemins de fer ont transporté en petite vitesse 5,845,429,173 tonnes kilométriques, moyennant 356,485,865 francs, ce qui donne par unité une recette de 6 cent. 1.

De plus, sur leur recette totale, voyageurs et marchandises, soit 677,706,908 fr. 52, les compagnies ont distribué, après prélèvement des frais et des intérêts dus aux actionnaires et obligataires, une somme de 104,442,000 francs à titre de dividende.

En sacrifiant la totalité de ce dividende au profit exclusif de la petite vitesse, elles auraient pu alléger de 1 cent. 8 le prix moyen de cette catégorie de transports. C'est donc là, 1 cent. 8, le maximum de la réduction qu'elles auraient pu faire sur leurs prix sans manquer à leurs engagements essentiels.

« On peut donc affirmer, conclut M. Krantz, qu'en l'état actuel, le chiffre de 6 cent. 1 moins 1 cent. 8, soit 4 cent. 3,

[1] Voir le rapport du 23 janvier 1873, portant le numéro 1568 des imprimés de l'Assemblée nationale, et celui du 13 juin 1874, numéro 2174.

est le minimum du prix moyen des transports des marchandises à petite vitesse. »

Le même calcul, si on le répétait avec des chiffres plus récents, donnerait encore, malgré la multiplication des lignes improductives, un résultat analogue. Il est évidemment très légitime, de la part des compagnies, de ne pas vouloir sacrifier cette marge de 1 à 2 centimes qui constitue leur bénéfice net. Mais, lorsqu'on sait qu'elle existe, il est plus facile encore de se montrer affirmatif quant au maintien du *statu quo* et même à la possibilité de réductions ultérieures des tarifs.

Nous nous croyons donc très autorisé à considérer comme définitivement acquise, grâce aux chemins de fer, l'économie de 60 p. 100 sur le transport des voyageurs et de 75 p. 100 sur le transport des marchandises qu'ils ont déjà procurée à la France.

CHAPITRE V.

La sécurité des voyages par terre.

Les chemins de fer ont-ils diminué ou augmenté la sécurité des voyages ? — Erreur résultant de l'omission, dans les statistiques françaises, des accidents causés autrement que par le fait de l'exploitation et de ceux dont les agents des compagnies sont victimes. — Comparaisons numériques. — Angleterre, Belgique, etc.

On a vu dans quelles proportions les chemins de fer ont augmenté la vitesse et diminué le prix des voyages. Quelle en a été l'influence au point de vue de la sécurité des individus ? C'est ce que nous allons rechercher maintenant.

I

A cet égard, il se rencontre dans le monde deux opinions diamétralement opposées, et qui ne sont justes ni l'une ni l'autre.

D'un côté, vous trouverez plus d'un ami du passé, *laudator temporis acti*, qui vous dira en toute sincérité : « J'admets que nous voyageons plus vite et plus économiquement que nos pères. Mais ce que nous avons gagné en économie et en vitesse, nous l'avons perdu en sécurité. A quels horribles accidents les chemins de fer ne nous exposent-t-il pas ! Les journaux sont pleins de ces catastrophes... »

Et, si vous risquez une protestation, on vous opposera tel ou tel sinistre devenu historique, où le choc de deux trains lancés à toute vapeur a eu pour conséquence un abominable carnage.

D'un autre côté, si vous interrogez les compagnies de chemins de fer, ou si simplement vous jetez les yeux sur les tableaux que les journaux et même les annuaires de statistique les plus recommandables publient périodiquement sous ce titre général : « Statistique des accidents de chemins de fer, » vous pourrez croire qu'il n'y a rien à objecter aux conclusions triomphantes qui accompagnent d'ordinaire ces publications.

Raisonnons d'abord comme elles, quitte à nous demander ensuite si le raisonnement est inattaquable.

Oui, dirons-nous, les accidents de chemins de fer ont un caractère plus tragique que les accidents de voiture. Oui, la locomotive est chaque année, chaque mois, chaque semaine, chaque jour peut être, l'agent inconscient de quelque drame sanglant. Et nos journaux, qui savent tout, mentionnent dans leurs colonnes plus d'accidents que les anciennes gazettes, qui ne savaient pas grand'chose de ce qui se passait loin d'elles.

Mais il est cependant facile de s'assurer qu'un voyage en chemin de fer a toujours été et est surtout aujourd'hui chose beaucoup moins périlleuse que ne l'était autrefois un voyage en diligence. Il n'y aurait de contestation possible à cet égard que si on oubliait de tenir compte de ce que le nombre des voyageurs et le nombre des voyages ont augmenté d'une manière extraordinaire. Il faut se rappeler que, sur telle ligne où jadis allait et venait une seule diligence, tantôt pleine, tantôt vide, vingt trains par jour suffisent à peine aux besoins actuels de la circulation. Il faut se rappeler que nos messageries, sous Louis-Philippe, transportaient en moyenne un millier de personnes par jour, et que nos seuls chemins de fer d'intérêt général présentent actuellement un mouvement quotidien d'environ 400,000 personnes. Prenez ces 400,000 individus, faites-les par la pensée descendre de wagon et monter en voiture, fût-ce en chaise de poste, puis lâchez sur nos grandes routes cette multitude de véhicules plus ou moins bien attelés, et suivez-les des yeux..... N'est-il pas évident que vous aurez dès demain plus d'une mort et force blessures à enregistrer ? Ne suffit-il pas, en effet, pour mettre une voiture en péril, d'un cheval qui s'emporte, d'une roue qui se détache, d'un essieu qui se brise, d'un cocher qui s'est enivré ? Et ne sont-ce pas là choses fréquentes, presque quotidiennes, dans les pays où la vapeur n'a pas encore pénétré ?

Et si vous demandez des chiffres, nous vous en donnerons.

Le ministre des travaux publics a publié la statistique des accidents relevés à la charge des messageries de 1846 à 1855. Pendant ces dix années, les voitures des *Messageries* dites *royales*, *nationales* ou *impériales*, avaient parcouru 73,703,066 kilomètres et transporté 3,679,806 voyageurs, sur lesquels 11 avaient été tués et 124 blessés. Pendant le même laps de temps, les *Messageries générales* avaient parcouru 68,692,997 kilomètres et transporté 3,420,410 voyageurs, sur lesquels 9 avaient été tués et 114 blessés.

On aurait donc les proportions suivantes :

Messageries nationales.

>   1 mort sur 334,553 voyageurs;
>   1 blessé sur 29,676   —

Messageries générales.

>   1 mort sur 381,045 voyageurs;
>   1 blessé sur 30,082   —

Et, en réunissant les deux groupes :

Messageries nationales et générales.

>   1 mort sur environ 355,000 voyageurs;
>   1 blessé sur environ 30,000   —

Ou, sous une autre forme, sur 100 millions de personnes transportées :

>   282 morts,
>   et 3,333 blessés.

Voilà donc la mesure du danger que présentaient, avant les chemins de fer, les moyens de locomotion les plus perfectionnés; et maintenant passons aux voies ferrées.

Les statistiques officielles enseignent que, sur les 1,781,403,687 voyageurs transportés par les chemins de fer français du 7 septembre 1835 au 31 décembre 1875, les compagnies n'ont eu à se reprocher que :

>   1 voyageur tué sur 5,178,490,
>   et 1 voyageur blessé sur 580,450.

Soit, pour 100 millions de personnes transportées :

>   19 morts,
>   et 175 blessés.

Les chances de mort ont donc été 15 fois moindres et les chances de blessure 20 fois moindres par chemin de fer, de 1835 à 1875, que par diligence, de 1846 à 1855.

La démonstration semble irréfutable, et nous pouvons

7

ajouter que, loin d'augmenter avec la multiplicité des trains et des bifurcations, la proportion des accidents tend au contraire à décroître rapidement, grâce à l'incessant perfectionnement de tous les procédés propres à prévenir les accidents : freins, signaux, etc...

Voici, en effet, à côté des résultats ci-dessus, qui portent sur toute la période 1835-1875, les résultats correspondants de périodes relativement récentes.

De 1859 à 1869 inclusivement, sur 869,995,946 voyageurs, il en a été tué 65 et il en a été blessé 1,285, soit :

> 1 voyageur tué sur 13,323,014,
> et 1 voyageur blessé sur 673,927.

Ou encore, sur 100 millions de personnes transportées :

> de 7 à 8 morts seulement,
> et 148 blessés.

Les années 1870 et 1871 donnent, il est vrai, des chiffres très supérieurs : 35 et 155 morts, 381 et 678 blessés. Mais la guerre et l'invasion n'expliquent que trop la fréquence et la gravité exceptionnelles des accidents à cette époque troublée.

Pour les six années suivantes, 1872-1877, nous ne trouvons plus que 22 morts et 820 blessés sur environ 750 millions de voyageurs, soit :

> 1 voyageur tué sur 34 millions,
> et 1 voyageur blessé sur plus de 900,000.

Soit encore, sur 100 millions de personnes transportées :

> environ 3 morts,
> et 110 blessés.

En résumé, sur 100 millions de voyageurs, les statistiques officielles donnent les proportions successives que voici :

	Tués sur 100 millions.	Blessés sur 100 millions.
Messageries (1846-1855)	282	3,333
Chemins de fer (1835-1875)	19	175
Chemins de fer (1859-1869)	7,5	148
Chemins de fer (1872-1877)	3	110

Ce qui tendrait à établir qu'avec les chemins de fer, les chances de mort sont aujourd'hui cent fois moindres et les chances de blessure trente fois moindres qu'avec les messageries.

II

Nous sommes malheureusement obligé de constater que l'optimisme d'une telle conclusion n'est pas tout à fait justifié par la réalité des faits.

Les chiffres qu'on vient de lire ne comprennent que les voyageurs tués ou blessés « par le fait de l'exploitation ». Il ne s'agit là que de ces accidents dont les compagnies ne peuvent, sous aucun prétexte, décliner l'entière responsabilité : collisions, déraillements, etc... Malheureusement ce ne sont pas les seules catastrophes dont les chemins de fer soient l'instrument. A côté des voyageurs tués ou blessés par le fait de l'exploitation, il y a ceux qui sont victimes de leur propre imprudence ou de leur maladresse, ceux auxquels les compagnies peuvent reprocher une infraction, volontaire ou non, aux règlements de police. C'est le cas des malheureux qui se cassent les jambes en quittant trop vite leur wagon, ou qui se font renverser par une locomotive en descendant dans l'entre-voie, ou qui se brisent le crâne à l'entrée d'un tunnel. Aucun recours en pareil cas ne peut être exercé contre les compagnies ; mais lorsqu'il s'agit, comme ici, d'apprécier les conditions de sécurité plus ou moins grande que présentent les divers modes de transport, il est impossible de faire abstraction des accidents de ce genre, qui sont si souvent mortels.

De 1859 à 1869, nous trouvons 147 voyageurs tués et 771 voyageurs blessés par des causes « autres que l'exploitation ». Du fait de l'exploitation, nous n'avions relevé dans la même période que 65 morts.

En tenant ainsi compte de tous les voyageurs tués ou blessés, sans exception, il n'y a certainement pas d'exagération à compter, par 100 millions d'individus transportés :

> 15 à 20 tués,
> et 150 à 200 blessés.

On remarquera d'ailleurs, qu'il n'est fait mention, dans les calculs qui précèdent, que des voyageurs transportés par les chemins de fer. Or, il arrive souvent, dans les passages à niveau, par exemple, qu'un train heurte et mutile des gens qui, pour n'avoir aucun lien avec la compagnie sur le réseau de laquelle l'accident arrive, n'en sont pas moins tués ou blessés par son matériel. Ils passent inaperçus dans les tableaux officiels.

Et ce n'est pas encore tout.

Dans le *Mugby Junction* de Dickens, un mécanicien qui se vante de n'avoir, dans sa vie, tué que sept personnes, ajoute gaîment : « non compris, bien entendu, les employés de la compagnie ; les employés, ça ne compte pas ». Nos statistiques sont trop souvent basées sur le même principe, et cependant c'est dans le personnel même des chemins de fer qu'il y a le plus d'accidents. La dernière situation décennale publiée par le ministre des travaux publics, ne mentionne que les « agents des compagnies *tués* en 1869 ». Le nombre

est de 175, dont 9 tués par le fait de l'exploitation, 150 par
imprudence, 16 par d'autres causes ; et il nous paraît difficile
de croire qu'on ait choisi, pour cette publicité limitée, l'année
la plus chargée. Des blessés, il n'est pas question. En
admettant que la proportion soit ici la même qu'en Angleterre, 4 blessés contre 1 tué, il en faudrait compter 700 en
un an. Voilà de terribles hétacombes ; et comme la vie d'un
employé de chemin de fer n'est pas moins précieuse que
celle d'un voyageur, nous ne nous expliquons pas qu'on
les passe si volontiers sous silence. Elles décuplent, ni
plus ni moins, les chiffres précédemment obtenus, et nous
arrivons ainsi à compter, pour 100 millions de voyageurs
transportés :

> près de 200 tués,
> et près de 2,000 blessés.

Ce ne sont pas encore tout à fait les proportions que donnent les statistiques des messageries ; mais on voit qu'il y
a une étrange exagération à proclamer, comme on pourrait
avoir été tenté de le faire à première vue, que les chemins
de fer, à circulation égale, tuent cent fois moins et blessent
trente fois moins de monde que les anciennes diligences.

Ce qu'on peut dire, c'est que presque tout le danger est
aujourd'hui pour le personnel même des compagnies et que
les voyageurs sont de moins en moins exposés.

On peut ajouter que les chemins de fer offrent, au point
de vue des dommages-intérêts dûs en cas d'accident, des
garanties de solvabilité que les voituriers ne présentaient
pas toujours. La multiplication des assurances sur la vie
a aussi pour effet de procurer, dans un plus grand nombre
de cas que par le passé, une indemnité pécuniaire aux victimes ou à leurs familles.

III

Les chiffres qui précèdent ne concernent que la France. Les voyages en chemin de fer ne comportent pas dans tous les pays un égal degré de sécurité; mais les classifications qui ont été tentées à cet égard sont souvent illusoires, parce que les statistiques ne sont pas partout conçues de la même manière.

En Angleterre, voici les chiffres publiés pour 1878 :

	Tués.	Blessés.
Voyageurs tués ou blessés par le fait de l'exploitation.	24	1,172
Voyageurs tués ou blessés par d'autres causes.	101	580
Personnes étrangères tuées ou blessées (passages à niveau, suicides...)	384	252
Agents des compagnies	544	2,003
Accidents divers dans les gares, autres que ceux causés par le matériel roulant.	59	2,050
Ensemble.	1,112	6,057

Le nombre total des voyageurs (non compris les porteurs de cartes d'abonnement, soit environ 100 millions) a été de 565 millions, ce qui, par 100 millions de voyageurs, donne les proportions suivantes :

En tenant compte des accidents de tout genre : 197 tués et 1,739 blessés, ce qui se rapproche beaucoup des chiffres correspondants applicables aux chemins de fer français;

En ne tenant compte que des voyageurs, mais sans distinguer les cas où les victimes ont péché par imprudence ou maladresse : 22 tués et 310 blessés, c'est un peu plus qu'en France;

Enfin, en ne tenant compte que des voyageurs tués ou blessés par le fait de l'exploitation : 4 tués et 207 blessés.

Pour cette dernière catégorie d'accidents, le nombre proportionnel des décès a varié de la manière suivante, depuis
une trentaine d'années :

Périodes.	Voyageurs tués par le fait de l'exploitation.	Millions de voyageurs transportés.	Proportion par 100 millions de voyageurs transportés.
1847-1849	36	173	21
1856-1859	64	557	11 1/2
1866-1869	91	1,178	8
1870-1873	142	1,590	9
1874.	86	478	18
1875.	17	507	3
1876.	38	538	7
1877.	14	552	2 1/2
1878.	24	565	4

On voit, par les derniers chiffres de ce tableau, que les résultats de l'année 1878, diffèrent très peu des résultats
moyens des trois années précédentes. On peut donc dire,
d'une manière générale, que, dans l'état actuel des choses, sur
100 millions de voyageurs transportés, les chemins de fer en
tuent 4 en Angleterre et n'en tuent que 3 en France.

En Belgique, la statistique des accidents constatés sur le
réseau exploité par l'État peut se résumer comme il suit, pour
la période 1873-1877. Le nombre des voyageurs transportés
pendant ces cinq années est de 165 millions : il a été tué
624 personnes, savoir : 26 voyageurs, 341 agents et 257 personnes étrangères (passages à niveau, suicides, etc...) ; il a
été blessé 1,073 personnes, savoir : 157 voyageurs, 689 agents
et 227 personnes étrangères.

Tout compris, c'est, par 100 millions de voyageurs transportés : 377 tués et 650 blessés ; nous voyons qu'ici le nombre
des morts dépasse la proportion que les messageries nous ont
donnée en France.

En ne tenant compte que des voyageurs, mais en confondant, comme le font les statistiques belges, les accidents

causés par le fait de l'exploitation avec ceux où l'imprudence
a eu sa part de responsabilité, on a 16 tués et 95 blessés.

On remarquera que le nombre des blessés, comparativement au nombre des morts, est beaucoup plus faible ici
qu'en France ou en Angleterre. On peut se demander si
le gouvernement belge, ayant à s'accuser lui-même, puisqu'il
s'agit du réseau qu'il exploite, n'écarte pas de ses statistiques
un certain nombre de blessures légères qui ailleurs ne passe-
raient pas ainsi inaperçues.

CHAPITRE VI.

Le progrès sur les routes.

Les routes depuis la création des chemins de fer. — Progression inin-
terrompue de leur développement et de leur budget. — Routes nationales. — Routes départementales. — Chemins vicinaux. — Solidarité
des routes et des chemins de fer. — Circulation moins active sur
les routes parallèles aux voies ferrées, circulation plus active sur
les routes transversales. — Rayon d'attraction des chemins de fer. —
Influence exercée par la multiplication et l'amélioration des routes
sur le prix et la vitesse des transports.

La création des chemins de fer est évidemment le fait le
plus considérable de l'histoire des transports par terre; et,
lors de l'apparition de ces voies nouvelles, si supérieures
aux anciennes comme vitesse, comme économie, et même
comme sécurité pour le voyageur, certaines gens purent croire
de bonne foi que c'en était fait des routes, que leur rôle
économique et social était fini, et que beaucoup d'entre elles
ne tarderaient pas à disparaître. Ceux qui n'allaient pas
jusque-là accordaient au moins qu'il fallait s'empresser de
réduire à leur plus simple expression les crédits affectés

soit à l'entretien, soit à plus forte raison à la construction des routes proprement dites.

On va voir que, même sur ce point, on se fait illusion et qu'en France du moins, les dépenses de viabilité n'ont pas cessé d'augmenter.

I

Le temps est loin où Colbert semblait prodigue en prélevant chaque année environ un demi-million sur le Trésor royal au profit des ponts et chaussées (1683-1700) [1]. C'était à grands frais déjà que le xviiie siècle avait vu construire ces belles routes plantées, larges les unes de 60, les autres de 36 pieds, qui faisaient alors l'admiration de l'Europe [2]; et les 400 ponts de premier ordre qui datent également de cette époque n'avaient pas coûté moins de 60 millions. Sous le premier Empire, le budget des routes continue à s'élever rapidement, car de 28 millions en l'an IV, on passe, en 1812, à 50 millions (entretien et travaux neufs réunis). Il est vrai que la France, à cette époque, avait de tout autres frontières qu'aujourd'hui. Comme constructions nouvelles, on

[1] M. Vignon, auteur d'un ouvrage instructif sur *les voies publiques en France avant* 1789, a retrouvé les registres manuscrits des ponts et chaussées de France pour toute la période 1683-1700. La dépense totale, pour ces 18 années, ressort à 13,881,597 livres (25 millions de francs), et la dépense annuelle, par conséquent, à 771,199 livres (1,400,000 francs). Sur les 14 millions de livres dépensés de 1683 à 1700, 6,629,881 provenaient du Trésor royal. De 1600 à 1700, les ressources affectées aux travaux de voirie, sur « ordonnances particulières au Trésor royal », montent à 23,809,168 livres.

[2] Les ingénieurs des ponts et chaussées, organisés en corps en 1716, avaient hâté par leur intelligente activité cet heureux développement du grand réseau national. La corvée, abolie seulement en 1776, y avait aussi contribué. On évalue à 6,000 lieues la longueur des grandes routes ainsi créées au xviiie siècle, et à environ 40,000 kilomètres l'ensemble des routes existant en 1789 ; mais il s'en fallait de beaucoup que le tout fût à l'état d'entretien.

peut estimer la dépense totale effectuée de 1801 à 1813, à 100 millions pour les chaussées et 25 pour les ponts. Cela paraissait magnifique.

Voyons maintenant quelle a été, depuis le commencement de la Restauration jusqu'à la fin du second Empire, la progression de cette sorte de dépenses. Le tableau suivant qui donne cette indication est extrait des publications officielles du ministère des travaux publics :

Dépenses faites par l'État pour le service des routes et ponts (1814-1870).

Travaux extraordinaires.	1814-30. (milliers de francs)	1831-47. (milliers de francs)	1848-70. (milliers de francs)
Routes nationales. { Lacunes.	30,000	89,426	46,856
Routes nationales. { Réparations	»	35,493	»
Routes nationales. { Rectifications.	»	34,172	86,625
Routes de Corse.	»	10,467	11,921
Routes stratégiques	»	14,000	»
Routes forestières	»	3,832	8,166
Voies nouvelles de Paris.	»	»	100,829
Construction de grands ponts	37,645	19,913	36,559
Rachat des ponts à péage.	»	»	3,813
Ensemble.	67,645	207,303	294,769
Total général.		569,717	

Travaux ordinaires.			
Routes nationales. { 1re catégorie [1].	205,338	329,744	520,664
Routes nationales. { 2e catégorie.	30,000	80,294	108,217
Routes stratégiques. { 1re catégorie [1].	»	3,215	6,286
Routes stratégiques. { 2e catégorie.	»	1,937	2,276
Voies municipales de Paris	10,497	7,639	55,818
Ensemble.	245,835	422,829	693,261
Total général.		1,361,925	

En réunissant les dépenses ordinaires et extraordinaires, on obtient les chiffres ci-après :

[1] Les dépenses de la première catégorie se rapportent à l'entretien ordinaire ; celles de la seconde catégorie se rapportent aux grosses réparations.

Périodes.	Dépense totale par période.	Dépense moyenne par an.
1814-30	313,480,000 fr.	18,435,000 fr.
1831-47	630,132,000	37,065,000
1848-70	988,030,000	42,950,000
1814-70	1,931,642,000 fr.	33,894,000 fr.

Ainsi, loin de se trouver abandonnées depuis l'apparition des chemins de fer, nos grandes routes ont vu leur budget annuel doubler et au delà de 1814-1830 à 1848-1870.

Et aujourd'hui encore, malgré la perte de deux provinces, les crédits qui leur sont annuellement affectés ne s'éloignent guère de 40 millions. Le budget de 1880 consacre 25 millions 1/2 à l'entretien et 4 millions 1/2 aux grosses réparations des routes nationales. Les lacunes, rectifications, etc., et l'entretien des chaussées de Paris complètent un chiffre de 37 millions 1/2 : deux fois le chiffre moyen de la Restauration.

Ce démenti que la statistique financière inflige à ceux qui croyaient que les chemins de fer tueraient les routes, la statistique kilométrique le confirme pleinement. Voici, toujours d'après les documents officiels et à diverses dates, l'état des longueurs ouvertes et des dépenses d'établissement ou d'amélioration, pour les seules routes nationales :

Dates.	Longueur ouverte.	Dépense totale.	Dépense par kilomètre.
31 décembre 1814. . . .	27,200 kil.	775 millions.	28,493 fr.
— 1830. . . .	28,900 —	816 —	28,235
— 1848. . . .	34,800 —	990 —	28,454
— 1860. . . .	36,400 —	1,055 —	28,984
— 1869. . . .	38,200 —	1,126 —	29,476
— 1877. . . .	37,304 —	(Alsace-Lorraine déduite).	

Ainsi, nos grandes routes, nos routes nationales, celles que les chemins de fer semblaient menacer le plus directement, loin de disparaître, continuent à s'étendre et sont mieux dotées qu'autrefois.

Passons aux routes départementales ; voici leur développement effectif depuis une soixantaine d'années :

1814	18,600	kilomètres.
1830	23,500	—
1837	27,442	—
1847	40,100	—
1854	42,353	—
1860	45,916	—
1870	47,026	—
1872 (Alsace-Lorraine déduite.)	46,760	—
1876	47,261	—

On voit que leur longueur avait doublé depuis l'établissement de nos premières voies ferrées jusqu'en 1874.

En 1875, les crédits affectés à ces routes s'élevaient à 27,840,100 francs, savoir : 20,227,800 francs pour frais d'entretien, matériaux, main-d'œuvre, etc... et 7,612,300 francs pour grosses réparations, lacunes ou rectifications.

Quant aux chemins vicinaux, chemins de grande communication, chemins d'intérêt commun et chemins ordinaires, si on ne consultait que les variations apparentes de leur développement kilométrique, on pourrait croire qu'ils ont perdu beaucoup de terrain depuis 1836, car on évaluait sur le papier ce développement :

En 1837	à 771,459	kilomètres.
En 1841	639,862	—
En 1851	558,441	—
En 1856	557,448	—
En 1867	525,780	—
En 1871	544,390	—
En 1876 (Alsace-Lorraine déduite). .	476,766 [1]	—

[1] Savoir : 94,896 mètres de chemins de grande communication (dont 87,305 à l'état d'entretien, 4,168 à l'état de viabilité, 1,019 en construction, et 2,404 en lacune) ; — 75,089 kilomètres de chemins d'intérêt commun (dont

Or, c'est au contraire ce réseau tertiaire qui, depuis Louis-Philippe et surtout depuis l'Empire, a reçu le plus d'extension et d'améliorations. En effet, sur les 770,000 kilomètres de 1837, il y en avait infiniment peu qui fussent praticables aux voitures, et le premier effet des classements opérés en vertu de la loi de 1836 a été de rendre à l'agriculture beaucoup de terrains à peine frayés, tandis que tout l'effort des administrations départementales et communales allait se concentrer sur les lignes réellement utiles. Ce n'est donc pas ici par les variations kilométriques du réseau, mais seulement par l'augmentation des ressources y affectées, que l'on peut se rendre compte des progrès réalisés.

Le tableau suivant montre qu'entre la loi de 1836 et celle de 1868, le budget des chemins vicinaux a toujours été en grandissant :

Ressources affectées aux chemins vicinaux.

Périodes.	Prestations. (millions)	Dépenses. (millions)	Totaux. (millions)
1837-1841	109,4	133,6	243,0
1842-1846	163,6	133,8	297,4
1847-1851	179,0	171,6	350,6
1852-1856	188,7	200,1	388,8
1857-1861	218,4	219,5	437,9
1862-1866	251,6	289,2	540,8
	1,110,7	1,147,8	2,258,5

En 1868, les sacrifices faits pour la création du réseau vicinal représentaient déjà plus de 2 milliards et demi. On

55,625 à l'état d'entretien, 7,644 à l'état de viabilité, 3,749 en construction, 8,071 en lacune); — et 306,781 kilomètres de chemins vicinaux ordinaires (dont 84,066 à l'état d'entretien, 45,479 à l'état de viabilité, 26,861 en construction, et 150,375 en lacune).

Le réseau subventionné comprenait, à la même date, 212,343 kilomètres, dont 14,327 kilomètres de chemins de grande communication, 71,623 kilomètres de chemins d'intérêt commun, et 126,393 kilomètres de chemins vicinaux ordinaires.

était cependant loin du terme de cette grande œuvre dont l'utilité ne faisait qu'augmenter avec le nombre de nos lignes ferrées, car, plus que toutes autres voies, les chemins vicinaux constituent le trait d'union nécessaire entre les stations de nos chemins de fer et leur clientèle.

Le gouvernement impérial l'avait compris. On se préoccupa surtout, en 1868, d'activer les travaux du réseau vicinal ordinaire, plus négligé jusque-là que les deux autres, parce que la loi de 1836 réservait à la grande et moyenne vicinalité les deux tiers des prestations et des centimes affectés au service vicinal. On évaluait alors que l'achèvement du réseau ordinaire en dix ans coûterait 841 millions, dont 589 pour la construction et 252 pour l'entretien jusqu'à la dixième année des chemins déjà construits ou à construire. Sur ces 841 millions, les ressources ordinaires du service en promettaient 410. Les ressources extraordinaires que devaient y ajouter les départements et les communes ne pouvant suffire à couvrir la dépense, l'État, aux termes de la loi du 11 juillet 1868, intervenait comme bailleur de fonds, allouant d'une part, une subvention de 100 millions (plus 15 millions pour les chemins d'intérêt commun), et d'autre part, créant, avec garantie de l'État et dotation d'un capital de 200 millions, une caisse des chemins vicinaux qui allait pouvoir prêter aux départements et aux communes l'argent qui leur serait nécessaire, à des conditions particulièrement favorables (remboursement en trente ans, par annuités égales, au taux de 4 p. 100, amortissement compris).

La subvention de 100 millions (10 millions par an) devait se partager entre les 142,000 kilomètres de chemins ordinaires dont on jugeait la création indispensable, en tenant compte tout à la fois des besoins, des ressources et des sacrifices des départements.

Après la guerre, la situation budgétaire fit réduire de 10 à 5 millions la subvention annuelle et reporter par suite de fin 1878 à fin 1882 la clôture des opérations prévues par la loi de 1868.

Seulement, on n'a pas eu à attendre jusqu'à 1882 pour reconnaître que les évaluations de 1868 avaient été insuffisantes :

1° Ce n'est plus à 841 millions (construction 589, entretien 252), mais bien à 1,024 (construction 702, entretien 322) que paraît devoir monter la somme des dépenses faites ou à faire de 1868 à 1882 pour le seul réseau ordinaire; et, les ressources existantes ne dépassant pas 718 millions, le déficit serait de 317 millions ;

2° Les dépenses du réseau d'intérêt commun sont aujourd'hui évaluées à 393 millions, et les ressources correspondantes à 320 seulement, soit un déficit de 73 millions ;

3° Sur les chemins de grande communication eux-mêmes, on prévoit un déficit de 15 millions.

Déficit total : 405 millions.

C'est en présence de cette situation inquiétante et de l'épuisement simultané des deux fonds créés en 1868 que la loi du 5 avril 1879 a alloué à la caisse des chemins vicinaux une dotation nouvelle de 300 millions, 260 millions pour la France, 40 pour l'Algérie, payables en douze ans par annuités inégales (16 millions par an de 1879 à 1882, 30 de 1883 à 1889 et 26 en 1890).

Ces nouvelles allocations maintiendront au-dessus de 100 millions par an les ressources consacrées aux chemins vicinaux [1], et la France, dans l'espace d'un demi-siècle, n'aura pas dépensé pour cet objet moins de 4 milliards 1/2.

---

[1] Pour les cinq années 1867-1871, la dépense totale, prestations comprises, ressort à 702 millions 1/2.

II

Les chiffres que nous venons de faire passer sous les yeux du lecteur établissent que non seulement les chemins de fer n'ont pas eu pour résultat l'abandon des autres voies de communication, mais qu'au contraire, les routes et surtout les chemins n'ont jamais été de la part du législateur l'objet d'une sollicitude plus grande, et ne se sont, pour ainsi dire, jamais mieux portés, que depuis qu'il existe des chemins de fer. Au surplus, cette démonstration numérique était presque superflue pour ceux que leur âge met à même de comparer, dans leur esprit, la viabilité d'autrefois à celle d'aujourd'hui. Les vieux campagnards, notamment, dans presque tous les départements, vous diront que sans doute, il reste encore fort à faire pour donner pleine satisfaction aux exigences de la circulation rurale, mais que ce qui a été fait à cet égard, depuis vingt-cinq ans, est presque merveilleux.

Comment donc expliquer cette contradiction entre les prévisions du plus grand nombre et la réalité des faits ? Comment expliquer cette prospérité sans précédent coïncidant avec l'apparition d'une concurrence forcément victorieuse ?

C'est qu'en fait de voies de communication, il y a bien moins de rivalités meurtrières que de fécondes solidarités. Un chemin, railway ou tramway, route ou canal, n'est rien par lui-même. La plus belle chaussée du monde, si on la suppose murée sur ses deux bords et à ses deux extrémités, serait évidemment aussi inutile que si elle n'existait pas. Ouvrez ses points extrèmes, mais laissez lui ses remparts latéraux, faites-en ainsi une sorte de tunnel éclairé, conduisant, sans aucune issue intermédiaire, de Paris à Lyon ou au Havre : un pareil travail ne serait plus absolument dépourvu d'utilité, puisqu'il pourrait servir à la circulation directe et mutuelle des deux villes. Mais n'est-il pas évident que son utilité doublera, triplera, quintuplera,... à mesure que des portes de plus en plus nombreuses seront pratiquées à droite et à gauche, donnant accès par des voies secondaires à toutes les localités riveraines ? C'est ainsi que les routes départementales servent, au lieu de leur nuire, les routes nationales ; c'est ainsi que les chemins vicinaux servent les routes départementales ; c'est ainsi que les chemins ruraux servent les chemins vicinaux. Et c'est également ainsi que les routes de terre, grandes et petites, sont le complément nécessaire, l'indispensable aliment des réseaux ferrés. A part quelques rares établissements industriels qui se trouvent contigus aux stations de chemins de fer, ce sont les routes qui leur amènent et qui conduisent à destination tout ce qu'elles reçoivent de voyageurs et de marchandises.

Mais réciproquement, les chemins de fer partagent leur clientèle avec les autres moyens de transport et les font ainsi profiter de l'énorme surcroît d'activité qui se manifeste partout où la locomotive a fait son apparition. Il en est d'un railway, par rapport aux diverses voies avec lesquelles il communique, comme du tronc d'un chêne par rapport aux branches et aux feuilles ou aux racines et aux radicelles. Le tronc doit sa vie à ces mille ramifications qui vont la puiser pour lui et dans l'atmosphère et dans le sol ; mais coupez le tronc, et les unes et les autres dépériront bien vite. Il n'y a pas plus de rivalité entre le chemin de fer et la route qu'entre le tronc et la feuille, pas plus qu'entre l'artère et la veine, pas plus qu'entre le fleuve et l'affluent. Loin qu'il y ait concurrence, il y a, nous le répétons, étroite et féconde solidarité.

Cependant n'exagérons rien. Il est vrai de dire, d'une manière générale, que les chemins de fer ont augmenté, au lieu de la réduire, l'importance collective de l'ensemble des autres voies de terre. Mais, si on les examine individuellement, on devra reconnaître que la circulation particulière de certaines routes a été atteinte et diminuée, pendant que celle des autres progressait rapidement.

Les routes pour lesquelles la construction d'une ligne ferrée est une cause de déchéance, ce sont, on le devine, les routes parallèles ou à peu près; les routes qui au contraire y gagnent une fréquentation supérieure, ce sont les routes tranversales [1].

[1] Dans un rapport sur une pétition du marquis de Fournès, qui avait demandé que les routes nationales fussent désormais confondues avec les routes départementales, M. Béhic disait, à la séance du Sénat du 16 mars 1869 :

« On ne saurait sans doute contester que l'établissement des grandes lignes de chemins de fer, parallèlement aux routes impériales et dans la direction des mêmes courants commerciaux, n'ait modifié sur un grand nombre de points la fréquentation de ces routes. Mais cette modification n'est pas absolue. Il suffit pour le démontrer de rappeler que les routes impériales exploitées en 1868 présentaient un développement de 37,990 kil., tandis que les chemins de fer offraient un parcours de 16,240 kil. seulement. Le fait de la juxtaposition des routes impériales et des chemins de fer n'est donc nullement un fait général. On peut affirmer qu'il existe un certain nombre de localités, surtout parmi les plus pauvres et les plus déshéritées, qui n'ont pas et qui n'auront pas de chemins de fer, dont les intérêts commerciaux ne sont et ne seront jamais desservis que par les routes impériales, et dont la prospérité serait plus que compromise si l'État ne conservait à sa charge ces artères principales qui seules les relient à la circulation et à la vie générales... »

M. Béhic, comparant ensuite les fréquentations observées en 1850-52, 1856-57 et 1863-64, concluait que « si, depuis l'établissement des railways, la fréquentation sur les voies terrestres s'est répartie d'une manière différente au profit des routes perpendiculaires aux chemins de fer et aux dépens des routes parallèles à ces mêmes chemins, cette fréquentation est restée en somme sensiblement la même. »

Il disait encore : « Si la circulation des routes impériales n'a pas progressé autant que le trafic général, et si les chemins de fer ont absorbé la presque tota-

Supposons, pour faciliter le raisonnement, qu'il n'existe encore en France qu'un chemin de fer unique, allant, par exemple, de Paris à Orléans, et n'ayant même de gares que dans ces deux villes. Voilà le coût du transport d'Orléans à Paris qui va se trouver réduit de 60 p. 100 pour les voyageurs, de 75 p. 100 pour les marchandises. La route de Paris à Orléans va évidemment perdre une partie de son trafic, car, sauf de bien rares exceptions, elles ne servira plus qu'à relier ses points extrêmes aux localités intermédiaires. Mais la route allant d'Orléans à Dijon par Auxerre et Semur, route perpendiculaire à celle de Paris à Orléans, va voir passer, elle, beaucoup plus de voitures qu'auparavant, non seulement parce que l'importance d'Orléans sera augmentée par la création du chemin de fer, mais aussi parce qu'une partie des riverains de la route d'Orléans à Dijon trouveront intérêt à passer par Orléans pour aller à Paris et pour en revenir.

Mettons-nous à la place d'un habitant de Semur. Il y a, de Paris à Orléans, 120 kilomètres Nord-Sud. Il y a d'Orléans à Semur 225 kilomètres Ouest-Est. Et, puisque dans le triangle rectangle P O S le carré de l'hypothénuse est égal à la somme des carrés des deux autres côtés, il doit y avoir de Paris à Semur, directement, 255 kilomètres.

Cela posé, il est clair qu'avant l'ouverture du chemin de fer, les fabricants de Semur n'auraient jamais eu l'idée de faire passer leurs produits par Orléans. Mais, une fois le chemin de fer construit, la question peut se poser. Pour aller tout droit à Paris, la tonne leur coûtera, à 24 centimes par

lité d'un développement dont ils étaient en grande partie les auteurs, cette circulation, déplacée mais non réduite, est du moins restée stationnaire, et l'on ne saurait apercevoir dans cet état de choses les symptômes de décadence radicale dont arguent les partisans du déclassement. »

kilomètre, 61 fr. 20. En passant par Orléans, ils auront à payer 225 kilomètres à 24 centimes, soit 54 francs, plus 120 kilomètres à 6 centimes, soit 7 fr. 20, total 61 fr. 20, comme par le chemin direct.

Ainsi le coût du transport serait le même par les deux voies pour Semur, dont la distance à Orléans est égale à 15/8 de la distance de Paris à Orléans. D'où il suit que de Dijon à Paris, par exemple, le transport direct par route serait plus avantageux; mais que d'Auxerre il y aurait, au contraire, économie à aller prendre le chemin de fer à Orléans.

Ce simple calcul montre bien quelle est la puissance de cette attraction latérale qu'un chemin de fer peut exercer, au grand profit des routes qui lui sont perpendiculaires.

Quant aux routes obliques, la limite de cette force d'attraction ne serait plus de 255 kilomètres, comme sur la route perpendiculaire d'Orléans à Dijon ; elle serait moindre sur les routes qui, comme celle d'Orléans à Chartres, font avec la direction de Paris un angle aigu ; elle serait supérieure sur les routes qui, comme celle d'Orléans à Blois, font avec la direction de Paris un angle obtus.

C'est, d'ailleurs, un problème de géométrie presque élémentaire que celui qui consiste à chercher, étant donné le triangle P O S, *le lieu des points* M *situés de telle sorte que le transport* M O P (M O *par route et* O P *par chemin de fer*) *revienne exactement au même prix que le voyage direct* M P *par route.*

Ceux de nos lecteurs à qui l'étude des courbes du second degré est familière vérifieront aisément que *ce lieu est l'une des branches de l'hyperbole qui a pour centre le milieu de la ligne* P O *et pour foyers les points* P *et* O. L'équation de la courbe serait :

$$y^2 = 15\,x^2 - 15\,\frac{PO^2}{64}$$

et celle de l'asymptote :

$$y = \pm \sqrt{15x}$$

L'intérieur de cette branche d'hyperbole forme ce qu'on pourrait appeler la zone d'attraction de la station O.

On voit ainsi dans quelle mesure les chemins de fer, s'ils réduisent le trafic des routes auxquelles ils se superposent, augmentent celui des voies transversales. Ils l'augmentent d'autant plus que, vivifiant partout autour d'eux et l'agriculture et l'industrie et le commerce, ils font bientôt surgir de nouveaux éléments de circulation. Chaque station devient le centre d'une sorte de rayonnement dont les administrations départementales et communales sont bien obligées de tenir compte. Il faut que les anciennes routes se perfectionnent ; il faut que de nouveaux chemins se créent ; il faut que chaque usine, chaque mine, chaque ferme, chaque forêt, chaque champ, pour ainsi dire, se rapproche à son tour, par les progrès de la viabilité locale, de ces points privilégiés que la vapeur est venue rapprocher eux-mêmes de tous les grands centres de production et de consommation.

III

Nous parlons de rapprochement : on a vu, plus haut, que les chemins de fer rapprochent doublement les diverses régions qu'ils desservent : 1° en diminuant la durée ; 2° en diminuant le prix du voyage ou du transport. Les deux mêmes résultats, accélération et économie, s'obtiennent, à un moindre degré sans doute, mais d'une façon encore très appréciable, par l'amélioration et la multiplication des chemins carrossables. La chose est trop certaine pour que nous ayons ici aucune contradiction à redouter; mais il y a intérêt à préciser l'importance de ce bienfait : c'est le moyen de prouver qu'il n'est pas de dépenses plus productives que celles qui ont pour objet le développement des voies de communication, aussi bien anciennes que nouvelles.

En ce qui touche la vitesse des transports, il est visible qu'elle dépend avant tout de la qualité des routes. Sur une mauvaise route, un cheval ne peut aller qu'au pas, au petit pas, ce qui revient à dire qu'il fera à peu près 1 mètre par seconde. Sur une bonne route, le même animal, sans plus de fatigue, ira au trot ou au galop, faisant facilement plus de 5 mètres par seconde. Si donc les messageries marchaient, arrêts compris, trois fois plus vite vers la fin du règne de Louis-Philippe qu'au commencement du siècle, on doit admettre que ce progrès venait moins de leurs propres perfectionnements que de la transformation des routes.

Leur multiplication abrège également les parcours en permettant de les rendre de plus en plus directs. Les considérations géométriques que nous avons présentées, à cet égard, en parlant des chemins de fer, sont tout aussi vraies pour les routes. Nous nous bornons à les rappeler ici [1].

Et de même pour les prix.

Comparez à une belle route, bien construite, bien entretenue, comme il s'en trouve maintenant dans tous nos départements, un de ces mauvais chemins d'autrefois, dont quelques échantillons survivent encore pour le malheur de ceux qui s'en servent, chemins plus impraticables aux voitures que les terres labourées qui les bordent, chemins semés de fondrières, sillonnés d'ornières profondes, où les mares d'eau sale alternent avec les montagnes de boue. Comparez,

---

[1] Voir pages 16 et suivantes.

et vous reconnaîtrez aisément que, s'il en coûte en moyenne 20 centimes pour faire faire sur une bonne route un parcours d'un kilomètre à une tonne de marchandise, il en coûtera infiniment plus sur un mauvais chemin. Ne faudra-t-il pas deux ou trois chevaux au lieu d'un? Et ces deux ou trois chevaux ne seront-ils pas retenus dans ce perpétuel bourbier deux ou trois fois plus longtemps que l'autre sur le sol uni et solide qui le porte? Sans compter l'usure plus rapide du matériel et le chapitre des accidents. M. Nicolas, dans l'excellente notice qui précède les *Documents statistiques sur les routes et ponts*, publiés en 1873 par le ministère des travaux publics, estime, avons-nous dit, que les prix du roulage ordinaire, « qui étaient descendus, vers 1847, à 20 centimes par tonne et par kilomètre, s'élevaient à plus de 25 vers 1830, à plus de 30 vers 1814 et dépassaient 40 aux époques antérieures. » Admettons que la moitié de cette réduction provienne d'une exploitation mieux organisée et d'un trafic plus abondant. Il resterait encore une économie de 10 centimes à attribuer exclusivement aux progrès successifs de la viabilité. Et, s'il en est ainsi, on reconnaîtra qu'il ne faut pas améliorer beaucoup le réseau carrossable d'un département pour y abaisser d'un centime le prix moyen de la tonne kilométrique. Or, ce n'est pas chose insignifiante ici qu'un centime de moins.

Les comptages auxquels il a été procédé, à diverses époques, sur les routes nationales, ont donné les résultats suivants :

Années.	Nombre de colliers par jour et par kilomètre.
1851	244,2
1857	246,4
1863	237,4
1869	239,9
1876	206,7

La longueur totale soumise au recensement, en 1876, était

de 37,000 kilomètres. En multipliant ce nombre par celui des colliers, on trouve, par jour, une circulation moyenne de 7,720,000 colliers kilométriques. Le nombre total des colliers kilométriques de l'année 1876, sur les routes nationales, serait donc d'environ 2 milliards 825 millions.

Sur les routes départementales, la fréquentation moyenne a varié comme il suit :

Années.	Nombre de colliers par jour et par kilomètre.
1864	169
1869	177
1876	160

En multipliant ce dernier nombre par la longueur du réseau départemental, soit 47,260 kilomètres, on trouve une circulation totale de 7,560,000 colliers kilométriques par jour, soit 2 milliards 767 millions pour l'année entière.

Sur les chemins vicinaux, la circulation n'a pas été l'objet de dénombrements méthodiques ; pourtant l'administration, d'après les renseignements partiels qu'elle a pu recueillir, a lieu de croire la fréquentation de ces chemins plutôt supérieure qu'inférieure à celle des routes, tant nationales que départementales, de sorte que l'on peut évaluer à environ 12 milliards de colliers la circulation totale des trois réseaux réunis.

Mais quel poids utile, quel chargement moyen représente un collier ?

En tenant compte des proportions dans lesquelles les diverses sortes de véhicules chargés ou vides, voitures agricoles, roulage, messageries, voitures particulières, entrent dans la circulation des divers départements, et en combinant les coefficients variables fournis par l'enquête, le poids utile moyen correspondant à un collier ressort à 600 kilogrammes pour les routes nationales [1] et à 420 pour les autres, de sorte qu'on a les équations suivantes :

	Colliers.		Tonnes kilométriques.
Routes nationales.	2,825 millions	=	1,700 millions.
— départementales	2,767 —	=	1,160 —
Chemins vicinaux	6,408 —	=	2,790 —
Ensemble.	12,000 millions	=	5,650 millions.

Ce tonnage total n'atteint pas, on le voit, celui des chemins de fer (plus de 8 milliards de tonnes kilométriques). Mais, au taux moyen de 24 centimes par tonne kilométrique, il représente une dépense de 1 milliard 356 millions de francs, somme très supérieure au prix total des transports de marchandises annuellement effectués par nos chemins de fer.

Ainsi, dans l'état actuel des choses, il y a pour le pays plus d'intérêt encore à réduire le prix de la tonne kilométrique sur les routes que sur les chemins de fer. Supposez une réduction de 10 p. 100 obtenue de part et d'autre : l'économie ne serait guère que d'une soixantaine de millions par an du côté des chemins de fer ; et du côté des routes, l'économie serait double. On voit que si cette réduction d'un dixième dans le prix des transports sur routes ne pouvait être obtenue que moyennant une dépense d'un demi-milliard, ce serait encore là un excellent placement.

[1] Voir l'*Album de Statistique graphique* publié en juillet 1879 par le ministère des travaux publics, carte n° 2.

CHAPITRE VII.

La navigation intérieure.

Rivières et canaux. — Péage théorique. — Fret. — Prix total. — Réduction des droits de navigation. — Rôle des voies navigables avant et après les chemins de fer. — Programme actuel du gouvernement. — Les voyages par eau dans le passé et dans le présent.

Pascal a appelé les rivières « des chemins qui marchent » et cette définition est à la fois si vraie et si pittoresque dans sa simplicité, que l'on peut s'étonner qu'elle ait attendu le xvıı^e siècle pour se produire. Mais la supériorité qu'elle attribue aux cours d'eau sur les chemins qui ne marchent pas est-elle bien réelle? Le mouvement de l'eau, dans le lit d'un fleuve, ne changeant jamais de direction (sauf là où la marée peut se faire sentir), l'avantage qu'y peuvent trouver ceux qui ont à descendre de la source vers l'embouchure se trouve compensé par l'obstacle que le courant oppose à ceux qui veulent remonter de l'embouchure vers la source. C'est donc moins comme *moteurs* et comme *véhicules* que comme simples *voies* que les cours d'eau servent efficacement l'industrie des transports. A l'époque où l'homme commençait à se répandre sur la terre, il n'y avait de routes tracées que celles-là, et l'on peut croire que, dans les contrées accidentées et boisées, le bateau précéda le char. De nos jours encore, les forêts vierges de certaines parties de l'Asie, de l'Afrique et des deux Amériques ne sont accessibles que par eau. La première supériorité des rivières sur les chemins proprement dits consista donc en ceci que les rivières existaient, alors que les chemins n'existaient pas.

La supériorité des chemins, quand on en eut construit, fut qu'ils vont à peu près là où l'on veut qu'ils aillent, tandis que les rivières ne peuvent aller qu'où les conduit la pente naturelle des terres.

Et c'est pour étendre aux voies d'eau cet avantage qu'on eut l'idée de construire ces rivières artificielles qu'on appelle des canaux. Si les vraies rivières sont des chemins qui marchent, les canaux sont des rivières qui ne marchent pas. Et ce qui prouve bien que le mouvement inhérent aux cours d'eau n'est pas, au point de vue des transports, leur principal mérite, c'est que l'on dépense des sommes considérables, chez tous les peuples intelligents, pour créer en grand nombre ces routes liquides que leur immobilité ne rend pas moins précieuses.

Tout le monde sait de quoi se compose un canal. Ce n'est, en somme, qu'une suite de bassins longs et étroits, ayant des niveaux appropriés aux exigences du sol, et communiquant entre eux par des écluses [1]. L'écluse est un bassin court, pouvant seulement contenir un bateau à la fois, et

---

[1] Certains canaux en Amérique ont, ou du moins avaient autrefois, au lieu d'écluses, de simples plans inclinés le long desquels les bateaux étaient portés par un chariot glissant sur des rails de fer et de bois. (Voir *Histoire et description des voies de communication aux États-Unis*, par M. Michel Chevalier.)

ouvrant d'un côté sur le bief supérieur, de l'autre sur le bief inférieur : le bateau entre dans l'écluse ; on ferme derrière lui la porte qui lui a livré passage ; puis on ouvre l'autre, et l'eau se nivelant d'elle-même, le bateau monte ou descend du niveau du bief d'où il vient au niveau du bief où il va. L'opération ne fait d'ailleurs perdre au bief supérieur que le volume d'eau qui a pour mesure la superficie même de l'écluse multipliée par la différence du niveau des deux biefs. C'est à ces pertes minimes, mais fréquemment réitérées, et à l'évaporation naturelle de l'eau, qu'il est nécessaire de pourvoir quand on construit un canal, en assurant aux bassins les plus élevés une suffisante alimentation.

I

Expropriation des terrains, fouilles, nivellements, revêtements, ouvrages d'art, écluses, réservoirs...., telles sont les dépenses qu'entraîne la construction d'un canal, dépenses toujours considérables, mais susceptibles de varier, selon les terrains, dans d'assez larges limites.

Les 5,037 kilomètres de canaux (ou rivières assimilées) que nous attribuaient les documents statistiques soumis à l'Assemblée nationale [1], avaient coûté à établir 818,467,913 fr. Cette dépense totale se répartit comme il suit :

Canaux exécutés :	Longueurs. (kilom.)	Prix du kilomètre. (francs)	Dépense totale. (francs)
Par l'État	3,610.3	160,861	580,757,832
Par les compagnies	683.1	180,239	123,121,443
Par l'État et les compagnies.	743.8	154,058	114,588,638
Ensemble.	5,037.2	162,480	818,467,913

[1] En 1876, on trouve 4,459 kilomètres de canaux et 299 kilomètres de rivières assimilées aux canaux, soit 4,758.

Sur ces 818 millions de francs, il avait été dépensé 116 millions antérieurement au XIXe siècle, et 702 de 1801 à 1868.

Dans le courant de notre siècle, la dépense annuelle pour construction de canaux a varié comme il suit selon les périodes :

Périodes.	Dépense annuelle moyenne.
1801—1813.	3,415,484 francs.
1814—1830.	7,073,448 —
1831—1847.	15,435,205 —
1848—1851.	4,083,760 —
1852—1859	3,130,245 —
1860—1868.	3,666,023 —

On voit que le développement de notre système de canaux s'est singulièrement ralenti au moment où le développement de notre réseau ferré commençait à s'accélérer.

Le coût moyen du kilomètre de canal ressort dans les tableaux ci-dessus à 162,480 francs. Si l'on tient compte des frais de personnel et des intérêts de capitaux qui ne figurent pas dans les comptes de l'État, on peut admettre qu'en France le kilomètre de canal revient en moyenne à environ 180,000 francs.

Pour l'entretien, voici les chiffres moyens de la période 1839-1868 :

Entretien courant	1,040 fr. par kilomètre.
Grosses réparations.	391 —
Ensemble.	1,431 fr. par kilomètre.

Soit, en chiffres ronds, 1,450 francs.

L'ensemble des crédits accordés pour l'entretien de nos canaux s'élevait à 5,400,000 fr. en 1869 et 1870, à 5,468,000 fr. en 1871, et de 4,500,000 à 5,000,000 de francs les années suivantes.

Les fleuves et rivières navigables (ou canaux assimilés)

avaient en France, avant 1870, une longueur de 8,060 kilomètres [1], savoir :

Bassin du Rhin et mer du Nord.	921	kilomètres.
Seine et Manche	1,590	—
Loire et Océan.	2,160	—
Garonne et golfe de Gascogne	2,345	—
Rhône et Méditerranée	1,044	—
Ensemble.	8,060	kilomètres.

Les dépenses effectuées par l'État pour l'améloration de ces rivières s'élevaient, il y a dix ans, à 339 millions de francs, soit en moyenne 42,050 francs par kilomètre.

La dépense annuelle présente les variations suivantes depuis 1814 :

Périodes.	Dépense annuelle moyenne.
1814—1830	655,306 francs.
1831—1847.	7,408,024 —
1848—1851.	7,763,521 —
1852—1859.	7,167,614 —
1860—1868	12,606,362 —

L'entretien d'un kilomètre de rivière navigable ressort, en moyenne, à 530 francs par an, dont 290 francs pour l'entretien courant et 240 francs pour les grosses réparations.

II

Demandons-nous, d'après ces données, quel serait le péage qu'il faudrait faire supporter aux transports effectués sur nos voies navigables pour équilibrer les dépenses de construction et d'entretien ? Les remarquables rapports de

[1] En 1876, la longueur de nos fleuves et rivières navigables n'est plus que de 6,769 kilomètres, et celle des canaux assimilés aux rivières de 560 : total 7,329 kilomètres.

M. Krantz à l'Assemblée nationale nous aideront à répondre à cette question.

L'entretien d'un kilomètre de canal coûte, avons-nous dit, 1,450 francs. La construction a coûté, en moyenne, 180,000 fr., dont l'intérêt à 5 p. 100 est de 9,000 francs. Il est clair que la part de cette double charge incombant à chaque tonne kilométrique dépend du trafic plus ou moins actif du canal que l'on considère. C'est ce que montre le tableau suivant :

Calcul du péage théorique par tonne et par kilomètre.

Milliers de tonnes annuellement transportés par kilomètre.	Intérêt calculé à 5 p. 100. (centimes)	Frais d'entretien. (centimes)	Péage total. (centimes)
50	18	2,9	20,9
100	9	1,45	10,45
200	4,5	0,72	5,22
300	3	0,48	3,48
400	2,25	0,36	2,61
500	1,8	0,29	2,09
600	1,5	0,25	1,75
700	1,3	0,207	1,507
800	1,12	0,18	1,3
900	1	0,16	1,16
1,000	0,9	0,144	1,044
1,500	0,6	0,096	0,696
2,000	0,45	0,072	0,522

Le tonnage réel de nos canaux ayant été, en 1868, de 1,347 millions de tonnes kilométriques, savoir :

Canaux concédés.	179,792,305 tonnes kilom.
Canaux de l'État.	1,167,164,175 —
Ensemble.	1,346,956,480 tonnes kilom.

soit un tonnage kilométrique moyen de 267,421 tonnes, le péage ressort, comme moyenne générale, à 3 cent. 4 d'intérêt et 0 cent. 54 d'entretien, soit ensemble 3 cent. 94.

Voilà donc le péage qu'une compagnie concessionnaire à

perpétuité de tous les canaux français devrait percevoir, pour couvrir ses dépenses, sur chaque tonne kilométrique.

Il se trouverait porté à 4 cent. 30 (3 cent. 76 d'intérêt et 0 cent. 54 d'entretien), si l'on croyait devoir, comme M. Krantz, attribuer au capital engagé dans la construction des canaux le taux d'intérêt admis pour les chemins de fer et comprenant l'amortissement du capital, soit 5,65 p. 100.

Sur nos fleuves et rivières navigables (ou canaux assimilés), le même calcul donne naturellement des résultats moindres. Le tonnage total est de 618,321,143 tonnes kilométriques pour 8,060 kilomètres, soit 76,714 tonnes par kilomètre. L'entretien coûte 530 fr. par kilomètre. Le capital engagé étant ici de 42,050 fr., l'intérêt à 5 p. 100 est de 2,102 fr. 25 et l'intérêt à 5,65 p. 100 de 2,375 fr. 80. Le péage ressort alors : au taux de 5 p. 100, à 3 cent. 43 (2 cent. 74 pour l'intérêt et 0 cent. 69 pour l'entretien); et, au taux de 5,65 p. 100, à 3 cent. 79 (3 cent. 10 pour l'intérêt et 0 cent. 69 pour l'entretien).

Nous arrivons donc, en fin de compte, aux résultats suivants :

Calcul théorique du péage par tonne kilométrique (1868).

CANAUX.

Sans amortissement. . . . .   3 c. 40 + 0 c. 54 = 3 c. 94
Avec amortissement. . . . .   3 c. 76 + 0 c. 54 = 4 c. 30

RIVIÈRES.

Sans amortissement. . . . .   2 c. 74 + 0 c. 69 = 3 c. 43
Avec amortissement. . . . .   3 c. 10 + 0 c. 69 = 3 c. 79

Ces calculs sont basés sur des chiffres déjà anciens, puisqu'ils sont antérieurs à 1870 ; mais nous avons tenu jusqu'ici à suivre pas à pas M. Krantz.

Avec les chiffres de 1876 (4,758 kilomètres de canaux et environ 1,200 millions de tonnes kilométriques d'un côté;

de l'autre 7,329 kilomètres de rivières et environ 600 millions de tonnes kilométriques), le même calcul donnerait les résultats suivants qui diffèrent peu des précédents :

Calcul théorique du péage par tonne kilométrique (1876).

CANAUX.

Sans amortissement. . . . .   3 c. 75 $+$ 0 c. 58 $=$ 4 c. 33
Avec amortissement. . . . .   4 c. 23 $+$ 0 c. 58 $=$ 4 c. 81

RIVIÈRES.

Sans amortissement. . . . .   2 c. 56 $+$ 0 c. 65 $=$ 3 c. 21
Avec amortissement. . . . .   2 c. 89 $+$ 0 c. 65 $=$ 3 c. 54

III

Le péage théorique ainsi calculé, recherchons maintenant ce que coûte en moyenne le transport par eau d'une tonne de marchandises à un kilomètre de distance.

L'évaluation de M. Michel Chevalier, il y a vingt-cinq ans, était de 1 centime 1/2 « pour les marchandises communes qui se présentent en grande quantité et réclament peu de soin ». C'était là, selon nous, à l'époque où écrivait l'éminent économiste, un fret minimum plutôt qu'un fret moyen, même pour ce qu'on appelle en Belgique les marchandises « pondéreuses ». Les péniches flamandes qui circulent entre Mons et Paris ne portaient guère, il y a trente et quarante ans, que 170 tonnes de charbon, avec un tirant d'eau de 1 m. 50 ; et le marinier belge ne faisait alors, dans son année, que deux voyages aller et retour. A ce compte, la traction coûtait 1 cent. 4 par tonne et il s'y ajoutait, droits de navigation non compris, près. de 1 centime de frais, bénéfices, etc., total 2 cent. 4 au lieu de 1 cent. 5.

De 1850 à 1865, l'augmentation du tirant d'eau, porté de
1 m. 50 à 1 m. 75, et du tonnage, porté de 170 tonnes à 200,
avait déjà réduit le prix de la traction à 0 cent. 8 par unité ;
mais les frais et profits montant alors à 1 cent. 2, le fret
total atteignait encore 2 centimes.

En 1868, nous trouvons le tirant d'eau porté à 2 mètres,
le tonnage à 240 tonnes, le nombre des voyages à trois. Le
marinier reçoit en tout 1,500 francs par voyage, dont
360 francs pour droits de navigation. Reste 1,140 francs. La
tonne lui est donc payée 6 fr. 25 [1], droits compris, ou 4 fr. 75
sans les droits. La distance parcourue étant de 324 kilomètres,
le prix applicable à chaque unité de transport ressort à
1 cent. 47 et se décompose ainsi :

	Fret total par voyage. (francs)	Fret par tonne et par kilomètre. (centimes)
1º Traction, touage, pilotage.	440	0,57
2º Intérêt, amortissement du matériel.	300	0,38
3º Entretien du matériel.	85	0,11
4º Patente et assurance	49	0,06
5º Retour à vide	250	0,33
6º Salaire du marinier.	16	0,02
Ensemble.	1,140	1,47

Nous voilà donc arrivé, mais seulement en 1868, au taux
indiqué quinze ans plus tôt par M. Michel Chevalier.

En résumé :

2 centimes 1/2, il y a quarante ans ;

2 centimes, il y a vingt ans ;

1 centime 1/2, il y a dix ans ;

et, suivant M. Krantz, 1 centime dans l'avenir, telle serait en
France la marche décroissante du fret sur canal.

On voit qu'ici aussi le progrès est incontestable.

[1] D'après M. Félix Lucas, le fret de Mons à Paris était de 13 fr. 20 en 1847
et de 6 fr. 40 en 1869.

Sur les rivières, où le halage est toujours difficile et souvent impossible, les frais de transport proprement dits sont plus élevés d'un tiers, soit 2 centimes au lieu de 1 centime 1/2.

IV

Maintenant, pourquoi avons-nous mis tant de soin à séparer le calcul du fret de celui du péage? Ce n'est pas sans motif. Le fret étant peu de chose, comme nous venons de le voir, à côté du péage théorique correspondant aux dépenses de construction et d'entretien, le prix complet de la tonne kilométrique sur canal peut varier dans des proportions énormes, selon que ce péage est exigé intégralement ou non.

Quand il est exigé intégralement et que les propriétaires du canal veulent, en outre, réaliser un bénéfice, il arrive parfois que les prix de transport s'élèvent aussi haut ou même plus haut sur un canal que sur une route. M. Michel Chevalier cite, dans le *Dictionnaire d'économie politique*, le petit canal de Louisville, aux États-Unis, qui percevait 53 centimes par tonne kilométrique. Sur le canal de la Delaware à la Chesapeake, ce qu'on nomme en Amérique *merchandize*, c'est-à-dire les tissus, la quincaillerie, l'épicerie, etc..., payait 19 centimes. Les canaux anglais avaient également, avant que les railways ne soient venus les mettre à la raison, des tarifs exorbitants. Ils étaient autorisés par le législateur à prendre jusqu'à 39 centimes par tonne et par kilomètre ; et, en fait, certains objets payaient jusqu'à 26 centimes et plus. Même en France, avant les chemins de fer, le canal de Briare, par exemple, taxait le vin à 12 centimes, le fer, les tissus à 14 centimes. Avec de pareils péages, et quel que fût le coût de la traction, les transports par canaux ne pouvaient pas être bien économiques.

M. Teisserenc, sous Louis-Philippe, évaluait à 12 centimes en moyenne le total perçu par la batellerie française pour le transport d'une tonne à un kilomètre de distance.

Et aujourd'hui encore, sur la ligne du Midi, les propriétaires du chemin de fer ayant acheté le canal, les prix du transport par eau restent supérieurs à ceux du chemin de fer, bien que le taux ordinaire des nolis ne dépasse guère 1 cent. 05 par tonne.

Le tableau suivant (dont les éléments ont été fournis à la commission sénatoriale d'enquête en 1878) en fait foi :

Prix comparatifs des transports par canal et par chemin de fer sur la ligne du Midi.

	Par canal (nolis compris).		Par chemin de fer (impôt compris).	
	Prix total par tonne. (francs)	Prix par tonne et par kilomètre. (centimes)	Prix total par tonne. (francs)	Prix par tonne et par kilomètre. (centimes)
VINS :				
De Carcassonne à Bordeaux	19	5,4	15,39	4,4
De Narbonne à Bordeaux	23,95	5	20,34	5
De Béziers à Bordeaux	25,85	6	21,89	5
De Cette à Bordeaux	28,35	6	24,34	5,1
CÉRÉALES :				
De Cette à Bordeaux	22,05	4,6	20,60	4,3
De Montauban à Bordeaux	8,95	4,3	6,30	3,1
De Valence d'Agen à Narbonne. . .	20	7	16,24	6
De Toulouse à Béziers.	15,60	8,9	13,25	7,6

Aussi le tonnage du chemin de fer du Midi était-il, en 1876, presque quadruple de celui du canal (2,728,000 tonnes kilométriques contre 714,000)

Compris et exploités de la sorte, les canaux n'ont guère de raison d'être. Mais la compagnie du chemin de fer du Midi, en s'emparant du canal que longe sa principale ligne, n'avait d'autre but que de le paralyser.

Les conditions sont tout autres sur les canaux administrés par l'État ou par des compagnies spéciales, dont l'objectif est d'appeler le trafic et non de l'éloigner.

Sur les canaux de l'État, la suppression totale des droits de navigation sera peut-être bientôt un fait accompli. Tel est, en effet, l'objet d'un amendement à la loi de finance de 1880, qui, proposé par M. Guyot, a été voté le 1ᵉʳ août 1879 à la Chambre des députés. Mais la sanction du Sénat manque encore à cette réforme.

Jusqu'ici le législateur n'avait pas admis le principe de la jouissance gratuite des canaux; cependant on va voir qu'il admettait encore moins la perception du péage plein, du péage théorique, calculé de manière à couvrir la totalité des dépenses.

L'établissement des droits de navigation, date de la loi du 30 floréal an X (20 mai 1802). A cette époque, le produit de la perception formait pour chaque cours d'eau une masse distincte, exclusivement affectée à l'amélioration de ce cours d'eau ; chaque rivière ou canal avait son tarif particulier.

Depuis 1814, la spécialité de la perception a cessé, et on a dépensé dès lors dans l'intérêt de la navigation, des sommes très supérieures aux revenus qu'elle produisait.

D'autre part, la loi du 9 juillet 1836 a réglé les droits d'une manière uniforme, en prenant le tonnage du bateau comme moyen de vérification du poids des chargements et en divisant les marchandises en plusieurs classes. Les bases de la perception ont, d'ailleurs, été modifiées successivement par les ordonnances des 27 octobre 1837 et 30 novembre 1839.

La réduction générale des droits de navigation fut jugée

nécessaire par l'Empire au moment où les traités de commerce de 1860 inauguraient pour la France l'ère des libertés industrielles et des concurrences internationales. On renonça alors complètement à tirer des canaux l'intérêt du capital engagé dans leur construction. On fit remarquer qu'ils avaient jadis rendu de tels services à l'agriculture, à l'industrie et au commerce, qu'il n'était que juste de les considérer comme libérés de toute dette autre que les frais de leur entretien. Par le décret du 22 août 1860, la tonne kilométrique n'était plus taxée qu'à 2 et 1 millimes sur les fleuves et rivières énumérés par la loi de 1836; à 5 et 2 millimes sur les rivières et canaux non concédés des bassins de l'Escaut et de l'Aa ; à 1 centime et 5 millimes sur le canal de Saint-Quentin ; à 2 centimes, 1 centime, 5 millimes et 2 millimes 1/2 sur les canaux du Rhône au Rhin, de Bourgogne, du Centre, du Berri, du Nivernais, etc., etc.

Enfin un nouveau dégrèvement avait été accordé par le décret du 27 février 1867, et voici le tarif actuellement appliqué :

	Rivières.	Canaux.
Marchandises de 1re classe	2 millimes.	5 millimes.
— de 2e classe	1 millime.	2 millimes.

Les bois en train paient, par stère et par kilomètre, 2 dixièmes de millime sur les rivières et 2 millimes sur les canaux.

On voit que c'est bien peu de chose à côté du péage théorique. Le droit de navigation qui, en 1847, produisait une somme de 9,931,000 francs pour 1,198 millions de tonnes kilométriques, soit 8 millimes 3/10 par unité, ne donnait plus, en 1868, que 3,503,000 francs pour 1,690 millions de tonnes, soit 2 millimes 1/10 par unité. Aujourd'hui, avec un tonnage de 1,800 millions de tonnes kilométriques (1,804 en

1877 et 1,787 en 1878), et grâce aux décimes, le produit annuel dépasse 4 millions (4,402,000 fr. en 1877, 4,273,000 en 1878). Mais ce n'est pas même de quoi payer l'entretien des voies navigables, évalué pour 1879 et 1880 à 7,100,000 francs (3,800,000 francs pour les rivières et 3,300,000 pour les canaux).

Il résulte de cette inégale fixation des droits de navigation ou péages, très modérés et bientôt nuls sans doute sur les canaux de l'État, beaucoup plus lourds sur les canaux particuliers, que le prix total de la tonne kilométrique sur canal varie aujourd'hui encore du simple au triple, et même davantage.

Voici, par exemple, les chiffres donnés par M. E. Grangez dans son *Précis historique et statistique sur les voies navigables de la France* :

| | Frais par tonne | |
LIGNES NAVIGABLES.	par voyage. (francs)	par kilomètre. (centimes)
Lignes du Nord :		
Mons à Paris (350 kilomètres), bateau chargé de 200 tonnes de houille.	9,63	2,72
Charleroi à Paris (360 kilom.), bateau chargé de 200 tonnes de houille.	11,39	3,16
Mons à Lille (128 kilom.), bateau chargé de 180 tonnes de houille.	3,91	3,05
Dunkerque à Lille (125 kilom.), bateau chargé de 190 tonnes de denrées coloniales.	3,40	2,72
Cambrai à Dunkerque (174 kilom.), bateau chargé de 130 tonnes de farine.	6,83	3,92
Lignes du Centre et de l'Est :		
Lyon à Paris, par le canal de Bourgogne (647 kilomètres), bateau chargé de 135 tonnes de vin.	24,18	3,73
Lyon à Paris par les canaux du Centre (650 kilom.), bateau chargé de 120 tonnes de vin	38,66	5,93
Lyon à Mulhouse (441 kilom.), bateau chargé de 120 tonnes de marchandises.	36,70	8,32

Le prix moyen de la tonne kilométrique paraît ici dépasser 3 centimes [1]. M. Félix Lucas dit aussi : « On peut regarder comme un minimum le prix de 2 centimes et comme un maximum celui de 4 à 5 centimes. En moyenne, les transports s'effectuent sur nos voies navigables au prix de 3 centimes. »

Les calculs de M. Krantz donneraient même un chiffre inférieur.

Ce qui est certain pour tout le monde [2], c'est qu'aujourd'hui un canal bien construit et bien administré (et à plus forte raison une rivière) constitue un instrument de transport plus économique qu'un chemin de fer ; voici d'ailleurs, d'après les tarifs en vigueur en 1877, les prix comparatifs de diverses directions :

[1] M. Maurice Block, qui reproduit ce tableau dans sa *Statistique de la France,* fait remarquer que les prix de revient indiqués par M. Grangez ne comprennent pas le bénéfice de l'entrepreneur. Voici, selon **M. Block**, pour les mêmes parcours, les prix réels de transport :

	Kilomètres.	Frais par tonne	
		par voyage. (francs)	par kilomètre. (centimes)
Mons à Paris.	350	10,65	3,04
Charleroi à Paris.	360	11,39	3,16
Mons à Lille.	128	4,38	3,42
Dunkerque à Lille	125	5 »	4
Cambrai à Dunkerque.	174	8 »	4,6
Lyon à Paris.	647	35 »	5,4
Lyon à Mulhouse.	441	50 »	12,7

[2] Aux États-Unis, où la nature et l'art se sont associés pour créer le plus admirable réseau navigable qu'il y ait au monde, on peut citer des canaux, comme celui de l'Érié, où la tonne kilométrique ne revient pas à plus de 1 centime 1/3, tout compris.

[3] Excepté pour M. Laroche-Joubert, qui, le 28 janvier 1878, à la Chambre des députés, disait : « Si peu que l'on veuille se donner la peine de calculer, on s'aperçoit que les transports par canaux coûtent plus cher que ceux par chemins de fer », et proposait que les crédits demandés pour l'entretien des canaux fussent rayés du budget. Le seul argument indiqué par l'orateur était d'ailleurs emprunté à la situation du canal du Midi, situation tout exceptionnelle, comme nous l'avons vu.

Prix de la tonne kilométrique.

	Par voie d'eau. (centimes)	Par voie ferrée. (centimes)
De Paris à Lyon :		
Zinc laminé.	3	7,9
Métaux non ouvrés.	3	7,9
Bois de teinture.	2,9	4
Suif.	2,7	4
Produits tinctoriaux.	3,8	7,9
Produits chimiques.	3	4
Céruse.	3	7,9
De Lyon à Marseille :		
Céréales.	3,3	5,2
Métaux ouvrés.	4	6,6
Fils de fer.	3,6	5,1
Blanc de zinc.	4	6,6
Produits tinctoriaux.	4	6,6
Fers.	3,6	5,1
De Paris au Havre :		
Sucres raffinés.	3,2	6,6
Ocres.	2,1	4,2
Articles de Paris (exportation).	3,2	3,9

A vrai dire, cette comparaison des prix kilométriques n'est pas tout à fait concluante, parce que les cours d'eau naturels et même artificiels font en général, pour aller d'un point à un autre, plus de détours que les chemins de fer. Mais il s'en faut de beaucoup que la compensation soit complète. On estime qu'en moyenne 1,000 mètres de longueur par cours d'eau correspondent à 800 mètres par chemin de fer. Dès lors, si le coût de la tonne kilométrique est inférieur de 50, 40 ou 30 p. 100 au coût de la tonne kilométrique par rail, l'effet de l'inégalité des parcours sera tout au plus de réduire cette infériorité à 37, 25 ou 12 p. 100. C'est encore un écart appréciable [1].

---

[1] Entre Chicago et New-York, les prix de transport du blé, par suite de l'augmentation du trafic et de la guerre acharnée que se font les compagnies, a con-

V

Ces considérations suffisent pour expliquer toutes les vicissitudes de la navigation intérieure et pour fixer le vrai rôle économique des canaux, soit dans le passé, soit dans l'avenir.

Comparés aux anciennes routes, où la tonne kilométrique coûtait de 20 à 25 centimes et où les marchandises ne circulaient guère plus vite que par eau, les canaux se présentaient au commerce comme un inestimable bienfait et aux entrepreneurs comme une excellente spéculation, puisqu'un péage de 8 ou 10 centimes, par exemple, largement rémunérateur pour le concessionnaire, laissait encore aux expéditeurs un bénéfice relatif de 50 p. 100. C'est pour cela que, depuis deux siècles, tous ceux de nos gouvernements que les soucis de la guerre n'absorbaient pas favorisèrent la multiplication des cours d'eau artificiels. La Restauration racheta une grande partie de ceux qui appartenaient à des sociétés privées. La monarchie de juillet consacra, à elle seule, près de 300 millions de francs au développement du réseau français. L'Angleterre, la Belgique, nous avaient suivis d'abord, puis dépassés dans cette voie. La Hollande, dont le sol bas et plat rend l'usage des écluses à peu près superflu, n'avait pas attendu qu'on lui donnât l'exemple pour mettre en commu-

---

sidérablement baissé, tant par rail que par eau ; mais les prix des chemins de fer restent au moins triples de ceux des canaux. Le fret moyen par canal était de 27 *cents* (ou sous) par *bushel* (35 lit. 24) en 1866, 24 en 1872, 19 en 1873, 14 en 1874, 11 1/2 en 1875, 9 1/2 en 1876, 11 en 1877, 9 en 1878 et 1879 ; le fret par chemin de fer était de 40 *cents* en 1875, 45 en 1876, 30 en 1877, 40 en 1878, 30 en 1879.

nication, par des voies liquides, toutes ses provinces et pour ainsi dire toutes ses villes.

Sur ces entrefaites, les chemins de fer paraissent, offrant dès le début le double avantage d'une grande réduction dans le prix des transports par terre et d'une énorme augmentation de vitesse. Le roulage était vaincu d'avance. Les canaux purent se croire eux-mêmes condamnés. Il ne manquait pas de gens pour dire qu'ils avaient fait leur temps et pour demander qu'on les comblât, sans autre forme de procès.

Le temps a fait justice de ces exagérations. On a pu se convaincre que le canal conservait sa raison d'être à côté du chemin de fer et appelait toujours les préférences de certains commerces moins soucieux de la rapidité que du bon marché des expéditions.

M. Hubert Delisle disait en 1877, dans l'exposé des motifs d'une proposition de loi tendant à la nomination d'une commission spécialement chargée d'étudier la question des canaux :

« Le chemin de fer a besoin de vastes constructions, n'emploie que des engins perfectionnés, demande à la science le secours de ses efforts incessants; il ne peut se passer d'un personnel d'élite, de nombreux agents, et il supporte une considérable dépense de traction.

« Les voies navigables sont loin d'imposer d'aussi accablantes charges : le matériel n'est pas coûteux et peut à volonté s'augmenter sans de notables dépenses; un personnel restreint le fait manœuvrer; sa puissance est pour ainsi dire indéfinie. D'autre part, le monopole est ici impossible, en présence du petit capital qui suffit pour se substituer à des transporteurs plus exigeants.

« Le véhicule de la voie ferrée use des rails, des bandages,

des coussinets, etc.; le bateau s'entretient avec quelques planches. Enfin la traction d'une tonne sur un canal exige à peine
un dixième de l'effort nécessité pour vaincre la résistance
de cette même tonne roulant sur des rails ; aussi les transports
par eau s'effectuent à très bas prix, et doivent se limiter
à la moitié au plus du tarif minimum appliqué sur le chemin
de fer, pour toute marchandise ne demandant pas de vitesse.

« Tous ces avantages réunis ne peuvent manquer de donner
au pays pourvu d'un bon réseau de voies navigables une
grande et durable prospérité. »

M. de Freycinet disait à son tour, dans un rapport adressé
le 15 janvier 1878 au Président de la République :

« On a reconnu que les voies navigables et les chemins
de fer sont destinés, non à se supplanter, mais à se compléter. Entre les uns et les autres, s'effectue un partage naturel
d'attributions. Aux chemins de fer va le trafic le moins encom-
brant, celui qui réclame la vitesse et la régularité et qui
supporte le mieux les frais de transport. Aux voies navigables reviennent les marchandises lourdes et de peu de valeur, qui ne donnent aux chemins de fer qu'une rémunération
illusoire et qui les encombrent plutôt qu'elles ne les ali-
mentent.

« Les voies navigables remplissent encore une autre destination. Par leur seule présence, elles contiennent, elles
modèrent les taxes des marchandises qui préfèrent la voie
ferrée ; elles sont pour l'exploitant du railway un avertis-
sement de ne pas dépasser la limite au delà de laquelle le
commerce n'hésiterait pas à sacrifier la régularité à l'économie. A cet égard, les voies navigables sont bien plus effi-
caces que les voies ferrées concurrentes, car celles-ci, par
cela même qu'elles luttent entre elles à armes égales, finissent
généralement par s'entendre plutôt que de s'entraîner dans

une ruine inévitable ; tandis que la batellerie et le railway se distribuent naturellement le trafic qui leur est le mieux approprié. »

Tel est bien le rôle actuel des canaux : dépasser les chemins de fer dans la voie du bon marché ; les y entraîner eux-mêmes par la seule concurrence sérieuse qu'ils puissent rencontrer sur le continent ; devenir ainsi le modérateur et comme le frein, le contre-poids du monopole des voies ferrées. Et ce rôle est encore assez important, à coup sûr, pour justifier la sollicitude toute particulière du gouvernement et les libéralités du législateur.

Cette sollicitude et ces libéralités, dans les vingt dernières années, ont un peu manqué. Les chemins de fer absorbaient d'une manière trop exclusive l'attention publique, et l'on croyait faire assez pour les voies navigables en y maintenant le *statu quo*. Or, il ne suffit pas de ne point laisser dépérir ces précieux instruments, légués par le passé aux générations actuelles. Il faut les améliorer ; il faut les compléter ; il faut les mettre en état de fournir à l'agriculture et à l'industrie toute la somme d'utilité qu'ils comportent. Il y a pour cela un certain nombre de lignes nouvelles à créer de toutes pièces ; mais il y a surtout de grandes améliorations à introduire dans les lignes existantes [1].

L'Assemblée nationale, par la main de M. Krantz, avait tracé le programme détaillé de cette grande œuvre. La dépense totale était évaluée à 833 millions, cette somme se di-

---

[1] La commission d'enquête de l'Assemblée nationale a constaté la plus étrange diversité dans les dimensions des écluses, largeur et longueur. De ces inégalités, qui vont du simple au double, il résulte que les bateaux faits pour les canaux du Loing et de Briare, par exemple, ne peuvent pénétrer dans le canal d'Orléans ; que ceux qui fréquentent la Sarthe et la Mayenne ne peuvent naviguer sur le réseau breton. Les bateaux du canal latéral à la Garonne s'arrêtent forcément à l'entrée de la Baise, ceux de la Dordogne à l'entrée de l'Isles.

visant comme il suit, d'après l'urgence plus ou moins grande
des travaux à exécuter :

1re classe.	435,370,000 francs.	
2e —	191,500,000	—
3e —	205,700,000	—
Ensemble.	832,570,000 francs.	

L'ampleur de ce devis était de nature à intimider quelque
peu des ministres moins hardis que M. de Freycinet. On
avait vu cependant M. Christophle séparer enfin, dans l'administration centrale des travaux publics, le service des canaux de celui des chemins de fer qui l'avait trop longtemps
absorbé, et bientôt après préparer, par l'amélioration simultanée de la Seine, du canal de Bourgogne et du Rhône, la
création d'une communication directe et facile entre la Manche
et la Méditerranée. C'était un commencement.

M. de Freycinet, qui, lui, n'hésite pas à compter par milliards quand il s'agit de mettre l'outillage national à la hauteur des besoins du pays, s'est approprié bravement le programme intégral de M. Krantz. Remanier en grande partie
les 10,000 kilomètres de voies navigables déjà existantes, racheter les canaux concédés et exonérer ainsi la batellerie des
lourds péages qu'elle y subit, enfin augmenter à ce réseau
d'intérêt général de 2,000 à 2,500 kilomètres nouveaux, sans
compter les voies d'intérêt local qui pourraient s'y ajouter,
tel est le plan actuel du ministre, et il espère qu'on pourra
l'exécuter en une dizaine d'années, à raison de 80 ou 100 millions par an.

VI

On a pu remarquer qu'il n'était question jusqu'ici, dans ce chapitre, que de transports de marchandises et non de transports de voyageurs. C'est qu'on voyage peu par eau, de nos jours, à l'intérieur des continents.

Avant les chemins de fer, non seulement les fleuves, mais même les canaux servaient journellement au transport des personnes. M. Michel Chevalier avait vu, en 1835, sur le canal qui relie New-York à Philadelphie, des bateaux à double quille traînés par des chevaux au galop avec une vitesse de quatre lieues à l'heure. En France, il y a trente ans, on allait aussi de Toulouse à Cette, de Paris à Nogent et à Auxerre, en coche d'eau; mais la vitesse de ces bateaux, soi-disant accélérés, était beaucoup plus modeste, car le coche d'Auxerre ne mettait pas moins de quatre jours à franchir les 45 lieues qui séparent de Paris le chef-lieu du département de l'Yonne [1], soit de 10 à 12 lieues par jour! Il n'y avait pas là de quoi tenir longtemps tête à la locomotive, et aujourd'hui les seuls voyageurs que voie passer l'eau tranquille de nos canaux sont les mariniers qui conduisent doucement, d'écluse en écluse, les lourds bateaux belges, picards, champenois, alsaciens, etc... C'est tout au plus si, de loin en loin, quelques canotiers excentriques entreprennent, à titre de gageure, de traverser la France ou même l'Europe en passant, la rame à la main, de canal en canal.

[1] Le *Guide Richard* de 1847 dit : « Le coche de Nogent part de Paris le dimanche, à 8 heures du matin, et arrive le lundi, à 3 heures du soir. Le coche d'Auxerre part de Paris le mercredi, à 8 heures du matin, et arrive le samedi soir.

Nos rivières ont toujours été et sont encore plus fréquentées par les touristes que les canaux.

Les canaux ne sont possibles que dans les pays plats, tandis que la plupart de nos grandes rivières traversent des sites pittoresques et des régions accidentées. Voilà déjà un motif de préférence. Le goût du confortable contribuait aussi à recruter autrefois des clients à la batellerie. Enfin il y avait sur chaque rivière un sens, celui du courant, où l'on allait d'ordinaire plus vite qu'en voiture.

L'amélioration progressive des cours d'eau et la navigation à vapeur assuraient encore, vers le milieu du siècle, à la Seine, à la Loire, au Rhône, à la Gironde, une circulation assez active.

Des services réguliers conduisaient les voyageurs de Paris à Rouen (tous les jours pendant l'été), de Rouen au Havre (tous les jours, en 7 heures), d'Orléans à Nantes (deux fois par jour), d'Orléans à Moulins (tous les jours, en 36 heures), de Châlon à Lyon (tous les jours, en 8 heures), de Lyon à Avignon (tous les jours, en 10 heures), d'Avignon à Marseille (tous les jours, en 12 heures), de Bordeaux à Agen, etc.

On peut juger du coup que l'établissement des chemins de fer porta à cette industrie par l'exemple des bateaux de Lyon à Châlon qui, voulant vaincre ou mourir, avaient réduit leurs prix, du jour au lendemain, de 6 et 8 francs à 1 et 2 francs, soit 0 cent. 8 et 1 cent. 16 par voyageur kilométrique. On pense bien que la résistance organisée sur ces bases ruineuses ne devait pas se prolonger longtemps.

Si quelques-unes de ces entreprises ont survécu jusqu'à nos jours, elles le doivent à des circonstances particulières dont l'influence s'ajoute à celle des progrès réalisés, ici aussi, et comme vitesse et comme prix. Ainsi, il existe encore un petit bateau à vapeur qui, en été, porte, un jour sur deux, de

Rouen au Havre les touristes qu'attire la beauté des rives de la Seine et qui, le lendemain, revient du Havre à Rouen. C'est un parcours de 136 kilomètres ; on le faisait autrefois en 6 ou 8 heures... sur le prospectus, mais nous nous souvenons d'avoir mis un jour 22 heures et une autre fois 15 à descendre le fleuve d'un port à l'autre : c'était avant l'endiguement de la basse Seine, et les accidents étaient très fréquents. Aujourd'hui, le chenal est plus régulier, plus profond, et la descente se fait ponctuellement en 5 ou 6 heures. On payait 10 et 6 francs en 1847, soit 7 cent. 35 et 4 cent. 4 par kilomètre. Aujourd'hui le prix n'est plus que de 5 et 3 francs, alors que le chemin de fer prend 11 fr. 35, 8 fr. 55 et 6 fr. 25. Mais, même à ce prix, la clientèle manquerait en dehors de la belle saison.

En revanche, si le nombre des voyageurs et des entreprises qui font par eau de grands parcours tend à diminuer de plus en plus, les bateaux-omnibus se multiplient et prospèrent. Nous ne parlons pas seulement ici de ceux qui, comme à Londres, Paris, Lyon..., desservent simplement différentes parties d'une même ville, mais aussi de ceux qui circulent entre des points voisins du cours d'un fleuve. C'est à ces services locaux que la navigation à vapeur fluviale doit, en France, l'accroissement de clientèle qui ressort des statistiques officielles :

Navigation fluviale à vapeur.

Années.	Millions de passagers.	Années.	Millions de passagers.
1856	1,8	1861	1,8
1857	1,7	1862	1,7
1858	2,1	1863	2,8
1859	1,8	1864	2,9
1860	1,7	1865	4
1866	3,6	1871	14,6

1867 [1]	7,8	1872.	15,1
1868.	8,4	1873.	16,9
1869.	9,7	1874.	18,4
1870.	10,7	1875.	19,3

La loi du 11 juillet 1879, qui réduit le tarif de l'impôt applicable aux « voitures d'eau » favorisera encore le développement des entreprises de ce genre.

[1] Création des bateaux-omnibus de Paris. (Voir chapitre IX.)

CHAPITRE VIII.

Les transports maritimes.

Le progrès dans la navigation maritime. — Les bateaux à vapeur. — Accélération de la navigation à voiles. — Les clippers américains. — La science des itinéraires maritimes. — Suez, Panama, etc... — Prix des transports maritimes : marchandises et voyageurs.

Si nous commençons par dire que les progrès réalisés sur mer, au double point de vue de la vitesse et du prix des transports, sont comparables aux progrès réalisés sur terre, plus d'un lecteur va se récrier. Nous nous croyons en mesure de justifier cette assertion, si hardie qu'elle puisse paraitre.

La locomotion, sur mer comme sur terre, comporte deux sortes de progrès différents, selon que c'est le *véhicule* et le *moteur* ou bien la *voie* qui en est l'objet.

Comparez à l'antique trirème, grecque, carthaginoise ou romaine, les beaux vaisseaux à trois ponts de l'ancienne marine française. Vous serez avant tout frappé de la différence des proportions et des formes. Vous remarquerez

que la rame a disparu et que le rôle des équipages s'est à
peu près réduit au soin de manœuvrer et de régler des
voilures, dont le jeu est devenu si savant que de quatre
navires aux prises avec le même vent, l'un peut aller
au Nord, l'autre au Sud, l'autre à l'Est et l'autre à l'Ouest.
Ce sont là de saisissantes transformations, mais ce n'est pas
tout. La boussole, cette baguette magique, cette impercep-
tible aiguille aimantée que Flavio Gioïa eut le premier l'idée
de suspendre dans un coin de son bateau (1302), constitue à
elle seule, au profit des marines modernes, une supériorité
tout aussi décisive. Elle permet, en effet, aux navigateurs de
s'orienter directement en pleine mer au lieu de toujours
côtoyer le rivage comme autrefois, et il est clair que cela
suffit, toutes choses égales d'ailleurs, pour accélérer singulièrement le trajet d'un port à un autre.

Eh bien, ces deux sortes de progrès dont l'histoire navale
des temps passés nous offre tour à tour l'exemple, notre
siècle a su les concevoir et les réaliser ensemble. La science
de nos ingénieurs maritimes a réussi à substituer à la fois :
aux anciens moteurs des moteurs plus puissants ou plus
dociles, et aux anciennes routes maritimes des routes plus
courtes ou plus promptes.

Exposons brièvement ces deux faces de la question.

I

L'idée première du bateau à vapeur date déjà d'une centaine
d'années, puisque, dès 1776, le marquis de Jouffroy faisait
naviguer, tant bien que mal, sur le Doubs, un pyroscaphe
de 40 pieds de long sur 6 de large. En 1783, il renouvelait
en plus grand la même expérience sur le Rhône. Mais il était

réservé à Robert Fulton de donner à l'invention de Jouffroy le caractère pratique qui lui manquait encore. C'est à Paris même que Fulton construisit ce premier bateau à aubes qui, le 9 août 1803, en présence d'une délégation de l'Académie des sciences, remonta le courant de la Seine avec une vitesse de 6 kilomètres environ par heure. Les préoccupations de l'époque laissèrent malheureusement passer presque inaperçue cette mémorable expérience, et Fulton transporta sa découverte chez ses compatriotes. Au mois d'août 1807, il lance sur l'Hudson le bateau à vapeur le *Clermont*, et, quelques jours après, fait son premier voyage, de New-York à Albany [1].

L'Angleterre, à part quelques essais de Rumsey, en 1789, semble n'être pour rien dans cette grande conquête dont elle devait profiter plus que toute autre puissance. En 1814, elle ne possédait que deux navires à roues, jaugeant ensemble 450 tonneaux. Et vers 1835 encore, un illustre ingénieur anglais n'hésitait pas à déclarer que jamais un steamer ne franchirait l'Atlantique, faute de pouvoir emporter la quantité de charbon nécessaire pour une pareille traversée. On mettait alors, pour aller en bateau à voiles, d'Europe en Amérique, non plus 70 jours comme Christophe Colomb, mais encore 25. Le *Sirius*, en 1838, fit en 17 jours, grâce à la vapeur, le trajet de Bristol à New-York, et peu de temps

---

[1] Fulton a raconté lui-même en termes émouvants les luttes opiniâtres qu'il avait eu à soutenir, même en Amérique, contre l'incrédulité publique. Son arrivée à Albany sur le *Clermont* aurait dû être un triomphe : on doutait, on raillait encore, et même, pour retourner à New-York, il ne se présenta qu'un seul passager. C'était un Français nommé Andrieux. En recevant de ses mains les 6 dollars qui représentaient le prix du voyage, Fulton fondit en larmes, et comme le voyageur s'étonnait : « Excusez-moi, fit-il, ces 6 dollars sont le premier salaire des travaux qui ont rempli ma vie. Je voudrais, comme remerciement, vous prier de partager avec moi une bouteille de vin..... Hélas ! je suis trop pauvre pour pouvoir vous l'offrir ! »

après, le *Great-Eastern* mettait 13 jours 1/2 seulement à revenir des États-Unis en Angleterre.

Les bateaux que nous venons de nommer étaient des bateaux à roues. On n'avait d'abord vu que les avantages de ce système de propulsion. Peu à peu on en reconnut les défauts. Les roues, même sur un lac ou un fleuve, ont l'inconvénient d'encombrer les flancs du bateau et de produire, en frappant l'eau, des chocs qui sont une perte de force et par conséquent de vitesse. Sur mer, le roulis fait sortir de l'eau tantôt une roue, tantôt l'autre, et la régularité du mouvement en souffre. Enfin, pour la marine de guerre, c'est un vice rédhibitoire qu'un propulseur si vulnérable : la roue est plus exposée aux projectiles ennemis que tout autre organe, elle est en même temps plus fragile. Vienne un éclat d'obus qui brise les palettes ou fausse l'essieu : voilà un bâtiment hors de combat !

L'hélice, elle, n'a aucun de ces inconvénients. Sa position la protège contre les accidents ou les coups; il faut, pour qu'elle sorte un instant de l'eau, une violence de tangage qui est rare, même sur une mer agitée. Enfin elle utilise plus complètement que la roue à aubes la puissance de la vapeur. C'est ce qu'un capitaine français, Delisle, démontrait victorieusement, dès 1823. Plusieurs tentatives infructueuses avaient déjà eu lieu pour l'application de l'hélice à la navigation. Les essais de Frédéric Sauvage, constructeur à Boulogne-sur-Mer, ne furent guère plus heureux (1832), bien que l'appareil pour lequel il avait pris un brevet fût pareil à ceux dont on se sert aujourd'hui.

Les premières expériences qui aient réussi datent de 1835 et eurent lieu en Angleterre. Le fermier Smith arriva à faire marcher, au moyen d'une hélice en bois de deux tours, d'abord un modèle de proportions réduites, puis un bateau de

6 tonneaux qui, par le canal Paddington, vint se montrer sur la Tamise, et bientôt prit la mer.

Smith alla ainsi (septembre 1837) de Blackwall à Gravesend, à Ramsgate, à Douvres, à Folkestone..... La vitesse obtenue était de près de 13 kilomètres à l'heure. Après ce premier succès, Smith et ses associés construisirent un vapeur à hélice de 237 tonneaux, l'*Archimède*, qui fut lancé en 1838, sous les yeux des lords de l'amirauté. Il faisait près de 15 kilomètres à l'heure; on le vit successivement dans tous les ports importants de la Grande-Bretagne, et la cause du nouveau propulseur fut gagnée. Bientôt après, la marine militaire et la marine marchande de l'Angleterre se l'appropriaient en même temps.

Citons à côté de Smith et de son *Archimède*, le suédois Ericsson et son *Francis Ogden*, essayé aussi en 1837, à Londres. Le *F. Ogden* était un vapeur à hélice de 14 mètres de long. Il atteignit de prime abord une vitesse de 18 kilomètres 1/2 à l'heure, remorqua à raison de 8 kilomètres 1/2 le paquebot américain le *Torento*, et à raison de 13 kilomètres un schooner de 140 tonneaux. Ces résultats concluants passèrent cependant presque inaperçus; l'opinion publique était toute à Smith. Ericsson, entreprit alors, avec le capitaine américain Stockton, la construction d'un bateau de 70 chevaux et traversa l'Atlantique. Il fut reçu avec enthousiasme aux États-Unis et s'y fixa définitivement. C'est lui qui, après avoir acclimaté et vulgarisé l'hélice dans l'Amérique du Nord, y a créé, lors de la guerre de sécession, le type du fameux *Monitor*.

En France, le premier bateau à hélice a été construit au Havre, en 1843, par M. Normand.

Aujourd'hui, aussi bien pour les navires de commerce que pour les bateaux de guerre, l'hélice est devenue la règle, et la roue l'exception. Les navires à aubes tendent même à disparaître des fleuves et rivières où ils avaient d'abord trouvé asile. Les bateaux-omnibus de Paris ont montré que l'hélice se prête aussi bien aux exigences des petites marines d'eau douce, si l'on nous permet cette expression, qu'aux convenances et aux nécessités de la grande navigation maritime. Avec l'hélice et les machines à vapeur perfectionnées, un paquebot bien construit peut, par un temps normal, faire 14, 15 et jusqu'à 17 nœuds à l'heure, c'est-à-dire de 26 à 31 kilomètres [1]. C'est la vitesse des transatlantiques qui mettent 9 jours à franchir les 6,000 kilomètres qui séparent le Havre de New-York. Il y a trente ans, il fallait le même temps, avec les bateaux à roues dont on se servait alors, pour aller du Havre à Saint-Pétersbourg, trajet moitié moindre.

II

Quand aux bateaux à voiles, leur vitesse utile, c'est-à-dire comptée sur la direction qu'ils ont à suivre et non sur la trajectoire irrégulière que leur impose le caprice des vents, ne dépasse guère, en moyenne, 6 ou 8 kilomètres, de sorte que l'on peut dire hardiment que les bateaux à vapeur vont trois fois plus vite que les autres.

Cependant les grands clippers américains créés lors de la découverte des mines d'or de la Californie n'étaient guère moins rapides que les steamers : le rapport moyen des vitesses, pour de longs parcours, est de 5 à 7. Les clippers sont des bâtiments à quatre mâts, porteurs d'une énorme surface de voiles. Comme sécurité, c'est un type qui laisse

[1] Le nœud ou mille marin vaut 1,852 mètres.

fort à désirer, mais leur allure est merveilleuse. Le *Sove-reign of the Seas* (2,421 tonneaux) a réalisé pendant ses 228 premiers jours de marche une vitesse moyenne de 14 kilomètres. Le *Great-Republic,* de Boston (4,500 tonneaux), a, comme début, effectué le parcours de New-York à Londres (6,000 kilomètres) en 14 jours, soit 18 kilomètres à l'heure, en bonne route. Un autre clipper célèbre, le *Flying Cloud*, faisait couramment de 350 à 400 kilomètres par jour et conserva une fois pendant 24 heures une vitesse de 29 kilomètres, qui est celle des meilleurs vapeurs.

Ce n'est pas seulement par le perfectionnement des formes et le développement des voilures que la navigation à voiles a progressé. Les anciens bâtiments eux-mêmes vont aujourd'hui plus vite qu'autrefois, grâce à une science nouvelle, la science des itinéraires maritimes.

Pour le géomètre, la ligne droite est toujours le chemin le plus court d'un point à un autre : il n'en est pas de même pour le navigateur. Une traversée de 1,000 lieues, constamment servie par des courants favorables, sera plus rapide qu'un parcours de 500 lieues contrarié par les éléments. Il y a donc pour la marine un intérêt de premier ordre à bien connaître les courants; et, à cet égard, les mouvements de l'air n'ont pas moins d'importance que les mouvements des eaux. C'est ce qu'un savant américain, le commandant Maury, a compris le premier. En dépouillant avec un soin méticuleux tous les livres de bord dont il put obtenir communication et en coordonnant d'une manière ingénieuse les résultats de ce travail de patience, il acquit la conviction que la circulation atmosphérique, loin d'être abandonnée au hasard, obéit à des lois assez régulières pour que, dans la plupart des cas, on retrouve aux mêmes lieux et aux mêmes époques de l'année, les mêmes souffles ou les mêmes accalmies. Il put donc, pour chaque mer et pour chaque saison, dresser la carte des vents probables, et il vit ainsi se dessiner d'eux-mêmes, dans beaucoup de directions, des itinéraires particulièrement avantageux qu'il s'empressa de recommander aux navigateurs. Plusieurs années se passèrent toutefois sans qu'il réussît à vaincre l'indifférence des uns, l'incrédulité des autres. Enfin, en 1848, un capitaine Jackson, de Baltimore, faisant voile pour l'hémisphère Sud, se décida à suivre les indications de Maury. On ne mettait pas alors moins de 41 jours pour gagner l'équateur en ligne droite : Jackson en mit 24!

L'importance d'un tel résultat ne pouvait échapper à l'esprit positif des Américains, et Maury devint, du jour au lendemain, l'oracle de ceux qui l'avaient si longtemps traité d'utopiste. Il a étudié successivement vingt-cinq itinéraires différents. Après la route des États-Unis à l'équateur, qui se fait maintenant, grâce à lui, en 20 ou même 18 jours, au lieu de 40, il a discuté celle de New-York en Californie et a réduit cette traversée de 180 jours à 135 ; certains clippers la font même en 100 jours. Il s'est ensuite occupé de l'Australie. Pour aller d'Angleterre à Sydney, on mettait, avant lui, 125 jours et autant pour revenir, total 250. Maury diminua tout d'abord l'aller de plus d'un mois et le retour de plus de six semaines. Peu à peu, en suivant ses instructions, on en est arrivé à faire le voyage complet, aller et retour, en 130 jours.

Les travaux de Maury se sont trouvés interrompus lors de la guerre de sécession : originaire de la Virginie, l'illustre météorologiste dut alors quitter l'observatoire de Washington dont il était le directeur. Mais le *Board of trade* anglais et l'Institut d'Utrecht ont continué avec succès ses fécondes recherches. En France même, Maury a trouvé un disciple digne de lui, le lieutenant Brault, ancien élève de l'École polytechnique. Les cartes nautiques dressées par ce jeune et savant officier ne résument pas moins de 650,000 observations, rien que pour l'Atlantique du Nord, là où Maury n'en avait réuni que 196,000. La principale originalité de ce patient travail d'analyse et de synthèse consiste d'ailleurs en ce que M. Brault étudie, en même temps que la direction des vents, leur intensité, chose non moins importante au point de vue de la rapidité des traversées.

Pendant que les créateurs de la science météorologique substituaient ainsi aux anciens itinéraires maritimes de nouveaux chemins moins directs et pourtant plus prompts, d'autres novateurs complétaient d'une manière toute différente la brusque transformation de la carte routière de l'Océan.

Ferdinand de Lesseps, en perçant l'isthme de Suez, a diminué de plus de moitié la route des Indes. Déjà cette porte ouverte entre deux continents voit passer annuellement près de 2,000 navires portant 3 millions et demi de tonnes de marchandises [1]; et ce n'est là qu'un commencement, car le Cap de Bonne Espérance conserve encore un trafic commercial double de celui du canal.

L'isthme de Panama deviendra aussi, tôt ou tard, le trait d'union des deux océans qu'il sépare, et d'immenses détours seront encore épargnés aux navigateurs. Les géographes et

---

[1] Le trafic au canal de Suez a progressé comme il suit :

Années.	Tonnage réel.	
1871	761,000	tonnes.
1873	2,085,000	—
1875	2,941,000	—
1876	3,072,000	—
1877	3,419,000	—
1878	3,291,000	—

En 1876, 69,614 passagers (dont 40,420 soldats) ont acquitté le péage de 10 francs par tête.

les ingénieurs ont reconnu la chose possible. M. de Lesseps d'un côté, le général Grant de l'autre, se sont offerts pour diriger l'entreprise. Ce n'est plus qu'une question de temps et d'argent.

Au surplus des projets analogues surgissent de toutes parts. L'isthme de Corinthe, la Floride, la presqu'île de Malacca seront successivement percés.

Sur une moindre échelle, des travaux du même ordre ont déjà abrégé et facilité l'accès du port d'Amsterdam (canal d'Amsterdam à Velzen) et du port de New-York (destruction par la dynamite de l'énorme écueil de *Hallet's point*).

Il n'y a certainement pas d'exagération à dire que, grâce à tous ces itinéraires nouveaux qui leur sont tracés, soit à la surface des mers, soit au travers des terres, les navires à voiles, sans marcher beaucoup plus vite qu'autrefois, mettront bientôt moitié moins de temps pour franchir les mêmes espaces.

Rapprochez de là ce fait que les bateaux à vapeur vont trois fois plus vite que les voiliers, et vous arriverez à cette conclusion que l'accélération des voyages, depuis un demi-siècle, n'est pas moins grande sur mer que sur terre.

III

Il en est à peu près du prix comme de la vitesse.

Par voiliers, les prix se proportionnent forcément à la durée des trajets bien plus qu'à leur longueur kilométrique. Or, nous disions tout à l'heure que Maury, par ses indications météorologiques, avait réduit d'une centaine de jours (aller et retour) le voyage d'Angleterre en Australie. Le fret des navires à voiles qui profitent de cette réduction est évalué par M. Brault à 1 fr. 08 par tonneau et par jour, soit pour 700 tonneaux, tonnage moyen de ces bâtiments, 756 fr. par jour. Épargner 100 jours sur 250, c'est économiser 75,000 fr. sur 190,000 fr. 'en chiffres ronds, autrement dit 40 p. 100.

L'avantage procuré par l'isthme de Suez aux navires qui, de la Méditerranée, ont à passer dans la mer des Indes est plus considérable encore.

Pour les bateaux à vapeur, le problème est moins simple, parce que le profit résultant d'une vitesse moyenne trois fois plus grande que pour les voiliers est en partie compensée :

1° Par le prix plus élevé du bateau ;

2° Par la consommation quotidienne du combustible ;

3° Par la place qu'absorbent, au départ, les approvisionnements de charbon.

C'est ce qui fait qu'on a pu croire assez longtemps que les bateaux à voiles resteraient en possession des transports de long cours. Les bateaux à vapeur consommaient primitivement de 2 à 3 kilogrammes de charbon par cheval-vapeur de force effective ; mais aujourd'hui 1 kilogramme suffit, grâce à une utilisation plus complète du calorique. En diminuant ainsi la consommation du combustible, on réduit la dépense, d'une part, et, d'autre part, on augmente l'espace qui reste disponible à l'intérieur des navires. Le fret par vapeur sur certaines directions est encore double du fret par voile ; mais ailleurs l'écart n'est déjà plus que de 25 p. 100. La partie devient donc de plus en plus inégale entre les deux moyens de transport.

De là le développement très inégal des deux marines. Le *Bureau Veritas* chiffre comme il suit la consistance en voiliers et vapeurs de l'ensemble des marines marchandes du monde entier :

Navires à voiles.

Années.	Navires.	Tonneaux.
1872.	52,527	14,563,868
1873.	56,281	14,185,856
1874.	56,281	14,523,630
1875.	57,258	15,099,601
1876.	58,208	15,553,368
1877.	51,912	14,799,139

Navires à vapeur.

Années.	Navires.	Tonneaux.
1872.	4,335	3,680,070
1873.	5,148	4,328,193
1874.	5,365	5,226,688
1875.	5,519	5,364,492
1876.	5,771	5,686,842
1877.	5,471	5,507,699

On voit que la marine à voiles, après avoir progressé assez rapidement à l'époque de la crise houillère (1872-1874), tend maintenant à décroître, laissant le champ de plus en plus libre à la marine à vapeur.

IV

Les comparaisons entre le passé et le présent, au point de vue du prix des transports par mer, sont très difficiles à faire, parce que le fret maritime a été de tout temps la chose la plus capricieuse du monde. Nulle part le jeu de l'offre et de la demande ne produit de plus brusques soubresauts [1].

[1] Il en a été ainsi de tout temps. Un rapport de M. de Bezons, intendant à Bordeaux, au contrôleur général des finances, en date du 22 mars 1687, dit : « Au mois de février, le fret pour la Hollande n'était qu'à un écu. Il a encore diminué depuis. » A deux ans de là, le 15 février 1689, le même M. de Bezons écrit : « Le nombre des vaisseaux étrangers, et particulièrement des anglais,

Il n'y a d'ailleurs aucune proportionnalité entre les prix et les distances. L'enquête de 1866 sur l'industrie salicole relève les prix moyens que voici pour le fret des sels anglais apportés en France :

D'Angleterre à Dunkerque, la tonne payait.	15 fr.
—	Dieppe.	12
—	Cherbourg.	12
—	Nantes.	13
—	Bordeaux	14
—	Marseille.	17

Soit 2 francs seulement de différence entre Dunkerque et Marseille.

Les mêmes anomalies se rencontrent dans les tarifs de la compagnie des Messageries maritimes, tarifs beaucoup moins mobiles cependant que les frets de la marine marchande non subventionnée.

Exemples :

Fret par mètre cube ou par 500 kilogrammes (1879).

	Marchandises de	
DE MARSEILLE A :	1re classe [1].	2e classe [2].
Aden, Pondichéry, Calcutta, Singapore . . .	100 fr.	75 fr.
Saïgon, Batavia, Hong-Kong, Shang-Haï . .	100	80
Mahé, la Réunion, Maurice, Yokohama . . .	125	100
Nagasaki	140	110
Manille [3]	145	115

On voit que ces frets ne sont rien moins que proportionnels aux distances. Le prix est le même pour Aden, qui est à

va à peine au cinquième de ce qu'il était l'année précédente à pareille époque. Le taux du fret est extraordinaire, et dépasse 150 livres par tonneau pour l'Angleterre ».

[1] Marchandises fines, telles que tissus, soieries, lainages, modes, librairie, papeterie, etc.

[2] Marchandises communes, telles que vins, métaux, cotonnades, quincaillerie, etc.

[3] Le fret pour Manille, en 1877, était plus élevé : 175 et 140 francs; les autres prix n'ont pas été modifiés.

5,250 kilomètres de Marseille, et pour Singapore, qui est à 12,180, pour Mahé, qui est à 8,030 kilomètres, et pour Yokohama, qui est à 17,890. De là les variations suivantes pour le coût de la tonne kilométrique (marchandises de seconde classe) :

	(centimes)
Pour Aden.	2,85
Pour Singapore.	1,23
Pour Mahé.	2,49
Pour Yokohama.	1,12

Le prix moyen de la tonne, par kilomètre, varie ici de 1 à 3 centimes, soit 2 centimes l'un dans l'autre. C'est le tiers du prix moyen de nos chemins de fer.

Sur l'Atlantique, les prix ont extraordinairement baissé depuis quelques années. En 1879, le fret du *bushel* de blé, de New-York à Liverpool, est descendu, à un certain moment, à 5 *pence*, ce qui mettait à peine le fret de l'hectolitre à 1 fr. 50 et celui de la tonne à 20 francs, soit à peu près 4 millimes par tonne kilométrique. A la fin de septembre, ces cours, relevés de 50 p. 100, laissent encore la tonne kilométrique à 6 millimes. Des ports californiens aux ports anglais, le trajet par mer est quintuple, et le fret n'est que triple ou quadruple, ce qui donne un taux encore plus réduit.

M. Michel Chevalier, visitant il y a quelques années le port de Liverpool, s'étonnait d'y voir déjà débarquer d'énormes quantités de blé venant de San-Francisco. Il lui semblait que la longueur de la route par mer et les frais d'un pareil voyage devaient accroître le prix de la marchandise de manière à rendre l'opération ruineuse. On le détrompa. La distance par mer de San-Francisco à Liverpool est immense : 25,000 kilomètres ! Eh bien, une tonne de blé allait alors d'un port à l'autre pour 75 francs, et depuis lors ce transport, nous le répétons, s'est même effectué à des prix inférieurs.

Sur une route ordinaire, un tel trajet coûterait 6,000 francs, sur un chemin de fer, 1,000 francs, sur un canal en bon état et exempt de péage, 375 francs.

L'Océan reste donc, et de beaucoup, pour les marchandises, la plus économique de toutes les voies de communication. C'est ce que l'éminent économiste faisait remarquer à ses confrères de l'Académie des sciences morales et politiques [1]. Il montrait qu'au point de vue commercial, la mer est moins une barrière qu'un trait d'union. « On dit souvent, s'écriait-il, que l'Océan sépare les peuples : nous, nous disons qu'il les rapproche. »

IV

Et ce que nous venons de dire des transports de marchandises est également vrai des transports de voyageurs. Comparons, pour la Méditerranée par exemple, les prix et les vitesses des paquebots-poste en 1847, — nous en trouvons l'indication dans le *guide Richard*, — et en 1879 :

De Marseille à Naples, on mettait 3 jours, et on payait : en première classe, 150 francs, en seconde, 90 francs; plus 6 et 4 francs par jour pour la nourriture, soit en tout 168 et 102 francs. Actuellement, le voyage dure 44 heures et coûte, *nourriture comprise*, 125 et 90 francs; des billets de troisième classe et de pont sont également délivrés, nourriture non comprise, aux prix de 40 et 25 francs.

De Marseille à Alexandrie, on mettait 8 jours et on payait 480 et 288 francs, 528 et 320 avec la nourriture. Actuellement, le voyage dure 6 jours et coûte, selon la classe,

[1] Séance du 29 juillet 1876.

375 francs (nourriture comprise), 250 francs (nourriture comprise), 125 et 80 francs.

De Marseille à Constantinople, on mettait 15 jours et on payait 465 et 279 francs, soit 555 et 339 francs avec la nourriture. Actuellement, le voyage dure juste 7 jours et coûte, selon la classe, 400 francs (nourriture comprise), 270 francs (nourriture comprise), 135 et 90 francs.

Pour les voyageurs qui dépassent Suez, voici les prix des Messageries maritimes :

DE MARSEILLE A :	1re classe (nourr.comp.)	2e classe (nourr.comp.)	3e classe (nourr.comp.)	Pont (nourr.comp.)	Pont (sans nourr.)
Aden	1,000 fr.	750 fr.	450 fr.	300 fr.	260 fr.
Calcutta . . .	1,500	1,220	730	490	395
Singapore . .	1,875	1,405	845	565	475
Saïgon. . . .	2,000	1,500	900	600	495
Hong-Kong. .	2,125	1,595	955	640	540
Yokohama . .	2,375	1,780	1,070	715	575

Les prix-courants des paquebots anglais diffèrent peu de ceux-ci et leur sont plutôt inférieurs que supérieurs.

La distance de Marseille à Hong-Kong étant de 15,157 kilomètres, le prix minimum des Messageries, sans nourriture, donne 3 centimes 1/2 par kilomètre, et le prix maximum, en déduisant 375 francs pour 37 jours de nourriture, donne 11 centimes 1/2.

Pour les Antilles et l'Amérique du Sud, les tarifs de la Compagnie transatlantique varient d'un minimum de 965, 825, 750 et 400 francs (Antilles) à un maximum de 1,975, 1,875, 1,775 et 825 francs (Valparaiso), nourriture également comprise.

Du Havre à New-York, la Compagnie transatlantique prend, nourriture comprise, 625, 575, 370 et 200 francs. Les émigrants placés dans l'entrepont ne paient même que

130 francs [1]. Or, si l'on supposait l'Atlantique solidifié et traversé par un chemin de fer, le voyage de Paris à New-York, avec le tarif français, coûterait 650 francs en première classe, 500 francs en seconde et 375 francs en troisième.

[1] Les billets d'aller et retour sont de 1,100, 1,000, 600 et 360 francs, et les prix des paquepots anglais ou américains sont encore moins élevés.

CHAPITRE IX.

La circulation dans les villes.

Système circulatoire des villes. — Paris. — Les voitures de place. —
Anciens tarifs. — Tarifs actuels. — Les omnibus. — Les voitures
particulières. — Les tramways. — Les chemins de fer métropolitains.

En nous appliquant à donner la mesure des progrès réalisés relativement au transport des marchandises, soit par terre
(chemins de fer et routes), soit par eau (navigation intérieure
et navigation maritime), nous n'avons pas encore épuisé la
première partie de notre programme. En effet, nous avons
toujours supposé jusqu'ici qu'il s'agissait de passer d'un pays
dans un autre pays, ou tout au moins d'un centre de population dans un autre. Or, dans le périmètre même de toute ville
importante s'effectuent forcément, chaque jour, d'innombrables déplacements. L'appareil circulatoire d'une nation serait donc incomplet si, indépendamment des grandes artères
destinées à relier entre elles les différentes régions de son
territoire, il n'existait pas, sur les points les plus peuplés, des
organes spéciaux propres à assurer et à faciliter l'incessant
va-et-vient des personnes et des choses.

La corrélation est d'ailleurs si étroite, pour les habitants d'une cité populeuse, entre la circulation extérieure et la circulation intérieure, que l'une ne peut guère se développer sans l'autre. Aujourd'hui que Paris couvre 7,800 hectares et compte 2,000,000 d'âmes, aujourd'hui que ses gares expédient, dans le cours d'une année (je prends les chiffres de 1875), 19,925,123 voyageurs, 133,749 tonnes de grande vitesse, 1,456,585 tonnes de petite vitesse, et reçoivent en même temps 19,157,412 voyageurs, 232,874 tonnes de grande vitesse et 4,224,925 tonnes de petite vitesse, il est bien clair que les moyens de communication *intra muros* qui suffisaient à nos pères seraient absolument dérisoires.

Montrons donc quel en a été le développement progressif et quel est l'état actuel des choses. L'histoire de Paris, à cet égard, est à peu près celle de toutes les grandes capitales.

I

Il s'est écoulé bien des siècles avant qu'un seul véhicule ait été mis dans Paris à la disposition du public. Jusqu'à Louis XIII, on ne voyait dans les rues d'autres chevaux ou mules et d'autres carrosses que ceux des riches personnages qui pouvaient s'accorder le luxe d'un équipage personnel. Et encore fallait-il que le législateur n'y fît pas obstacle, car, en 1294, par exemple, une ordonnance de Philippe le Bel disait : « Premièrement nulle bourgau (bourgeoise) n'aura char ». Même sous François Ier, nous ne voyons citées, comme roulant carrosse à Paris, que la reine et une des filles naturelles de Henri II.

En 1617, une entreprise de chaises à porteur se fonda et

fit de bonnes affaires. La ville s'étant fort agrandie sous Louis XIII, les courses commençaient à devenir longues. C'est alors qu'un nommé Sauvage, facteur des maîtres de coches d'Amiens, eut l'idée d'installer dans plusieurs quartiers à la fois des voitures de louage. L'invention réussit (1641), mais l'inventeur n'en conserva pas longtemps le bénéfice. Le privilège dont il avait négligé de se pourvoir fut concédé, moyennant finances, aux concurrents que le succès de son industrie avait attirés. En 1650, Ch. Villerme achetait 15,000 livres le droit exclusif de louer des voitures sur la voie publique. Plus tard, ce fut M. de Givry (1657) et, plus tard encore, les frères Francini (1666). Un règlement de 1688 détermina l'emplacement des stations et une ordonnance de 1696 fixa le tarif des *fiacres :* on devait payer 25 sols pour la première heure et 20 sols pour les heures suivantes; le prix de la demi-journée était de 4 livres 10 sols.

La voiture publique à itinéraire fixe avait fait, de son côté, dès 1662, sa première apparition sur le pavé de Paris. Trois gentilshommes, le duc de Rouanez, le marquis de Sourches et le marquis de Crenan, n'avaient pas dédaigné d'emprunter au grand Pascal la conception première de cette institution nouvelle. « Pour aller en chaise ou en carrosse particuliers, dit leur requête au roi, il en coûte au moins une pistole ou deux écus par jour ». Au lieu de cela, « pour cinq sols marqués », on allait pouvoir se faire porter de la porte Saint-Antoine au Luxembourg, de la place Royale à Saint-Roch, du Luxembourg à Saint-Eustache, de Saint-Paul à la rue Taranne, du Luxembourg à la rue de Poitou. Les « carrosses à cinq sols » ne contenaient que huit places; chaque ligne ne disposait que de sept voitures, lourdes machines à peine suspendues, mais couvertes d'écussons aux armes de la ville, et tirées, si l'on peut en croire le poëte chroniqueur Jean Loret, « par des chevaux non rosses ». Le nom d'*omnibus*, qui est, à lui seul, toute une définition, n'aurait guère convenu aux carrosses du duc de Rouanez, car « de par le roi, défenses étaient faites à tous soldats, pages, laquais et tous autres gens de livrée, d'y entrer, pour la plus grande commodité et liberté des personnes de mérite ». Il fallut aussi renoncer au nom primitif de carrosses à cinq sols, car, la vogue aidant, le prix des places fut bientôt augmenté d'un sou. Cette augmentation contribua d'ailleurs à faire cesser l'engouement dont le nouveau moyen de transport avait d'abord été l'objet, et l'invention de Pascal ne lui survécut pas [1].

Cinq ou six sols du temps (50 centimes environ) pour faire une demi-lieue en carrosse public, c'était beaucoup plus cher, en fait, que 30 centimes aujourd'hui pour aller en omnibus, avec correspondance, d'Auteuil à Bercy ou de Grenelle à Belleville. 25 sols pour une heure de fiacre constituaient également un prix élevé pour l'époque, et les cochers ne s'en contentaient même pas : ils exigeaient le plus souvent 3 livres par heure et 50 livres pour la journée entière. En 1720, cet abus était devenu si général qu'un arrêt du Conseil intervint pour le faire cesser. L'heure se paya alors 30 sols. Mercier, en 1781, dit encore : « Vous avez un équipage, des chevaux, un cocher, fouet et bride en main, pour 30 sols par heure. »

En 1786, le tarif ci-dessous, fixé par le conseil d'État, est proclamé à son de caisse :

---

[1] On avait aussi établi, en 1664, des calèches publiques où la place se payait 10 sols, la voiture entière se louant 40 sols.

Prix des carrosses de place.

	Course.	Heure.
Le jour, dans Paris.	1 liv. 10 sols.	1 liv. 10 sol .
La nuit, dans Paris.	1 16	2
Le jour, hors barrières	1 16	»
La nuit, hors barrières.	2 2	»
Aux Invalides, Gros-Caillou, École militaire, hospice Saint-Sulpice, Salpêtrière, Charonne, Chaillot, eaux de Passy.	3	»
Conflans, Alfort, Bicètre	4 16	»
Retour desdits lieux, si l'attente n'est pas d'une demi-heure	4 16	»
Et, si l'attente excède une demi-heure, chaque heure depuis le moment de l'arrivée	»	1 10

Pris à la journée, les carrosses de remise, à cette époque,
se payaient 15 livres par jour, plus 24 sols pour le cocher;
les chaises à porteur 30 sols la course ou la première heure,
et 24 sols la seconde heure. Les brouettes ou chaises rou-
lantes coûtaient 16 sols la course ou l'heure dans le jour, et
20 sols pendant la nuit.

La Révolution trouva les sieurs Perreau en possession de
l'exploitation des fiacres et les en déposséda (1790), moyennant une indemnité de 420,000 livres. L'industrie du louage
redevenait libre, comme toutes les autres, au tarif près.
Celui de l'an IX met l'heure à 2 francs et la course à 1 fr. 50.
C'est exactement le prix actuel des petites voitures de place,
ce qui n'empêche que proportionnellement c'était beaucoup
plus cher. Vers le commencement du premier Empire ap-
paraît le cabriolet, encore un nom bien significatif. Puis
viennent la citadine, l'urbaine, la lutécienne, le mylord, le
cab, le coupé, etc... Alors les tarifs se dédoublent. La
course, par exemple, est fixée pendant le jour, selon le
nombre des places et des chevaux, à 1 franc ou 1 fr. 50 en
1808 (plus un pourboire facultatif de 0 fr. 10); à 1 fr. 25 ou

1 fr. 50 en 1830 (plus les 0 fr. 10); à 1 franc, 1 fr. 25 ou 1 fr. 50 en 1841 (plus les 0 fr. 10); à 1 fr. 25, 1 fr. 40 et 2 francs depuis 1855, date de la reconstitution du monopole au profit de la compagnie générale des Petites voitures, jusqu'en 1866, époque où la liberté de l'industrie du louage fut de nouveau proclamée; à 1 fr. 50, 1 fr. 85 et 2 francs depuis 1872.

Les chiffres qui précèdent marquent suffisamment la progression des tarifs, progression très lente, comme on voit; et nous épargnerons au lecteur le détail des innombrables combinaisons qui ont été successivement essayées pour régler le prix des fiacres. Le prix fixe, pour la course et pour l'heure, auquel on est toujours revenu à Paris, a l'incontestable inconvénient de ne pas tenir compte du chemin parcouru. Qu'on aille du Palais-Royal à la Madeleine ou de la barrière du Trône aux Ternes, il n'est pas dû davantage dans un cas que dans l'autre. Pour remédier à cette anomalie, on a plus d'une fois cherché à prendre pour base des prix le parcours réel des voitures. Mais des divers compteurs mécaniques dont on a fait l'expérience, aucun ne s'est trouvé à l'épreuve des secousses brutales du pavé et des sollicitations intéressées des cochers. Or, sans compteur, un tarif kilométrique donne forcément lieu à de perpétuelles contestations. On avait tenté, sous l'Empire, de fixer un prix réduit pour les courses de moins d'un quart d'heure : on y a très vite renoncé. Il y a quelques années, la préfecture de police avait imaginé un système très savant qu'elle appelait « le tarif à la fois kilométrique et horaire. » Ceux qui s'étaient appliqués à le comprendre, au moment de sa publication, lui avaient prédit huit jours d'existence : ils se trompaient, car, le soir même, tout le monde était d'accord, cochers et promeneurs, pour le considérer comme non avenu. La plaque prescrite par M. Gigot, à la suite de la dernière grève des cochers de Paris, et destinée à faire savoir au public si telle voiture qui passe est « libre » ou « louée » constituait une innovation plus heureuse; mais elle a également disparu. Une réforme utile et morale consisterait à supprimer, sur le bulletin réglementaire des voitures de place, la distinction des deux tarifs applicables, l'un aux voitures prises au remisage, l'autre à celles qui chargent sur la voie publique : en fait, ce dernier tarif est le seul qui ait cours; l'autre ne sert guère qu'à duper les étrangers.

Nous n'avons parlé ici que des prix et non des vitesses. Si les prix ont peu varié depuis le commencement du siècle (l'augmentation du chiffre des affaires compensant le renchérissement des salaires, des chevaux et des fourrages), les vitesses n'ont guère varié non plus, et c'est grand dommage. L'ancienne compagnie privilégiée, que le retrait de son monopole n'a pas empêchée de vivre et de prospérer, paraît plus préoccupée de perfectionner son matériel roulant que sa cavalerie. De nouveaux types de voitures ont été mis en circulation, paniers, clarences, milords, cabs, petits omnibus et landaus à six places, etc... Mais les bêtes, payées cependant 800 francs l'une en moyenne, laissent tant à désirer qu'une autre compagnie, récemment constituée ou reconstituée, n'a pas eu de peine à acquérir, à cet égard, une certaine supériorité. Quant aux petits loueurs, il en est dont les attelages semblent avoir été recrutés aux portes de l'abattoir, et dont les voitures antédiluviennes déshonorent également les rues de Paris. Avec de pareils équipages, il ne faut pas se plaindre quand on fait 4 kilomètres à l'heure.

Si les courses exigent cependant moins de temps qu'autrefois, c'est que les nombreuses voies nouvelles percées dans

Paris depuis vingt-cinq ou trente ans, et surtout les voies obliques comme les boulevards Haussmann, Malesherbes, Magenta, Saint-Germain, l'avenue de l'Opéra, les rues de Châteaudun, Lafayette, Turbigo, etc., fournissent dans une foule de cas des itinéraires plus directs et des passages moins encombrés.

Les voitures de place se sont d'ailleurs multipliées de telle sorte que, sauf certains jours exceptionnels, on s'en procure toujours facilement. De 170 en 1753 et de 1,700 à 1,800 sous Louis XVI, le nombre des « chars numérotés », comme les appelait un poète classique, s'est élevé à 3,000 dès les premières années de la Restauration, à 4,500 au commencement du second Empire et à plus de 10,000 aujourd'hui, dont 6,000 environ appartenant à la compagnie générale des Petites voitures. Ils ne sortent pas tous, il est vrai, mais le budget de la ville de Paris pour 1878 basait sur une circulation normale de 6,700 voitures le produit probable du droit de stationnement perçu au profit de la caisse municipale, à raison de 1 franc par voiture et par jour.

Nous ne ferons pas à la compagnie des Omnibus le même reproche qu'aux loueurs de voitures de place. Ses attelages à deux et trois chevaux [1] sont magnifiques : la Normandie, le Perche, les Ardennes et la Bretagne lui envoient leurs plus beaux produits. Elle les paie environ 1,000 francs l'un, en moyenne. Et elle ne les laisse pas dépérir : le prix moyen de la ration quotidienne était de 2 fr. 59 en 1866, de 2 fr. 84 en 1876. La Compagnie a maintenant plus de 10,000 chevaux dans ses écuries, sans compter ceux qui se reposent dans ses

---

[1] C'est en 1879 que la compagnie des Omnibus a commencé à mettre en circulation sur le pavé de Paris de grandes voitures à trois chevaux, destinées à remplacer les tramways partout où l'affluence des voyageurs en aurait justifié l'établissement, si la largeur des rues l'avait permis.

fermes. La vitesse moyenne de nos omnibus est de 10 kilomètres à l'heure, arrêts compris.

Quant au tarif, il n'a varié qu'une fois depuis 1828, date de la création définitive de ce mode de transport à Paris. En 1819 déjà, M. Godot avait sollicité l'autorisation d'établir des voitures publiques à itinéraires fixes sur les boulevards et sur les quais. On objecta l'embarras qui en résulterait pour la circulation, et la permission fut refusée. En 1828, une nouvelle proposition faite à l'administration par M. Baudry fut mieux accueillie. Les premiers véhicules dont l'exploitation lui fut concédée partaient de la rue de Lancry, allant les uns à la Bastille, les autres à la Madeleine. Les départs avaient lieu de quart d'heure en quart d'heure. Le prix de la course fut d'abord de 25, puis de 30 centimes. On put, dans les premiers temps, douter du succès. La jeune duchesse de Berry contribua, dit-on, à détruire l'inintelligent préjugé qui empêchait bien des gens de monter en omnibus. Elle avait parié qu'elle traverserait Paris de la sorte. Elle le fit, et l'incognito qu'elle avait d'abord gardé se trouva très compromis lorsqu'elle donna au conducteur, pour prix de sa place, les vingt-cinq louis qu'elle venait de gagner, au lieu des cinq sous qu'elle devait. Cette équipée, qui fut vite connue, rendit moins dédaigneux les bourgeois et les bourgeoises : le procès des omnibus était gagné.

De nouvelles lignes furent alors créées : les Dames blanches, les Béarnaises, les Tricycles, les Constantines, les Batignollaises....

En 1855, toutes ces compagnies se fondirent en une seule que l'administration municipale dota, moyennant certaines servitudes, d'un monopole qui ne doit expirer qu'en 1910.

Bien que le prix de 30 centimes ait subsisté sans variation depuis cinquante ans, ce serait une erreur de croire que ce genre de transport n'est pas devenu plus économique qu'autrefois. D'abord les lignes, dans le principe, étaient fort courtes, de sorte que le prix moyen par kilomètre était relativement élevé. Il y a juste une demi-lieue de la rue de Lancry à la Bastille; le kilomètre revenait donc à 15 centimes quand on faisait le voyage complet, à 20 ou 25 centimes pour ceux qui montaient ou descendaient en route. Aujourd'hui l'omnibus de la Madeleine à la Bastille parcourt 4,500 mètres de boulevard, de sorte que le voyageur d'intérieur ne paie en réalité le kilomètre que 6 centimes 2/3. Et ce n'est pas tout. En 1834, on a organisé l'ingénieux système des correspondances dont tout le monde connaît le mécanisme et qui permet de doubler le trajet sans augmentation de dépense. Enfin en 1853, les banquettes d'impériale ont été ajoutées et mises, moyennant 15 centimes seulement par course, à la disposition du public masculin [1]. Grâce à cette innovation, grâce aussi à la réduction de 50 p. 100 consentie en faveur des soldats qui prennent des places d'intérieur, la dépense moyenne par voyage tombait à :

        20 cent. 2 en 1859.
        18   7 en 1864.
        18   4 en 1869.

Elle s'est un peu relevée depuis 1870 :

        18 cent. 8 en 1871.
        18   6 en 1872 et 1873.
        18   7 en 1874.
        18   8 en 1875 et 1876.
        18   7 en 1877.
        19   en 1878.

A ce compte le prix moyen du voyageur kilométrique ne doit pas dépasser 4 centimes.

---

[1] Les nouveaux omnibus à trois chevaux des boulevards, munis d'escaliers analogues à ceux des tramways, permettent, comme les tramways eux-mêmes, l'accès de l'impériale aux dames.

De 30 millions en 1854, le nombre des voyageurs (celui qui fait usage de la correspondance comptant pour deux) s'est élevé à 66 millions en 1859, à 93 en 1864, à 120 en 1869. Les deux sièges le font retomber à 108 millions en 1870 et à 78 en 1871. Puis il remonte à 111 millions en 1872, 113 en 1874, 120 en 1875, 125,4 en 1876, 129,5 en 1877 et 161,5 en 1878 [1].

A Londres, c'est en 1829 que l'omnibus a fait son apparition ; cette première tentative qui émanait d'un spéculateur français ne fut pas heureuse. En 1855, une compagnie, française aussi, avait entrepris l'exploitation de ce moyen de transport ; elle se ruina et fit place, en 1858, à une compagnie anglaise, qui ne jouit d'aucun monopole ni privilège, mais qui, en fait, possède actuellement plus de la moitié des omnibus de Londres. Les prix ne sont pas uniformes ; ils sont basés sur les distances parcourues. Le chiffre moyen payé par chaque voyageur est d'environ 22 centimes ; le nombre annuel des voyageurs transportés par la seule compagnie dont nous parlons dépasse 50 millions. Les écuries renferment près de 8,000 chevaux, dont la moitié de race normande. Une quinzaine d'autres entreprises se partagent un trafic à peu près égal.

Les voitures publiques ne sont pas les seules dont le nombre ait augmenté à Paris dans des proportions énormes. Un rapport de M. de Chabrol donne les chiffres suivants pour 1826 : fiacres, cabriolets, carrosses de remise et coucous, 3,670 ; cabriolets particuliers, 6,600 ; autres voitures de maîtres, 2,500 ; voitures de boulangers, bouchers, etc., 2,000 ;

---

[1] Dans ces chiffres sont compris les voyageurs transportés par les tramways appartenant à la compagnie générale des Omnibus, autres que le chemin de fer américain du Louvre à Vincennes et du Louvre à Boulogne et Sèvres, qui a lui-même transporté 9 millions de voyageurs en 1877.

charrettes et haquets, tombereaux, etc., 11,500; diligences grandes et petites, 733;... en tout 27,000 véhicules environ. En 1867, on en comptait 45,000 (dont 8,000 équipages de maîtres et 25,000 voitures de transport), plus 8,000 voitures à bras.

On évaluait, en 1826, à 7,500, chiffre probablement exagéré, le nombre des voitures ou charrettes passant chaque jour sur le Pont-Royal. En 1860, il en passait dans les vingt-quatre heures 10,750 sur le boulevard des Italiens, 9,070 sur le boulevard des Capucines et 7,720 sur le boulevard Poissonnière. Les comptages les plus récents de la direction des travaux de Paris donnent : 19,043 voitures et 23,786 chevaux sur le boulevard des Capucines; 18,182 voitures et 21,372 chevaux sur le boulevard des Italiens; 15,309 voitures et 19,500 chevaux sur le boulevard Poissonnière.

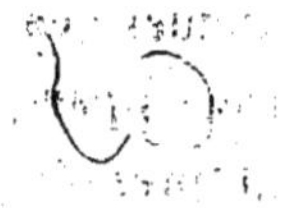

II

Le tramway ne diffère guère de l'omnibus proprement dit que par les rails creux qui portent les roues et grâce auxquels un plus grand nombre de voyageurs peuvent être mis en mouvement par une force motrice moindre. Sur un railway, pour entraîner un poids de 1,000 kilogrammes un effort de 4 kilogrammes suffit ; il faudrait un effort quatre fois ou huit fois plus grand (16 ou 32 kilog.) pour obtenir le même résultat sur de bons pavés ou sur du macadam : sur un tramway, l'effort nécessaire est de 10 kilogrammes, et une voiture de 57 voyageurs y peut circuler sans plus de fatigue pour les chevaux que s'ils avaient à traîner 24 voyageurs sur une chaussée ordinaire.

Etant donnée cette supériorité, il est surprenant que les voies ferrées à traction de chevaux ne se soient vulgarisées que longtemps après les chemins de fer proprement dits. Il est vrai que le prix d'établissement des tramways dans les villes est très élevé. A Paris comme à Londres, il n'est pas inférieur à 115 ou 140,000 francs par kilomètre. Avec le matériel roulant, la cavalerie, les bâtiments, etc... on arrive à un coût total d'un demi-million. Le coût kilométrique d'une ligne d'omnibus est moitié moindre (280,000 francs) et celui d'une ligne de chemin de fer est à peine égal. Il y a même telle ligne de tramway, comme celle de la troisième avenue à New-York, où les frais de premier établissement se sont élevés à un million par kilomètre!

Les premiers tramways qui aient été construits n'étaient pas destinés à mettre en communication les différentes parties d'une ville. C'est dans les houillères du Nord de l'Angleterre que furent installés pour la première fois, il y a peut-être de cela deux cents ans, des *trams*, c'est-à-dire des barres de bois ou de fonte évidées de manière à guider les roues des wagons et à diminuer le frottement.

En France, l'usage des omnibus à rails a commencé en 1853, époque à laquelle M. Loubat fut autorisé à en établir un, à titre d'essai, sur le quai de Billy. L'expérience réussit et un décret du 18 février 1854 concéda le tramway de Sèvres et Boulogne, connu longtemps sous le nom de « chemin de fer américain », parce que plusieurs villes des États avaient pratiqué avant nous ce système de locomotion. Un autre décret du 28 avril 1855 a prolongé jusqu'à Versailles la ligne ferrée de Sèvres. La vitesse moyenne obtenue sur cette voie est de 12 kilomètres à l'heure.

Puis, près de vingt années se passèrent sans que M. Loubat trouvât d'imitateurs. Des tramways avaient été créés à Genève en 1863, en Belgique en 1867, en Autriche en 1868, en Angleterre en 1869, à Constantinople en 1871 [1]. A Paris, la première ligne du nouveau réseau n'a été inaugurée qu'en 1874. Un décret du 9 août 1873 avait autorisé le département de la Seine à établir à ses risques et périls, dans Paris et sa banlieue, un réseau d'une longueur totale d'environ 100 kilomètres, dont plus de moitié dans l'enceinte des fortifications. Le département a, depuis, rétrocédé sa concession, en partie à la compagnie générale des Omnibus, en partie à deux compagnies nouvelles (tramways Nord et tramways Sud).

Le prix des places, dans le périmètre des fortifications, est de 20 ou 30 centimes pour la première classe (intérieur et plateforme) et de 10 ou 15 centimes pour la seconde (impériale). Le parcours hors barrière se paye à part. En somme, le prix moyen du kilomètre en tramway est à peu près le même qu'en omnibus.

Toutes nos grandes villes tendent à imiter l'exemple de Paris. On comptait en France, au 1er janvier 1877, 375 kilomètres de tramways concédés, ainsi répartis [2] :

Ville de Paris (tramways Nord et Sud)	105,300	mètres.
De Vincennes à Sèvres, Boulogne et Saint-Cloud	29,250	—
De Sèvres à Versailles	9,200	—
Ville de Versailles	12,400	—
De Rueil à Port-Marly	7,100	—
Ville de Marseille	23,700	—
Nancy-Maréville	4,360	—
Ville de Lille	30,650	—
De Riom à Clermont	19,000	—
Ville du Havre	10,050	—
Ville de Nice	12,440	—
Divers (Rouen, Roubaix, Dunkerque, Tours, Orléans, etc.)	111,820	—
Ensemble	375,270	mètres.

[1] Nombre de kilomètres en exploitation en 1878 : New-York, 124 ; Bruexlles, 46 ; Vienne, 55 ; Londres, 87 ; Constantinople, 16.

[2] Voir : *Les Tramways*, de M. Challot, chef de division au ministère des travaux publics.

Les seuls tramways de la compagnie des Omnibus, à Paris, ont transporté 14 millions de voyageurs en 1877 et 58 millions en 1878. La recette moyenne par voyageur était de 16 cent. 65 en 1877 et de 17 cent. 90 en 1878.

Plusieurs de nos lignes de tramways utilisent ou ont utilisé la vapeur comme force motrice ; mais, pour les lignes purement urbaines, la pratique ne paraît pas avoir complètement réalisé l'économie promise par la théorie. A Philadelphie, où les deux systèmes de traction existent depuis longtemps, la dépense quotidienne d'une voiture à deux chevaux ressort, dans une étude comparative du *Franklin Institute*, à 42 fr. 65, celle d'une voiture à vapeur à 35 francs. L'économie serait doncde près de 18 p. 100.

La création à Paris du service des bateaux-omnibus est plus récente encore que l'établissement des premiers tramways. C'est en 1867, au moment de l'avant-dernière exposition universelle, que fut installée dans la capitale, en vue des besoins exceptionnels de l'époque, une succursale de la compagnie qui exploitait déjà, à Lyon, le transport des voyageurs par voie fluviale. L'exposition de 1878 a retrouvé les bateaux-omnibus à leur poste et en possession d'une clientèle normale très suffisante pour les faire vivre. De 3 millions 1/2 en 1868, le nombre annuel des passagers s'est élevé à 8 millions en 1872, à 10 millions en 1875, à plus de 12 millions en 1877. Leur succès avait même suscité la concurrence d'une autre compagnie, mais il y a eu fusion entre les Mouches et les Hirondelles. Leur principal itinéraire se compose des 12 kilomètres de rivière compris entre le pont National et le Point-du-Jour. Les pontons d'arrêt sont échelonnés sur les deux rives à une distance moyenne de 1,000 mètres. Le service se prolonge en amont jusqu'à Charenton, en aval jusqu'à Sure snes.

Le tarif applicable aux voyageurs, sur les bateaux-omnibus, était primitivement de 25 centimes dans l'intérieur de Paris. En 1870, ce prix avait été abaissé à 15 centimes pour tous les jours autres que les dimanches et fêtes. On l'avait reporté à 20 centimes en 1878. En 1879, la concurrence des tramways l'a fait réduire à 10 centimes (soit au plus 2 centimes en moyenne par voyageur kilométrique). Ce prix de 10 centimes a toujours été celui des bateaux-omnibus de Londres, comme l'indique leur nom de *penny-boats* (bateaux à deux sous).

III

Voitures, omnibus, tramways et bateaux, voilà bien des moyens différents mis à la disposition des citadins modernes pour circuler dans ces fourmilières humaines, où le piéton et le cavalier étaient longtemps restés seuls en présence. Mais à des villes comme Londres, New-York et Paris, cela ne suffit pas encore. Il leur faut de vrais chemins de fer, offrant plus de places et circulant plus vite que les omnibus, sans imposer plus de dépense aux voyageurs. A Londres, outre le *Metropolitan railway*, dont nous dirons un mot tout à l'heure, les neuf grandes lignes de chemins de fer qui aboutissent à la capitale y pénètrent si profondément et se raccordent entre elles par un si grand nombre d'embranchements, que la longueur totale de ces voies, dans la banlieue, dépasse 300 kilomètres.

Ce réseau comprenait, d'après l'*Ordnance Map of London*, 182 stations et, à part la Cité, qui n'était traversée par aucune ligne, il n'existait pas à Londres une maison qui fût à plus de 800 toises de la voie ferrée la plus voisine.

Le *Metropolitan* est venu, depuis, compléter ce réseau annulaire en le reliant à la Cité. Il circule en grande partie sous terre, ailleurs dans des tranchées ouvertes; il passe sous la Tamise, et reste presque partout à un niveau inférieur à celui du fleuve.

Au *Metropolitan* se rattachent deux autres lignes dans l'enceinte de la ville, le *Metropolitan district* et le *Saint-John's-wood railway*. Ces trois lignes réunies ont une longueur de 28 kilomètres, avec 20 points d'arrêt, ce qui porte à 202 le nombre actuel des stations de chemins de fer existant dans Londres.

Le *Metropolitan* transportait déjà, en 1872, 62 millions de voyageurs. Il en verrait venir à lui bien davantage si ses tarifs étaient plus modérés. Le trajet total, qui dure une heure, coûte 90 et 60 centimes, selon la classe, avec, il est vrai, réduction de 50 p. 100 au profit des billets d'aller et retour.

A New-York, c'est sur les avenues mêmes qui font de cette ville un immense damier que les chemins de fer intérieurs sont placés et comme suspendus, car un pilier unique, répété de distance en distance, suffit à porter la charpente à jour sur laquelle les trains circulent. Le tarif normal du *Metropolitan elevated railway* est de 50 centimes; une réduction de moitié existe pour certains trains du matin et du soir.

Bruxelles et Vienne ont aussi des chemins de fer intérieurs.

Paris, lui, ne possède encore que le chemin de fer de ceinture, dont le tracé circulaire, soulignant, pour ainsi dire, le périmètre des fortifications, sert moins de trait d'union entre les différents quartiers de la ville qu'entre les diverses lignes de chemins de fer dont elle est le centre commun. Les voyageurs, cependant, y sont admis à des prix inférieurs à ceux du *Metropolitan* anglais ; mais, en dehors des dimanches et fêtes, les trains, espacés de quart d'heure en quart d'heure, sont généralement peu remplis. Sur les 35 kilomètres dont se compose le chemin de ceinture, 21 sont exploités par la compagnie de l'Ouest, et cette section est la plus fréquentée, parce qu'elle aboutit à la gare Saint-Lazare, point presque central. Toutefois le nombre annuel des voyageurs n'atteint encore que 6 millions entre Paris et Auteuil et 3 millions 1/2 sur la rive gauche.

Il serait temps que notre belle capitale eût son *Metropolitan*. Si cette création avait trouvé place dans le plan de M. Haussmann, elle n'aurait pas énormément augmenté les dépenses auxquelles la reconstruction de Paris a donné lieu. Aujourd'hui elle sera forcément très dispendieuse. C'est pour cela qu'il n'a pas été donné suite, jusqu'ici, au projet qui avait été dressé en 1872 et remanié en 1876 par la préfecture de la Seine. Dans ce projet, la ligne principale partirait de Neuilly, longerait à niveau du sol le bois de Boulogne, deviendrait souterraine à l'arc de Triomphe, suivrait l'avenue de Friedland, le boulevard Haussmann, la rue Auber, puis les grands boulevards jusqu'à la Bastille ; de là, elle passerait la Seine à ciel ouvert, gagnerait le boulevard Saint-Michel par le boulevard Saint-Germain et aboutirait à Montrouge. Au croisement du boulevard Saint-Denis et des boulevards de Sébastopol et de Strasbourg serait établi un double embranchement, montant d'un côté vers les gares de l'Est, du Nord et de la Chapelle-Ceinture, descendant de l'autre vers les Halles et le Palais de Justice. Ajoutons, pour finir, une courte voie souterraine de l'Opéra au Palais Royal, une autre de la Bastille à la gare de Lyon, et un raccord avec la gare d'Orléans après la traversée de la Seine.

CHAPITRE X.

La Poste.

La poste en France depuis le moyen âge. — Tarifs successifs. — La réforme anglaise de 1840. — La réforme française de 1848. — Variations des tarifs de 1848 à 1878. — La réforme de 1878. — Traités de Berne et de Paris. — L'union postale internationale.

La poste a pour nous cela d'intéressant que ses progrès, dans les pays civilisés, résument ceux de toutes les autres variétés de transports. Le champ naturel de son activité comprend les terres et les mers; elle n'a pas moins besoin de vitesse que le voyageur; elle n'a pas moins besoin de bon marché que les marchandises : aussi a-t-on pu dire que l'histoire de la poste constitue à elle seule une histoire complète de l'industrie des transports.

I

C'est au xiie siècle que se créa pour la première fois à Paris un service libre de messageries à départs périodiques. Bientôt après l'Université, dans l'intérêt des familles, sollicita et obtint l'autorisation d'établir de *grands* et *petits messagers* chargés du transport des écoliers, de leurs bagages et de leur correspondance.

Le roi Louis XI apprécia mieux que ses prédécesseurs l'importance d'une institution qui pouvait servir efficacement sa politique centralisatrice et profiter en même temps à ses finances. Dès la troisième année de son règne, il crée, sur toute l'étendue de ses domaines, des *maîtres courreurs royaux* placés sous la direction d'un *grand maître* dont il se réservait la nomination. Ce personnel devait d'abord se consacrer exclusivement au service de la maison royale. Louis XI tenait à connaître avant ses sujets les nouvelles intéressantes et il y réussissait. Il résulte d'une lettre adressée par lui aux États de Bourgogne qu'il était instruit, dès le 9 janvier 1477, à Plessis-lès-Tours, de la mort de Charles le Téméraire, constatée le 6 sur le champ de bataille de Nancy. Les courriers royaux avaient donc en trois jours franchi une distance de 450 kilomètres. Plus tard, Louis XI permit l'usage de la poste aux particuliers.

A l'avènement de Charles VIII, on comptait déjà 230 relais. Ce prince en augmenta encore le nombre. L'organisation postale que lui avait léguée son père le suivit jusqu'en Italie, et nous le voyons, le 12 janvier 1495, répondre de Rome à une lettre du duc de Bourbon écrite à Paris le 15 décembre.

Un édit de 1576 règle les départs et les arrivées des messagers et fixe le prix des lettres : 10 deniers tournois pour une lettre et sa réponse dans chaque circonscription, 15 deniers pour un paquet pesant au plus une once, 20 deniers pour un poids supérieur. C'était une réduction de prix notable par rapport aux tarifs antérieurs.

Deux édits d'Henri IV (8 mai 1597 et 3 août 1602) augmentent le nombre des maîtres de poste, généralisent l'institution des relais, nomment deux généraux des chevaux de relais à louage et un contrôleur général des postes.

Pendant les années troublées qui suivirent la mort d'Henri IV, le prix des lettres était l'objet de contestations incessantes entre les employés et les expéditeurs. Pour faire cesser tout abus, Richelieu édicta, le 26 octobre 1627, un tarif général. Le port des lettres simples de Paris à Lyon, Mâcon, Clermont-Ferrand, Nantes.... était réduit de 4 à 3 sols ; les lettres pour la Provence et le Languedoc ne payaient plus que 6 sols au lieu de 8, et ainsi de suite.

Louis XIII, en 1643, relève d'un quart le tarif de 1627.

Louvois qui, en 1668, dut le titre de surintendant général des postes à l'adresse avec laquelle il avait escamoté, de concert avec le prince de Condé, deux ou trois courriers indiscrets, concéda en 1672 à maître Patin, moyennant 1,200,000 livres par an, la ferme générale des postes. Ce système de mise en ferme devait durer jusqu'au 12 juin 1790. Montrons tout de suite quelle fut pendant ces cent dix-huit années la constante progression des fermages :

1er bail.	1672............	1,200,000 livres.
2e —	1683...........	1,800,000 —
3e —	1688...........	1,400,000 —
4e —	1695...........	2,820,000 —
5e —	—	2,820,000 —
6e —	1703...........	3,200,000 —
7e —	1709...........	3,000,000 —
8e —	1713...........	3,800,000 —
9e —	1721...........	3,446,743 —
10e —	1729...........	3,946,042 —
11e —	1735...........	3,946,042 —
12e —	1738...........	En régie.
13e —	1739...........	4,521,400 —
14e —	1744...........	4,521,400 —
15e —	1750...........	4,801,500 —
16e —	1756...........	5,001,500 —

17e bail.	1761.	7,113,000	livres.
18e —	1764.	7,700,000	—
19e —	1770.	8,790,000	—
20e —	1776.	10,400,000	—
21e —	1777.	11,600,000	—
22e —	1783.	10,800,000	—
23e —	1786.	12,000,000	—

Le dernier fermier payait juste dix fois plus que le premier.

Dans l'intervalle, les taxes avaient varié plus d'une fois. Le tarif du 15 mars 1672 demandait 8 sols aux lettres allant de Paris à Bayonne. Celui de 1676 était beaucoup plus libéral : 2 sols jusqu'à 25 lieues; 3 sols de 25 à 60; 4 sols de 60 à 80; 5 sols au delà. Les lettres, à cette époque, ne prenaient plus que dix jours pour passer de Provence en Bretagne, et madame de Sévigné bénissait Louvois de cette célérité qui était chose toute nouvelle et qui ne devait même pas durer, car, en 1720, le court trajet de Paris à Rouen, ne prenait pas moins de trois grands jours, et en 1728, la poste mettait de quinze jours à trois semaines pour faire le service entre Aix et Nice !

Les prix de 1676, déjà rehaussés en 1703, furent encore aggravés sous Louis XV. Voici le tarif de 1759 :

Lettres de la France pour la France.

Distances.	Lettre simple.	Lettre sous enveloppe.	Lettre duoble.	L'once de paquets.
0 à 20 lieues	4 sols.	5 sols.	7 sols.	16 sols.
20 à 40 —	6	7	10	24
40 à 60 —	7	8	12	28
60 à 80 —	8	9	14	32
80 à 100 —	9	10	16	36
100 à 120 —	10	11	18	40
120 à 150 —	12	13	22	48
150 à 200 —	14	15	26	56

Lettres de la France pour l'étranger.

Distances.	Lettre simple.	Lettre sous enveloppe.	Lettre double.	L'once de paquets.
Paris à Bruxelles	12 sols.	13 sols.	22 sols.	48 sols.
— à Aix-la-Chapelle . . .	16	17	30	64
— à Cologne.	20	21	38	80
— en Angleterre.	20	21	38	80
Calais en Angleterre.	10	11	18	40
Lyon à Chambéry.	6	7	10	24
— à Turin.	12	13	22	48
— à Rome.	14	15	26	56

Les journaux et papiers d'affaires étaient taxés à 8 deniers par feuille. Les envois d'or et d'argent payaient 5 p. 100 de leur valeur.

C'est aussi de 1759 que date à Paris l'établissement définitif de ce que l'on a longtemps appelé la petite poste. Il n'en coûtait que 2 sols pour faire distribuer une lettre dans Paris et 3 sols dans la banlieue. L'affranchissement était obligatoire.

Quant à la grande poste, elle avait déjà, en 1771, 3,000 relais et 12,000 agents ; elle distribuait annuellement 30 millions de lettres. La France était en relations postales avec l'Espagne, le Portugal, l'Angleterre, les Pays-Bas, l'Allemagne, la Pologne, les États du Nord, la Suisse, la Turquie et le Levant.

La Révolution mit fin au régime impopulaire des fermes et rendit à l'État l'exploitation directe du monopole. Mais que de tâtonnements avant d'arriver à une organisation durable! Bornons-nous à citer les décrets des 26-29 août 1790, 23-24-30 juillet 1793, 18 octobre 1794, 15 ventôse an XII, et ne nous occupons que de ce qui concerne les tarifs.

Celui de 1791 (17-22 août) avait pour base la distance du département d'où partait la lettre au département qui devait la recevoir. La lettre simple, c'est-à-dire celle qui pesait moins d'un quart d'once et ne portait pas d'enveloppe, payait : « Dans l'intérieur du même département et jusqu'à 20 lieues, 5 sous ; de 20 à 30, 6 sous ; de 30 à 40, 7 sous ; de 40 à 50, 8 sous ; de 50 à 60, 9 sous ; de 60 à 80, 10 sous ; de 80 à 100, 11 sous ; de 100 à 120, 12 sous ; de 120 à 150, 13 sous ; de 150 à 180, 14 sous ; de 180 et au delà, 15 sous. »

Un décret de l'an III (27 nivôse) augmenta ce tarif d'un sou pour les distances inférieures à 40 lieues, de 2 sous entre 40 et 100, de 3 sous au-dessus de 100. Le maximum montait ainsi de 15 à 18 sous.

Nouvelle aggravation en 1795 (3 thermidor an III); on réduit alors le nombre des zones et des prix à quatre, ce qui était un progrès ; mais la lettre simple, toujours limitée à un quart d'once, paie 10, 15, 20 et 25 sous, selon qu'elle a à faire de 0 à 50 lieues, de 50 à 100, de 100 à 150, ou plus de 150. La lettre double payait double taxe. La surtaxe d'un sou pour l'enveloppe était supprimée. Le taux des petites postes n'était pas changé. Les journaux payaient 15 deniers au lieu de 8 ou 12, et les livres brochés 5 sous au lieu d'un par feuille d'impression.

Vous vous croyez au terme de cette menaçante progression ? Attendez : voici venir de bien autres prix : « On payera, dit la loi du 6 nivôse an IV, pour la lettre simple jusques et y compris 50 lieues, 2 livres 10 sous ; de 50 à 100, 5 livres ; de 100 à 150, 7 livres 10 sous ; au delà de 150, 10 livres ». Il est vrai que nous touchons à la grande débâcle des assignats. Une loi du même jour donne la mesure exacte de leur avilissement : « Il sera payé aux maîtres de poste, pour chaque cheval, par poste, 30 sous en numéraire ou 150 livres en assignats et, à chaque postillon, 10 sous en numéraire ou

50 livres en assignats ». Ainsi, la proportion est bien simple : une livre en papier-monnaie valait 1 centime !

Ce tarif ridicule vécut six mois. Celui du 6 messidor porte le poids de la lettre simple à une demi-once et la taxe à 6 sous jusqu'à 50 lieues, à 10 sous de 50 à 100, à 14 sous de 100 à 150 et à 18 sous au delà. L'originalité du nouveau système est dans l'article 11 de la loi, qui stipule qu'à partir d'un franc « les ports seront payés en mandats, valeur représentative du prix de 10 livres de blé froment ». C'était la monnaie à la mode, et le législateur s'évertuait à faire tout payer de cette façon, depuis l'impôt foncier jusqu'au salaire des nourrices.

Autre loi postale, le 5 nivôse an V. Elle rétablit les taxes proportionnelles de 1791, variant de 10 lieues en 10 lieues, depuis un prix minimum de 20 centimes jusqu'à un maximum de 75 centimes.

La loi du 27 frimaire an VIII avait surtout pour but de mettre les tarifs en harmonie avec le système décimal. Le poids de la lettre simple, fixé alors à 7 grammes, fut réduit à 6 par la loi du 14 floréal an X.

Le tarif institué par la loi du 4 mai 1806 et complété par celle du 20 avril 1810 taxait la lettre simple à 0 fr. 20 jusqu'à 50 kilomètres, à 0 fr. 30 de 50 à 100, à 0 fr. 40 de 100 à 200, etc., jusqu'à 1 fr. 50 de 1,800 à 2,000 kilomètres.

Voilà des distances qu'on n'avait pas eu à faire figurer dans les tarifs antérieurs et qu'on ne retrouvera plus dans celui de 1827. C'est que les conquêtes de l'Empire avaient singulièrement élargi le domaine des postes françaises.

Le dernier tarif proportionnel qui ait été appliqué chez nous est celui du 17 mars 1827. Le poids de la lettre simple est porté à 7 grammes 1/2. Les taxes sont réglées comme il suit :

	(francs)
Jusqu'uà 40 kilomètres	0,20
De 40 à 80 —	0,30
— 80 à 150 —	0,40
— 150 à 220 —	0,50
— 220 à 300 —	0,60
— 300 à 400 —	0,70
— 400 à 500 —	0,80
— 500 à 600 —	0,90
— 600 à 750 —	1,00
— 750 à 900 —	1,10
Au-déssus de 900	1,20 [1].

Le port des journaux était fixé à 5 centimes par feuille ou 2 centimes 1/2, selon qu'ils sortaient ou non du département. Les avis imprimés devaient payer le double.

Le tarif de 1827 est resté vingt ans en vigueur. Mais une modification importante y avait été apportée par la loi des 3-10 juin 1829. Jusque-là, sur les 37,367 communes dont se composait le royaume, 35,587, y compris 1,300 chefs-lieux de cantons, étaient dépourvus de tout établissement de poste. Le service s'y faisait tant bien que mal, soit par des piétons payés par les habitants eux-mêmes, soit par des messagers de préfecture qui ne faisaient qu'une tournée par semaine. « A partir du 1er avril 1830, dit la loi de 1829, l'administration fera transporter, distribuer à domicile et recueillir, de

[1] Le tableau suivant rend facilement saisissables les variations des tarifs postaux qui se sont succédé de 1791 à 1827, en en faisant application aux lettres de Paris pour Paris, Versailles, Lyon et Marseille :

Tarifs des :	Prix de la lettre simple de Paris à :			
	Paris. (francs)	Versailles. (francs)	Lyon. (francs)	Marseille. (francs)
22 août 1791	0,10	0,25	0,65	0,75
27 nivôse an III.	0,25	0,30	0,75	0,90
3 thermidor an III.	»	0,50	1 »	1,25
6 nivôse an IV.	0,75	2,50	7,50	10 »
6 messidor an IV.	0,15	0,30	0,70	0,90
5 nivôse an V.	»	0,25	0,65	0,75
27 frimaire an VIII.	0,10	0,20	0,60	0,90
4 mai 1806	0,15	0,20	0,70	0,90
17 mars 1827.	»	0,20	0,80	1,10

deux jours l'un au moins, dans les communes où il n'existe pas d'établissement de poste, les correspondances administratives et particulières, ainsi que les journaux, imprimés, etc.... » Seulement un droit fixe de 10 centimes était ajouté aux taxes déjà si lourdes de 1827 pour toute lettre transportée, distribuée ou recueillie par les facteurs. Le public, on le voit, payait assez cher l'avantage nouveau qui lui était procuré. Ajoutons que l'organisation du service postal restait très défectueuse. On peut en juger par le temps que les lettres mettaient encore à voyager. Il fallait au moins 35 heures, il y a cinquante ans, pour recevoir à Paris la réponse à une lettre adressée de Paris à Versailles ou même à Charenton, Vaugirard, etc... Pour Ajaccio, en 1833, « les lettres parties de Paris le samedi soir parviennent à destination le vendredi suivant ; l'expédition en retour a lieu les dimanches et les dépêches arrivent à Paris le samedi suivant ». Même pour les Basses-Alpes, il fallait compter douze jours.

II

Le règne de Louis-Philippe n'apporta aucune modification au régime postal intérieur que lui avait légué la Restauration. L'heure était venue cependant de faire profiter la circulation épistolaire des avantages résultant, au point de vue de la vitesse et du prix des transports, de l'établissement des chemins de fer.

L'Angleterre, qui avait devancé l'Europe, quant à la création même des voies ferrées, devait être aussi la première à mettre sa législation postale en harmonie avec le nouvel état de choses. C'est en 1837, qu'un ancien chef d'institution,

Rowland Hill, se fit le promoteur de la réforme radicale qui, dès 1840, était, de l'autre côté de la Manche, un fait accompli, et qui consistait dans la substitution d'une taxe unique de 10 centimes seulement (*penny postage*) aux lourdes taxes proportionnelles[1] qui entravaient auparavant, en Angleterre comme en France, l'essor des correspondances. En 1839, la poste anglaise avait reçu et distribué 76 millions de lettres. En 1840, le chiffre de la circulation s'élevait déjà à 169 millions, le produit brut tombant, il est vrai, de 2,390,000 livres sterling à 1,359,000 et le produit net de 1,633,000 à 500,000.

Pour retrouver les recettes brutes de 1839, il a fallu douze ans ; il en a fallu vingt pour revenir au produit net de la même année. Somme toute, la réforme postale a coûté cher aux finances britanniques, mais quel élan elle a donné aux correspondances de toutes sortes ! 347 millions de lettres en 1850, 564 en 1860, 863 en 1870, 1 milliard 8 millions en 1875 et 1 milliard 98 millions en 1878-79 ; ajoutez à cela 110 millions de cartes postales et 300 millions de journaux et articles divers : en tout plus de 1 milliard 400 millions d'objets manipulés. La recette brute aujourd'hui dépasse 6 millions de livres sterling, et les dépenses n'en absorbent guère que la moitié.

La France, pour la réforme postale comme pour les chemins de fer, a été en retard sur l'Angleterre de près de dix ans. Le système des taxes uniformes ne date chez nous que de la loi des 24-30 août 1848 : « A dater du 1er janvier 1849, dit l'article 1er, toute lettre du poids de 7 grammes 1/2 et au-

---

[1] Une lettre simple de Londres pour Édimbourg coûtait 28 sous, et ce prix était doublé si la lettre ne se réduisait pas à une simple feuille de papier. Le prix moyen des correspondances de toutes sortes manipulées par la poste anglaise avant 1840 dépassait 15 sous.

dessous, circulant à l'intérieur de bureau à bureau, sera taxée à 20 centimes ». De 7 grammes 1/2 à 15 grammes, taxe de 40 centimes. De 15 grammes à 100 grammes, taxe de 1 franc, puis 1 franc par 100 grammes ou fraction de 100 grammes. Double port pour les lettres recommandées ou chargées. La même loi introduisait en France le timbre-poste, qui a le grand avantage de rendre le service postal presque automatique.

Le nouveau tarif n'avait ni l'extrême modération du tarif anglais, ni son unité absolue, car la taxe de 15 centimes restait applicable aux lettres nées et distribuables dans la même circonscription. Il y avait du moins grand progrès, et comme simplicité et comme prix, le port moyen des correspondances intérieures se trouvant réduit d'environ 50 p. 100.

A vrai dire, on crut devoir, dès le 1er juillet 1850 (loi du 18 mai 1850) reporter de 20 à 25 centimes le prix de la lettre simple de bureau à bureau.

La réforme avait coûté, dès la première année, 11 millions au trésor, et les finances de la France, au lendemain de la révolution de 1848, n'étaient pas à l'épreuve de pareils sacrifices. Au 1er juillet 1854 (loi du 20 mai 1854), on revint au prix de 20 centimes pour les lettres affranchies. Les lettres non affranchies, surtaxées pour la première fois, furent portées à 30 centimes. Le résultat de cette intelligente distinction ne se fit pas attendre : la proportion des lettres affranchies n'était que de 10 p. 100 à la fin du règne de Louis-Philippe et de 20 p. 100 en 1850; elle monte brusquement à 85 p. 100 en 1855; elle atteignait 90 p. 100 en 1859, et elle dépasse aujourd'hui 95 p. 100.

Le tarif de 1854 a duré autant que l'Empire. On s'était borné à porter en 1861 (loi du 28 juin) le poids de la lettre simple à 10 grammes, et à réduire à 10 centimes en 1862 (loi du 2 juillet) la taxe des lettres nées et distribuables dans le même bureau.

Les désastres de 1870-1871 ont eu pour conséquence le rehaussement temporaire d'un tarif qu'il eut été au contraire grand temps de réduire davantage. La loi du 24 août 1871 substituait encore une fois la taxe de 25 centimes à celle de 20 centimes pour les correspondances de bureau à bureau, et rétablissait la taxe de 15 centimes pour les correspondances locales. Par contre, la carte postale à 10 et 15 centimes allait faire, en 1873, son apparition.

L'union postale créée en 1876 par le traité de Berne, et dont nous parlerons tout à l'heure, n'aurait pas permis à la France de maintenir longtemps sa taxe intérieure au taux de 25 centimes, réservé désormais aux correspondances internationales. L'amélioration de nos finances autorisait d'ailleurs un dégrèvement que l'opinion publique réclamait avec une légitime insistance.

Dès 1876 (projet de loi du 11 novembre), M. Léon Say, ministre des finances, avait proposé à la Chambre des députés le retour pur et simple au tarif de 1870.

La commission du budget voulut faire davantage et proposa une taxe unique de 15 centimes, applicable, comme en Angleterre, à toutes les correspondances intérieures, sans distinction. Le gouvernement s'est rallié à ce système et le nouveau tarif a été mis en vigueur le 1er mai 1878 (loi du 6 avril 1878). La lettre simple non affranchie paie 30 centimes. La plupart des autres genres de correspondances, cartes postales, journaux, imprimés, papiers d'affaires, échantillons, etc., ont également bénéficié de réductions plus ou moins importantes.

Cette heureuse réforme a eu pour effet, comme on devait le prévoir, d'accroître considérablement la circulation :

voici, pour 1877 et pour les douze premiers mois d'application des nouveaux tarifs (du 1er mai 1878 au 30 avril 1879), le tableau comparatif des diverses manipulations postales, y compris les correspondances étrangères, tel qu'il se trouve établi dans le rapport de M. Parent, député, sur le budget des postes et télégraphes pour 1880 :

	1877. (milliers d'objets)	1878-1879. (milliers d'objets)
INTÉRIEUR.		
Lettres ordinaires affranchies	314,822	390,580
Lettres ordinaires taxées ou insuffisamment affranchies.	5,866	5,355
Valeurs déclarées. { Lettres	1,467	1,504
{ Boites.	357	398
Lettres recommandées	3,507	3,568
Cartes postales	30,910	29,715
Journaux et ouvrages périodiques politiques et non politiques.	189,627	235,450
Échantillons.	11,194	13,290
Épreuves corrigées et papiers de commerce ou d'affaires.	6,642	10,252
Imprimés sous bandes.	151,418	222,667
Imprimés sous forme de lettres ou sous enveloppes ouvertes.	14,254	38,330
Objets recommandés	257	361
Avis de réception	84	144
Avertissements en conciliation.	1,999	2,103
Totaux.	732,404	954,152[1]
ÉTRANGER.		
Échange direct. { Lettres affranchies.	49,916	52,875
{ Lettres taxées ou insuffisamment affranchies.	1,657	1,565
{ Valeurs déclarées	1,201	1,161
{ Lettres recommandées.	105	116
{ Cartes postales.	1,496	748
{ Journaux, échantillons et imprimés de toute nature.	23,785	22,958
{ Objets recommandés.	40	85
{ Avis de réception	5	13
A reporter.	78,205	79,521

[1] L'addition est inexacte, mais on n'a pu que la reproduire ici telle qu'elle est donnée par M. Parent.

		Report.	78,205	79,521
	Lettres affranchies.		820	1,236
	Lettres taxées ou insuffisamment affranchies.		190	307
Transit à découvert.	Lettres chargées ou recommandées. .		9	10
	Cartes postales		4	11
	Journaux, imprimés et échantillons .		300	403
Transit en dépêches closes.	Lettres de toute nature		14,926	18,142
	Journaux et imprimés de toute nature.		8,973	7,200
		Totaux.	103,427	106,830

RÉCAPITULATION.

Intérieur	732,404	954,152
Étranger	103,427	106,830
Totaux généraux.	835,831	1,060,982

On voit que la réduction des taxes postales a brusquement
accru de près de 30 p. 100 le nombre des objets transportés
par la poste française. Cependant cette augmentation ne suffit
pas encore pour nous assurer, au point de vue du mouvement
des correspondances, le second rang parmi les peuples civilisés, ainsi que l'a, par erreur, affirmé M. Parent, qui oubliait
notamment l'Angleterre dans sa liste.

Quant à l'influence de la réforme sur les finances publiques, il suffit, pour l'apprécier, de comparer les recettes postales des douze mois qui ont immédiatement suivi la réduction des tarifs aux recettes des douze mois précédents. Cette
comparaison, qui a été faite dans le *Bulletin de statistique* du
ministère des finances, fait ressortir une perte de 17,695,000
francs. En même temps, les dépenses du service augmentaient d'une dizaine de millions, malgré la fusion des postes
et des télégraphes, qu'un décret du 5 février 1879 a constitués
en ministère spécial.

Les difficultés de la fusion et de la réorganisation du
régime postal avec les tarifs réduits n'ont pas épuisé l'énergique activité du titulaire de ce nouveau portefeuille, et

d'utiles innovations, relatives au recouvrement des effets de commerce, au service des abonnements, aux caisses d'épargne postales sont en voie de réalisation.

II

L'année 1875 marquera, plus encore que l'année 1840, dans l'histoire de la poste. L'union postale internationale, telle que l'a constituée le traité de Berne, et surtout avec les développements ajoutés par le traité de Paris du 1er juin 1878, constitue une œuvre d'un caractère non moins hardi et d'un intérêt infiniment plus général que la réforme anglaise.

Aux termes de ces conventions, auxquelles ont successivement adhéré presque tous les peuples des deux mondes, depuis le Pérou jusqu'à la Perse, depuis l'Égypte jusqu'au Japon, l'affranchissement de la lettre simple, portée à 15 grammes, n'est plus que de 25 ou 35 centimes entre deux pays quelconques de l'union, et le prix de la carte postale de 10 ou 15. Le tableau comparatif ci-dessous mettra le lecteur à même de constater l'importance des progrès réalisés à cet égard depuis un demi-siècle, même pour les pays européens.

	Prix de la lettre simple	
	en 1833. (francs)	en 1879. (francs)
DE FRANCE EN :		
Angleterre.	0,80 ou 1,10	0,25
Autriche.	0,70 ou 0,80	0,25
Belgique.	de 0,80 à 1,10	0,25
Danemark	1,60	0,25
Espagne.	1,20	0,25
Hanovre.	de 1,40 à 1,70	0,25
Italie	1,50	0,25
Norwège.	1,50	0,25
Prusse.	de 0,90 à 3,10	0,25
Russie.	de 1,60 à 3,10	0,25
Suède	1,60	0,25
Suisse	de 0,90 à 1,30	0,25

Les lettres pour les États-Unis et le Canada, pour l'Égypte, pour la Perse, ne paient plus elles-mêmes que 25 centimes. Pour 35 centimes, on peut écrire aux Indes ou au Japon, au Pérou ou au Mexique. Le Mexique était, il y a cinquante ans, un des rares pays où l'on pût écrire avec affranchissement préalable. La taxe était de 2 fr. 30 ; elle variait encore de 0 fr. 75 à 1 fr. 30, selon la voie employée, en 1878 : elle est maintenant de 35 centimes.

Ce ne sera pas un des moindres bienfaits de notre siècle que d'avoir substitué à ces taxes réellement prohibitives qui paralysaient toutes les relations d'amitié ou d'affaires, même entre peuples voisins, un tarif plus modéré que celui de nos anciennes correspondances intérieures. Ne peut-on pas espérer que le bon marché, la rapidité et, par suite, la multiplicité des communications postales auront peu à peu pour effet de confondre les intérêts, de rapprocher les esprits et peut-être les cœurs?

CHAPITRE XI.

La Télégraphie.

Nature des transmissions télégraphiques. — Leur instantanéité. — Accélération des opérations accessoires. — Perfectionnements successifs et rendement croissant des appareils. — Réduction correspondante des prix de revient et des tarifs. — Accroissement du réseau et de la circulation. — Télégraphie sous-marine.

La télégraphie électrique n'est pas un moyen de transport dans le sens technique et littéral du mot : la télégraphie aérienne n'en était pas un, non plus. C'était autrefois la propagation immatérielle de la lumière qu'on utilisait; c'est maintenant la propagation immatérielle de l'électricité : dans les deux cas, une communication, une correspondance se trouve établie d'un point à un autre sans qu'il y ait eu transport proprement dit. Mais si, au point de vue des procédés, aucune assimilation n'est possible entre les transmissions postales et les transmissions électriques, il est certain qu'au point de vue des résultats, les deux choses se ressemblent beaucoup : l'effet produit est le même, à la rapidité près, et

l'on peut dire que la télégraphie n'est qu'une poste perfectionnée.

On ne saurait donc être surpris que nous lui consacrions
ici quelques pages. On s'étonnerait, au contraire, à bon droit,
de nous voir passer sous silence, dans une étude où la vapeur tient le principal rôle, cette puissante alliée, qui, à
quelques années de distance, est venue prendre place à côté
d'elle dans l'arsenal de la civilisation moderne, et qui aura
elle-même contribué si efficacement à la transformation du
monde.

I

Vitesse et puissance, tel est le double caractère de l'action
de la vapeur. De l'électricité, on n'a pas encore réussi à faire un
moteur à la fois très économique et très puissant. Mais, comme
rapidité, le télégraphe a atteint du premier coup l'extrême
limite du possible. Grâce à lui, la pensée et la parole humaines peuvent en un instant faire le tour du globe, franchissant avec une égale facilité les continents et les mers. Il y a
assurément dans cette force mystérieuse qui supprime les distances quelque chose de plus merveilleux encore que dans la
vapeur qui les a seulement réduites; et ceux qui haussaient
les épaules quand Leibnitz se demandait si on n'arriverait pas
un jour à voyager à raison de 6 lieues à l'heure n'auraient certainement pas hésité à envoyer à Bicêtre (comme jadis Salo-
mon de Caux) l'imprudent prophète qui se fût permis d'annoncer qu'un jour Paris et New-York, Londres et Calcutta,
Constantinople et Rio-Janeiro pourraient échanger des questions et des réponses plus facilement que ne le faisaient alors
les habitants du faubourg Saint-Germain et ceux du quartier

du Louvre. Aujourd'hui, c'est là un fait accompli ; et nous sommes même déjà si familiarisés avec cet invraisemblable prodige que tout le monde en parle comme de la chose la plus naturelle du monde et qu'il paraît aussi simple d'expédier un télégramme que de mettre une lettre à la poste.

Nous avons dit qu'au point de vue de la vitesse, le fil électrique ayant dès le principe réalisé le phénomène en apparence irréalisable de la transmission instantanée des courants, il ne restait aucun progrès à souhaiter. Cependant il s'écoule toujours un laps de temps plus ou moins considérable entre le moment où l'expéditeur dépose une dépêche et le moment où elle est remise au destinataire ; mais c'est d'abord parce que chaque dépêche exige au moins autant de transmissions successives qu'elle renferme de lettres ; c'est ensuite que, dans bien des cas, l'expédition se fait en plusieurs étapes, de Versailles à Paris, par exemple, puis de Paris à Issy ; c'est enfin parce qu'après avoir fait queue plus ou moins longtemps au bureau de départ, la dépêche met encore un certain temps à passer du bureau d'arrivée au domicile de la personne à qui elle est adressée. Ce sont ces délais administratifs qu'on peut réduire et qu'on réduit peu à peu en augmentant sur les divers points du réseau le nombre des fils, des employés et des facteurs.

II

Mais c'est surtout en ce qui concerne les prix que le progrès est manifeste, et nous allons en donner en même temps l'explication et la mesure.

De quoi se compose le prix de revient des dépêches sur une ligne quelconque ? De certains frais de matériel et de certains frais de personnel. Le jour où l'on pose un fil entre deux stations, avec un appareil et un employé à chaque extrémité, l'intérêt des travaux de premier établissement, l'entretien et les salaires constituent une dépense à peu près indépendante de l'emploi qui sera fait du fil, et le tarif nécessaire pour produire un actif égal à ce passif dépend évidemment du nombre des télégrammes expédiés. S'il y a d'abord 25 dépêches par jour, puis 50, puis 100, le prix de chaque dépêche pourra être réduit d'abord à la moitié et ensuite au quart du chiffre primitif. La multiplication des correspondances télégraphiques suffit donc pour permettre la réduction des taxes. Or, en France, en 1855, on comptait à peine, dans l'année, 10 dépêches par 1,000 mètres de fil (non compris le service des gares de chemins de fer), tandis qu'en 1877 la proportion moyenne dépasse 50 dépêches. Voilà une première raison pour que les prix aient baissé.

Est-ce la seule, et le prix de revient des télégrammes devient-il irréductible sur tout fil qui en est arrivé à travailler sans interruption, du matin au soir et du soir au matin? Oui et non. Oui, si le matériel reste le même. Non, si on substitue aux appareils primitifs d'autres appareils procurant un écoulement plus rapide. N'est-il pas, en effet, évident que si un changement de mécanisme nous permet de faire passer dans le même temps un nombre de mots double, nous allons encore voir, là où il n'y a point de chômage, le prix de revient des dépêches diminuer de près de moitié?

Or, les vitesses d'écoulement ont bien plus que doublé depuis que la télégraphie électrique existe, c'est-à-dire depuis 1837. Volta avait, dès 1800, découvert la pile qui porte son nom. OErsted et Ampère avaient bientôt après constaté la force motrice du courant voltaïque. Arago signalait ensuite ses effets d'aimantation. Mais c'est de 1837 que datent les quatre brevets Wheatstone (1er mars), Alexandre (22 avril), Steinheil (1er juillet), Morse (octobre) ; et c'est en 1838 que le premier télégraphe réellement pratique fut construit sur le chemin de fer de Blackwall, en Angleterre. L'appareil employé était alors l'appareil à cadran : il a l'avantage de ne pas exiger un long apprentissage, et voilà pourquoi il est encore employé sur certaines lignes secondaires. Mais au lieu d'écrire lui-même les dépêches, il se borne à les dicter : aussi ne comporte-t-il par heure, que 15 à 20 dépêches de 20 mots.

Le télégraphe Morse, comme mécanisme, est le plus simple de tous et c'est bien un mérite. On sait qu'il est fondé sur l'emploi d'un alphabet spécial, uniquement composé de points (-) et de traits (—) tracés par une roulette imbibée d'encre sur un ruban de papier automobile que l'électro-aimant soulève à chaque émission de courant. Le Morse peut donner 20, 25 et même 30 dépêches de 20 mots par heure [1].

Le télégraphe Hughes en donne de 45 à 50 et les imprime directement en caractères ordinaires, de sorte qu'on évite, grâce à lui, les deux traductions, thème d'abord et version ensuite, que nécessite l'alphabet Morse. L'appareil Hughes doit à cette double supériorité de s'être emparé peu à peu de presque toutes nos grandes lignes.

Nous ne citons que pour mémoire les télégraphes autographiques (systèmes Caselli, Meyer, Lenoir....). Ils ont l'avantage quelquefois précieux de reproduire fidèlement sur un papier chimique l'écriture de l'expéditeur ; mais comme rendement, ils ne peuvent rivaliser avec le Hughes : c'est tout

---

[1] C'est l'appareil Morse qui est employé pour le service des câbles transatlantiques, mais avec une modification nécessitée par la faiblesse des courants. L'électro-aimant, au lieu d'imprimer des traits et des points, se borne à déplacer légèrement vers la droite ou vers la gauche un rayon lumineux réfléchi sur un écran par un petit miroir oscillant.

au plus s'ils expédient 30 dépêches à l'heure, comme le Morse.

Le typotélégraphe Bonelli, au contraire, surpasserait en célérité tous les précédents : la dépêche ici, composée en caractères d'imprimerie, se reproduit de la même façon que dans le télégraphe autographique, avec cette différence que le récepteur, au lieu d'une seule aiguille, en porte cinq qui travaillent parallèlement. Chaque lettre se trouve ainsi tracée cinq fois plus vite, mais le fonctionnement de cet appareil exige cinq fils au lieu d'un, de sorte que l'économie est tout à fait illusoire.

Il n'en est pas de même de l'ingénieuse disposition dont le métier Jacquart a inspiré l'idée à Wheatstone. La dépêche est préalablement découpée sur une bande de carton au moyen de laquelle on règle ensuite automatiquement la succession des courants. Ce système est employé en Angleterre dans tous les grands centres et en France sur les lignes de Paris à Marseille, Toulouse et Bordeaux. Il permet de faire passer en une heure jusqu'à 100 dépêches de 20 mots. A vrai dire, il ne faut pas moins de cinq personnes pour assurer le service d'un seul appareil ; mais le travail manuel d'un employé coûte moins cher que le loyer d'un fil télégraphique d'une grande étendue, de sorte que le Jacquart électrique de Wheatstone constitue pour les grandes distances et les lignes très chargées une notable économie.

Signalons enfin le télégraphe multiple de Meyer et le duplex de Stearns. Le premier fonctionne en Suisse, en Autriche et en France, entre Paris et Lyon. Le second est appliqué sur la ligne de Paris au Havre.

Dans le système Meyer, une ingénieuse combinaison fait à chaque instant passer d'un manipulateur à un autre l'usage du fil unique qui, de la sorte, transmet à la fois plusieurs dépêches entrelacées pour ainsi dire, mais aussi distinctes cependant à l'arrivée qu'au départ. On parvient ainsi à lancer par heure de 100 à 150 dépêches en caractères Morse. L'application du même principe à un télégraphe imprimeur d'un caractère très pratique a valu à M. Baudot une grande médaille d'honneur à l'Exposition universelle de 1878.

Dans le duplex, il y a transmission simultanée, sur le même fil, de deux dépêches allant l'une de Paris au Havre et l'autre du Havre à Paris. Appliqué à l'appareil Hughes, le duplex en augmente naturellement le rendement de 100 p. 100.

Et nous nous ne sommes pas encore au bout des surprises que nous réserve la télégraphie électrique. Le duplex fait déjà place au quadruplex, et, après avoir réussi à supprimer, comme nous venons de le dire, un premier fil sur deux, on rêve maintenant de supprimer le second, ce qui serait un bien autre succès.

Enfin ce n'est plus seulement l'écriture, mais la voix humaine elle-même qu'on arrive à faire voyager avec une vitesse comparable à celle de la lumière. Le téléphone inventé en 1877 serait encore aujourd'hui le miracle à la mode, si le microphone et le phonographe n'étaient venu reculer encore les limites de l'impossible.

III

Comme conclusion pratique de cette revue sommaire des transformations successives de la télégraphie électrique, il nous reste à montrer la décroissance progressive des tarifs depuis le commencement du siècle.

C'est la loi du 8 décembre 1850 qui, pour la première fois en France, a mis le télégraphe à la disposition des particuliers : aux termes de cette loi (art. 7, 8, 9) la dépêche simple de 1 à 20 mots payait un droit fixe de 3 francs, plus 0 fr. 12 par myriamètre, soit de Paris à Marseille, par exemple, un total de 13 fr. 35. Au-dessus de 20 mots cette taxe était augmentée d'un quart par dizaine de mots. La nuit, les prix étaient relevés de 50 p. 100. Enfin le port de la dépêche à domicile coûtait 0 fr. 50 en province et 1 franc à Paris.

La loi du 1er juin 1853 réduisit le droit fixe à 2 francs, plus 0 fr. 10 par myriamètre (10 fr. 60 de Paris à Marseille).

L'année suivante, nouvelle tarification (loi du 26 juin 1854). La dépêche simple est portée à 25 mots, le droit fixe reste de 2 francs, mais le droit proportionnel remonte à 0 fr. 12 par myriamètre. « Toutefois, dit la loi, la taxe d'une dépêche de 1 à 25 mots, de Paris pour Paris, sera de 1 franc; celle de Paris pour les localités qui en sont distantes de 20 kilomètres au plus, ou de ces localités pour Paris, sera de 1 fr. 50. » Le port à domicile était fixé à 0 fr. 50 pour Paris comme pour la province.

La loi du 28 juillet 1856 rétablit le tarif de 1853, mais en l'aggravant par la réduction de la dépêche simple à 15 mots. En revanche, cette taxe n'était plus augmentée que d'un dixième par 5 mots en sus. Le tarif de Paris pour Paris (1 franc) devenait applicable à l'intérieur des autres villes.

Vient ensuite la loi du 26 mai 1858 qui réduit à 1 franc la taxe des dépêches de 1 à 15 mots échangées entre deux bureaux d'un même département et à 1 fr. 50 la taxe des dépêches échangées entre deux départements limitrophes.

La loi du 3 juillet 1861 généralise le principe des taxes uniformes : la dépêche simple, fixée de nouveau à 20 mots, ne paie plus que 1 ou 2 francs, selon qu'elle reste dans le département ou qu'elle en sort. Au delà de 20 mots, on paie moitié en sus par 10 mots. Plus de surtaxe de nuit, plus de port à payer pour la remise à domicile.

Notons encore le décret du 30 août 1864 qui réduisait la taxe des dépêches simples de Paris pour Paris à 0 fr. 50 ; puis la loi du 13 juin 1866 qui, d'une part, fixait à 0 fr. 50 le droit de copie pour les dépêches adressées à plusieurs destinataires à la fois dans la même localité et qui, d'autre part, créait le timbre télégraphique, imitation assez malencontreuse du timbre-poste, abolie par un arrêté du 29 avril 1871 ; enfin la loi du 7 juillet 1868 qui consacrait un progrès plus décisif : les taxes étaient réduites de moitié, 1 franc (dépêches interdépartementales) et 0 fr. 50 (dépêches départementales), au lieu de 2 francs et 1 franc.

Après nos ruineux désastres de 1870-71, il avait paru nécessaire de relever ce tarif. Les taxes établies par la loi du 29 mars 1872 étaient de 1 fr. 40 pour les dépêches de département à département et de 0 fr. 60 pour les dépêches locales. Ces taxes, outre l'aggravation de 40 et 20 p. 100 qu'elles constituaient, avaient cet inconvénient que le chiffre n'était rond ni dans un cas ni dans l'autre, de sorte que l'affranchissement était devenu non seulement plus onéreux, mais aussi plus compliqué.

La réforme opérée en 1878 (loi du 21 mars 1878, exécutoire le 1er mai) fait droit à ce double grief en créant un tarif unique également applicable aux télégrammes locaux et interdépartementaux ; ce tarif consiste : 1° dans un droit fixe de 0 fr. 50 qui devient la taxe minimum ; 2° dans une surtaxe d'un sou par mot au-dessus de 10 mots.

Pour résumer par quelques chiffres ces variations de prix successives, faisons-en l'application à une dépêche de 10 mots adressée de Paris à Marseille :

TARIFS DE :	Prix de la dépêche. (francs)	Remise à domicile. (francs)	Prix total. (francs)
1850	13,35	0,50	13,85
1853	10,60	0,50	11,10
1854	12,35	0,50	12,85
1856	10,60	0,50	11,10
1861	2	»	2
1868	1	»	1
1872	1,40	»	1,40
1878	0,50	»	0,50

La décroissance serait, à vrai dire, moins accentuée pour une moindre distance. Voici, d'ailleurs, les variations du *prix moyen* des dépêches intérieures depuis 1858 jusqu'en 1877, dernière année dont les résultats soient actuellement connus :

Années.	Dépêches interdépartementales. (francs)	Dépêches départementales. (francs)	Moyennes générales. (francs)
1858	5,54	2,81	5,12
1861	4,21	2,50	3,87
1864	2,67	1,13	2,15
1867	2,23	1,10	1,85
1871	1,27	0,60	1,0?
1874	1,64	0,71	1,33
1877	»	»	1,34

On voit que le télégramme moyen coûtait cinq fois moins cher en 1871 et quatre fois moins cher en 1877 qu'il y a vingt ans. Le prix moyen actuel est certainement plus faible encore que celui de 1871.

Sur les lignes très courtes et très chargées, comme celles de l'intérieur de Paris, on a plus vite fait de porter les dépêches que de les transmettre électriquement. C'étaient autrefois de petites voitures légères et attelées de bons trotteurs qui faisaient la navette entre la Bourse et le bureau central de la rue de Grenelle. Plus récemment on employait le vélocipède pour cet incessant va-et-vient, et tous les Parisiens se rappellent .ces cavaliers d'un nouveau genre franchissant en quelques instants la place du Carrousel. Actuellement le service télégraphique se fait à Paris, comme dans la plupart des autres grandes capitales, au moyen de tubes souterrains où circulent des boîtes de fer blanc revêtues de cuir dans lesquelles on met les dépêches. L'eau de la ville sert à raréfier ou à comprimer l'air dans ces tubes et les convois de boîtes sont ainsi alternativement aspirés ou poussés d'une station à l'autre. Chaque boîte contient trente dépêches, chaque train emporte de douze à quinze boîtes et le nombre des trains est de soixante par jour. Chaque bureau peut ainsi recevoir une moyenne de cent vingt dépêches par heure, si le service l'exige.

Dans ces conditions, c'est la feuille même sur laquelle l'expéditeur a écrit sa dépêche qui est remise au destinataire, et par conséquent l'administration a moins à se préoccuper de la longueur de la dépêche que des dimensions du papier. Aussi un décret spécial du 25 janvier 1879 a-t-il créé, pour l'usage intérieur de Paris, des cartes télégraphiques qui ressemblent aux cartes postales et dont l'envoi ne coûte que 0 fr. 50, quel que soit le nombre de mots écrits sur la carte. Les mêmes cartes circulant sous enveloppe coûtent 0 fr. 75.

La décroissance des prix n'a guère été moins rapide pour les correspondances télégraphiques internationales ; c'est ce que prouvent bien les chiffres suivants, relatifs aux dépêches expédiées des bureaux de France aux bureaux étrangers :

Années.	Prix moyens. (francs)	Années.	Prix moyens. (francs)
1858.	15,09	1871.	6,66
1861.	11,15	1874.	7,18
1864.	8,16	1877.	7,75
1867.	6,94		

14

Voici d'ailleurs quelles sont, en 1879, les taxes perçues en France sur les dépêches à destination de l'étranger :

La dépêche de 20 mots au plus paie :

Pour le Luxembourg, 2 fr. 50 et 1 franc (départements limitrophes);

3 francs et 2 francs pour la Suisse et la Belgique ;

4 francs pour les Pays-Bas, l'Italie, l'Espagne, les Hes de la Manche et Londres ;

5 francs pour le Portugal ;

6 francs pour l'Angleterre (Londres excepté);

6 fr. 50 pour Gibraltar, l'Autriche-Hongrie et le Danemark ;

7 francs pour le Monténégro, la Serbie et la Roumanie;

8 francs pour la Suède ;

8 fr. 50 pour la Norwège ;

9 francs pour Malte ;

De 10 francs à 11 fr. 50 pour la Grèce continentale et de 10 à 18 francs pour la Turquie selon les régions ;

De 11 à 41 francs pour la Russie, selon les régions;

15 francs pour la Transcaucasie ;

23 francs pour la Perse.

Les dépêches à destination des autres pays sont taxées par mot.

Pour l'Allemagne, la taxe est de 20 centimes par mot (de 15 lettres au plus).

Du côté de l'Orient, le prix du mot, par la voie la plus économique, est de :

1 fr. 70 pour l'Égypte ;

3 fr. 30 et 4 fr. 95 pour le Golfe persique ;

4 fr. 30 pour Aden ;

4 fr. 95 pour le Bélouchistan ;

De 5 francs à 7 fr.50 pour l'Inde anglaise (suivant les régions);

10 francs pour la Chine et le Japon ;

13 francs pour l'Australie.

Vers l'Occident, le mot se paie :

1 fr. 70 pour Madère ;

2 fr. 50 pour Terre-Neuve ;

De 3 fr. 75 à 4 fr. 80 pour les États-Unis (New-York, 3 fr. 75) ;

4 fr. 80 pour Matamoros et 7 fr. 10 pour les autres bureaux du Mexique ;

De 10 fr. 65 à 19 fr. 15 pour le Brésil ;

19 fr. 50 pour Buenos-Ayres ;

De 23 fr. 35 à 30 fr. 85 pour le Pérou ;

25 fr. 75 pour le Chili.

Mais une partie des tarifs qui précèdent n'auront bientôt plus eux-mêmes qu'un intérêt purement historique. Les conférences internationales de Paris, de Rome et de Saint-Pétersbourg, avaient déjà introduit une certaine unité dans les règlements intérieurs des administrations télégraphiques des divers pays de l'Europe. La conférence de Londres (1879) vient de poser des principes communs pour la fixation des tarifs, et l'application de ces principes se traduira par un nouvel abaissement des prix. L'Allemagne et l'Autriche-Hongrie avaient même proposé l'adoption dans toute l'Europe d'un tarif unique, comme pour les lettres ; mais cette proposition a paru au moins prématurée et voici la formule sur laquelle on s'est mis à peu près d'accord : tarification par mot ; prix du mot fixé à 1/25 de ce qu'était, dans chaque cas, le prix total de la dépêche de 20 mots ; addition facultative d'une taxe supplémentaire de 5 mots par télégramme. Dans ces conditions, on a reconnu que les dépêches expédiées à l'étranger, à raison de 15 mots en moyenne, verraient, l'une dans l'autre, leur prix s'abaisser : de 22 p. 100 en Allemagne, de 17 1/2 p. 100 en Autriche-Hongrie, de 16 p. 100 en France, de 10 p. 100 en Belgique, de 9 p. 100

en Angleterre, etc. [1]. Plusieurs conventions ont déjà été conclues, dans cet ordre d'idées, par le gouvernement français, qui va les soumettre à l'approbation des Chambres. Le tarif franco-anglais sera de 20 centimes par mot, le tarif franco-italien de 25 centimes provisoirement.

Toutes ces réductions de taxes, tant intérieures qu'extérieures, ne contribuent pas moins que l'extension du réseau électrique à développer chez nous l'usage des dépêches télégraphiques. Voici, depuis 1851, la progression comparative des longueurs exploitées, des nombres de dépêches annuellement expédiées, et des recettes nettes :

Années.	Nombre de kilomètres exploités.	Nombre de dépêches transmises.	Recette nette. (francs)
1851	2,133	9,014	76,722
1853	7,175	142,061	1,511,901
1855	10,502	354,532	2,487,159
1857	11,433	413,616	3,333,699
1859	15,806	598,701	4,009,349
1861	23,717	920,357	4,892,476
1863	24,684	1,754,867	5,877,535
1865	29,669	2,473,747	6,977,884
1867	35,157	3,213,095	8,565,391
1869	40,942	4,754,643	10,217,742
1870	40,932	5,663,852	9,487,277
1871	41,248 [2]	4,962,726	8,355,629
1872	44,965	6,223,343	11,994,054
1873	47,055	6,550,623	13,438,291
1874	50,282	6,898,329	14,365,366
1875	51,614	7,597,608	15,823,026
1876	54,550	8,080,964	17,213,142
1877	55,755 [3]	8,174,578	17,125,707
1878	»	11,046,218	»

[1] Voir le *Journal télégraphique* du 25 octobre 1879.

[2] La perte de l'Alsace-Lorraine nous a enlevé 959 kilomètres de lignes télégraphiques.

[3] La longueur des fils était de 113,669 kilomètres en 1869, de 145,000 en 1877, de 158,500 en 1878. Au 31 décembre 1879, elle sera d'environ 171,500 kilomètres.

Sur les 11,046,218 dépêches de 1878, 2,655,584 sont antérieures au 1er mai, date de la mise en vigueur du nouveau
tarif, et 8,390,634 sont postérieures.

L'administration évalue à 50 p. 100 l'accroissement de circulation résultant de ce tarif nouveau, et si l'on compare les
recettes brutes des douze mois qui ont suivi l'inauguration
à celles des douze mois antérieurs, on trouve, au lieu d'une
perte, une plus-value de 3,199,000 francs.

IV

Un mot, pour finir, du réseau sous-marin qui complète
aujourd'hui si utilement le réseau terrestre.

Le premier câble télégraphique sous-marin date de 1850 et
fut posé entre la France et l'Angleterre. Voici la liste des premières opérations de ce genre qui aient réussi :

	Date de la pose du câble.	Longueur du câble. (kilomètres.)
Angleterre et France	1850	36
— Belgique	1852	114
— Irlande	—	103
— Hollande	1853	173
Irlande et Écosse	—	39
Italie et Corse	1854	104
Corse et Sardaigne	—	15
Danemark (Grand Belt)	—	23
— (Petit Belt)	—	8
— (Sund)	1855	18
Écosse (détroit de Forth)	—	6
Mer Noire	—	600
Solent (Ile de Wight)	—	5
Détroit de Messine	1856	8
Golfe de Saint-Laurent	—	111
Détroit de Northumberland	—	15
Bosphore	—	2
Nouvelle-Écosse (Isthme de Causo)	—	3
Saint-Pétersbourg à Cronstadt	—	13
Sicile et Algérie	1857	240

La première tentative de jonction télégraphique entre l'Europe et l'Amérique a eu lieu en 1858, huit ans seulement après l'inauguration du premier fil sous-marin. Le câble transatlantique de 1858 ne fonctionna d'ailleurs qu'un instant, et le physicien Babinet, qui avait déclaré l'entreprise insensée, put persévérer à demi dans son incrédulité. En 1865, nouvel essai, nouvel échec. Le *Great Eastern*, qu'on avait mis en réquisition pour cette grande opération, dut s'arrêter à 1,200 milles environ de son point de départ et revint ayant laissé au fond des eaux la moitié du câble rompu. C'est l'année suivante seulement, en 1866, que le succès vint enfin couronner la persévérance des Richard Glass, des Samuel Canning, des William Thomson et des Anderson. On se rappelle peut-être qu'au lendemain de cette mémorable victoire du génie humain, le correspondant du *New-York Herald* faisait passer à son journal, par la voie nouvelle, le texte complet du discours qu'un autre vainqueur, le roi Guillaume, venait de prononcer, au retour de Sadowa, devant le parlement prussien. Ce télégramme coûta 36,000 francs. Aujourd'hui les 7 ou 800 mots dont il se composait seraient expédiés à New-York pour moins de 3,000 francs. Il est vrai qu'il existe maintenant une demi-douzaine de câbles distincts reliant les deux continents.

Vers l'Orient, la ligne de Londres à Bombay par Falmouth, Lisbonne, Gibraltar, Malte, Alexandrie, Suez et Aden, date de 1870. Deux ans après, l'Angleterre recevait, par Port-Darwin et Java, un télégramme parti d'Adélaïde (Australie méridionale). La Chine elle-même et le Japon ont été, à leur tour, conquis par l'électricité ; et quand M. Cyrus Field aura réussi à faire pour le Pacifique ce qui s'est fait pour l'Atlantique, en réunissant télégraphiquement San Francisco aux iles Sandwich, les iles Sandwich à l'archipel des Fidji, les

Fidji à la Nouvelle-Calédonie, la Nouvelle-Calédonie à l'Australie...., alors la distance n'existera plus ici-bas pour la pensée humaine, et le globe terrestre aura son système nerveux, universel réseau toujours en éveil, où le fluide magique circulera sans cesse avec la rapidité de l'éclair et qui fera de toutes les parties du monde, îles, archipels et continents, comme les membres d'un seul et même corps : *unius membra corporis !*

DEUXIÈME PARTIE

EFFETS INDIRECTS DE LA TRANSFORMATION DES VOIES ET MOYENS DE TRANSPORT

CHAPITRE XII.

Les prix.

Nivellement des prix. — Exemples. — Tendances divergentes des prix industriels et des prix agricoles. — Variations apparentes et réelles des prix au xixe siècle. — Multiplicité des causes de ces variations.

Dans les chapitres précédents, nous nous sommes appliqué, comme nous en avions pris l'engagement, à déterminer les effets immédiats et directs de la tranformation de l'industrie des transports, c'est-à-dire à donner la mesure des progrès réalisés dans les transports eux-mêmes, transports par terre et transports par eau, transmissions postales et communications télégraphiques, principalement au point de vue de la vitesse et du prix.

Le moment est venu de passer des résultats directs aux résultats indirects, tout en suivant l'ordre naturel de filiation des phénomènes successifs.

A ce titre, nous parlerons d'abord de l'influence exercée sur le prix de toutes choses par la réduction du prix des transports, le lien étant ici aussi étroit que possible.

I

Passez en revue tous les commerces : vous en trouverez bien peu qui ne voient figurer dans leurs prix de revient, et qui n'aient conséquemment à faire figurer dans leurs prix de vente certains frais de déplacement. Il est très exceptionnel, en effet, que la production et la consommation puissent avoir lieu au même point. Presque tous les produits, soit agricoles, soit industriels, ont des voyages plus ou moins longs à faire pour aller chercher : 1° l'ouvrier qui les met en œuvre; 2° le marchand qui les met en vente; 3° le consommateur qui les met en usage. Le maraîcher porte au marché voisin, s'il ne les expédie pas au loin, les légumes et les fruits de ses jardins. Le blé va du guéret à la grange et de la grange à la halle aux grains, d'où l'acheteur l'envoie au moulin; et la farine qui sort de la meule a encore a se transporter chez le boulanger, qui lui-même ira distribuer les pains cuits dans son four à une clientèle parfois très dispersée. Le bois, la houille, le fer... passent souvent d'un hémisphère dans l'autre. Les filaments légers dont se composent les tissus qui nous couvrent viennent les uns de l'Amérique du Nord ou des Indes orientales, les autres de la Plata ou de l'Australie. Nos vins de France croisent chaque jour sur les mers les thés de la Chine, les cafés de Bourbon ou du Brésil, le sucre des Antilles... Tous ces circuits, qui ont pour termes extrêmes le producteur d'un côté et le consommateur de l'autre, se paient nécessairement; de sorte que, dans le prix des diverses denrées, l'élément transport entre pour une part qui est quelquefois énorme.

Voici un cas où cet élément représentait à lui seul les 999 millièmes du prix total. L'axe montagneux de la Corse est revêtu de forêts de pins que l'on exploite comme bois de marine. Il y a trente ans, un arbre propre à faire un grand mât, acheté sur pied, coûtait 20 sous; arrivé au port, il revenait à 1,000 francs. Cette plus-value s'expliquait par la nécessité de faire voyager l'arbre à dos d'hommes, à travers mille accidents de terrain. Aujourd'hui que l'île est sillonnée de routes nombreuses, il n'y a plus à beaucoup près la même disproportion entre la valeur primitive de la marchandise et les frais de route.

Toute réduction du coût des transports retrécit ainsi l'écart existant entre le prix initial de revient et le prix définitif de vente. Les chemins de fer, les bateaux à vapeur, etc., qui ont abaissé de plus de moitié le taux moyen des frais de voyage, ont donc considérablement rapproché les prix extrêmes correspondants à chaque spécialité commerciale. La raison permettait de prévoir ce résultat. L'observation le confirme. La tendance des prix à se niveler se manifeste partout où pénètrent les nouveaux moyens de communication, et lorsque l'on compare, à ce point de vue, le présent à un passé quelque peu lointain, on constate de singulières différences.

Le prix du blé variait autrefois de la manière la plus incohérente, non seulement d'une année à l'autre, mais même d'un marché au marché voisin. Aujourd'hui, les fluctuations en sont réduites à leur plus simple expression, et les détails dans lesquels nous entrerons à ce sujet dans le prochain chapitre ne laisseront aucun doute au lecteur sur l'intime corrélation de ce nivellement des prix avec le développement des moyens de transport rapides et économiques.

L'effet est plus sensible encore pour la houille, parce qu'un wagon de houille qui ne coûte guère moins cher à faire circuler qu'un wagon de blé, représente une valeur beaucoup moindre. Il suit de là que, bien que le charbon sur le carreau de la mine n'ait pas diminué de prix [1], les hospices de Paris, par exemple, le paient de moins en moins cher. Ils le payaient 85 francs en 1803, 1804, 1805...; 50 francs, en moyenne, de 1815 à 1830; 50 francs aussi de 1830 à 1848. De 1865 à 1872 ils ne l'ont jamais payé plus de 39 francs.

Il en est du sel comme de la houille : la tonne de sel brut, dans certains marais salants, ne revient pas à plus de 10 francs ; or, voici, d'après l'enquête administrative de 1866, les frais de route qu'avaient à supporter les sels de diverses origines pour arriver sur les principaux marchés de France :

Frais de route par tonne.

Villes.	Sels du Midi. (francs)	Sels de l'Ouest. (francs)	Sels de l'Est. (francs)	Sels anglais. (francs)
Marseille.	4	»	»	17
Bordeaux.	16	»	»	14
Nantes.	»	6	»	13
Cherbourg	16	12	»	12
Dieppe.	18	12	»	12
Rouen.	»	»	17,50	14
Dunkerque.	20	15	20	15
Lille.	»	»	15	19,70
Paris	»	15	11	20,60
Amiens	»	»	16	16,25

Ce qui donne en moyenne :

Pour les sels du Midi. . . .   15 francs.
   —   de l'Ouest. .   12   —
   —   de l'Est. . . .   16   —
   —   anglais.   15   —

[1] Le prix moyen de la tonne au lieu de production ressort, dans les statistiques de l'administration des mines, à 10 francs en 1847, 9 fr. 30 en 1850, 11 fr. 90 en 1855, 11 fr. 65 en 1860, 11 fr. 50 en 1865, 11 fr. 70 en 1870, 15 fr. 90 en 1875. Il est à peu près revenu maintenant au niveau primitif.

A ce compte, il peut encore exister des différences de 100 p. 100 entre les prix des centres de production et les prix des villes éloignées de ces divers centres ; mais la tendance au nivellement que nous avons affirmée n'en est pas moins réelle, car, avant les chemins de fer, ces différences montaient jusqu'à 200 p. 100, 300 p. 100 et même davantage.

Citons encore l'influence exercée par les moyens de transport perfectionnés sur les prix des marbres, et pour cela comparons les chiffres consignés, en 1809, par Rondelet, dans son *Traité de l'art de bâtir*, avec les séries de prix officielles de la ville de Paris pour 1875 :

Prix du mètre cube (blocs de 2 mètres au plus).

	En 1809. (francs)	En 1875. (francs)
Marbre blanc veiné d'Italie	1,752	640
— bleu turquin	1,752	740
— de Flandre	876	590
— de Languedoc	1,400	800
Griotte dite d'Italie (Hérault)	2,336	940
Marbre d'Alep (Bouches-du-Rhône)	1,752	690
— noir de Dinan	1,051	740
Granit Feluil (Belgique)	730	440
Marbre gris des Vosges	1,051	690

Prix du mètre (débité en carrière sur 22 centimètres d'épaisseur).

	En 1809. (francs)	En 1875. (fr. c.)
Marbre Sainte-Anne belge	190	16,50
— — français	190	12,50
Feluil	200	13,50

Les autres prix cités par Rondelet pour les marbres en planches sont de 180 ou 200 francs. Ceux énumérés dans les séries de prix de la ville de Paris varient de 12 francs (Nord noir, boule de neige et amande), à 25 francs (Jura, Pyrénées rose clair) et à 33 fr. 50 (Pyrénées, Brèche Médoux).

Ainsi pour toute marchandise encombrante et lourde, l'observation confirme d'une manière indiscutable ce nivellement progressif que le raisonnement seul annonçait.

Le mécanisme de ce nivellement est, d'ailleurs, intéressant à analyser : c'est presque le principe physique des vases communiquants appliqué au commerce. On sait que, quand on établit une communication entre deux récipients où un même liquide occupe des niveaux différents, ce liquide se met à monter d'un côté et à descendre de l'autre jusqu'à ce qu'il y ait équilibre. Ce double effet se produit également, ou du moins tend à se produire, quand un moyen de transport économique vient se substituer, entre deux localités, à un moyen de transport coûteux. Il n'en résulte pas seulement une tendance à la baisse là où les prix étaient le plus élevés, mais en même temps, et cela est important à noter, une tendance à la hausse là où les prix étaient le plus faibles. C'est que la distance nuit à la fois au consommateur et au producteur, et que tout ce qui diminue cette distance doit, par conséquent, profiter à l'un et à l'autre.

Nous parlions tout à l'heure des marbres pyrénéens. Il est clair que leur valeur a singulièrement augmenté dans la carrière le jour où leur prix dans les villes s'est réduite de plus de moitié. Tel marbre, qui se vendait 15 francs le mètre carré dans la montagne et 200 francs à Paris, ne s'est plus vendu que 40 francs à Paris et a commencé à se vendre 25 francs en carrière quand le chemin de fer est venu en rendre le transport possible moyennant une dépense de quelques francs. D'autres bancs qu'on n'exploitait point, parce que l'exploitant n'aurait pas fait ses frais, sont devenus rémunérateurs. C'est ainsi que les chemins de fer favorisent à la fois et la consommation qu'ils rapprochent du producteur et la production qu'ils rapprochent du consommateur. La vapeur a donc eu ce rare

mérite de donner à la fois satisfaction à des intérèts contradictoires; mais est-ce à dire que partout le consommateur
ait eu à meilleur compte des produits payés plus cher au
producteur ?

Non : les nouveaux modes de transport favorisant à la fois
le producteur et le consommateur, il y a, de ce chef, développement simultané de la production et de la consommation.
Si des deux côtés l'influence est équivalente, l'avantage est
réel pour les deux parties, la réduction du prix de transport
se partageant entre le vendeur et l'acheteur. Mais il se peut
que l'influence exercée sur la production soit très supérieure ou très inférieure à l'influence exercée sur la consommation, et alors il y a baisse ou hausse de part et d'autre.

II

A cet égard, il faut distinguer les produits industriels dont
la production peut être augmentée presque indéfiniment, tels
que la houille, les métaux usuels, les produits chimiques, les
verres et cristaux, les faïences et porcelaines, le papier, les
tissus... et les produits de la terre ou de la mer utilisés
comme aliments, céréales, viande, fruits, légumes, poissons..,
dont il n'est pas aussi facile d'accroître rapidement la production. Dans le premier cas, la réduction des distances profite
principalement au consommateur, et il y a réellement baisse ;
dans le second cas, elle profite surtout au producteur, et il y
a hausse.

Cette tendance contraire des produits industriels et des
denrées agricoles avait été nettement établie, il y a déjà une
vingtaine d'années, par M. E. Levasseur [1]. Elle n'a fait depuis

[1] Voir *La question de l'or*, par M. Levasseur.

lors que s'accentuer davantage. Notre *Essai sur les variations des prix en France*, couronné par l'Académie des sciences morales et politiques en 1873, fournissait à cet égard une démonstration concluante. Nous y avions analysé minutieusement le mouvement des prix de chaque variété de marchandises, depuis cinquante ans, en divisant tous les commerces importants en onze groupes, et nous résumions les résultats de cette analyse en attribuant en bloc :

A la propriété foncière, une hausse de 150 p. 100 ;

Aux aliments d'origine animale, une hausse de 90 p. 100 ;

Aux aliments végétaux, une hausse de 30 p. 100 ;

Aux boissons indigènes, une hausse de 45 p. 100 ;

Aux denrées coloniales, une baisse de 15 p. 100 ;

Aux produits minéraux, houille, métaux industriels, une baisse de 35 p. 100 ;

Aux tissus une baisse de 50 p. 100 ;

Aux produits chimiques, vitrifications et papiers, une baisse de 45 p. 100.

Les autres produits fabriqués étaient représentés comme à peu près stationnaires, dans leur ensemble.

La hausse des salaires ressortait à 75 p. 100 ;

La baisse des transports à 60 p. 100.

En tenant compte de la diminution de la puissance d'achat (*purchase power*) de l'argent, que nous évaluions à 25 p. 100, de 1820-25 à 1870-75, les variations apparentes que nous venons de chiffrer faisaient place aux variations absolues indiquées dans le tableau ci-dessous :

		Hausse réelle p. 100.	Baisse réelle p. 100.
	Propriété foncière.	187,5	»
Agriculture. . .	Alimentation animale.	142,5	»
	Alimentation.	»	2,5
	Boissons indigènes.	109	»

		Hausse réelle p. 100.	Baisse réelle p. 100.
Importation. . .	Denrées coloniales.	»	36
Industrie	Produits minéraux.	»	51
	Tissus	»	62,5
	Produits chimiques.	»	59
	Produits divers	»	25

Voilà qui met bien en lumière et la tendance ascendante
des prix des produits agricoles, et la tendance descendante
des prix des produits industriels.

Nous avons classé à part les denrées coloniales, et dans ce
groupe il faut comprendre ici, avec le sucre, le café, le thé, les
épices..., la plupart des autres objets qui nous viennent de
l'Asie, de l'Afrique ou de l'Amérique : riz de l'Inde ou de la
Caroline, laines d'Australie, cotons des États-Unis ou de
l'Indoustan, voire même ces mille produits frivoles de l'industrie chinoise ou japonaise, écrans, éventails, boîtes et
plateaux de laque, porcelaines, etc... qu'on ne voyait, il y a
dix ans encore, que dans les magasins d'*antiquités* et qui pullulent maintenant dans les magasins de *nouveautés*. La notable
moins-value que présentent tous ces articles de nature très
diverse, mais d'origine également lointaine, s'explique précisément par cette lointaine origine : le voyage qu'ils ont à faire
pour arriver dans nos régions constituait autrefois une véritable difficulté et une grosse dépense ; c'est maintenant l'affaire de quelques semaines et d'une vingtaine de francs par
quintal pour les marchandises les plus délicates.

Le poisson aurait pu également être classé à part. Il n'y a
pas d'objet de consommation pour lequel le contraste soit
plus grand entre le passé et le présent. Lorsqu'il n'existait
entre les divers points du territoire aucun moyen de circulation rapide, la marée, qui se gâte vite, ne pouvait
guère pénétrer dans l'intérieur des terres. Les habitants des

côtes vivaient alors presque exclusivement du produit de leur pêche; les autres ne connaissaient que le poisson d'eau douce ou le poisson conservé. Paris, qui n'est pourtant qu'à cinquante lieues de la mer, n'a commencé à s'y approvisionner régulièrement qu'au xiv⁰ siècle. Le transport se faisait à dos de cheval, et le peu de marchandise qui arrivait à destination sans avoir perdu sa fraîcheur se vendait très cher. Un saumon, au xv⁰ siècle, avait à Paris une valeur supérieure à celle d'un veau ou d'un mouton. Vers 1600, une alose ne revenait pas à moins de 3 francs; un beau brochet se payait 15 francs à la halle [1]. Cet énorme écart entre les prix du littoral et ceux des marchés intérieurs a disparu depuis les chemins de fer. Actuellement, la marée ne coûte guère moins cher dans nos ports que sur les marchés parisiens, et il arrive très souvent que les marchands de comestibles de la capitale envoient saumons et turbots, homards et langoustes..., non seulement à Rouen ou à Lille, mais au Havre et à Boulogne. Paris envoie aussi du poisson, rare ou commun, aux villes les plus centrales, à Nancy, à Lyon, à Clermont; et l'on comprend que cette extension presque indéfinie d'un marché limité jadis aux départements maritimes et à Paris, ait provoqué un rapide renchérissement. C'est pour les huîtres que le phénomène s'accuse avec le plus d'intensité. On les a vues, à la halle de Paris, décupler de prix en moins d'un tiers de siècle :

Années.	Le mille. (francs)	Années.	Le mille. (francs)
1840	12 »	1858	35,80
1846	33,80	1860	45,80
1850	16,50	1868	72 »
1854	22,20	1872	112,10

[1] On s'explique ainsi l'étonnement du roi Henri IV qui, guerroyant dans les Charentes, en 1586, écrivait à la belle Corisandre : « De poisson, c'est ici une monstruosité que la quantité, la grandeur et le prix : une grande carpe, 3 sols (40 centimes), et 5 sols (66 centimes) un brochet! »

Depuis 1872, les prix ont quelque peu retrogradé : les cours exorbitants que nous venons d'enregistrer avaient eu pour effet de stimuler le développement de l'ostréiculture. Les parties les plus déshéritées de notre littoral sont en voie de transformation, grâce au développement qu'y ont pris les huîtrières artificielles, et ces sources nouvelles de production ont déjà exercé, sinon sur les prix de détail, du moins sur les prix de gros, une action modératrice.

III

Nous nous sommes attaché, dans les pages qu'on vient de lire, à éliminer l'influence commune exercée sur tous les prix en bloc par la dépréciation du signe monétaire. Nous avons, d'autre part, cherché à dégager et à définir l'influence variable exercée par les perfectionnements récemment introduits dans l'industrie des transports, influence favorable tantôt au producteur, tantôt au consommateur, souvent à l'un et à l'autre. Est-il besoin d'ajouter que ce ne sont pas là les seules forces dont l'incessant mouvement des valeurs commerciales révèle la présence et l'action? Outre les mille causes de variation qui sont spéciales à tel ou tel article (comme la guerre d'Amérique, il y a quinze ans, pour le coton; comme l'oïdium ou le phylloxéra pour la vigne; comme le caprice des saisons pour tous les produits de la terre et comme le caprice de la mode pour les étoffes), il existe d'autres causes générales de hausse ou de baisse que l'avilissement des métaux précieux et la réduction du prix des transports. Le régime douanier d'un pays, par exemple, a une grande influence sur les prix intérieurs, que toute aggravation des droits d'entrée tend à faire monter et que toute réduction de tarif tend à faire descendre. Le taux des salaires influe également de deux manières à la fois sur le niveau des prix, directement et indirectement. Influence directe : tout produit mis en vente suppose un travail effectué, et tout travail effectué comporte une rémunération ; cette rémunération figurant au nombre des éléments qui composent le prix de revient d'abord et ensuite le prix de vente, ces deux prix doivent inévitablement se ressentir de toute augmentation ou diminution des salaires ; et comme, en fait, le prix du travail humain a presque doublé en France depuis le commencement de la Restauration, il y a là un motif de hausse évident. Influence indirecte : le progrès des salaires, quand il est, comme c'est ici le cas, plus rapide que le renchérissement des denrées, permet aux classes laborieuses de consommer davantage, et cette augmentation de consommation tend à relever les prix en rompant l'équilibre de l'offre et de la demande.

Constatons enfin que ce perfectionnement des moyens de transport dont nous avons montré l'effet sur les prix n'est qu'une des faces multiples d'un phénomène plus général, que l'on peut appeler la transformation des moyens de production [1], et dont tout l'honneur revient à la science moderne. J.-B. Say a fait observer que toute production du labeur humain exige la combinaison de trois éléments successifs : la théorie, qui est le fait du savant ; l'application, qui est le fait de l'agriculteur, du manufacturier ou du commerçant ; et l'exécution, qui est le fait de l'ouvrier. Il a fallu, en effet, la réunion de ces trois formes diverses de notre activité pour créer ce merveilleux ensemble que nous nommons la

---

[1] « Mouvoir, c'est produire, » a dit avec raison J. Stuart Mill. Nous n'avons donc besoin d'aucune précaution oratoire pour ranger les moyens de transport au nombre des moyens de production.

civilisation. Dans cette œuvre immense, chaque siècle a sa part; mais le nôtre a réalisé de telles conquêtes et prodigué de telles révélations qu'il semble que le domaine du génie de l'homme ait brusquement doublé d'étendue et de richesse.

L'agriculture, depuis l'invention trente fois séculaire de ses premiers outils, bêche, hoyau, charrue, herse…, était restée presque stationnaire : l'ère du progrès a commencé pour elle depuis que la chimie a surpris le secret de la fertilité ou de la stérilité des terres, depuis que la physique a montré ce que peuvent le drainage et l'irrigation, depuis que la mécanique a substitué, pour une foule d'opérations, la machine au bras de l'homme.

Mais c'est l'industrie surtout, l'industrie proprement dite, que la science a merveilleusement transformée depuis un siècle.

Il n'y a guère plus de cent ans que Watt remplaçait l'indocile et brutale machine à vapeur de Newcomen par la vraie machine moderne, à double effet, à condenseur et à détente. Depuis lors, et indépendamment des nouveaux moyens de transport, railways, steamers…, quel est le genre de fabrication qui n'a pas trouvé dans la vapeur un secours précieux ? Quelle force et quelle économie ! Ne sait-on pas que le cheval-vapeur, qui comporte un travail continu égal à 5 et 20 fois le travail forcément intermittent d'un cheval ou d'un homme, ne brûle guère en moyenne que 2 kilogrammes de charbon; coût : 3 ou 4 centimes suivant les localités !

Après les machines à vapeur, sont venues les machines à filer, tisser, etc… L'extrême délicatesse après l'extrême puissance ! Puis encore les machines-outils, depuis celle qui coupe le fer comme de l'argile, jusqu'à celle dont les doigts intelligents façonnent les monnaies, les clous, les vis, les épingles, les aiguilles, les boutons, les sacs, et que sais-je !

Et ce ne sont pas là les seules applications pratiques qu'aient reçues de nos jours les découvertes des chimistes et celles des physiciens. Citons au hasard la photographie, la galvanoplastie, le gaz de l'éclairage, la lumière électrique, l'acier Bessemer, les couleurs d'aniline, l'aluminium, le sucre de betterave, la glace artificielle, etc…, etc… Pour énumérer toutes les inventions utiles que notre époque a vu surgir, il faudrait suivre chacune de nos innombrables industries dans chacune de ses innombrables opérations. Partout et toujours on retrouverait ce triple résultat de l'intervention du génie scientifique : production plus abondante, production plus rapide, production plus économique.

Et de là vient que tant d'industries ont résolu sous nos yeux ce problème, insoluble en apparence, de faire avec des matières premières de plus en plus coûteuses des produits fabriqués de moins en moins chers, et cela en répandant autour d'elles des salaires de plus en plus rénumérateurs !

CHAPITRE XIII.

L'agriculture.

L'agriculture dans le passé. — Les céréales. — Loi de Davenant. —
Nivellement des prix de pays à pays et d'année à année. — Progrès
de la culture du blé. — Production vinicole. — Bestiaux. — Denrées
fraîches. — Lait. — Viandes abattues. — Plus-value des propriétés
foncières.

En étudiant, comme nous venons de le faire, le mouvement général des prix depuis l'apparition des chemins de fer
et des bateaux à vapeur, nous avons eu à constater des tendances très divergentes, selon qu'il s'agissait des produits
agricoles ou des produits industriels. Cela seul nous ferait
un devoir de consacrer à l'influence exercée, sur l'agriculture,
sur l'industrie, sur le commerce, autant de chapitres spéciaux.

Commençons par l'agriculture.

Attribuer aux chemins de fer seuls la transformation qui
s'est opérée depuis cinquante ans dans les conditions d'ex-

ploitation du sol, en France et ailleurs, serait une exagération. L'abondance des métaux précieux et les traités de commerce, pour ne citer que les causes principales, ont efficacement contribué aux progrès de l'agriculture. Mais la vapeur en a certainement été l'agent principal. L'impuissance persistante de nos ancêtres, en matière agricole, tenait moins à la rareté des capitaux et même aux entraves d'une législation insensée qu'à l'extrême insuffisance des voies de communication et des moyens de transport.

Les terres situées, soit à proximité des centres de population, soit au bord des quelques chemins ou canaux qui reliaient les villes entre elles, étaient les seules qui fussent à peu près assurées de l'écoulement régulier de leurs produits. Hors de là, les débouchés faisaient partout défaut. Les provinces, les communes elles-mêmes se trouvaient aussi isolées les unes des autres que les diverses îles d'un même archipel.

On comprend aisément les inconvénients d'un semblable état de choses. La localisation forcée des récoltes ne nuisait pas moins au consommateur qu'au producteur. Le prix des céréales, par exemple, tombait à un niveau ruineux pour le cultivateur là où il y avait abondance, et là où il y avait déficit, il devenait inabordable. Nous avons sous les yeux la série des prix annuels du froment à Strasbourg, à Londres, à Oxford et à Paris, depuis plusieurs siècles. Quand on les rapproche les uns des autres, soit numériquement, soit mieux encore graphiquement, les différences qui s'accusent d'un marché à un autre, pour les époques un peu lointaines, sont telles qu'on a peine à y croire. Ce n'est pas seulement entre l'Angleterre et le continent que d'énormes écarts se manifestent. Non : les communications maritimes étaient autrefois moins difficiles et moins lentes que les autres, de sorte que les prix de Paris s'éloignent plus de ceux de Strasbourg, par exemple, que de ceux d'Oxford ou de Londres. Ainsi en 1531, en 1574, en 1575, le blé coûte sur les bords de la Seine deux fois autant que sur les bords du Rhin. Il en est constamment de même de 1610 à 1620. De 1650 à 1652, de 1661 à 1663, tandis qu'autour de Paris, à Rozoy en Brie notamment, l'hectolitre vaut 30, 35, 40 francs, à Strasbourg il ne dépasse pas 7 ou 8 francs. Par contre, en 1623, l'Alsace affamée paie le grain quatre fois ce qu'on le paie à Paris! Et la réunion de Strasbourg à la France, en 1681, est loin de rétablir l'égalité, car nous trouvons encore, entre les deux villes, des différences de 100 p. 100 en 1693, en 1699, en 1709, en 1741; de 200 p. 100 en 1700, en 1725; de 300 p. 100 en 1710! Parfois il suffit de quelques lieues pour changer du tout au tout l'échelle des prix. En juin 1692, le froment se vendait à Figeac 130 p. 100 plus cher qu'à Rodez, qui est à 60 kilomètres de Figeac, la même distance que de Paris à Fontainebleau.

C'est dans ces conditions que Davenant et King, à la fin du XVIIᵉ siècle, constataient l'étrange relation suivante, entre la proportion des déficits de la production et celle de la hausse des prix :

Soit le déficit par rapport à la consommation moyenne égal à :	La hausse, par rapport au prix moyen, sera de :
1/10	3/10
2/10	8/10
3/10	16/10
4/10	28/10
5/10	45/10

A ce compte, les années les plus stériles devaient être pour le producteur les plus avantageuses. Admettons que le rendement moyen de l'hectare fût de 10 hectolitres et que le prix normal de l'hectolitre correspondît à 5 francs : en supposant la production réduite à 9, 8, 7, 6, 5 hectolitres, le prix, d'après les proportions ci-dessus, montait à 6 fr. 50, 9 francs 13 francs, 19 francs, 27 fr. 50; et par suite le cultivateur encaissait, au lieu de 50 francs, revenu moyen de l'hectare, 58 fr. 50, 72 francs, 91 francs, 114 francs, 137 fr. 50! La valeur vénale d'une récolte se trouvait ainsi d'autant plus considérable que cette récolte était plus maigre. Il ne s'en suivait pas sans doute que chaque propriétaire ou fermier eût moins d'intérêt qu'aujourd'hui à produire plus que son voisin. Mais, la part faite aux concurrences individuelles, il est clair qu'il n'y avait pas de grands efforts à attendre d'une agriculture à qui la disette était, d'une manière générale, plus profitable que l'abondance. De cette contradiction funeste entre les intérêts de la production et ceux de la consommation résultaient : chez le producteur une constante apathie, et pour le consommateur, c'est-à-dire pour tout le monde, le retour périodique et fréquent de cet horrible fléau, la famine ! Quand le blé coûtait 35 francs l'hectolitre comme en 1709, 39 francs comme en 1694, 40 francs comme en 1662 et 1595, 51 francs comme en 1591 [1], ce n'était pas seulement pour le peuple la souffrance et la misère... c'était la mort; et quelle mort !

A tant de maux, il n'y avait que deux remèdes : 1° supprimer les barrières artificielles opposées par le législateur au libre mouvement des grains, et c'est ce qui n'a été fait définitivement qu'en 1790 pour la circulation intérieure et en 1861 pour l'importation [2]; 2° réduire les distances, et pour cela, faire des routes en attendant les chemins de fer, creuser des canaux, jeter des ponts.... Colbert sous Louis XIV, Tur-

---

[1] Prix de Paris.

[2] La loi du 15 juin 1861, supprimant l'échelle mobile, admet en franchise les grains inférieurs et réduit à 60 centimes par quintal le droit d'entrée sur les blés.

got sous Louis XVI comprenaient déjà cette importance capitale des voies de communication au point de vue agricole et alimentaire. Sous Louis XVIII, sous Charles X, sous Louis-Philippe, tout le monde la comprenait. On sait quel développement ont pris les travaux de voirie pendant la Restauration et le gouvernement de Juillet. La viabilité française en arriva à être citée comme un modèle. Cependant le réseau vicinal, le plus essentiel de tous pour l'agriculture, n'était encore qu'ébauché. Les lacunes étaient nombreuses dans le réseau départemental. Le tracé des routes royales lui-même réclamait bien des rectifications. Et puis, nous avons vu que, même sur les meilleurs chemins, le roulage est relativement très coûteux : pour un hectolitre de froment qui pèse environ trois quarts de quintal (75 kilogrammes), il faut compter au moins 2 centimes par kilomètre, soit 2 francs par 25 lieues et 20 francs par 250 lieues. Avec de pareils frais, le grain ne pouvait pas aller chercher le consommateur bien loin du lieu de production, et l'incohérence des prix persistait. C'est ainsi qu'en 1801 le blé était à 11 francs l'hectolitre dans la Marne quand il était à 46 francs dans les Alpes-Maritimes; c'est ainsi qu'en 1817 il coûtait 36 francs dans les Côtes-du-Nord et 81 francs dans le Haut-Rhin. En 1847, l'écart maximum est encore de 20 francs (29 francs dans l'Aude et l'Ariége, 49 dans le Bas-Rhin). Et comment s'en étonner? La ville de Vesoul à cette époque, effrayée de la hausse extraordinaire des cours, avait fait à Marseille deux achats de blé successifs dont M. Jacqmin a publié le compte :

Premier achat (1er février 1847).

	(francs)
Prix de l'hectolitre à Marseille	27 »
Prix de transport de Marseille à Vesoul	14,75
Total.	41,75

Deuxième achat (10 Mars 1847).

Prix de l'hectolitre à Marseille 29,30
Prix de transport de Marseille à Vesoul . . . . 14 »
Total 43,30

Ainsi le seul voyage de Marseille à Vesoul (un peu plus de 650 kilomètres) revenait à 14 ou 15 francs, de sorte qu'en temps ordinaire ce parcours aurait suffi pour doubler le prix de la denrée. C'est dire qu'il était tout à fait anormal, même à la fin du règne de Louis-Philippe, de voir un sac de blé traverser la France de part en part. L'échange, en fait, ne se pratiquait guère qu'à petites distances, et, le cultivateur n'ayant encore, comme clientèle et comme concurrence possibles, qu'un horizon limité, la production ne pouvait progresser que difficilement.

Avec les chemins de fer, tout change..... Nous avons évalué à 75 p. 100 l'économie réalisée aujourd'hui par les voies ferrées sur l'ensemble des marchandises transportées. Cette proportion est-elle applicable aux céréales ? Oui et non. Non, si l'on ne consulte que les cahiers des charges qui rangent les blés, grains, farines, légumes farineux, riz, maïs, etc., dans la seconde classe, taxée à 14 centimes par tonne kilométrique (plus 1 fr. 50 de frais accessoires de chargement et de déchargement) : soit 1 centime et une fraction minime par hectolitre. Mais d'abord le gouvernement s'est réservé, pour cette nature spéciale de marchandises, le droit exceptionnel de réduire de moitié, c'est-à-dire à 7 centimes, le tarif des céréales, quand le prix du blé dépasserait 20 francs sur le marché de Gray [1]. Et d'ailleurs, on peut dire que cette précaution n'a plus de raison d'être en présence des réductions perma-

______

[1] Le gouvernement a fait usage de cette faculté en 1853, 1861, 1868 et 1873.

nentes consenties volontairement, au profit des grains, par toutes les grandes compagnies.

M. Jacqmin, en 1868, résumait comme il suit les tarifs généraux appliqués par les grandes compagnies aux céréales :

De 6 à 8 centimes par tonne kilométrique sur le réseau de l'Est ;

De 7 à 10 centimes sur le réseau du Nord ;

De 5 centimes 1/2 à 10 centimes sur le réseau de l'Ouest ;

De 8 à 10 centimes sur le réseau d'Orléans ;

De 6 cent. 2 à 8 centimes sur le réseau de Paris-Lyon-Méditerranée ;

De 5 cent. 9 à 14 centimes sur le réseau du Midi.

Voici maintenant les limites assignées aux tarifs spéciaux :

De 2 cent. 75 à 8 centimes sur le réseau de l'Est ;

De 3 cent. 384 à 5 cent. 7 sur le réseau du Nord ;

De 3 cent. 318 à 9 centimes sur le réseau de l'Ouest ;

De 2 cent. 392 à 8 centimes sur le réseau d'Orléans ;

De 4 à 7 centimes sur le réseau de Lyon ;

De 3 à 8 centimes sur le réseau du Midi.

Le ministre des travaux publics, en 1877, indiquait encore, pour les céréales, des prix variant, en fait, de 3 centimes à 8 centimes au plus.

Le voyage de Marseille à Vesoul, qui, en 1847, revenait, comme nous l'avons vu, à 14 ou 15 francs par hectolitre, coûte aujourd'hui cinq fois moins. Un hectolitre de blé peut aller de Dunkerque à Nice, moyennant 4 fr. 50, et dès lors, il n'est pas étonnant que les prix moyens ne présentent plus, d'un bout à l'autre du pays, que de faibles différences.

Voici, d'après les indications du bureau des subsistances, au ministère de l'agriculture et du commerce, l'écart maximum constaté chaque année entre les prix moyens du blé dans les neuf régions suivantes : Nord-Ouest, Nord, Nord-Est, Ouest, Centre, Est, Sud-Ouest, Sud et Sud-Est :

Années.	(francs)	Années.	(francs)
1859	4,61	1869	2,80
1860	2,26	1870	2,86
1861	1,74	1871	2,54
1862	2,97	1872	2,94
1863	2	1873	2
1864	3,72	1874	2,71
1865	3,65	1875	3,55
1866	3,15	1876	2,53
1867	2,80	1877	3,01
1868	3,89	1878	1,74

On voit que l'écart entre le prix le plus haut et le prix le plus bas, dans la période décennale 1859-1868, dépassait à peine 3 francs en moyenne, et que depuis il a pu tomber au-dessous de 2 francs.

C'est qu'il suffit aujourd'hui qu'une hausse d'un franc se produise sur un marché pour qu'aussitôt les négociants placés dans un cercle de 200 ou 300 kilomètres de rayon, avertis par les journaux ou même par le télégraphe, se mettent en mesure de répondre à l'appel : 1 franc par hectolitre représente 13 francs par tonne, et 13 francs par tonne représentent, avec les chemins de fer, un parcours de 200 à 300 kilomètres.

A cette mobilité intérieure, dont profitent chaque année 30 à 40 millions d'hectolitres de grains, s'ajoute la mobilité extérieure qui résulte du bon marché des transports maritimes et de la suppression ou de l'abaissement des droits d'importation.

La Russie méridionale fut longtemps le grenier d'abondance de l'Europe. L'hectolitre de blé, sur le marché d'Odessa, n'avait jusqu'au milieu du siècle, dépassé le prix de 12 francs que très exceptionnellement, et le voyage d'Odessa à Marseille par mer ne l'augmentait que de quelques francs. Depuis la guerre de Crimée, le prix de 12 francs est devenu le prix minimum des blés russes qui oscillent d'ordinaire entre 15 et 20 francs ; mais les frais de transport diminuant au lieu d'augmenter, c'était encore de la mer Noire que nous venait, jusqu'en 1876 et 1877, la plus grande partie des grains que l'insuffisance de nos récoltes nous obligeait à acheter au dehors. En 1876, dans une importation totale d'un peu plus de 5 millions d'hectolitres, les blés russes et turcs entraient pour près de 3 millions. En 1877, ils représentaient 2 millions d'hectolitres sur 3 1/2.

Depuis lors, le courant a changé : c'est maintenant l'Amérique du Nord qui se charge de combler le déficit de notre production, et il n'est pas sans intérêt de montrer comment cette nouvelle et lointaine concurrence, à laquelle nos agriculteurs ont tant de peine à se résigner, est devenue tout à coup possible.

Les États-Unis, autrefois, étaient loin de produire autant de blé que la France. Mais l'agriculture y a fait d'énormes progrès depuis vingt ans, surtout dans le Centre et dans l'Ouest. Sans parler du maïs et des autres menus grains qui jouent là-bas un rôle considérable dans l'alimentation, la culture et, par suite, l'exportation du blé y ont progressé avec une rapidité extraordinaire, ainsi que le montrent les chiffres suivants :

Années.	Production du blé. (millions d'hectolitres)	Exportation. (millions d'hectolitres)	Consommation intérieure. (millions d'hectolitres)
1849	35	»	»
1859	60	»	»
1864	56	8	48
1869	91	18	73
1870	82 1/2	17 1/2	65
1871	81	12 1/2	68 1/2
1872	87	·17	70

1873	98 1/2	30 1/2	68
1874	108	25	83
1875	102	25	77
1876	101	19	82
1877	127 1/2	32 1/2	95
1878	147	51	96
1879	140	»	»

Le prix de revient du blé dans les États agricoles est d'ailleurs plus faible, non seulement qu'en France, mais même qu'en Russie, parce que la terre y est presque à discrétion, que la culture s'y exerce en grand, et que les machines y sont très répandues et très perfectionnées. Ce qui manquait autrefois, c'étaient les débouchés. Rien qu'en allant de Chicago, capitale agricole de l'Union, à New-York, qui en est la capitale industrielle et commerciale, le blé doublait de valeur, et on ne pouvait pas songer alors à l'embarquer pour l'Europe. Il y a même eu des époques où les cours de New-York surpassaient ceux de la France, de 1833 à 1838, par exemple, de 1848 à 1850, de 1853 à 1855, de 1858 à 1860, de 1865 à 1866. Mais dès 1877, le prix moyen annuel ressort à New-York à 16 ou 17 francs, alors qu'en France, il s'élève à 23 fr. 44. Dans ces conditions, il ne fallait plus qu'une mauvaise récolte en Europe pour appeler dans nos ports les blés américains. Or, de 133 millions d'hectolitres en 1874, chiffre sans précédent, il est vrai, les mauvais temps de ces dernières années ont fait retomber notre production à 100 en 1875, à 95 en 1876, à 100 en 1877, à 95 en 1878, à 82 en 1879. Et pour ces deux dernières récoltes, la qualité a laissé au moins autant à désirer que la quantité. Nous serions donc maintenant, sans le secours de l'étranger, en pleine disette, pour ne pas dire en pleine famine. Au lieu de cela, l'importation des États-Unis a, non seulement comblé le déficit, mais même maintenu les prix à des taux très modérés. Il est entré en France, en 1878, tout près de 14 millions de quintaux de blés étrangers, et déjà, dans cet énorme renfort, les blés américains l'emportaient comme quantité sur les blés d'Orient (5 millions 6/10, contre 5 millions 4/10). En 1879, l'écart sera bien plus grand : les dix premiers mois de l'année ont vu entrer en France plus de 20 millions de quintaux de blés étrangers, dont 6 millions seulement venant de la Russie et de la Turquie, contre 11 millions de quintaux de blé d'Amérique.

Cette salutaire invasion, qui épargne infiniment plus de souffrances qu'elle n'en cause, a été singulièrement favorisée par l'abaissement des frets de Chicago à New-York d'abord, puis de New-York en Europe. De Chicago à New-York, le transport des grains par les lacs et canaux du Nord des États-Unis, s'est abaissé de 3 fr. 50 par hectolitre, en 1872, jusqu'à 1 fr. 30 il y a quelques mois, et l'on ne désespère pas d'en abaisser encore le prix en ouvrant aux bateaux des voies plus directes. Les transports par chemins de fer ont été également réduits, d'une ville à l'autre, de 22 francs par tonne à 12, et c'est ainsi que le prix de l'hectolitre à New-York n'a presque jamais dépassé 17 francs depuis 1877.

De même entre New-York et l'Europe. Les cargaisons de blé traversent actuellement l'Atlantique à raison de 1 fr. 50, ou 2 francs par hectolitre. Et de San Francisco même, nous avons vu qu'un hectolitre de blé peut trouver avantage à aller par mer jusqu'à Liverpool, faisant ainsi plus de la moitié du tour du monde, pour peu qu'il y ait 5 ou 6 francs d'écart entre les cours de la Californie et ceux du marché anglais !

Ainsi s'est étendu à l'univers entier ce phénomène du nivellement progressif des prix que nous avons déjà constaté dans les différentes parties de la France.

Et c'est ce que nous montre en effet le tableau suivant, qui remonte à 1835 :

Prix moyen de l'hectolitre de blé en France, à New-York et à Odessa.

Années.	France. (francs)	New-York. (francs)	Odessa. (francs)	Écart maximum. (francs)
1835	15,25	18,45	9,37	9,08
1836	17,32	25,79	8,43	17,36
1837	18,53	30,76	8,28	22,48
1838	19,51	25,50	9,45	16,05
1839	22,14	22,04	10,88	11,16
1840	21,84	15,44	11,78	10,06
1841	18,54	17,13	11,83	6,71
1842	19,55	16,02	11,09	8,46
1843	20,46	14,12	9,49	10,97
1844	19,75	13,35	9,87	9,88
1845	19,75	15,26	10,78	8,97
1846	24,05	15,36	12,59	11,46
1847	29,01	20,30	14,90	14,11
1848	16,65	17,66	12	5,66
1849	15,37	17	11,80	5,20
1850	14,32	17,22	11,55	5,67
1851	14,48	14,24	9,10	5,38
1852	17,23	14,74	11,30	5,93
1853	22,39	23,20	11,76	11,44
1854	28,82	30,09	»	1,27
1855	29,32	34,85	»	5,53
1856	30,75	24,49	22,58	8,17
1857	24,37	21,92	19,53	4,84
1858	16,75	18,75	14,78	3,97
1859	16,74	20	14,02	5,98
1860	20,24	21,15	16,15	5
1861	24,25	20,20	14,31	9,94
1862	23,24	17,11	11,66	11,58
1863	19,78	15,53	13,26	6,52
1864	17,58	12,53	12,75	5,05
1865	16,41	17,20	13,60	3,60
1866	19,61	25,52	18,08	7,44
1867	26,19	23,05	18,70	7,49
1868	26,64	21,69	20,40	6,24
1869	20,33	15,21	16,15	5,12
1870	20,56	15,27	15,30	5,29
1871	25,65	19,28	17,85	7,80

1872	23,15	21,30	16,32	6,83
1873	25,62	23,69 [1]	19	1,93
1874	25,11	23,41 [1]	»	1,70
1875	19,32	17,73 [1]	»	1,59
1876	20,59	18,42 [1]	»	2,17
1877	23,44	20,85 [1]	»	2,59
1878	23	»	»	»

Ce tableau montre bien le rapprochement graduel des prix simultanés des différents pays du monde.

Il montre aussi le rapprochement graduel des prix successifs de chaque marché.

Ce second phénomène, cette fixité croissante des cours locaux n'est d'ailleurs que la conséquence directe du nivellement des cours simultanés. En effet, des facilités actuelles de l'échange international résulte une sorte d'assurance mutuelle contre l'extrême cherté, comme contre l'avilissement exagéré des denrées de première nécessité. Il faudrait aujourd'hui pour que le niveau général des prix s'élevât ou s'abaissât outre mesure qu'une même année vît la récolte partout insuffisante ou partout surabondante. Or, c'est ce qui n'arrive jamais; il s'établit toujours une compensation plus ou moins exacte entre le trop-plein d'une région et le déficit d'une autre. La loi des probabilités mathématiques suffirait presque pour assurer cette compensation. Mais elle est d'autant plus certaine, quand il s'agit de produits agricoles, qu'alors tout dépend, non du pur hasard, mais de l'influence météorologique, et qu'il est physiquement impossible qu'il y ait à la fois dans toute l'Europe, dans toute l'Asie, dans toute l'Amérique, excès d'humidité ou excès de sécheresse.

Ainsi la vapeur a réduit à leur plus simple expression et

---

[1] Prix moyen du mois de janvier, et non des douze mois, comme pour les années 1835-1872.

les différences de prix d'un lieu à un autre, et, par suite, les différences de prix d'une année à une autre année. Ce qui revient à dire — et voilà certes une conclusion qui mérite d'être soulignée, — que nous n'avons plus à redouter ni pour nous-mêmes ni pour nos enfants et petits-enfants, l'horrible fléau qui périodiquement venait autrefois décimer nos pères.

Plus de famines désormais !

Et non seulement plus de famines, mais plus même de disettes. Or la disette, telle que la France l'a encore connue en 1817, en 1829, en 1847, voire en 1854-1856, la disette, sans faire directement beaucoup de victimes, n'en grossissait pas moins le nombre des décès.

Les mortalités exceptionnelles constatées à Paris en 1832, 1849 et 1854 n'ont-elles pas suivi de près les seules disettes qui aient sévi chez nous depuis celle de 1817 ? On objectera qu'en 1832 et 1849, c'est le choléra qui est venu ravager la France ; cela est vrai, mais n'est-il pas vrai aussi que sa visite aurait pu être bien moins meurtrière s'il n'avait pas trouvé toute une partie de la population prédisposée, pour ainsi dire, à la maladie et à la mort par les privations et par la misère ?

Les nouveaux instruments de transport ont donc déjà sauvé et sauveront encore une foule d'existences : cela seul ne justifierait-il pas une reconnaissance profonde pour ceux à qui l'humanité doit un tel bienfait !

II

Revenons maintenant à l'agriculture en général et demandons-nous quelle a été, en ce qui la concerne, la conséquence de ce nivellement général des prix que nous venons de constater d'une manière particulièrement sensible pour le blé, après avoir montré que c'était là un phénomène commun à tous les commerces.

Le prix des grains ne comportant plus que de faibles oscillations, les profits annuels du cultivateur se mesurent, non plus à la cherté du blé, mais à la quantité produite.

Il est sûr, si sa production reste au-dessous de la moyenne, de subir un préjudice, parce que ses clients ordinaires trouveront ailleurs ce dont ils ont besoin et que par suite les prix ne s'élèveront guère. En revanche, quelle que soit l'abondance de sa récolte, il est sûr d'en trouver le placement, soit au dedans, soit au dehors. De sorte que notre agriculture, loin d'avoir intérêt comme autrefois à produire peu, ne peut aujourd'hui prospérer qu'à la condition de produire beaucoup.

Et l'état de choses nouveau qui lui impose cette obligation lui fournit en même temps les moyens d'y pourvoir. Le travail humain ne suffit pas pour fertiliser tous les sols, et les révélations de la chimie agricole resteraient lettre morte, si le propriétaire, instruit de ce qui manque à son fonds pour produire davantage, se voyait dans l'impossibilité de le lui donner. Mais pendant que le chimiste déterminait, par de minutieuses analyses, la nature des amendements ou des engrais propres à féconder chaque nature de terrain, l'ingénieur ouvrait les voies nouvelles qui mettent partout ces engrais et ces amendements à la disposition des cultivateurs.

Le guano du Pérou est devenu à la fois une source de richesse pour le pays qui l'exporte et pour les contrées qui l'achètent. La chaux, la marne, les phosphates, ont transformé des provinces entières.

Dès 1856, M. Léonce de Lavergne [1], parlant de cette large bande de terres siliceuses qui traverse la France du Nord-Ouest au Sud-Est, disait : « Partout où il est possible d'employer largement la chaux comme amendement, le sol se transforme à vue d'œil, les prairies artificielles s'étendent, les bestiaux s'améliorent et se multiplient, le froment se substitue au seigle. Or, avec les moyens ordinaires de locomotion et de combustion, la chaux revenait trop cher sur la plupart des points. Les chemins de fer qui transportent à peu de frais soit le combustible, soit la chaux même, peuvent seuls la mettre à la portée de tous. »

Plus les transports deviendront économiques et plus les bienfaits du chaulage se généraliseront. Il a pris une grande extension dans le département de la Loire, depuis que le chemin de fer du Bourbonnais amène dans le Forez la chaux de l'Allier. Elle ne coûte plus que 1 fr. 25 l'hectolitre dans l'arrondissement de Roanne, de 1 fr. 50 à 1 fr. 75 dans celui de Montbrison, 1 fr. 80 dans celui de Saint-Étienne ; et cent hectolitres suffisent par hectare.

Le marnage a de même transformé la Sologne, autrefois si misérable. L'État avait pris à sa charge une partie de la dépense et la compagnie d'Orléans avait réduit ses prix, de sorte que le mètre cube de marne, pesant 1,400 kilogrammes, ne se vendait plus que 2 fr. 50 dans les onze dépôts échelonnés le long du chemin de fer. La dépense, par hectare, variait encore de 112 à 250 francs; mais c'était de l'argent bien placé. Maintenant cet ancien désert, envahi par la culture des céréales et des légumes, offre au printemps l'aspect de certaines parties de la Beauce ou de la Brie, et donne des récoltes fort satisfaisantes.

[1] *Revue des Deux-Mondes* du 15 juin 1856.

Les compagnies de chemins de fer, qui ont un intérêt évident à transformer ainsi les régions qu'elles desservent, n'ont rien négligé pour favoriser et pour propager l'usage des matières fertilisantes. Le cahier des charges de 1859 rangeait dans la troisième classe et taxait à 10 centimes par tonne kilométrique les marnes, cendres, fumiers, engrais, plâtres, argiles... En 1863, lors de la révision des conventions de 1859, on a fait de cette catégorie spéciale de marchandises (en y joignant la houille) une quatrième classe taxée comme suit : jusqu'à 100 kilomètres, 8 centimes par tonne kilométrique avec un maximum de 5 francs ; de 101 à 300 kilomètres, 5 centimes avec un maximum de 12 francs ; au-dessus de 300 kilomètres, 4 centimes par tonne et par kilomètre, sans maximum.

Mais les tarifs spéciaux, dont le bénéfice est accordé à tout expéditeur qui renonce à opposer aux compagnies les délais de transport réglementaires, sont encore bien plus avantageux que le tarif général. Nous les voyons descendre, sur tous les grands réseaux et pour toutes les grandes distances, jusqu'à 3 centimes, 2 cent. 1/2 et même 2 centimes [1]. Aussi les chemins de fer français transportaient-ils, dès 1867, plus d'un demi-million de tonnes d'engrais et d'amendements.

Ces facilités données à l'amélioration du sol n'ont pas peu contribué à développer la production agricole de la France dans des proportions considérables.

Voici d'abord quels ont été, depuis la fin du premier Empire, les progrès de la culture du blé :

---

[1] La compagnie de l'Ouest a révisé, en 1872, son tarif spécial des chaux. Le prix de la tonne kilométrique a été abaissé à 2 cent. 1/2 pour les parcours de 200 kilomètres. On a ainsi permis aux amendements calcaires de pénétrer en abondance jusqu'au fond de la Bretagne, terre granitique où ils sont extrêmement utiles.

Progrès de la culture du blé en France.

Années.	Millions d'hectares ensemencés.	Millions d'hectolitres récoltés.	Rendement moyen par hectare.
1815	4,6	39,5	8,6
1820	4,7	44,3	9,5
1825	4,9	61	12,6
1830	5	52,8	10,5
1835	5,3	71,7	13,4
1840	5,5	80,9	14,6
1841	5,6	71,5	12,7
1842	5,6	71,3	12,8
1843	5,7	73,6	13
1844	5,7	82,4	14,5
1845	5,7	72	12,6
1846	5,9	60,7	10,2
1847	6	37,6	6,3
1848	6	88	14,7
1849	6	90,8	15,2
1850	6	88	14,8
1851	6	86	14,3
1852	6,1	86,1	14,1
1853	6,2	63,7	10,3
1854	6,4	97,2	15,2
1855	6,4	72,9	14,4
1856	6,5	85,3	13,2
1857	6,6	110,4	16,7
1858	6,6	110	16,6
1859	6,7	87,5	13
1860	6,7	101,6	15,1
1861	6,8	75,1	11,2
1862	6,9	91,3	14,1
1863	6,9	116,8	16,9
1864	6,9	111,3	16,1
1865	6,9	95,1	13,8
1866	6,9	85,1	12,3
1867	7	83	11,9
1868	7,1	116,8	16,5
1869	7	107,9	15,3
1870	»	»	»
1871	6,4	60,3	10,8
1872	6,9	120,8	17,4
1873	6,8	81,9	12
1874	6,9	133,1	19,4

1875	6,9	100,6	14,5
1876	6,9	95,4	13,9
1877	7,0	100,1	14,3
1878	6,8	95,3	13,9
1879	»	82,2	»

Ainsi, la superficie cultivée en blé a, depuis la Restauration, augmenté de 40 p. 100, bien que la perte de l'Alsace-Lorraine (1,447,400 hectares) ait compensé, et au delà, l'annexion de la Savoie et de Nice (1,277,100 hectares); et une augmentation très sensible a également été obtenue dans le rendement moyen de l'hectare.

C'est par le concours de ces deux faits, superficie plus grande et rendement supérieur, que la production totale qui, sous la Restauration, variait de 40 à 60 millions d'hectolitres, et qui, sous Louis-Philippe encore, n'atteignait 80 millions que très exceptionnellement, a pu s'élever en 1874 jusqu'à 133 millions.

A vrai dire, le développement superficiel de la culture du blé s'est fait en partie aux dépens des grains inférieurs, l'amélioration de beaucoup de terres médiocres ayant permis d'y substituer la culture du froment à celle du seigle, de l'orge ou du maïs. Le seigle occupait chez nous, pendant toute la première moité du siècle, une surface d'environ 2 millions et demi d'hectares. En 1857, le chiffre n'est plus que de 2,072,865 hectares ; en 1862, de 1,928,928; en 1873, de 1,897,730; en 1878, de 1,804,791. Mais le progrès de la culture a compensé, au point de vue des quantités produites, la réduction des superficies, et la récolte du seigle oscille toujours entre 20 et 30 millions d'hectolitres (24 millions en 1878, 20 millions en 1879).

L'orge, en 1815, occupait 1,100,000 hectares, et, après avoir étendu son domaine de près d'un quart, elle est retombée au-dessous du chiffre de 1815. Mais le rendement par hectare s'est élevé d'une manière remarquable depuis vingt ans.

De même pour les autres céréales.

III

Nous avons tenu à entrer dans d'assez minutieux détails en ce qui concerne le blé, parce que c'est, au double point de vue de la production et de l'alimentation, la denrée par excellence. Nous passerons rapidement sur les autres cultures; mais les résultats sont partout les mêmes, et M. Léonce de Lavergne est loin d'exagérer quand il avance que, depuis vingt-cinq ans, malgré la perte de l'Alsace et de la Lorraine, la valeur totale des produits ruraux s'est élevée de 5 milliards par an à 7 milliards et demi, cette augmentation étant surtout due, pour lui comme pour nous, aux chemins de fer et aux chemins vicinaux.

Voyez la vigne. Il y a cette différence entre la vigne et le blé que le blé pousse dans toute l'Europe, tandis que le raisin ne mûrit pas au delà d'une certaine latitude. La question des transports est donc plus importante encore pour la viticulture que pour la culture des céréales. Avant les chemins de fer, il n'était pas rare de voir les propriétaires de vignobles de la Gascogne et du Languedoc laisser périr sur pied une partie de la vendange, quand elle dépassait de beaucoup les besoins de la consommation locale. Avec les débouchés actuels, tout vin susceptible de voyager, avec ou sans mélange d'alcool, est sûr de trouver un placement, malgré les droits énormes qui pourraient, dans les villes surtout, ralentir la consommation. Les cahiers des charges taxent à 14 centimes la tonne kilométrique de vin (deuxième classe) ; mais les tarifs généraux réduisent déjà ce prix dans des proportions considérables :

De 12 à 7 centimes sur le réseau du Nord ;

De 12 à 10 centimes sur le réseau de l'Est ;

De 10 à 7 centimes 1/2 sur les réseaux d'Orléans et de l'Ouest ;

De 10 centimes à 8 cent. 9 sur le réseau de Lyon ;

De 8 centimes 1/2 à 4 cent. 7 sur le réseau du Midi.

Quant aux tarifs spéciaux, ils varient de 8 à 5 ou 4 centimes.

A ce compte, les vins du Midi peuvent se répandre abondamment dans le Centre et le Nord de la France. De là une énorme plus-value : le prix moyen des vins français, au lieu de production, ressortait en 1840, d'après l'enquête agricole faite à cette époque, à 11 fr. 50 l'hectolitre, et l'enquête de 1852 ne portait ce même prix qu'à 13 francs. C'était, à peu de chose près, le prix moyen du temps de Louis XVI. En 1862, nouvelle enquête et nouvelle évaluation : 28 fr. 50. Ainsi, en dix ans, le prix des vins achetés sur place avait plus que doublé, tandis que le prix moyen de vente au détail par hectolitre qui, jusqu'au milieu du siècle, s'écartait peu de 35 francs, n'avait monté qu'à 50 francs, réalisant ainsi une augmentation de 43 p. 100 seulement [1]. Plus de 100 p. 100 d'un côté, moins de 50 p. 100 de l'autre : voilà qui montre bien l'importance du service rendu par les nouveaux moyens de locomotion.

L'économie procurée au consommateur n'est ici que relative ; mais ne doit-il pas se féliciter de ne subir que la moitié du renchérissement constaté au lieu de production, et réci-

---

[1] Actuellement, le prix moyen de la vente au détail est d'environ 60 francs (58 fr. 76 en 1877, 61 fr. 46 en 1878).

proquement le producteur ne doit-il pas se féliciter de vendre deux fois plus cher qu'autrefois ce qui ne coûte au consommateur que 40 ou 50 p. 100 de plus. Il y a là, on en conviendra, de quoi stimuler singulièrement la culture de la vigne dans les départements où tout la favorise. Aussi quel rapide développement! Sous Louis-Philippe, la France produisait, bon an mal an, 30 millions d'hectolitres de vins. Après la crise de l'oïdium qui, en 1854, réduisit la récolte à 10 millions, la production a rapidement atteint un niveau moyen de 55 millions d'hectolitres. Les vendanges de 1869 se sont chiffrées par 70 millions et celles de 1875 par 84 millions d'hectolitres. Il est vrai que depuis lors la production rétrograde d'une manière désastreuse : 42 millions en 1876, 56 millions et demi en 1877, 49 millions en 1878, 30 millions peut-être en 1879. Mais comment s'étonner de cette décadence en présence de l'inclémence persistante des éléments et des ravages toujours croissants du phylloxéra?

Pour les bestiaux qui, après le blé et le vin, représentent une des branches les plus importantes de notre agriculture, nous avons vu que le tarif réglementaire est, par tête et par kilomètre, en petite vitesse, de 10 centimes pour les bœufs, vaches, chevaux, mulets; 4 centimes pour les veaux et porcs; 2 centimes pour les moutons et pour les chèvres.

Ces tarifs sont en général appliqués sans modification aux animaux expédiés isolément. Pour les animaux en bandes pouvant remplir plusieurs wagons, nos grandes compagnies ont des tarifs spéciaux plus avantageux. Sur les réseaux du Nord, de l'Est, du Midi..., le wagon à bœufs coûte 50 centimes par kilomètre; on admet 6 bœufs par wagon, mais les expéditeurs peuvent augmenter ce nombre à leurs risques et périls, sans augmentation de taxe. La compagnie d'Orléans taxe les bœufs en bandes à 9 centimes ou 7 centimes par tête et par kilomètre, selon que le parcours est inférieur ou supérieur à 50 kilomètres ; elle a établi en outre un grand nombre de prix fermes. La compagnie de l'Ouest ne prend que 5, 4 ou même 3 centimes par tête, selon les trajets, avec un minimum de perception de 2 francs par animal, elle procède aussi par prix fermes dans un grand nombre de cas. Des dispositions analogues ont été adoptées sur les divers réseaux pour les troupeaux de porcs, veaux, moutons... Les moutons en bandes, sur les lignes d'Orléans et de Lyon, sont taxés à raison de 20 centimes par wagon, contenant quarante bêtes ou plus, à volonté.

N'oublions pas de mentionner la réduction de 50 p. 100 sur les tarifs généraux que toutes les compagnies accordent pour les animaux envoyés aux concours agricoles, régionaux ou autres. C'est encore rendre un service sérieux à l'agriculture nationale que de faciliter ainsi l'organisation de ces expositions locales, dont l'utilité est de moins en moins contestée.

Le blé, le vin, le bétail même ne circulent guère que sous le régime de la petite vitesse, ou même plus lentement quand les expéditeurs réclament, comme c'est l'usage [1], le bénéfice des tarifs spéciaux. C'est donc principalement au bon marché des transports que la culture et l'élevage doivent l'essor qu'ils ont pris dans tant de contrées jadis stérilisées par l'absence de débouchés.

Mais il est certains produits animaux ou végétaux pour lesquels la rapidité des trajets a une importance capitale.

---

[1] M. de Franqueville, l'éminent directeur général des chemins de fer, disait en 1865 au Corps législatif : « Toujours, à côté d'un tarif spécial avec délai allongé, on trouve un tarif général un peu plus élevé et le délai réglementaire. Or, il est à peu près sans exemple qu'un expéditeur choisisse les tarifs les plus élevés avec un délai moindre. On choisit toujours les tarifs les plus bas avec des délais plus longs. On veut bien de la vitesse, mais on ne veut pas la payer. »

Ce sont ceux qui demandent à être consommés à bref
délai, sous peine de corruption. Nous avons parlé du poisson dans le précédent chapitre. Certaines denrées purement
agricoles, le lait, le beurre frais, les légumes verts, les
fruits, la volaille..., sont presque aussi susceptibles et perdent
presque aussi rapidement leurs qualités. Ainsi, les grandes
villes ne pouvaient-elles autrefois s'approvisionner que
dans un rayon fort peu étendu. La banlieue de Paris,
par exemple, avait presque le monopole de ce genre de
fournitures : c'était de la banlieue que venait le lait bu par
les Parisiens ; c'était de la banlieue que venaient les légumes et les fruits servis sur leurs tables. La Normandie,
la Picardie, la Beauce... ne pouvaient faire concurrence au
département de Seine-et-Oise, dont les produits étaient sûrs
d'arriver plus économiquement et plus vite à la halle. Il y avait
là un privilège précieux pour les campagnes suburbaines : la
terre, à qualité égale, y avait plus de valeur qu'ailleurs, et les
fermages y montaient plus rapidement. Depuis les chemins
de fer, il n'y a plus de monopole, plus de rayon privilégié.
On voit arriver à Paris, du fond de la province, des primeurs
de toutes sortes. La Bretagne envoie ses choux-fleurs et ses
salades, la Lorraine ses prunes, le Bordelais ses fraises, le
Languedoc son raisin, la Provence ses pêches, l'Algérie ses
artichauts... L'alimentation de la capitale est décentralisée.
Pour le lait, qui joue un si grand rôle dans la nourriture des
Français, et notamment des Parisiens, le cercle d'approvisionnement de la capitale a déjà plus de 100 kilomètres de
rayon [1] au lieu de 25. En 1869, sur une consommation totale

---

[1] La zone dans laquelle les marchands en gros recueillent le lait des fer-
miers pour l'expédier sur Paris peut être figurée par une ligne passant, sur le
chemin de fer du Nord, à Verberie (72 kil.), à Ailly-sur-Noye (112 kil.) et à
Beauvais (88 kil.); sur le chemin de fer de l'Ouest (rive droite), à Sérifontaine
(77 kil.), à Gaillon (94 kil.), à Évreux (108 kil.); sur le chemin de fer de

de 112 millions de litres, 12 millions seulement entraient dans Paris par voitures ; les 5,000 vaches normandes nourries dans l'enceinte des fortifications ne donnaient que 18 millions de litres : le surplus, 82 millions, arrivait par chemins de fer. Et le prix du lait, avant 1870, s'était ressenti de cette nouvelle organisation. Les hospices de Paris le payaient 25 centimes le litre sous la Restauration, de 18 à 20 centimes entre 1840 et 1850, de 16 à 18 centimes de 1850 à 1865.

Un commerce qui n'a pas été transformé seulement, mais absolument créé par les chemins de fer, c'est celui des viandes abattues.

Autrefois quelques bouchers de banlieue venaient seuls vendre au détail sur les marchés de Paris la viande des animaux abattus hors barrières. En 1849, une vente en gros à la criée a été instituée aux halles centrales, sur la demande des bouchers des départements limitrophes qui, ne trouvant pas toujours à débiter les diverses parties d'un bœuf dans leur clientèle rurale, voulaient pouvoir chercher dans la capitale le placement des morceaux de choix. Une fois ce nouveau courant commercial établi sur les diverses voies ferrées qui convergent sur Paris, il n'a pas tardé à prendre une grande importance. Deux sortes de viandes nous arrivent aujourd'hui de cette manière : 1° des viandes médiocres qui s'écoulent plus facilement en quartiers que sur pied ; 2° les parties les plus recherchées des animaux consacrés à l'alimentation des pays pauvres : c'est ainsi que l'Allemagne et la Suisse expédient à Paris des quantités considérables de filets de bœufs en caisses, lesquels voyagent côte à côte avec les

l'Ouest (rive gauche), à Chartres (88 kil.), à Dreux (82 kil.); sur le chemin de fer d'Orléans, à Artenay (102 kil.); sur le chemin de fer de Lyon, à Sens (113 kil.); enfin, à Longueville, sur le chemin de fer de l'Est. (A. Husson, *Les Consommations de Paris.*)

chevreuils et les lièvres tués sur les bords du Rhin, dans la Hesse, dans le Palatinat, en Bavière, en Bohême et jusqu'en Hongrie.

La viande abattue figure aujourd'hui pour un sixième et les lièvres allemands pour neuf dixièmes dans la consommation de Paris.

IV

Cette décentralisation de l'alimentation des grandes villes n'a pas été sans nuire à leurs environs immédiats, privés désormais de l'espèce de monopole dont ils se trouvaient investis, lorsque les communications étaient lentes et coûteuses. Les banlieues proprement dites ont été largement indemnisées de cette déchéance, par la plus-value résultant de l'extension rapide des cités qu'elles entouraient et qui les ont absorbées. Mais dans ce qu'un ingénieur militaire appellerait volontiers la seconde zone, il n'y a pas eu partout compensation. M. Victor Bonnet cite un domaine d'excellentes terres, situé à vingt lieues de Paris et très bien cultivé, qui s'est vendu vers 1860 au même prix qu'en 1840, le fermage n'ayant pas augmenté. L'enquête de 1866 a même démontré que le prix de la terre labourable avait diminué depuis 1847, dans le département de la Seine. Et tout récemment encore, M. Mathieu Bodet signalait la dépréciation subie par les bois des environs de Paris, qui paient aujourd'hui, comme impôt foncier en principal, 12 p. 100 de leur revenu net (au lieu de 4,24 p. 100 qui est la moyenne générale), parce que « l'établissement des chemins de fer, le perfectionnement des voies navigables et la concurrence des localités plus éloignées, ont amené, depuis la confection du cadastre, une baisse sensible dans le prix des coupes ».

Mais en revanche, quelle augmentation de valeur pour la propriété foncière dans tous les départements où les débouchés manquaient avant la création des chemins vicinaux, d'une part, et des chemins de fer de l'autre !

Dans notre *Essai sur les variations des prix*, nous avons cru pouvoir chiffrer comme il suit, la valeur moyenne de l'hectare en France, à diverses époques [1] :

Valeur moyenne de l'hectare en 1789	. . . .	500 fr.
—	en 1815	700
—	en 1821	800
—	vers 1835	1,000
—	en 1851	1,290
—	en 1862	1,850
—	vers 1874	2,000

L'extrême rapidité de cette progression n'avait pas empêché un appréciateur particulièrement compètent, M. E. Levasseur, de la déclarer « très vraisemblable », et la dernière évaluation dont le revenu cadastral ait été l'objet vient encore la confirmer, car il se trouve que les calculs de l'administration des contributions directes font ressortir dans ce total des revenus fonciers du pays, pour la période 1851-1874, une plus-value identique à celle que nous avions, par d'autres motifs, assignée d'avance pour la même période au prix moyen de l'hectare. Voici le tableau publié en 1875 :

Époque des évaluations.	Montant du revenu net. (millions de francs)
1791	1,440
1821	1,580
1851	2,540
1862	3,096
1874	3,959

[1] Voir l'*Économiste français* des 30 mai 1874 (*Le prix de la terre*); 30 octobre 1875 (*Fermages et loyers*) ; 7 septembre 1878 (*Le renchérissement de la propriété foncière*).

Entre le chiffre de 1821 et celui de 1851, l'écart est de 60 p. 100 comme entre les prix de 800 francs et 1290 francs qui, dans notre échelle, correspondent à ces deux époques. Et de même, l'écart de 55 p. 100 que donne la comparaison des revenus nets de 1851 et de 1874 est aussi celui qui ressort du rapprochement des prix de 1,290 francs et 2,000 francs, auxquels nous avons cru pouvoir évaluer, à ces deux dates, l'hectare moyen [1].

Il est vrai que les chiffres de l'administration des contributions directes embrassent à la fois, sans les distinguer, la propriété bâtie (moins cependant les bâtiments affectés à un service public et les bâtiments ruraux à usage exclusivement agricole) et la propriété non bâtie. Mais dans les 4 milliards qui représentaient en 1874 le montant des revenus fonciers nets, la propriété bâtie n'entre guère pour plus d'un quart ; et dès lors, même en admettant que la valeur des maisons ait progressé plus rapidement encore que celle des terres, la plus-value que nous attribuons à la terre depuis 1851 n'en resterait pas moins justifiée d'une manière très approximative.

Quant au prix moyen de 1,290 francs que nous avons adopté pour 1851, il s'appuie à la fois sur les résultats de

. [1] L'évaluation de 1874, basée sur les baux et locations verbales enregistrés, est probablement plus complète que les précédentes, et on pourrait être tenté d'expliquer ainsi une partie de la plus-value constatée. Mais, par contre, le chiffre de 2 milliards et demi, obtenu en 1851, comprenait naturellement l'Alsace et la Lorraine, qui ne sont plus comprises dans le chiffre de 4 milliards en 1874. Quant aux territoires annexés à la France en 1860 (Savoie et Nice), ils ne figurent pas plus dans les évaluations de 1862 et 1874 que dans celle de 1851, parce que le cadastre n'y était pas encore terminé. Ajoutons que la Corse est également omise dans les évaluations d'ensemble données par l'administration des contributions directes. On sait que cette administration procède en ce moment, en vue de la péréquation de l'impôt foncier et en exécution des lois des 3 août 1875 et 2 août 1879, à une évaluation nouvelle, et plus approfondie que la précédente, des revenus territoriaux.

l'enquête agricole de 1852 et sur ceux de l'enquête cadastrale de 1851 [1].

Nous persistons donc à croire que la valeur moyenne du sol en France a à peu près quadruplé depuis 1789, triplé depuis 1815, doublé depuis les premières années du règne de Louis-Philippe et augmenté d'au moins 50 p. 100 depuis le milieu du siècle.

Au surplus, les enquêtes agricoles auxquelles la Belgique procède périodiquement n'ont-elles pas donné des résultats plus surprenants encore? La valeur moyenne de l'hectare y ressort, pour l'ensemble du royaume, à 2,421 francs en 1846, 3,171 francs en 1856, et 3,946 francs en 1866. Et ce qui montre bien que cette énorme plus-value (63 p. 100 en vingt ans), est principalement due, en Belgique comme en France, à la création des chemins de fer, c'est que les provinces intérieures ont gagné beaucoup plus encore que les provinces maritimes, auxquelles les débouchés n'ont jamais fait défaut au même degré. Ainsi l'augmentation de l'hectare, de 1846 à 1866, dépasse à peine 50 p. 100 dans la province d'Anvers, tandis qu'elle atteint 86 p. 100 dans le Luxembourg.

Il n'y a donc pas à s'étonner outre mesure que la valeur du sol ait pu, depuis un demi-siècle, s'accroître en France de 150 p. 100. Cette plus-value considérable n'est après tout que la résultante naturelle de tous les progrès accomplis par notre agriculture. Ne voyions-nous pas tout à l'heure que la production totale de notre pays, en vin comme en blé, a doublé? Il y a bien des communes où elle a décuplé [2]. Et le

---

[1] Voir les résultats de cette enquête dans le *Bulletin de statistique* publié par l'administration des finances (livraisons d'août, septembre et octobre 1879).

[2] Les exemples particuliers d'énormes plus-values acquises par des propriétés foncières pourraient être multipliés presque indéfiniment. M. L. de Lavergne qui, sur ce point, avait cru pouvoir nous accuser de quelque exagération, fait lui-même des rapprochements concluants dans son beau livre sur l'*Économie*

prix de toutes les denrées n'a-t-il pas augmenté plus ou moins ? Les salaires, il est vrai, se sont accrus, les salaires ruraux autant et plus que les autres. Mais c'est avec moins de bras qu'autrefois que nos cultivateurs obtiennent une production supérieure, les statistiques de la population le prouvent surabondamment. Sans doute, le progrès agricole n'est pas chez nous le résultat exclusif du perfectionnement des moyens de transport : il ne faut oublier ici ni les épargnes immobilisées dans le sol, ni l'abondance actuelle de l'or et de l'argent, ni l'émancipation du commerce extérieur, ni l'application de la chimie et de la mécanique à l'art d'exploiter la terre. Le développement de l'industrie, sous toutes ses formes, a aussi stimulé le progrès agricole, en contribuant à

rurale de la France. On peut également citer, entre autres témoignages du même genre, le discours adressé le 16 septembre 1877 au maréchal de Mac-Mahon par M. Fernand Raoul Duval, propriétaire à Génillé (Indre-et-Loire) : « *Grâce au perfectionnement des voies de communication,* j'ai pu, sur cette terre, augmenter dans une proportion considérable les produits en grains, en fruits, en animaux et en vins livrés chaque année à la consommation. Il y a quinze années, cette propriété donnait un produit brut annuel de quelques milliers de francs à peine ; les transports n'atteignaient pas 100 tonnes. Aujourd'hui, la production atteint et dépassera bientôt 200,000 francs. Les transports se chiffrent par milliers de tonnes chaque année... Les deux communes du Liège et de Génillé faisaient, il y a vingt ans, à peine assez de vin pour leur consommation. Maintenant elles envoient après chaque vendange 15 à 20,000 barriques, et si tous les terrains propres à la vigne y étaient plantés, elles pourraient en exporter plus de 100,000. » M. Clavé, plus récemment encore (*Revue des Deux-Mondes* du 15 avril 1878), donnait de très intéressants exemples des plus-values que les propriétaires de bois ont souvent obtenues par le percement de routes forestières intelligemment tracées ; il n'est pas rare que les capitaux employés à des travaux de ce genre rapportent presque immédiatement plus de 10 p. 100 : « On pourrait même citer des cas, dit-il, où le placement s'est élevé à plus de 25 p. 100. Dans la forêt de Gérardmer (Vosges) 60 kilomètres de chemins en terrain naturel, ayant coûté 160,000 francs, ont eu pour effet d'augmenter le revenu de 130,000 francs. Dans l'Aude et les Pyrénées-Orientales une dépense de 650,000 francs consacrée à l'établissement de 180 kilomètres de route a fait réaliser à l'État une plus-value annuelle de 100,000 francs. »

augmenter les ressources ou les besoins d'une foule de consommateurs.

Mais de toutes ces influences parallèles, celle exercée par les voies de communication en général, par les chemins vicinaux et les chemins de fer en particulier, a bien certainement été la plus puissante. Le grand Arago croyait être dans le vrai lorsqu'il disait qu'on ne fertilise pas une province en y posant « deux tringles de fer ». L'expérience a prouvé le contraire, et les Landes elles-mêmes, qu'il prenait comme exemple de l'impuissance écononomique de la locomotive, protestent aujourd'hui, non moins que la Sologne ou la Champagne, contre cette grande erreur d'un grand esprit. Les chemins de fer ont en effet permis aux propriétaires des Landes d'exploiter en grand leurs forêts de pins, d'en placer avantageusement les résines et les goudrons, de vendre les bois pour en faire des traverses ou des poteaux de télégraphes, et là aussi, une véritable aisance a succédé à la misère qu'Arago croyait incurable.

CHAPITRE XIV.

L'Industrie.

Localisation croissante des spécialités industrielles. — Facilités nouvelles pour fabriquer et pour vendre. — La houille. — Le fer. —
Industrie du bâtiment. — Le verre et les glaces. — Le sucre. — Les
industries textiles. — La grande industrie.

Grâce aux routes et aux chemins de fer, grâce à l'extrême
mobilité que leur doivent les produits agricoles, le cultivateur
aujourd'hui a moins à consulter, pour le choix de ses cultures,
les besoins particuliers de la consommation locale que les
aptitudes productrices du sol qu'il doit exploiter. Sûr de ne
pas manquer de débouchés pour les denrées qu'il aura produites à bon compte, et sûr également de se heurter à d'in-
vincibles concurrences pour les denrées dont le prix de revient
serait trop élevé, il n'a qu'une chose à faire : interroger ses terres, leur demander ce qu'elles sont le mieux préparées à produire, et les ensemencer en conséquence. Ce n'est en somme
que l'application à l'agriculture du principe fécond de la division du travail. Nous voyons ainsi chaque région de la France
se spécialiser de plus en plus. La culture du blé se concentre

dans les plaines, celle de l'avoine sur les plateaux ; on reboise les montagnes imprudemment dépouillées de leurs forêts ; les prairies artificielles se multiplient là même où les prairies naturelles abondent ; la betterave, dans le Nord, envahit des arrondissements entiers ; le colza, dans la haute Normandie, prend la place du chanvre et du lin, dont nous abandonnons de plus en plus la culture à la Russie ; le Midi était en train de se tranformer en un immense vignoble quand le phylloxéra est venu lui déclarer la guerre...

Les mêmes causes produisent pour l'industrie des effets analogues. Là aussi, là surtout, la distance a cessé de faire obstacle à la concurrence. Si vous fabriquez dans de meilleures conditions que tout autre, vous n'aurez que l'embarras du choix pour le placement de votre marchandise ; si vous avez implanté artificiellement telle ou telle spécialité industrielle dans un milieu qui ne lui est pas favorable, elle est désormais condamnée. Il y a donc, de par les chemins de fer, tendance à la localisation des industries comme à la localisation des cultures.

I

Le premier besoin d'une industrie quelconque, c'est l'approvisionnement des matières premières. Il y en a qui sont particulières à chaque fabrication ; il en est d'autres, il en est une surtout dont le besoin est commun à toutes.

La houille, qu'on a pu justement appeler, par ce motif, le pain de l'industrie, est devenue l'agent universel de tout travail mécanique, et, jusque dans les vallées où la présence des moteurs hydrauliques avait depuis longtemps multiplié les usines, on voit aujourd'hui se dresser par centaines les hautes cheminées de briques qui attestent l'insuffisance de ces moteurs naturels. Le prix de la houille est donc maintenant, pour toute industrie, une question de vie ou de mort. Ce qui fait la grande supériorité industrielle de l'Angleterre, c'est qu'elle a presque partout la houille à fleur de terre. Un maître de forges qui peut, pour ainsi dire, ramasser sur place d'une main le charbon et de l'autre le minerai, doit évidemment produire le métal à bien meilleur marché que celui qui est obligé de faire venir de loin l'un ou l'autre de ces deux facteurs des produits métallurgiques. Mais c'est là un privilège très exceptionnel, et, pour le commun des producteurs, la houille devant être amenée de plus ou moins loin, le prix de transport de ce combustible indispensable acquiert une importance sur laquelle il serait superflu d'insister.

Eh bien ! ce prix a diminué plus que tout autre depuis la transformation du système circulatoire de l'Europe, et l'on peut dire que telle usine qui, il y a cinquante ans, se trouvait à cent lieues de la houillère où il lui fallait s'approvisionner, n'en a plus été qu'à vingt-cinq lieues le jour où un chemin de fer est venu servir de trait d'union aux deux exploitations.

Ici comme ailleurs, ce n'est pas le seul cahier des charges qu'il faut consulter pour se rendre compte de la situation actuelle. On avait placé primitivement la houille dans la troisième classe, et elle se trouvait conséquemment taxée à 10 centimes par tonne kilométrique. Elle est descendue, en 1863-1864, dans la quatrième classe créée à cette époque par suite de conventions nouvelles intervenues entre l'État et les compagnies. Le tarif légal pour les charbons est donc le tarif différentiel de la quatrième classe, savoir : 8 centimes par tonne kilométrique jusqu'à 100 kilomètres, avec un maximum de 5 francs par tonne ; 5 centimes de 101 à 300 kilomètres, avec un maximum de 12 francs ; enfin, 4 centimes au-dessus de 300 kilomètres.

Mais les expéditions qui se font dans ces conditions légales sont l'exception. Le ministre des travaux publics constatait en 1877 que le prix kilométrique de la tonne de charbon variait en fait, sur nos réseaux ferrés, de 7 à 2 centimes. En 1876, le tarif moyen des houilles et cokes, impôt non compris, ressortait, pour l'ensemble des six grandes compagnies, à 4 cent. 23, comme le montre le tableau suivant :

Prix du transport des houilles en 1876, impôt non compris.

Compagnies.	Millions de tonnes kilométriques.	Tarif moyen perçu. (centimes)	Parcours moyen. (kilomètres)
Nord	616	3,57	114
Est	137	4,55	87
Ouest	70	4,28	92
Orléans	151	4,14	117
Lyon	503	4,91	100
Midi.	47	4,96	128
Ensemble.	1,524	4,23	105

Ces moyennes réduites s'expliquent par les tarifs de faveur sur lesquels M. Jacqmin donnait, en 1868, les renseignements suivants :

Le tarif général de la compagnie de Lyon assigne un maximum de 5 centimes et un maximum de 3 cent. 2 au prix de la tonne kilométrique. Les tarifs spéciaux de la même compagnie sont établis sous forme de prix fermes, calculés le plus souvent à raison de 3 centimes par tonne et par kilomètre.

Les prix fermes des tarifs spéciaux de la compagnie d'Orléans descendent jusqu'à 2 centimes 1/2.

Les prix fermes du réseau de l'Est correspondent à des bases kilométriques qui varient de 6 cent. 7 à 2 cent. 87. Les expéditions de 300 tonnes sur certains parcours sont taxées sur le pied de 3 cent. 2 à 2 cent. 2.

La compagnie du Nord fixe des prix fermes pour les houilles partant :

1° Des points de la frontière par où peut arriver le combustible belge : Erquelines, Quiévrain, etc. ;

2° De toutes les stations françaises correspondant aux bassins houillers d'Anzin, de Valenciennes et du Pas-de-Calais ;

3° Des ports par lesquels peut arriver la houille anglaise : Saint-Valery, Boulogne, Calais, Dunkerque.

Toute personne ayant besoin de 10,000 kilogrammes de houille peut ainsi les obtenir à des prix parfaitement déterminés, sans recourir à aucun intermédiaire. Les prix fermes représentent 5 cent. 3 au plus et 2 cent. 8 au moins par tonne et par kilomètre.

La compagnie du Nord a en outre mis, à Paris, à la disposition du commerce, une grande gare où les charbons peuvent être déposés moyennant un prix très minime. Elle a également ment organisé un service de camionnage dont les prix varient avec la distance.

Les directions dans lesquelles la navigation intérieure fait concurrence aux chemins de fer sont naturellement celles où les compagnies ont le plus réduit leurs tarifs généraux. Et l'avantage est double, car c'est alors seulement que les canaux sont arrivés au prix très bas que nous avons constatés dans le cours de ce mémoire.

Veut-on savoir maintenant quel a été l'avantage procuré par cette réduction des frais de transport au consommateur parisien? La tonne de gailleterie en dehors de l'octroi, à Paris, coûtait :

De 1835 à 1840 . . . .   50 francs.
De 1840 à 1845   47   —

De 1845 à 1850 . . . .   35 tonnes.
En 1856 . . . .   32 —

Les frais d'octroi, de magasinage, de chargement, de camionnage, le bénéfice des intermédiaires élevaient ce prix de plus de 20 francs, et le consommateur payait 52 francs, 55 francs, voire même 60 francs et 70 francs pendant les hivers rigoureux.

En 1866, on pouvait se procurer la même gailleterie aux prix suivants :

Achat à Charleroi en wagon.	18 francs.
Transport de Charleroi à la frontière	2,38
Droit de douane	1,10
Chemin de fer du Nord, de la frontière à La Chapelle . . .	7,80
Déchargement	0,30
Total, octroi non compris.	29,58

On voit que, sous l'influence des chemins de fer et malgré l'énorme augmentation survenue dans la consommation, le prix de la houille à Paris, en gros, s'était abaissé de 47 francs à 30 francs.

En s'adressant à la compagnie du Nord pour le paiement de l'octroi et le camionnage dans Paris, on ne doit ajouter au prix de 30 francs qu'une somme de 10 à 12 francs, et on arrive au prix définitif de 40 à 42 francs au lieu de 60 ou 70 francs.

Refaites le même calcul pour une localité quelconque et vous trouverez des résultats analogues.

Il semblerait cependant, à première vue, qu'il y a une certaine contradiction entre ce qui précède et les prix moyens calculés par l'administration des mines dans ses statistiques quinquennales. Voici ces chiffres officiels :

Années.	Prix moyen au lieu de production. (francs)		Prix moyen au lieu de consommation. (francs)		Écart entre les deux prix. (francs)
1847	10	la tonne	21,60	la tonne	11,60
1850	9,30	—	21,40	—	12,10
1855	11,90	—	24	—	12,10
1860	11,65	—	22,93	—	11,28
1865	11,50	—	22,90	—	11,40
1870	11,70	—	23,10	—	11,40
1871	12,40	—	23,70	—	11,30
1872	13,50	—	28,50	—	15 »
1873	16,60	—	31,80	—	15,20
1874	16,50	—	28,30	—	11,80
1875	15,90	—	26,60	—	10,70

Mais on reconnaît bien vite que la contradiction n'est qu'apparente. Si le chiffre moyen des frais de transport que supportent les houilles françaises, pour aller de la mine au lieu de consommation, est resté jusqu'en 1873 à peu près égal au prix initial de ces houilles, c'est qu'à mesure que les transports sont devenus moins coûteux, le cercle des clients s'est agrandi en conséquence. Un écart de 11 à 12 francs représentait, en 1847, un parcours moyen très inférieur à celui que représente aujourd'hui le même écart.

Le progrès est donc incontestable. On en trouve d'ailleurs une preuve saisissante dans le développement même de la production qui, de moins de 1 million de tonnes sous le premier Empire, de moins de 2 millions à la fin de la Restauration, et de moins de 5 millions au milieu du siècle, s'est élevée peu à peu à 17 millions. En 1861, nos mines de houille donnaient déjà 9 millions et demi de tonnes, dont 6 millions et demi transportées par chemins de fer. En 1867, les chemins de fer transportaient une proportion plus forte encore des charbons extraits du sol : 11 millions et demi de tonnes sur moins de 13. C'est surtout après la guerre que la production s'est brusquement développée :

Années.	Production indigène. (millions de tonnes)	Consommation totale. (millions de tonnes)
1871	13,3	19
1872	15,8	22,9
1873	17,5	24,7
1874	16,9	23,4
1875	17	24,7
1876	17,1	»
1877	16,9	»

Ce que nous avons dit des charbons est également vrai des minerais ; comme tarification générale, ils font partie de la quatrième classe, et les tarifs spéciaux réduisent en fait la tonne kilométrique jusqu'à 3 centimes sur les réseaux de l'Ouest, d'Orléans, de Lyon, du Midi, et jusqu'à 2 centimes sur le Nord et sur l'Est !

Le fer en barres, taxé à 14 centimes au tarif règlementaire, paie en réalité de 9 à 4 centimes. Il y a même tel parcours sur les lignes de l'Ouest et du Midi où la perception kilométrique tombe à 3 centimes.

Des frais de transport si inférieurs à ceux que comportaient autrefois le minerai et le métal lui-même expliquent, en partie, et l'énorme développement de la production métallurgique et cette baisse inespérée de la fonte et du fer qui n'est pas l'un des phénomènes économiques les moins remarquables ni l'un des moindres bienfaits de ce siècle. La fonte brute et le fer en barres, qui sont actuellement tombés à moins de 70 et 150 francs la tonne, coûtaient plus du double il y a cinquante ans ; et en même temps que les prix s'abaissaient ainsi, la production s'élevait : pour la fonte, de 100,000 tonnes en 1820 et de 260,000 tonnes en 1830 à 1 million en 1861, à 1 million et demi en 1877 ; pour le fer, de 70,000 tonnes en 1820 et de 150,000 tonnes en 1830 à 7 ou 800,000 tonnes dans les dernières années. Les progrès de l'acier, comme production et comme prix, sont plus frappants encore. Les 30,000 tonnes d'acier de forge, d'acier puddlé, d'acier de cémentation ou d'acier Bessemer produits en 1861 revenaient à plus de 500 francs la tonne. Maintenant, grâce surtout au développement qu'a pris le dernier de ces divers modes de fabrication, la production annuelle varie de 200 à 250,000 tonnes, valant de 200 à 300 francs la tonne!

Les chemins de fer ont d'ailleurs absorbé eux-mêmes une partie importante des fers et aciers annuellement produits depuis vingt-cinq ans, et cette influence directe exercée par les nouveaux moyens de transport sur la prospérité des industries métallurgiques mérite d'être signalée.

II

L'industrie du bâtiment n'a pas eu moins à se louer de la création des chemins de fer que l'industrie houillère et l'industrie métallurgique. La construction même des voies, ponts et viaducs, gares, magasins, etc..., a donné du travail à un très grand nombre d'ouvriers. En outre, l'existence des railways a préparé une véritable révolution dans l'art de bâtir.

Quand les moyens de transport économiques manquaient presque partout, il fallait bien se servir des matériaux qu'on trouvait sous sa main, quelle qu'en fût la qualité. De là cette multitude de misérables bâtisses qui pullulaient autrefois dans les villes comme dans les campagnes. On faisait des granges avec du marbre dans les localités où le marbre se rencontre à fleur de terre; mais là où manquait la pierre, on bâtissait avec de la craie, de la boue ou des planches; puis on couvrait en chaume, en bardeaux... Toutes ces masures disparaissent peu à peu, depuis que la vapeur porte partout l'ardoise et la houille, qui transforme en briques ou en tuiles les terres argileuses. Le fer qui, comme nous venons de le voir, a baissé de plus de moitié, remplace le bois pour l'établissement des planchers et la formation des combles. D'autre part, le développement des voies ferrées a permis l'exploitation de certaines forêts éloignées des cours d'eau qui étaient restées jusque-là sans valeur.

La pierre elle-même voyage abondamment depuis qu'elle voyage à peu de frais ; les immenses carrières dont Paris est environné ne fournissant pas de pierres dures, les constructeurs en font venir de la Meuse, de la Côte-d'Or, du Dauphiné, pour les soubassements et les parties exposées à l'humidité ; la capitale reçoit également des Vosges, de l'Auvergne, de la Bretagne et de la Belgique, des roches particulièrement résistantes pour l'entretien des chaussées les plus fréquentées.

Les produits fragiles, comme le verre et les glaces, sont, après les produits lourds et encombrants, comme la houille, le minerai, le fer ou la pierre, ceux qui profitent le plus du perfectionnement des moyens de locomotion. M. Augustin Cochin, dans son *Histoire de la manufacture de Saint-Gobain de 1665 à 1865*, affirme (et en tant qu'administrateur de la compagnie, il était en mesure de le bien savoir) qu'autrefois, sur 72 glaces transportées de Chauny à Paris, 12 seulement, en moyenne, arrivaient entières. Et cependant le voyage se faisait par eau, et les glaces dont il est ici question n'avaient pas un mètre de côté. Aujourd'hui, la compagnie de Saint-Gobain, sans être à l'épreuve de tout accident (témoin son envoi à l'Exposition de Londres en 1862) expédie ses produits dans toutes les parties du monde et n'en perd qu'une portion des plus minimes. Les chemins de fer ont donc contribué, concurremment avec la soude artificielle, la houille, etc..., à produire la baisse inespérée qui s'est manifestée depuis cinquante ans dans le prix des produits vitrifiés.

Le *Dictionnaire du commerce*, il y a quarante-cinq ans, cotait le cent de bouteilles, en fabrique, de 28 à 34 francs ; actuellement le quintal ne revient guère qu'à 12 francs, soit 8 francs le cent. Ainsi trois bouteilles aujourd'hui coûtent moins cher qu'une seule autrefois, tout en étant beaucoup mieux faites.

La douane évaluait le verre à vitres à 1 franc le kilogramme en 1826, à 1 fr. 25 de 1847 à 1860, à 0 fr. 40 de 1863 à 1877, et à 0 fr. 29 seulement en 1878.

La *Statistique industrielle* de 1873 l'évalue de 0 fr. 30 à 0 fr. 50 le kilogramme.

Pour les glaces, les progrès réalisés sont merveilleux :

Prix des glaces de Saint-Gobain en entrepôt à Paris.

	Glaces de			
Années.	1 mètre carré. (francs)	2 mètres carrés. (francs)	3 mètres carrés. (francs)	4 mètres carrés. (francs)
1702	165	540	1,006	2,750
1758	161,50	529	1,000	2,750
1791	174	329	1,399	2,785
1798	193	810	1,594	3,437
1802	205	859	1,648	3,644
1805	226	945	1,813	4,008
1835	127	377	757	1,245
1856	61	143	248	349
1862-72	47,75	107	186	262
Depuis 1873. . . .	60	140	240	340

C'est de 1835 à 1856 que Saint-Gobain s'est trouvé relié avec Paris et l'Europe par un réseau de railways, qui s'est ensuite complété de 1856 à 1870. Comparez les prix de ces trois époques, et concluez.

On va voir d'ailleurs combien, malgré cette dépréciation,

la valeur annuelle des exportations en verres, cristaux, etc.,
a augmenté depuis un demi-siècle :

Verres et cristaux exportés.

De 1827 à 1836 (moyenne annuelle)	7 millions de francs.
De 1837 à 1846 —	8 1/2 —
De 1847 à 1856 —	13 —
De 1857 à 1866 —	20 —
En 1868.	23 —
En 1873.	50 —
En 1878.	28 —

L'industrie du sucre présente également des progrès considérables au double point de vue des prix et des quantités,
et là aussi, les nouveaux moyens de transport ont singulièrement contribué à ces progrès. La production française
n'était encore que de 100 millions de kilogrammes en 1860 ;
à partir de 1865, elle dépasse 200 millions. En 1875, elle
s'est élevée à 450 millions de kilogrammes, et, en 1876, à
462 millions. Les campagnes suivantes ont été moins fructueuses.

La consommation elle-même, qui atteignait à peine 2 kilogrammes par tête à la fin de la Restauration, dépasse 3 kilogrammes à partir de 1837, arrive à 4 en 1853, à 5 en 1858,
à 6 en 1865, à 7 l'année suivante ; et si, depuis lors, elle n'a
pas dépassé ce chiffre, il faut l'attribuer à l'aggravation de
l'impôt, qui compense et au delà la réduction des prix en
entrepôt.

Le droit était, tout compris, de 49 fr. 50 par 100 kilogrammes avant 1855, les prix moyens annuels variant alors de
60 à 77 francs. En 1855, l'impôt monte à 54 francs (addition
d'un second décime) ; et les prix eux-mêmes s'élèvent jusqu'à
84 fr. 50 en 1857. Réduit à 30 francs en 1860, le droit remonte à 42 francs en 1862, à 54 fr. 60 en 1871, à 63 francs

en 1872 et 1873, et à 65 fr. 52 à partir de 1874 (4 centimes additionnels par franc). Un dégrèvement partiel est annoncé pour 1881. Il suffit de remarquer, pour voir combien il est désirable, que la taxe actuelle représente près de 100 p. 100 de la valeur de la denrée.

§ III

Il n'est pas une industrie, grande ou petite, qui, si nous l'interrogions ainsi, n'eût des avantages analogues à inscrire à l'actif des chemins de fer. Il nous faut abréger cette enquête. Mais nous ne saurions passer sous silence les industries textiles, qui forment, en France comme en Angleterre et ailleurs, l'un des groupes industriels les plus considérables et les plus intéressants.

A vrai dire, l'influence de la vapeur est ici moins sensible, moins tangible, pour ainsi parler. Que le prix de la tonne kilométrique soit de 25, 20, 15, 10 ou 5 centimes, ce sont des différences considérables pour le charbon, qui vaut de 10 à 15 francs la tonne, pour le minerai, pour la pierre..., c'est peu de chose au contraire pour la soie grège, qui vaut de 50 à 80 francs le kilogramme ; c'est peu de chose encore pour la laine et le coton, qui valent cependant 30 fois moins ; et, à plus forte raison, pour les fils et les tissus, dont la valeur, à poids égal, est nécessairement très supérieure à celle de la matière première. Cela dépend toutefois des distances à parcourir. Le coton, qui vient des États-Unis ou de l'Inde, ne se serait pas substitué si universellement aux textiles végétaux de l'Europe ; les laines de Bolivie, du Cap et d'Australie n'auraient pas pu venir faire aux toisons indigènes la puissante concurrence que l'on sait, sans la transformation qui s'est produite dans la navigation maritime.

A ces avantages directs, s'ajoutent, pour les industries textiles, de grands avantages indirects que M. Jacqmin résume ainsi :

« La certitude d'avoir ses matières premières très rapidement, et, par suite, la facilité de profiter des bas cours qui peuvent se produire dans les marchés d'approvisionnement;

« La possibilité de diminuer les approvisionnements et, par suite, l'importance du fonds de roulement ;

« L'accès facile de tous les marchés du monde : si un filateur trouve la laine d'Australie trop chère à Londres ou au Havre, il consulte par le télégraphe le cours de la laine à Pesth, et il achète des laines en Hongrie ;

« La facilité, la rapidité des communications pour le recrutement des ouvriers, la recherche des matières premières, le placement des produits ;

« Enfin et surtout la prospérité générale du pays, qui transforme en consommateurs de tissus des millions d'ouvriers et d'ouvrières, réduits trop souvent autrefois à des vêtements insuffisants et sordides, et qui peuvent aujourd'hui, grâce à l'abondance du travail, se procurer, à peu de frais, un habillement confortable et décent. »

Ce sont là des avantages communs, de nos jours, à toutes les industries, et suffisants pour transformer celles même à qui la vapeur n'en procure pas d'autres.

IV

Le caractère dominant de cette transformation générale, c'est la substitution progressive de la grande industrie à la petite. Avant les chemins de fer, l'industrie française était généralement organisée sur une assez petite échelle. L'élégance et la perfection de ses produits les faisaient rechercher des gens de goût ; mais elle produisait peu et chèrement, bien différente en cela de l'industrie anglaise, dont la fabrication, montée en grand, obtenait par la multiplicité des relations et par l'économie des transports, un approvisionnement toujours assuré de matières premières, de capitaux et de bras. « Du jour, dit M. C. Lavollée, où nos manufactures ont pu disposer des mêmes moyens de communication, elles ont commencé à s'agrandir et à s'organiser en vue d'une production plus abondante et moins coûteuse. Elles ont profité de l'éveil donné aux petits capitaux qui, rassurés par l'exemple que leur offraient les compagnies de chemins de fer, sont devenus moins timides à s'associer et n'ont point hésité à s'engager dans les grandes entreprises industrielles. Leur outillage s'est perfectionné, il s'est même renouvelé presque entièrement, grâce aux progrès que l'exploitation des voies ferrées a réalisés dans la construction des machines, dans le travail des métaux et dans l'emploi du combustible.

« Des ateliers de chemins de fer sont sortis de nombreux procédés mécaniques, dont le principe a trouvé son application dans les autres branches d'industrie. Désormais, nos manufactures peuvent faire venir à peu de frais leurs matières premières, comme elles étendent le rayon de leurs marchés de vente ; elle n'ont plus à redouter au même degré la rareté ni les intermittences de la main-d'œuvre.

« Ce sont là les conditions nécessaires de la grande industrie, et si quelques esprits, trop frappés de quelques inconvénients que semble présenter au premier abord cette transformation des ateliers, méconnaissent les avantages du nouveau régime, un examen plus attentif et l'expérience devront les convaincre tôt ou tard que la révolution qui s'opère sous nos yeux était inévitable, que la concurrence exigeait impérieusement la concentration des forces productives, que les errements de l'ancien système étaient devenus incompatibles avec les intérêts du travail et avec les besoins incessants de la consommation, que la France enfin, sous peine de se laisser distancer à jamais par les nations rivales, ne pouvait ajourner plus longtemps la réforme industrielle que les chemins de fer ont accomplie. »

CHAPITRE XV.

Le commerce.

Développement du commerce extérieur de la France et des autres pays. — Commerce maritime. — Tonnages et effectifs. — Navires à voiles et navires à vapeur. — Commerce intérieur. — Cabotage. — Mouvement total. -- Transformation du commerce dans les villes. — Les grands magasins. — La publicité commerciale. — Décadence du commerce de détail.

Si l'on nous demande maintenant quelle est l'influence exercée sur le commerce proprement dit par la grande révolution économique dont nous avons entrepris d'analyser les conséquences, nous répondrons (sauf à expliquer tout à l'heure cette contradiction apparente) qu'elle tend tout à la fois à développer le commerce... et à le restreindre.

I

Justifier la première partie de notre double et contradictoire proposition est chose facile; nous pourrions même dire que c'est chose faite, car nous avons suffisamment prouvé, dans les chapitres précédents, que les nouveaux moyens de transport ont donné une impulsion extraordinaire à la production agricole comme à la production industrielle : on produit et on consomme beaucoup plus qu'autrefois, et par conséquent l'action du commerce s'exerce sur une quantité de marchandises beaucoup plus grande.

D'ailleurs, les preuves directes du rapide développement des transactions commerciales abondent autour de nous.

Voyez le commerce extérieur de la France :

Progrès du commerce extérieur de la France depuis un demi-siècle.

Années.	Importations et exportations réunies.	
	Commerce général. (millions de francs)	Commerce spécial. (millions de francs)
1827.	1,168	921
1828.	1,218	965
1829.	1,224	988
1830.	1,211	942
1831.	1,131	830
1832.	1,349	1,012
1833.	1,459	1,051
1834.	1,435	1,014
1835.	1,595	1,098
1836.	1,867	1,193
1837.	1,566	1,084
1838.	1,893	1,315
1839.	1,950	1,328
1840.	2,063	1,442
1841.	2,187	1,565
1842.	2,082	1,491
1843.	2,179	1,533
1844.	2,340	1,658
1845.	2,428	1,704
1846.	2,437	1,772
1847.	2,340	1,676
1848.	1,645	1,164
1849.	2,291	1,662
1850.	2,555	1,859
1851.	2,614	1,923

1852.	3,071	2,246
1853.	3,749	2,738
1854.	3,758	2,705
1855.	4,327	3,152
1856.	5,399	3,883
1857.	5,328	3,739
1858.	4,725	3,450
1859.	5,412	3,907
1860.	5,805	4,174
1861.	5,746	4,369
1862.	5,949	4,441
1863.	6,763	5,069
1864.	7,329	5,452
1865.	7,614	5,730
1866.	8,126	5,974
1867.	7,965	5,852
1868.	7,979	6,094
1869.	8,002	6,228
1870.	6,954	5,670
1871.	7,231	6,439
1872.	9,258	7,332
1873.	9,399	7,342
1874.	9,125	7,209
1875.	9,269	7,409
1876.	9,456	7,564
1877.	8,941	7,106
1878.	9,200	7,356

En groupant ces chiffres dix par dix, on voit notre commerce spécial présenter une moyenne annuelle :

De 1,001 millions pour la période décennale			1827-1836.
— 1,489	—	—	1837-1846.
— 2,301	—	—	1847-1856.
— 4,631	—	—	1857-1866.
— 6,714	—	—	1867-1876.

et dépasser constamment 7 milliards depuis 1872.

En fait, le chiffre annuel de notre trafic international a presque doublé depuis 1859 ; mais il avait tout à fait doublé, exactement doublé de 1850 à 1859, c'est-à-dire en moitié moins de temps. Nous n'en concluerons pas, comme le font d'ordinaire les protectionnistes, que les traités de commerce ont ralenti l'essor des affaires, mais nous y verrons la preuve que d'autres causes en avaient rapidement développé l'importance pendant les premières années du second Empire. Ces causes sont multiples : il y a d'abord cette brillante résurrection de l'industrie qui suivit la crise à la fois économique et politique de la période 1847-1851 ; puis le rapide renchérissement d'une foule de denrées, renchérissement qui aurait suffi pour augmenter de 15 et 20 p. 100, à *volume* égal, la *valeur* de nos importations et exportations de 1850 à 1859 [1]; puis encore les dégrèvements de détail, réductions des droits d'entrée sur les denrées alimentaires et sur les matières premières, qui furent, de 1852 à 1856, comme le timide prélude de la grande réforme de 1860. Mais, si le développement de nos échanges avec l'étranger n'a jamais été aussi rapide que de 1850 à 1859, c'est surtout parce qu'à cette époque ont été créées ou complétées la plupart de nos grandes lignes nationales de chemins de fer.

L'influence des nouveaux procédés de locomotion sur les échanges internationaux se révèle avec la même netteté dans l'histoire contemporaine de tous les peuples civilisés, et l'on pourra juger de l'universalité du phénomène par le tableau ci-dessous où nous avons rapproché des indications consignées, pour 1852-1853, dans l'*Annuaire de l'économie politique* de 1855, les chiffres publiés par M. de Neumann-Spallart pour 1872-73. Il s'agit, de part et d'autre, du commerce général, c'est-à-dire de la totalité des importations et exportations, transit compris.

[1] Voir, dans l'*Économiste français* des 5 et 19 juillet 1879 et dans le *Journal de la Société de statistique de Paris* de novembre 1879, le résultat de nos recherches sur le *Mouvement des prix dans le commerce extérieur.*

Commerce extérieur des pays de l'Europe
en 1852-1853 et 1872-1873.

	1852-1853. (millions de francs)	1872-1873. (millions de francs)	Accroissement en 20 ans.
Grande-Bretagne.	8,000	15,803	98 p 100
France	3,072	9,258	201 —
Allemagne.	3,300	7,454	126 —
Belgique	1,194	4,497	277 —
Russie	795	2,913	267 —
Autriche-Hongrie	800	2,517	215 —
Italie.	610	2,420	290 —
Pays-Bas	1,262	2,343	85 —
Suède, Norwège et Danemark . . .	217	1,070	393 —
Espagne et Portugal	400	1,020	155 —
Turquie, Grèce, etc.	350	955	173 —
	20,000	50,250	151 p. 100

Le commerce extérieur des autres parties du monde (commerce général également) était évalué, pour 1852-1853, à environ moitié de celui de l'Europe, soit 10 milliards.

Pour 1872-1873, il représente au moins le double, et l'on peut, de la manière suivante, étendre au monde entier la comparaison du trafic international des deux époques :

Commerce extérieur de tous les pays du monde
en 1852-1853 et 1872-1873.

	1852-1853. (millions de francs)	1872-1873. (millions de francs)	Accroissement en 20 ans.
Europe	20,000	50,245	151 p. 100
Amérique.	5,000 (?)	11,375	(?)
Asie.	3,750 (?)	7,320	(?)
Australie.	500 (?)	1,800	(?)
Afrique	750 (?)	1,460	(?)
Monde entier.	30,000	72,200	140 p. 100

¹ La Suisse ne figure pas dans ce tableau, parce que, dans ses statistiques officielles, les importations et exportations ne sont pas chiffrées en argent : on n'y enregistre que les quantités entrées ou sorties.

Ainsi vingt ans ont suffi pour augmenter, dans la proportion de 1 à 2 1/2, le chiffre total des échanges internationaux. Et ce qui prouve bien que le perfectionnement des moyens de transport est pour beaucoup dans cette rapide progression, c'est que les pays dont le commerce extérieur s'est le plus accru dans cet intervalle sont ceux qui, ayant à peine commencé en 1852 la transformation de leur système circulatoire, l'ont le plus activement poussée depuis lors. L'Italie, qui ne possédait guère que 500 kilomètres de chemins de fer en 1852-1853, en avait treize ou quatorze fois autant en 1872-1873. La Russie nous offre à peu près la même proportion. La Belgique est aujourd'hui le pays de l'Europe où les voies ferrées forment le réseau le plus serré. L'Angleterre vient ensuite; mais l'Angleterre, de 1852-1853 à 1872-1873, n'a guère fait que doubler un réseau qui dépassait déjà 12,000 kilomètres et auquel son commerce extérieur devait, en partie, son énorme développement.

Si, dans le tableau comparatif qui précède, nous avons fait figurer les chiffres de 1872-1873, de préférence à des chiffres plus récents, c'est que le commerce international n'a jamais eu plus d'activité qu'à cette époque. On en jugera par le tableau suivant, où, en même temps, nous distinguons les importations des exportations :

Commerce extérieur de tous les pays du monde [1].

Années.	Importations. (millions de francs)	Exportations. (millions de francs)	Totaux. (millions de francs)
1867-1868	29,143	26,125	55,268
1869-1870	30,407	27,518	57,925
1872-1873	38.860	33.346	72,206
1874-1875	36,257	32,242	68,499
1876	37,372	32,430	69,802

[1] On pourrait, à première vue, s'étonner de l'écart (écart variant de 10 à 17 p. 100) qui ressort, dans ce tableau, entre le chiffre total des importations et

Faut-il conclure de ce qui précède que la masse des marchandises qui de nos jours passent, dans l'espace d'une année, d'un pays à un autre ont ensemble cette énorme valeur de 70 milliards? Non certes. D'abord, les chiffres que nous avons comparés sont ceux du commerce général, et la déduction du transit suffirait pour réduire notre total d'une dizaine de milliards. Puis, en admettant que le commerce spécial de tous les peuples puisse se chiffrer, importations et exportations réunies, par une soixantaine de milliards, il s'ensuivrait que les marchandises échangées représentent une valeur d'une trentaine de milliards seulement. En effet, toute marchandise qui sort d'un pays pour pénétrer dans un autre figure à la fois, dans nos tableaux, à la colonne des exportations et à celle des importations. Il y a donc partout double emploi.

Mais cette observation s'applique aussi bien aux chiffres de 1852-1853 qu'à ceux des dernières années, et, par conséquent, ne modifie pas la proportion dans laquelle nous avons constaté que le commerce général du monde a augmenté depuis le milieu du siècle.

II

Le commerce maritime a-t-il autant profité que le commerce continental de ce rapide développement des échanges

le chiffre total des exportations, puisque, à part quelques naufrages, il y a identité matérielle entre l'ensemble des marchandises exportées et l'ensemble des marchandises importées. Il est certain que si l'on avait additionné les quantités et non les valeurs, la théorie voudrait qu'il y eût à peu près égalité entre la moyenne annuelle des entrées et la moyenne annuelle des sorties. Mais il s'agit ici de valeurs estimatives, et dès lors il est naturel que les importations surpassent les exportations, attendu que toute expédition faite à l'étranger vaut plus à son point d'arrivée qu'à son point de départ. Le fret maritime ou terrestre, les assurances, courtages, bénéfices, etc., rendent forcément l'évaluation finale supérieure à l'évaluation initiale.

internationaux? Ce qui pourrait nous en faire douter, c'est d'abord le rôle prépondérant des chemins de fer dans ce grand mouvement; ce sont aussi les plaintes universelles et persistantes de la marine marchande. Mais les apparences de ce genre sont souvent trompeuses.

Pour l'Angleterre d'abord, tant que le tunnel sous-marin n'existera qu'à l'état de projet, il n'y aura d'importations ou d'exportations possibles que par mer; et là, par conséquent, le railway n'a pu être que le très actif collaborateur et non l'agent effectif des transactions extérieures.

Même pour la France, c'est encore par mer que s'opèrent la plus grande partie des expéditions et des arrivages. Voici comment se partage entre les deux voies de terre et de mer notre commerce général :

Importations.

	Valeur des marchandises annuellement importées	
	par mer. (millions)	par terre. (millions)
De 1827 à 1836.	446,4	221
De 1837 à 1846.	767	321,4
De 1847 à 1856.	983,5	519,2
De 1857 à 1866.	1,984,1	1,002,6
De 1867 à 1876.	2,827,5	1,434,5
En 1877	2,977,7	1,592,2
En 1878	3,418,1	1,670,8

On voit que les valeurs importées par mer ont toujours été à peu près doubles des valeurs importées par terre. En 1877, cette proportion n'était pas tout à fait atteinte, mais elle eut dépassée en 1878.

L'importation maritime a donc autant progressé depuis une cinquantaine d'années que l'importation terrestre.

Exportations

	Valeur des marchandises annuellement exportées	
	par mer. (millions)	par terre. (millions)
De 1827 à 1836.	506	192,4
De 1837 à 1846.	741,3	282,7
De 1847 à 1856.	1,295,2	377,1
De 1857 à 1866.	2,415	848
De 1867 à 1876.	2,902,1	1,299,7
En 1877	2,976,6	1,394,2
En 1878	2,764,8	1,346,9

Ici l'écart est encore plus grand; et l'exportation terrestre représente, pour la période 1867-1876, une part moindre encore de l'exportation totale que pour la période 1827-1836. On remarquera qu'en valeur, l'importation et l'exportation maritimes tendent à une égalité qui se trouve exactement atteinte en 1877. Mais comme volume, nos exportations, composées surtout de produits fabriqués, restent très inférieures à nos importations, composées en grande partie de matières premières, et cette insuffisance du fret de sortie est un obstacle sérieux à la prospérité de notre marine marchande. Les mouvements de nos entrées et sorties par navires chargés se résument comme il suit depuis un demi-siècle :

	Tonnage à l'entrée. (tonneaux)	Tonnage à la sortie. (tonneaux)
De 1827 à 1836.	1,072,968	857,611
De 1837 à 1846.	1,917,877	1,236,875
De 1847 à 1856.	2,603,634	1,775,828
De 1857 à 1866.	4,514,307	3,095,539
De 1867 a 1876.	7,063,451	4,760,027
En 1877	8,565,328	5,841,671
En 1878	9,903,094	6,185,571

Notre tonnage actuel est donc de trois à quatre fois égal, à l'entrée comme à la sortie, à celui de la période 1847-1856. Dans les chiffres ci-dessus sont, il est vrai, confondus les marines française et étrangères. Mais la progression est presque la même pour les seuls navires français :

	Tonnage français à l'entrée. (tonneaux)	Tonnage français à la sortie. (tonneaux)
De 1827 à 1836.	428,463	402,283
De 1837 à 1846.	679,763	584,699
De 1847 à 1856.	1,011,839	815,687
De 1857 à 1866.	1,810,169	1,457,633
De 1867 à 1876.	2,339,066	2,035,195
En 1877	2,841,293	2,513,691
En 1878	2,949,236	2,608,384

Il faut être bien habile pour trouver dans ces chiffres un symptôme d'irrémédiable décadence. Ce qui est vrai, c'est que l'effectif de notre marine marchande semble stationnaire, tandis que celui de plusieurs autres pays continue à augmenter ; mais ici encore, il faut se mettre en garde contre une dangereuse illusion. Voici comment se présentait notre effectif au commencement de chaque année :

	Navires à vapeur et à voiles.	
	Nombre.	Tonnage.
De 1827 à 1836 (chiffres moyens). . .	14,896	679,336
De 1837 à 1846.	14,549	639,528
De 1847 à 1856.	14,396	723,609
De 1857 à 1866.	15,076	1,008,114
De 1867 à 1876.	15,530	1,059,396
Au 1er janvier 1877	15,407	1,011,285
— 1878	15,449	989,128
— 1879	15,527	975,883

Ces chiffres montrent bien que l'effectif de notre marine marchande a peu varié depuis vingt ans, soit comme nombre, soit comme tonnage. Mais il y a quelque chose qui a singulièrement changé dans cet intervalle, c'est la composition de cet effectif. L'élément vapeur y entre pour une part de plus en plus grande :

	Navires à vapeur.	
	Nombre.	Tonnage.
De 1837 à 1846.	89	9,034
De 1847 à 1856.	147	21,258
De 1857 à 1866.	332	77,890
De 1867 à 1876.	473	161,255
Au 1er janvier 1877.	546	218,449
— 1878.	565	230,804
— 1879.	588	245,808

Or, il est évident qu'en confondant dans un même chiffre le tonnage-voile et le tonnage-vapeur, on assimile à tort des valeurs très inégales. Un vapeur de 500 tonneaux équivaut, comme travail, à environ trois bateaux à voiles de même capacité. Il faudrait donc, pour bien faire, compter chaque tonneau-vapeur pour trois tonneaux ordinaires, et l'on verrait alors notre tonnage total passer de 657,596 tonneaux en 1837-1846, à 681,093 en 1847-1856, à 1,163,894 en 1857-1866, à 1,381,906 en 1867-1876, à 1,448,183 en 1877, à 1,450,736 en 1878, à 1,480,744 en 1879.

Cette simple et nécessaire rectification suffit pour montrer que les doléances de notre marine marchande n'excluent pas le développement, lent peut-être, mais continu, de notre matériel de transport maritime.

III

Le commerce international, malgré l'extension qu'il a prise, reste peu de chose à côté du commerce intérieur des pays civilisés. L'importance de ce commerce intérieur est, à vrai dire, très difficile à chiffrer. Mais, pour la France seule, nous le croyons très supérieur à la totalité du commerce international, évalué plus haut à une trentaine de milliards ; nous croyons, en d'autres termes, que la valeur

des marchandises annuellement échangées entre Français
résidants en France, est très supérieure à la valeur des marchandises qui passent annuellement d'un pays dans un autre.
Songez à l'énorme mouvement d'affaires que comporte, dans
un pays riche, une population de 37 millions d'âmes, et
considérez qu'il n'est pas d'objet, pour ainsi dire, qui, pour
passer du producteur au consommateur, ne donne lieu à plusieurs marchés successifs. Il est clair que la plus grande partie des revenus individuels des Français leur servent à faire
des achats, et qu'en outre, les capitaux individuels figurent
dans une foule d'échanges. Il y a même des gens qui passent
leur vie, comme les boursiers, à vendre et à acheter des
valeurs que celui qui les vend ne possède même pas. C'est
ainsi que les fonds négociables à la Bourse de Paris, fonds
qui, en 1815 ne représentaient, d'après M. Hippolyte Passy,
qu'un capital de 1,500 millions, en étaient arrivés en 1876,
à représenter un capital de 45 milliards, soit trente fois plus.
A Londres, les opérations du *Clearing-House*, où se liquident
les comptes réciproques des banquiers anglais, ont atteint
et dépassé à deux reprises, en 1872-1873 et 1874-1875, le
chiffre colossal de 150 milliards.

Les escomptes de la Banque de France ont eux-mêmes
suivi, depuis quarante ans une progression rapide, bien que
ce grand établissement ne reçoive plus qu'une fraction de
plus en plus restreinte des effets de commerce en circulation.
Voici les chiffres :

En 1840.	1,586 millions.
1845.	2,221 —
1850.	1,176 —
1855.	3,746 —
1860.	5,083 —
1865.	6,039 —
1870.	6,627 —

En 1872	8,137	millions.
1873	9,561	—
1874	12,220	—
1875	9,620	—
1876	7,362	—
1877	7,578	—
1878	7,606	—

Mais ici, quelle est la part du commerce extérieur et celle du commerce intérieur? C'est ce qu'il n'est pas aisé de discerner, et nous devons nous borner à constater l'énorme développement des affaires commerciales sur le marché français, sans prétendre le mesurer.

IV

Le trafic intérieur, au contraire, c'est-à-dire le mouvement réel des marchandises circulantes est, dans beaucoup de ses éléments, susceptible d'une détermination numérique ; et il y a là une progression qui peut donner une idée de celle du commerce proprement dit.

Voici d'abord et c'est évidemment le meilleur *criterium* de leur influence commerciale, les variations annuelles du trafic de nos chemins de fer :

Poids des marchandises transportées annuellement en petite vitesse par les chemins de fer français d'intérêt général.

Années.	Milliers de tonnes.	Années.	Milliers de tonnes.
1847	3,597	1862	27,297
1848	2,921	1863	28,888
1849	3,419	1864	31,115
1850	4,271	1865	34,019
1851	4,627	1866	37,393
1852	5,378	1867	38,567 [1]

[1] D'un état de répartition publié par le ministère des travaux publics pour 1867, il résulte que, sur ces 38 millions de tonnes transportées, les combus-

1853	7,173	1868	41,974
1854	8,865	1869	44,013
1855	10,648	1871	37,031
1856	12,865	1872	53,371
1857	15,605	1873	57,481 [2]
1858	17,673	1874	56,680
1859	19,948	1875	58,932
1860	23,138	1876	61,837
1861	27,897	1877	61,606

Ce sont là, non pas les tonnages kilométriques, mais les tonnages réels, les poids de marchandises réellement transportés à des distances quelconques, par les chemins de fer.

Le tonnage kilométrique, obtenu en multipliant chaque tonne de marchandises par le nombre de kilomètres qu'elle a parcourus sur rail, s'éloigne peu, depuis quelques années, de 8 milliards de tonnes (plus de 8 en 1867, 7,6 en 1872, 8,2 en 1873, 7,9 en 1874, 8,1 en 1875, 8, 3 1/4 en 1876).

Le tonnage kilométrique de la navigation intérieure (canaux et rivières) ne peut pas présenter et ne présente pas la même progression que celui des chemins de fer :

Navigation intérieure (Tonnage kilométrique).

Années.	Canaux. (millions de tonnes)	Rivières. (millions de tonnes)	Total. (millions de tonnes)
1847.	836	975	1,811
1852.	835	928	1,763
1857.	1,019	942	1,961
1862.	1,194	897	2,091
1867.	1,232	791	2,023
1869.	1,072	618	1,690
1870.	763	411	1,174

tibles minéraux figuraient pour 11,6; les matériaux pour 5,2; les fontes, fers et autres métaux industriels pour 3,3; les céréales et farines pour 3,2 ; les vins, esprits et vinaigres, pour 2,7; les épiceries, denrées alimentaires, etc., pour 1,8; les engrais et amendements pour 0,5; les marchandises diverses pour 10,1....

2 Sur ces 57 millions 1/2 de tonnes, il en revient 17,4 à la compagnie de Lyon, 12 à celle du Nord, 8,6 à celle d'Orléans, 7,2 à celle de l'Est, 5,5 à celle du Midi, et 4,9 à celle de l'Ouest.

1871.	834	453	1,287
1872.	1,024	541	1,565
1873.	1,005	558	1,563
1874	1,026	521	1,547
1875.	1,133	588	1,721
1876.	1,132	587	1,719
1877.	1,209	596	1,804
1878.	1,160	627	1,787

Les chiffres antérieurs à 1869, tirés d'un document publié par le ministère des travaux publics, comprennent des parties de cours d'eau non soumises aux droits. Les chiffres suivants, fournis par l'administration des contributions indirectes, ne portent que sur les cours d'eau administrés par l'État. En tenant compte de cette différence et des bois flottés, qui ne figurent pas dans le tableau ci-dessus [1], on peut dire que le tonnage de notre navigation intérieure ne s'est jamais beaucoup écarté, depuis le milieu du siècle, de 2 milliards de tonnes.

Le cabotage, qui fait aussi partie intégrante du commerce intérieur, bien qu'il agisse hors frontières, reste, comme la navigation intérieure, à peu près stationnaire. Le poids de ses cargaisons qui s'était élevé de 1,782,000 tonnes en 1837 à 2,627,000 en 1847, a ensuite baissé peu à peu. Depuis dix ans, il oscille entre 2,000,000 et 2,100,000. En admettant pour ces cargaisons un parcours moyen de 500 kilomètres, on arriverait à un chiffre de 1 milliard de tonnes kilométriques.

Rappelons maintenant que nous avons évalué à 5 milliards 650 millions de tonnes kilométriques le tonnage des routes nationales et départementales, et des chemins vicinaux, soit environ 8 milliards avec la circulation des chemins ruraux et la circulation urbaine.

---

[1] 278 millions de stères en 1867, 145 en 1877, et, dans l'intervalle, des chiffres intermédiaires.

Nous arriverons alors à représenter comme il suit la circulation commerciale intérieure de la France :

	Tonnes kilométriques.
Chemins de fer	8 milliards.
Navigation intérieure	2 —
Cabotage.	1 —
Routes, chemins et rues	8 —
Ensemble.	19 milliards [1].

Près de vingt milliards de tonnes ! Or, il y a quarante ou cinquante ans, le même calcul n'aurait pas donné un total supérieur à la moitié de celui-ci. On peut donc dire que, pendant que le commerce extérieur septuplait, le trafic intérieur doublait, et la transformation des moyens de transport y a certainement contribué plus que toute autre cause.

V

Nous donnions à entendre, au début de ce chapitre, que la vapeur avait exercé sur le commerce deux influences contraires. Elle a extraordinairement développé, nous venons de le voir, la circulation générale des marchandises de toutes sortes ; mais, loin d'augmenter dans une égale propor-

---

[1] Ce chiffre de près de 20 milliards de tonnes kilométriques, rapproché du nombre des habitants de la France, donne une moyenne individuelle de 540 tonnes kilométriques, et nous trouvons ici la vérification de ce que nous disions dans notre introduction à savoir que : « la vie d'une nation de 37 millions d'habitants, comme la France, comporte une somme de mouvement plus de 37 millions de fois égale à celle que pouvait exiger la vie d'un sauvage de l'âge de pierre. » Il est évident, en effet, que nulle part la vie du sauvage n'a pu donner lieu à un travail individuel de 540 tonnes kilométriques par an (à peu près 1 tonne kilométrique 1/2 par jour). Et dans les 19 milliards de tonnes kilométriques dont il est question ici ne sont pas compris les transports maritimes autres que le cabotage, transports qui se chiffreraient par milliards de tonnes kilométriques.

tion le nombre des marchands, elle tendrait plutôt à le réduire.

Qu'est-ce, à proprement parler, que le commerçant?

C'est un agent dont la fonction consiste à servir d'intermédiaire, de trait d'union entre le producteur et le consommateur. Il achète d'une main et vend de l'autre. Exemple : Pierre est vigneron, c'est-à-dire producteur de vin ; Paul est artisan, c'est-à-dire consommateur. Le commerçant leur évite la peine d'entrer directement en relation. Il va trouver Pierre et lui prend toute sa récolte, puis il va trouver Paul et lui en cède telle ou telle fraction. Ce rouage intermédiaire peut même être multiple : Pierre livrant sa récolte à Jean, marchand en gros ; Jean en cédant une partie à Jacques, marchand en demi-gros, et Jacques devenant à son tour le fournisseur de Louis, marchand en détail ou cabaretier, qui l'écoulera bouteille à bouteille, peut-être verre à verre. Il y aura eu ainsi trois individualités différentes interposées entre le producteur et le consommateur, et faisant pour ainsi dire la chaîne de l'un à l'autre.

Cette multiple intervention n'aurait évidemment pas de raison d'être si le producteur et le consommateur, au lieu d'être, le premier en Bourgogne ou dans le Midi, et le second à Paris, par exemple, se trouvaient proches voisins. Un seul intermédiaire suffirait alors pour répondre aux besoins du consommateur en détail, et, quant au rentier qui a une cave et qui achète une barrique à la fois, rien ne lui serait plus aisé que de s'adresser directement au vigneron, tous deux trouvant également avantage à se priver des services, toujours onéreux, du marchand.

On comprend aisément, dès lors, que, les chemins de fer ayant réduit toutes les distances, le nombre des cas où l'intervention du marchand est nécessaire n'ait pas, à beaucoup près, augmenté dans la même proportion que la quantité des marchandises produites et consommées. Le rôle du marchand qui est en même temps industriel, comme le boulanger, le cordonnier, l'horloger, le photographe... n'est pas atteint de la même manière; mais le vrai commerçant, l'intermédiaire pur et simple, dont le rôle social se borne à l'approvisionnement collectif, au transport, à l'emmagasinement et à la division des denrées dont il fait sa spécialité, celui-là voit nécessairement son domaine primitif se rétrécir peu à peu, à mesure que la vapeur et l'électricité rendent de plus en plus faciles les négociations directes et les échanges directs entre producteurs et consommateurs. De nos jours, la plupart des grands industriels tirent directement les matières premières dont ils ont besoin des lieux de production. Les filateurs normands, que le câble transatlantique tient d'heure en heure au courant des fluctuations du prix des cotons sur le marché américain, n'ont plus guère besoin de ce peuple de courtiers qui faisait jadis fortune à leurs dépens. Il leur en coûte bien moins de négocier eux-mêmes leurs commandes, et, en vingt jours, s'ils traitent par lettre, en dix jours, s'ils traitent par dépêche, ils peuvent recevoir la marchandise demandée. Le charbon arrive également tout droit du carreau de la mine au seuil de la manufacture.

Et ce que nous disons de l'industrie cotonnière est vrai de toutes les industries, ou peu s'en faut. Les couturières de Paris font aujourd'hui venir de Lyon, sur échantillon, les pièces de soie destinées à habiller leurs clientes. Et même parmi ceux qui achètent, non pour mettre en œuvre mais pour consommer, dans le sens le plus étroit du mot, n'est-ce pas aujourd'hui chose très ordinaire que de passer par dessus la tête du marchand et d'aller s'entendre de vive voix, pour ainsi dire, avec le producteur. On ne peut pas, dans un ménage, acheter sa viande sur pied et ses étoffes en fabrique, mais on peut faire venir son vin de chez le propriétaire qui le récolte, on peut se faire envoyer son beurre par le fermier qui l'obtient; et c'est un avantage dont bien des gens ne se privent pas.

Cette tendance toute naturelle du public à répudier des interventions de plus en plus coûteuses devait tôt ou tard provoquer la transformation du commerce de détail. Dans les grandes villes, cette transformation est déjà bien avancée, et, comme on devait s'y attendre, c'est dans les spécialités où les prélèvements des intermédiaires avaient pris les proportions les plus abusives que cette révolution s'est tout d'abord produite. Le boucher, le fruitier, le pâtissier, que leurs clients tiennent à avoir sous la main, résistent assez victorieusement à la concurrence des marchés de quartier. Le cabaretier pullule, hélas! plus que jamais. Mais pour tous les petits commerces, tels que mercerie, bonneterie, chemiserie, ganterie, jouets, articles de Paris, vannerie, parfumerie, modes, etc..., la décadence est visible et rapide. C'est à peine si, à Paris, ces petits magasins disputent encore quelques rares clients aux somptueux bazars dont la prospérité fait leur ruine. Les magasins de nouveautés se distinguaient déjà au commencement du siècle par leur ampleur relative; mais c'est surtout depuis une trentaine d'années qu'on a vu surgir, dans les principaux quartiers de la capitale, ces énormes établissements dont chacun se proclame « le plus vaste du monde » sans qu'on songe à les contredire, car c'est toujours celui dans lequel on est qui paraît le plus grand. Les nommer ici serait inutile : le monde entier les connaît, et leurs pareils existent déjà dans plus d'une capitale. Trente commerces différents, longtemps habitués à vivre séparés, s'y trouvent désormais réunis et confondus.

Pour contenir tant de produits hétérogènes, il faut de l'espace ; et souvent, au lieu de se borner à construire à cet effet de grandes halles, ce qui à la rigueur pouvait suffire, on a édifié de véritables palais, richement décorés au dedans et au dehors. Aussi voit-on encore parfois certaines provinciales inexpérimentées reculer devant ce luxe qui les inquiète et porter de préférence leurs pas et leur argent vers l'humble et discret étalage du boutiquier d'en face. Elles s'imaginent que le ruban dont elles ont besoin leur coûtera moins cher sur un comptoir de bois blanc que sous des lambris dorés. Eh bien ! elles se trompent. Le tableau suivant, dont nous avons ailleurs justifié les chiffres [1], prouve que le tant pour cent dont le prélèvement est nécessaire pour joindre les deux bouts va en diminuant à mesure que l'importance d'un commerce augmente :

	Grand magasin dit de nouveautés. (36,500,000 fr. d'affaires.)	Petit commerce de détail. (36,500 fr. d'affaires.)
	(francs)	(francs)
Loyer	400,000	4,000
Entretien, chauffage, éclairage. . . .	200,000	1,000
Impôts directs.	150,000	500
Salaires.	2,000,000	2,000
Dépenses diverses	450,000	500
Intérêt à 6 p. 100 du capital	900,000	1,000
Bénéfice à réaliser	900,000	6,000
Ensemble.	5,000,000	15,000
Ce qui suppose, sur un chiffre d'affaires de	36,500,000	36,500
un prélèvement moyen de.	13,7 p. 100	41,1 p. 100

Ainsi, tandis que le grand magasin de nouveautés peut prospérer en ajoutant seulement 13,7 p. 100 aux prix de

____

[1] Voir l'*Economiste français* du 1er juin 1875, p. 683 et suivantes.

revient, le détaillant se voit obligé de les augmenter de plus de 41 p. 100 : c'est juste le triple.

On comprend que, dans ces conditions, le détaillant ne puisse lutter. Les victimes de cette révolution commerciale se plaignent amèrement et sont réellement à plaindre. Mais ce qui est un malheur pour quelques-uns est évidemment un bienfait pour la masse des consommateurs à qui les grands magasins dont nous parlons offrent, avec des prix plus modérés, des facilités de toutes sortes. Le choix y est presque illimité. Une fois entré là, on peut, séance tenante, acheter mille choses différentes : des joujoux et des lits, des meubles et des rubans, des dentelles et des torchons, des porcelaines et des tapis, des fourrures et de la parfumerie, voire des tableaux... Cinquante voitures admirablement attelées et deux cents facteurs circulent du matin au soir dans Paris et dans les banlieues pour y distribuer les achats. Les expéditions plus lointaines se font gratuitement; les restitutions sont acceptées sans difficulté, à plus forte raison les échanges. Ajoutez à cela certains raffinements de galanterie qui seraient ruineux pour un boutiquier, des salons de lecture pour les hommes, des buffets pour les dames, des cadeaux pour les enfants...

A toutes ces supériorités, le détaillant n'en peut opposer qu'une : la proximité. Tout le monde n'a pas à deux pas de chez soi un magasin de premier ordre. Chacun, au contraire, trouve à sa porte une modiste, un gantier, un mercier, une lingère, etc... Mais, comme nous le disions tout à l'heure, cet avantage de la proximité, qui milite seul en faveur du détaillant, perd chaque jour de sa valeur, puisque chaque jour les distances diminuent. Le gigantesque *Bon Marché* d'aujourd'hui n'est-il pas plus facilement accessible pour les habitants du Marais que ne l'était le petit *Bon Marché* d'autrefois pour les riverains des boulevards, et n'arrive-t-on pas plus vite à Paris du fond de la Bretagne ou de la Bourgogne qu'autrefois de Rouen ou de Chartres?

D'autant que le grand commerce a actuellement toute facilité pour entrer perpétuellement en communication avec la France entière, on pourrait dire avec le monde entier. Nos ancêtres ne connaissaient pas cette puissance toute moderne qui s'appelle la publicité. Ils s'en tenaient à l'enseigne, et ils avaient raison, puisque la force des choses limitait leur clientèle aux gens du quartier. Aujourd'hui, le marchand qui dispose de capitaux suffisants, sachant que les chemins de fer peuvent lui amener des clients de tous les départements, que dis-je? de toutes les contrées de l'Europe et de plus loin encore, se fait un devoir de remplir l'univers du bruit de sa renommée. Il met son nom sur tous les murs, sur tous les journaux, dans les omnibus, dans les gares, sur les rideaux des théâtres et sur les tables des cafés. La réclame s'élève de nos jours à la hauteur d'une persécution. Elle est partout; elle revêt toutes les formes; elle gâte tous les plaisirs... Quel est celui des jolis points de vue de Paris que ne soient pas venues défigurer ces affiches géantes qui envahissent tous les pignons disponibles? Ici, le *Colosse de Rhodes* en grandeur naturelle tend les bras à une *Redingote Grise* qui semble faite à sa mesure; plus loin, le *Bon Diable*, qui donne tout pour rien, semble menacer de sa corne d'abondance l'inévitable jeune homme dont la maison n'est pas au coin du quai et qui rend l'argent.

Et ce n'est pas seulement à Paris que l'affiche pullule ainsi; des villes, elle s'est répandue dans les campagnes, et il n'y a peut-être plus en France un seul hameau qu'elle ait tout à fait épargné. Nous nous rappelons qu'un jour, dans un coin ignoré de la vallée du Rhône, nous avions cru découvrir sur les ruines d'un aqueduc romain une inscription inédite. Écartant avec soin le lierre déjà épais qui la cachait en partie, nous épelâmes ces deux mots, horriblement modernes : « Benzine Collas ! »

Nous avons tous le droit, comme particuliers, comme artistes, comme poètes, si vous voulez, de maudire cette perpétuelle obsession de la réclame. Mais l'économiste ne peut pas ne point saluer en elle une puissance. La publicité n'est certainement pas la moins efficace des armes que la force des choses offre au grand commerce et interdit au petit.

La partie devient donc de moins en moins égale entre ces deux rivaux, et plus on ira, plus il en sera ainsi. Ceci tuera cela : le bazar monumental tuera la boutique. Les spécialités artistiques, les réputations individuelles, certaines situations locales pourront survivre ; mais il y aura forcément beaucoup de victimes ; et, à vrai dire, il y en a déjà beaucoup.

Ces victimes, on doit les plaindre, car toute souffrance mérite compassion. On peut même, au point de vue social, au point de vue de la vie de famille, par exemple, s'inquiéter de cette transformation forcée que le commerce subit comme l'industrie et qui tend à substituer partout aux groupements antérieurs d'énormes agglomérations étroitement centralisées. L'existence d'un chef de rayon dans un magasin de nouveautés peut être moins conforme aux vœux de la nature et de la morale que celle du boutiquier indépendant qui gouverne, tout à la fois, son commerce et sa famille. Avouons, par contre, qu'elle est généralement plus hygiénique et plus sûre. N'est-ce pas quelque chose que de n'être point exposé à faire faillite ?

CHAPITRE XVI.

Législation et régime commercial.

Législation spéciale des chemins de fer — Influence exercée sur la
législation générale. — Délais légaux. — Droit international. — Abolition de la course. — Extradition. — Suppression des passe-ports. —
Tendance à l'unification des poids, mesures et monnaies. — Union
postale. — Influence exercée sur le régime commercial des peuples
européens. — Progrès parallèles des moyens de transport et de la
liberté commerciale. — Coup d'œil sur l'histoire de notre législation
douanière depuis l'établissement des chemins de fer.

Tous les pays dans lesquels les chemins de fer ont pénétré
ont dû leur consacrer un certain nombre de lois spéciales.
L'indifférence du législateur n'était pas possible là où l'intérêt public était si fortement engagé, et les nouveaux moyens
de transport différaient trop des anciens pour qu'on pût se
contenter de leur ouvrir le droit commun. La loi française
du 15 juillet 1845 a bien assimilé (art. 12) les chemins de
fer à la grande voirie, ce qui d'ailleurs produit d'assez étranges
résultats, quand les conseils de préfecture appliquent, en
matière de railways, les ordonnances d'Henri IV ou de
François Ier. Mais il a fallu compléter les dispositions anté-

rieures par de nouvelles mesures de police, et tel a été l'objet de la loi du 15 juillet 1845 (art. 3 et suivants), de l'ordonnance du 15 novembre 1846, qui en est le développement, de la loi du 27 février 1850 et du décret du 5 février 1868.

La création même des voies ferrées en France a fait l'objet de plusieurs lois générales : citons celle du 11 juin 1842, qui jetait les bases d'un premier réseau national et qui réglait les voies et moyens de ce vaste travail ; celles qui, de 1852 à 1857, réduisirent à six, par voie de fusions, le nombre des compagnies, et qui leur imposèrent un régime uniforme ; celle du 11 juin 1859, qui a divisé chaque compagnie en deux parties, ancien réseau et nouveau réseau, et qui a accordé au nouveau réseau le bénéfice d'une garantie d'intérêts, limitée cependant par les excédants de recettes de l'ancien réseau ; celle du 11 juin 1863, qui révisait, au profit des compagnies de l'Est et de l'Ouest, certaines évaluations inexactes de la loi de 1859 ; celle du 12 juillet 1865, qui a créé les chemins de fer d'intérêt local ; celle du 11 juin 1878, qui autorise le rachat par l'État de 1,500 kilomètres de petits chemins de fer en déconfiture (Charentes, Vendée, Orléans à Rouen, Orléans à Châlons, etc.), et en confie à l'État l'exploitation, renouvelant ainsi une expérience qui avait déjà été faite sans succès, de 1849 à 1852, pour les lignes de Chartres et de Lyon ; enfin, celle du 17 juillet 1879, qui fixe le classement du réseau complémentaire des chemins de fer d'intérêt général, et forme ainsi la base du vaste programme de constructions nouvelles dont M. de Freycinet s'est fait l'éditeur responsable et pour lequel le 3 p. 100 amortissable doit lui fournir les milliards nécessaires.

Nous n'avons pas à entrer dans les détails de cette législation. A plus forte raison n'entreprendrons-nous pas l'énumération des actes législatifs ou administratifs qui ont préparé l'établissement de chacune de nos voies ferrées. Les premières avaient été concédées par de simples ordonnances royales homologuant les adjudications. La loi du 3 mai 1841 sur l'expropriation, en subordonnant l'exécution de tous les grands travaux d'utilité publique au vote préalable d'une loi rendue après enquête, n'avait fait une exception à cette règle que pour les chemins de fer d'embranchement de moins de 20 kilomètres. Le sénatus-consulte du 25 décembre 1852 réservait, au contraire, à l'Empereur le droit d'autoriser lui-même tous les travaux d'utilité publique, sauf ratification par une loi des engagements pécuniaires incombant au trésor. Une loi du 27 juillet 1870 a retiré cette prérogative au pouvoir exécutif, et l'on est revenu purement et simplement aux stipulations de la loi de 1841. Nos divers chemins de fer ont donc eu pour acte de naissance, selon la date de leur concession, une ordonnance royale, une loi ou un décret. La liste de ces documents est reproduite chaque année dans les statistiques officielles du ministère des travaux publics.

I

Ce que nous avons à analyser ici, ce n'est pas la législation spéciale des chemins de fer, mais l'influence exercée par les nouveaux moyens de transport sur la législation générale et principalement sur la législation commerciale des nations civilisées.

Leur législation intérieure s'est peu ressentie, trop peu peut-être, d'une révolution économique qui semblait devoir modifier profondément toutes les conditions d'équilibre de la société. C'est à peine si la réduction des distances a été prise en considération pour la fixation des délais mentionnés dans

20

une foule de textes légaux. Pour prendre un exemple au seuil même de la matière, l'article 1er du code Napoléon dit que les lois seront exécutoires dans les différentes parties de la France, « du moment où la promulgation en pourra être connue » et que la promulgation en sera réputée connue, dans le département de la résidence du chef de l'État, « un jour après celui de la promulgation » et, dans les autres départements, « après l'expiration du même délai augmenté d'autant de jours qu'il y aura de fois 10 myriamètres entre la ville où la promulgation en aura été faite et le chef-lieu de chaque département. » Eh bien ! cet article septuagénaire, qui fait voyager la loi à raison de vingt-cinq lieues par jour ou une lieue par heure, est toujours en vigueur. Il est vrai que, dès le 27 novembre 1816, une ordonnance royale avait permis au gouvernement de hâter la mise en vigueur des lois urgentes en les faisant publier directement par les préfets. Avec le télégraphe, une loi peut ainsi devenir exécutoire le même jour dans toute l'étendue du territoire français.

Le code de commerce lui-même a subi peu de modifications, et celles qui ont une réelle importance, comme la loi de 1867 sur les sociétés, intéressent moins l'industrie des transports que les autres.

Le droit international, au contraire, s'est réellement transformé depuis un demi-siècle, et il est impossible de méconnaitre l'étroite connexité qui existe entre ses tendances nouvelles et les progrès réalisés en matière de transports.

N'est-il pas évident que le rapide développement du commerce maritime et l'importance croissante des capitaux confiés par l'homme à l'Océan, surtout depuis l'invention des bateaux à vapeur, n'ont pas moins contribué que l'avis unanime des moralistes à l'abolition de la course?

L'ancien droit des gens autorisait, en cas de guerre, la

capture des navires marchands de l'ennemi, non seulement par les vaisseaux de guerre, mais encore par les corsaires, c'est-à-dire par les armateurs qui obtenaient dans ce but une délégation spéciale du gouvernement. Le meurtre et le pillage se répandaient ainsi dans toutes les mers.

La France et l'Angleterre, au début de la guerre d'Orient, déclarèrent (28 et 29 mars 1854) que leur intention était de ne pas délivrer de lettres de marque; et effectivement aucune demande d'armement en course contre le pavillon russe ne fut accueillie.

De plus, en 1856, les plénipotentiaires siégeant au congrès de Paris déclarèrent la course définitivement abolie; et, à l'exception des États-Unis et de l'Espagne, toutes les puissances maritimes ont successivement adhéré à cette déclaration. Le refus des États-Unis, loin de provenir du désir de voir conserver une institution barbare, tendait à faire substituer l'abolition complète du droit de capture à la réforme partielle que consacrait le traité de Paris. L'entente n'ayant pu s'établir, les États-Unis se sont trouvés libres, lors de la guerre de sécession, de remettre la course en usage, et on sait qu'aucun des deux camps ne s'est privé du concours des corsaires.

En Europe, au contraire, dans les guerres qui ont eu lieu depuis 1856, il n'a pas été fait sur mer d'autres captures que celles opérées par la marine de guerre des États belligérants.

Assurance mutuelle contre le brigandage légal : tel était le caractère de la déclaration de 1856.

Mutuelle assurance contre l'impunité du crime, tel est le but et tel est l'effet des traités d'extradition par lesquels la plupart des puissances se sont liées les unes envers les autres depuis une trentaine d'années. Londres n'étant plus qu'à dix heures de Paris, l'Amérique n'étant plus qu'à dix jours de l'Europe, la partie deviendrait trop inégale entre les malfaiteurs et la justice s'il suffisait encore d'avoir franchi la frontière pour échapper à toutes poursuites. Les traités d'extradition assurent à chaque gouvernement le concours des autres puissances pour là répression de tout acte dont la criminalité ne peut être nulle part révoquée en doute. Grâce à cette juste et salutaire coalition, la rapidité des moyens de communication actuels est plutôt une menace qu'une garantie pour l'assassin ou le voleur. On a vu déjà plus d'une fois des fugitifs arrêtés de l'autre côté de l'Atlantique au moment même où ils se croyaient sauvés. Le télégraphe les avait dénoncés pendant qu'ils traversaient la mer, et le paquebot qui les avait emportés les ramenait bientôt à leur point de départ. Horace, à coup sûr, ne prévoyait pas ces dénonciations électriques et cette police cosmopolite quand il parlait du pied lent et boiteux de la justice : *Pœna pede claudo...*

La pratique régulière de l'extradition a d'ailleurs contribué à faire tomber en désuétude l'institution du passeport, à peu près incompatible, en fait, avec la manière dont on voyage aujourd'hui. En France, le décret du 10 vendémiaire an IV n'a pas été expressément abrogé, mais il n'en est plus fait application qu'aux voyageurs suspects. En Angleterre, les passeports ne sont jamais demandés et l'administration se contente d'en donner à ceux qui en demandent. En Allemagne, on y avait, dès 1850, substitué de simples cartes d'identité. La loi du 12 octobre 1867 va plus loin : aux termes de cette loi, Allemands et étrangers peuvent circuler librement, sans passeport ni carte, sur le territoire allemand. Il n'y a plus en Europe que deux États, la Russie et le Portugal, où l'usage du passeport soit encore en vigueur.

II

Si l'on nous concède que le développement de l'échange international sous toutes ses formes a notablement contribué à condamner la course, à généraliser l'extradition et à faire abandonner l'institution du passeport, on hésitera moins encore à expliquer de la même manière les efforts qui ont été faits de nos jours en vue d'arriver à l'unification des monnaies, des poids et des mesures. De l'unité des langues, on ne peut encore parler que comme d'une séduisante utopie, et pourtant les inconvénients de la diversité des idiomes deviennent plus sensibles et plus choquants que jamais, maintenant que quelques semaines suffisent pour faire le tour de cette Babel où l'humanité s'agite. Mais ne serait-il pas temps que les chiffres au moins se missent à parler le même langage ? N'est-il pas ridicule de voir, sur le marché européen, la France parler francs, kilomètres et kilogrammes à l'Angleterre, qui lui répond shillings, milles et pounds, à l'Allemagne, qui lui répond marks ou thalers et lieues, à la Russie qui lui répond roubles et verstes ?

Autrefois cette incohérence s'expliquait. Les peuples se mêlaient peu, le moindre voyage demandant beaucoup de temps et beaucoup d'argent. Aussi les mesures et les monnaies changeaient-elles alors, non seulement de pays à pays, mais de province à province. Il y avait, rien qu'en France, plusieurs livres, plusieurs perches, plusieurs setiers, etc... C'était à s'y perdre. Mais la révolution française a substitué à cette confusion l'uniforme simplicité du système métrique ; et, puisque la Normandie et la Corse ont enfin compris la nécessité d'avoir les mêmes étalons, la France et l'Angleterre ne pourraient-elles pas et ne devraient-elles pas faire également cesser, coûte que coûte, l'éternel malentendu qui pèse sur tant d'intérêts communs?

Cette indispensable réforme se fera longtemps attendre, parce que la routine a ici pour complice les amours-propres nationaux. L'Allemagne qui, en 1873, a changé, sans grand profit pour nous, son ancienne législation monétaire, ne s'est refusée à lui donner pour base le franc que parce que c'eût été prendre modèle sur un peuple vaincu. L'unification cependant se prépare peu à peu. La France a déjà entraîné 'dans son sillage : la Belgique, l'Italie, la Suisse, constituées avec elle en union monétaire par la convention de 1865, renouvelée en 1878; la Grèce, l'Autriche, la Suède, dont les monnaies d'argent ou d'or sont venues depuis s'adapter aux nôtres; l'Espagne aussi. La livre sterling anglaise, le dollar américain, le mark allemand, le rouble même et la piastre forment un autre groupe; et d'ailleurs le rapport numérique existant entre ces diverses pièces et nos louis d'or ou nos écus d'argent est un rapport assez simple. Il y a donc déjà progrès à cet égard.

Quant aux poids et mesures, il résulte d'un travail récent de M. de Malarce : que le système décimal s'applique légalement et obligatoirement dans dix-neuf pays (formant une population totale de 240 millions d'âmes); que l'usage du même système est légalement facultatif en Angleterre, au Canada et aux États-Unis (en tout 75 millions et demi d'habitants); et qu'il est admis en principe dans l'Inde anglaise, en Russie, en Turquie, au Vénézuéla et dans l'Uruguay (343 millions et demi d'habitants).

Nous avons vu qu'il a été réalisé aussi d'énormes progrès en matière postale, le traité de Berne ayant substitué un tarif uniforme et minime aux anciennes taxes internationales, reconnues excessives et dénoncées comme telles par le commerce d'exportation de tous les pays. La simplicité et le bon marché succèdent, ici encore, à la complication et à la cherté : c'est double profit.

III

Mais c'est la législation douanière surtout qui s'était trouvée mise en cause le jour où la vapeur, lançant à la fois la locomotive au travers des continents et le pyroscaphe au milieu des mers, était venue brusquement resserrer, pour ainsi dire, les peuples les uns contre les autres. Pour résister partout à cette secousse ou à cette pression, il aurait fallu de plus fortes murailles que les barrières de papier dont une législation folle avait de tous côtés hérissé les frontières.

Ce qui indique bien que la transformation qui s'est opérée sous nos yeux dans le régime commercial des nations européennes était la conséquence naturelle de la transformation de l'industrie des transports, c'est que le pays qui a eu le premier des chemins de fer et une marine à vapeur est aussi le premier qui ait arboré le drapeau du libre échange. C'est en 1838 que se fonde en Angleterre la ligue fameuse des *free-traders*, et où prend-elle naissance ? A Manchester, là même où, dès 1830, le premier chemin de fer sérieux que l'Europe eût connu avait été mis en exploitation. Ce n'était pas là une coïncidence fortuite. L'incompatibilité existant entre les nouveaux moyens de locomotion et les anciennes prohibitions légales avait certainement frappé Cobden et ses amis, et les conversions n'auraient pas été si nombreuses et si rapides autour d'eux, sans l'éloquent commentaire que leur parole trouvait dans le spectacle des merveilles réalisées par le génie de Stephenson. N'y a-t-il pas, en effet, une singulière et saisissante contradiction entre cette quasi-suppression des distances produite par la vapeur d'abord, puis par l'électricité, et cet isolement tout artificiel qu'à force de sophismes, on était arrivé à faire considérer dans chaque pays comme une condition *sine qua non* de prospérité agricole, industrielle et commerciale? Comment concilier ce rapprochement de fait que la science opérait avec cette séparation factice que la loi cherchait à maintenir? Comment perpétuer la localisation des produits en présence de l'incessant va-et-vient des individus? Comment espérer que le consommateur continuerait à croire aux prétendus avantages du système protecteur, quand il n'aurait plus qu'à prendre le train ou le paquebot pour aller s'assurer qu'à quelques heures de Paris tel article se fait mieux et se vend moins cher qu'en France, tandis que tel autre se fait moins bien et coûte davantage?

La coexistence d'un système circulatoire perfectionné et d'un tarif de douanes plus ou moins prohibitif peut à la rigueur se comprendre dans un pays immense comme les États-Unis, qui sont à eux seuls tout un monde, qui possèdent tous les climats, et qui, de plus, n'ont pour ainsi dire pas de voisins. Mais, dans un continent morcelé comme l'Europe, interdire l'échange international, ou, ce qui revient au même, le taxer outre mesure, c'est priver à la fois vingt peuples des bienfaits de l'association et de ceux de la division du travail. Quand on jette les yeux sur la carte des chemins de fer européens et qu'on voit l'enchevêtrement actuel des divers réseaux, ne comprend-on pas qu'il y aurait folie à vouloir, par une loi rétrograde et barbare, couper les mailles de ce filet partout où elles rencontrent une frontière. On a donc le droit de dire que c'est la vapeur qui a tué les prohibitions douanières et qu'elle en rend la résurrection impossible. Ce n'est pas après avoir percé le boulevard Sébastopol et l'avenue de l'Opéra que l'on pourrait songer à remettre en usage les chaînes de fer que, jadis, on tendait le soir en travers des étroites ruelles du vieux Paris.

On sait qu'en Angleterre — et l'Angleterre était pourtant le berceau du système protecteur — sept ou huit années suffirent pour vaincre un préjugé séculaire. Dès la fin de 1845, l'opinion publique, subjuguée par les Cobden, les Fox, les Thomson, les Moore, se prononçait énergiquement pour les nouvelles doctrines, et sir Robert Peel, sentant que la réforme s'accomplirait malgré les tories s'ils se refusaient à l'accomplir eux-mêmes, se plaçait résolument à la tête du mouvement. C'est à la mémorable séance du 28 janvier 1846 qu'on le vit déclarer, à la Chambre des communes, qu'agriculteurs et manufacturiers se trouvant d'accord pour réclamer, au nom de l'intérêt public, l'abrogation des lois sur les céréales, il allait prendre l'initiative de cette abrogation. Ces lois formaient en Angleterre, comme l'a dit M. Amé, « la clef de voûte du système protecteur, » et, une fois la brèche ouverte de la sorte, tout l'édifice ne devait pas tarder à s'écrouler.

En France, les apôtres militants du libre échange, les Frédéric Bastiat, les Michel Chevalier, les Joseph Garnier, n'eurent pas si vite raison de l'opposition des industries privilégiées auxquelles la révolution de juillet avait fait une part prépondérante dans les conseils du gouvernement. Mais nous retrouvons ici la fortune des libertés commerciales étroitement associée à celle des chemins de fer, car le même homme personnifiait alors la défiance dont les unes et les autres restaient l'objet de la part de beaucoup d'esprits. Ce n'était pas sans résistance qu'avaient été votées, en 1832, les deux lois (lois des 9 et 27 février) qui organisaient sur des bases relativement libérales notre système d'entrepôts et de transit. La seule présence en France des marchandises prohibées, soit à titre de transit, soit à titre d'entrepôt, effrayait des hommes auxquels toutes les armes semblaient bonnes pour combattre la concurrence étrangère. M. Fulchiron s'écriait, en faisant allusion au transit sous plomb des soies unies de la Suisse, permis depuis 1818 : « Lyon en meurt ! » M. Roux protestait contre le rétablissement des entrepôts intérieurs, disant « qu'on allait sacrifier le commerce maritime à l'ambition toujours croissante de la capitale ! » Ces vaines terreurs font sourire aujourd'hui, mais elles étaient sincères ; et le succès des lois de 1832, en donnant l'éveil aux intérêts alarmés, contribua à reculer indéfiniment toute révision sérieuse de notre régime douanier. Faut-il rappeler le projet de loi du 17 octobre 1831 sur les grains, si étrangement défiguré par la Chambre des députés (loi du 15 avril 1832)? Faut-il rappeler cet autre projet du 3 février 1834, qu'on ne discuta même pas, et qui n'était pourtant point suspect d'un excès de libéralisme, car c'était M. Thiers qui l'avait contresigné? Les premières atténuations du tarif douanier datent de 1836, et, cette fois encore, les plus timides propositions furent qualifiées, de certains côtés, de témérités redoutables. M. Thiers s'opposa à toute modification des droits sur les fers fabriqués à la houille, et notamment sur les rails. La commission, dont il avait cru devoir combattre sur ce point les conclusions, comprenait mieux que lui que la liberté commerciale et l'industrie des transports doivent toujours marcher ensemble dans la voie du progrès : elle proposait de ne taxer les rails qu'à raison de 5 francs par quintal ; le Conseil général du commerce allait beaucoup plus loin et demandait leur admission en franchise. La loi du 6 mai 1841 porte la trace des mêmes résistances. Aucune pensée d'ensemble ne dominait ces débats, et M. Glais-Bizoin pouvait dire avec quelque raison que la protection accordée aux diverses industries se proportionnait moins à leur importance propre qu'à celle des personnes qui les exerçaient. Quand le hasard des combinaisons parlementaires donnait, dans une commission, la majorité aux partisans de la liberté commerciale, c'était le gouvernement qui s'inquiétait. Quand un ministre prenait l'initiative d'un traité de commerce ou d'un abaissement de tarifs, c'étaient les représentants du pays qui l'accusaient de conspirer contre l'industrie nationale.

Les velléités libérales du gouvernement de la seconde République furent sans effet, parce que la détresse industrielle et financière contre laquelle il avait à lutter rendait toute réforme impossible. Mais la substitution du suffrage universel au suffrage restreint donnait lieu d'espérer qu'à bref délai l'intérêt général des masses l'emporterait enfin sur l'intérêt particulier des électeurs privilégiés du régime précédent. L'Empire, dès ses débuts, ne dissimula pas l'intention de rompre avec la politique commerciale qui, depuis si longtemps, traitait l'agriculture et l'industrie françaises en plantes de serre chaude. Les ministres de Louis-Philippe remplaçaient les chemins de fer par des droits d'entrée. Les ministres de Napoléon III, à qui la Constitution de 1852 donnait presque plein pouvoir en matière de législation commerciale, prirent le contre-pied de ce programme stérile. On avait ouvert, en moyenne, 120 kilomètres de chemins de fer par an de 1830 à 1848 : on en ouvrit près de 1,000 de 1853 à 1858. En même temps, de nombreux décrets venaient réduire les droits excessifs auxquels les denrées alimentaires et les matières premières restaient assujetties.

« On avait ainsi, dit M. Amé, donné d'utiles facilités au

commerce sans compromettre aucun intérêt. La consommation s'était élargie, les marchandises françaises similaires des produits dont on avait réduit les droits se maintenaient à des prix rénumérateurs ; toutes les branches du travail avaient pris une activité remarquable. » Cependant, le Corps législatif s'inquiétait et demandait au gouvernement (janvier 1856) de n'avancer désormais dans la voie des réformes qu'avec une extrême circonspection. M. Rouher devenu, en janvier 1855, ministre de l'agriculture, du commerce et des travaux publics, avait, dès le 9 juin 1856, proposé le retrait de toutes les prohibitions encore en vigueur. Il ne s'agissait pas cependant d'organiser le libre échange, tant s'en faut, car le projet de loi conservait à l'industrie nationale la protection d'un tarif où figuraient des droits de 30, 35, 40 p. 100. Les protestations se multiplièrent néanmoins dans le Corps législatif et au dehors, et le gouvernement se décida, le 16 octobre 1856, à retirer sa proposition, s'engageant en outre à ne pas la reproduire avant 1861.

Voilà donc un temps d'arrêt bien marqué dans l'œuvre d'émancipation commerciale entreprise par le second Empire. Or, nouvelle coïncidence non moins remarquable que les précédentes ! à ce temps d'arrêt dans la transformation progressive de notre régime douanier correspond exactement le temps d'arrêt le plus accentué que présente l'histoire de la construction de notre réseau ferré. C'est, en effet, vers la fin de 1857 qu'éclata la crise économique dont le crédit de nos compagnies de chemins de fer fut la première victime. Leurs actions baissèrent tout à coup d'une manière alarmante, et le public qui, après 1852, avait accordé à toutes les entreprises de ce genre une confiance parfois excessive, devint tout à coup plus défiant que de raison. Les compagnies, qui se sentaient paralysées par cette soudaine impopularité, s'adressèrent alors au gouvernement et obtinrent la révision de leurs contrats, avec garantie par l'État des intérêts des obligations émises pour la construction du nouveau réseau.

Il n'en fallait pas davantage pour que le développement de nos voies ferrées reprît son essor interrompu. Les ouvertures annuelles de lignes nouvelles qui, en 1857 et 1858, avaient dépassé 1,200 kilomètres et qui étaient tombées à moins de 400 en 1859 et 1860, remontent à 672 en 1861, 982 en 1862, 947 en 1863 et 1043 en 1864. Et, ici encore, le parallélisme se continue d'une façon frappante, car nous voici arrivé, comme date, à l'évolution libérale de l'Empire en matière commerciale. Le traité de commerce avec l'Angleterre est du 23 janvier 1860 et se complète le 16 novembre de la même année ; c'est une loi du 5 mai 1860, qui accorde l'admission en franchise des matières premières, cotons, laines, etc... Puis viennent les traités de 1861 (Belgique), 1862 (Zollverein), 1863 (Italie), 1864 (Suisse), 1865 (Suède, Norwège, Pays-Bas, Espagne, Villes hanséatiques), 1866 (Autriche)...

La lettre impériale du 5 janvier 1860, qui avait été comme la préface de l'ère nouvelle ouverte au commerce international de la France, affirmait d'ailleurs une fois de plus l'évidente connexité de la question des droits d'importation avec celle des transports : « Depuis longtemps, écrivait l'Empereur à M. Fould, on proclame cette vérité, qu'il faut multiplier les moyens d'échange pour rendre le commerce florissant, que sans concurrence l'industrie reste stationnaire et conserve des prix élevés qui s'opposent aux progrès de la consommation, que sans une industrie prospère qui développe les capitaux l'agriculture elle-même demeure dans l'enfance. Tout s'enchaîne donc dans le développement successif des éléments de la prospérité publique.... Un des plus grands services à rendre au pays est de faciliter le transport des matières de première nécessité pour l'agriculture et l'industrie : à cet effet, le ministre des travaux publics fera exécuter le plus promptement possible les voies de communication, canaux, routes et chemins de fer, qui auront surtout pour but d'amener la houille et les engrais sur les lieux où les besoins de la production les réclament, et il s'efforcera de réduire les tarifs en établissant une juste concurrence entre les canaux et les chemins de fer. L'encouragement au commerce par la multiplication des moyens d'échange viendra alors comme conséquence naturelle des mesures précédentes. L'abaissement successif de l'impôt sur les denrées de grande consommation sera donc une nécessité, ainsi que la substitution de droits protecteurs au système prohibitif qui limite nos relations commerciales... » La lettre se terminait par l'énoncé du programme que le chef de l'État recommandait à la sollicitude de ses ministres, et nous y retrouvons côte à côte les indications suivantes :

« Amélioration énergiquement poursuivie des voies de communication ;

« Réduction des droits sur les canaux, et, par suite, abaissement général des frais de transport;

« Travaux considérables d'utilité publique ;

« Suppression des prohibitions ;

« Suppression des droits sur la laine et les cotons;

« Réductions successives sur les sucres et les cafés ;

« Traités de commerce avec les puissances étrangères. »

Ce grand programme n'était encore que partiellement exécuté, quand les douloureuses catastrophes de 1870 et de 1871 sont venues mettre la France à deux doigts de sa perte.

Il a bien fallu alors, pour faire face à un passif de près de

10 milliards, chercher à réduire les dépenses et surtout à accroître les recettes budgétaires. Allait-on, pour cela, interrompre le développement de notre système circulatoire? Allait-on revenir au régime soi-disant protecteur? Tout semblait possible, car tout était remis en question, et l'on sait que l'illustre homme d'État auquel la France, après tant de désastres, venait de confier la direction de ses intérêts, réservait encore aux chimères du protectionnisme la confiance qu'il avait si longtemps refusée aux conceptions fécondes des Stephenson et des Fulton.

La lutte s'engage dès le lendemain de la Commune. C'est le 12 juin 1871 que, dans son projet de budget rectificatif pour l'exercice 1871, le nouveau gouvernement propose de demander une partie importante des ressources budgétaires à créer aux mesures douanières ci-après :

1° Augmentation des droits purement fiscaux pesant sur les denrées coloniales ou exotiques, telles que : café, sucre, poivre, cacao, thé, pétrole, etc...

2° Établissement d'un droit de sortie sur un grand nombre de marchandises ;

3° Établissement d'un droit d'entrée de 20 p. 100 *ad valorem* sur les textiles bruts, admis en franchise depuis 1860, et de droits moindres sur les autres matières premières.

Les taxes purement fiscales furent votées sans difficulté (loi du 8 juillet 1871). Les droits de sortie, repoussés par la commission du budget comme propres à entraver notre commerce d'exportation, ne furent même pas discutés en séance publique.

Quant à la question des matières premières, on n'a pas oublié les difficultés et les conflits dont elle fut la source.

M. Thiers et M. Pouyer-Quertier comptaient en tirer de 150 à 200 millions ; mais les protectionnistes eux-mêmes, députés ou industriels, subordonnaient leur adhésion à l'établissement d'un système de drawbacks et de droits compensateurs que personne ne comprenait de la même façon ; et, le 19 janvier 1872, l'Assemblée nationale, après avoir repoussé la proposition Marcel Barthe que M. Thiers avait indiquée comme constituant la limite extrême de ses concessions, votait par 367 voix contre 297 une résolution formulée par M. Feray et ainsi conçue : « L'Assemblée nationale, réservant le principe d'un impôt sur les matières premières, décide qu'une commission de quinze membres examinera les tarifs proposés et les questions soulevées par cet impôt, *auquel on n'aura recours qu'en cas d'impossibilité d'aligner autrement le budget.* »

C'était indiquer, en termes aussi nets que le permettaient les circonstances, la répugnance du pays pour ce retour au régime douanier d'il y a trente ans. On sait que ce vote provoqua la démission du Président de la République, qui déclarait la réorganisation de nos finances impossible sans un impôt sur les textiles. M. Thiers se trompait : la suite des évènements l'a bien prouvé. Mais sa conviction était profonde, et lorsque, cédant à d'unanimes instances, il consentit à revenir sur sa décision, ce fut avec la pensée qu'il trouverait désormais l'Assemblée plus docile. Dès le 23 janvier, le ministre du commerce soumettait à la commission élue en exécution de la résolution Feray un nouveau projet d'impôt sur les matières premières où de gros droits avec drawback alternaient avec des droits modérés sans drawback ; ce tarif éclectique ne devait plus donner qu'environ 90 millions. La loi fut votée le 26 juillet 1872, mais avec un article additionnel qui allait en rendre le vote illusoire : « Aucun droit, disait cet article, ne pourra être perçu sur les matières premières utiles à l'industrie avant que des droits compensateurs équivalents n'aient été mis en vigueur sur les produits étrangers fabriqués avec des matières similaires. »

M. Thiers n'avait pas encore réussi à modifier dans ce sens notre régime conventionnel lorsqu'à la suite de l'élection Barodet, un nouveau conflit, cette fois exclusivement politique, amena sa retraite définitive et son remplacement par M. le maréchal de Mac-Mahon (24 mai 1873).

L'armée protectionniste était décapitée : une réaction libérale était inévitable. L'Assemblée nationale abroge, dès le 25 juillet 1873, la loi dangereuse et stérile du 26 juillet 1872, et proroge, trois jours après, jusqu'en 1877, les traités de commerce franco-anglais et franco-belge que le gouvernement précédent avait été autorisé à dénoncer.

Ces traités et les autres, successivement prorogés ou renouvelés après quelques semaines d'intervalle, comme les traités franco-italien et franco-autrichien, doivent maintenant rester en vigueur jusqu'au vote de notre nouveau tarif général, et six mois encore après ce vote.

Il est malheureusement certain que le protectionnisme, dont la déroute semblait si complète en 1873, a su depuis lors reconquérir, dans le Parlement et ailleurs, une partie du terrain qu'il avait perdu : les ministres se sont trouvés plus d'une fois divisés sur cette grave question ; dans les commissions qui en ont été saisies au Sénat (commission d'enquête) et à la Chambre (commission du tarif), les adversaires de la liberté des échanges ont presque toujours été écoutés avec plus de faveur que ses défenseurs, et on peut se demander si le nouveau tarif général dont l'année 1880 verra sans doute la promulgation ne sacrifiera pas encore, sur bien des points, les droits du consommateur aux prétentions du producteur.

D'où vient ce retour offensif, et comment se fait-il que

l'opinion publique puisse hésiter encore entre la vérité et l'erreur?

Pour s'expliquer ce changement, il faut se rappeler que, de 1872 à 1874, la production sous toutes ses formes était à son maximum d'activité et de prospérité. La guerre franco-allemande, par les consommations extraordinaires auxquelles elle avait donné lieu et par les chômages qu'elle avait causés des deux côtés du Rhin, aurait presque suffi à expliquer cette subite recrudescence du travail. L'Amérique du Nord était d'ailleurs venue en augmenter l'intensité par d'énormes commandes de rails. L'Europe agricole n'était pas moins favorisée à cette époque que l'Europe industrielle, et ni les manufacturiers ni les cultivateurs n'auraient osé se plaindre d'une législation qui leur laissait réaliser de si magnifiques bénéfices.

Mais, depuis lors, la roue de la fortune a tourné : le monde civilisé est depuis quelques années aux prises avec une de ces crises économiques et commerciales dont la périodicité s'affirme dans ce siècle d'une manière si régulière. Tout a changé de face. La production toujours croissante est arrivée à dépasser les besoins de la consommation. Les prix ont fléchi, les bénéfices ont diminué. En même temps sont venues de mauvaises récoltes pour l'Europe, tandis que l'Amérique regorgeait de blé, de sorte que nos agriculteurs n'ont pas la consolation de vendre cher le peu de grain qu'ils ont obtenu. Ce sont les vaches maigres de l'Écriture succédant aux vaches grasses. Il y a lieu d'espérer que cette situation critique ne se perpétuera point ; mais elle a suffi pour ramener sous la bannière protectionniste beaucoup d'hommes à courte vue.

L'exemple des Allemands contribue aujourd'hui à inquiéter les esprits timides et à surexciter les convoitises de certaines industries. M. de Bismarck, qui poursuit actuellement dans l'ordre économique et financier, après l'avoir en grande partie réalisée dans l'ordre politique, l'unification de l'Allemagne, a surtout voulu augmenter le rendement des droits de douanes parce que les droits de douanes tombent dans la caisse de l'Empire et non dans celle des États particuliers qui le composent. Le nouveau tarif qu'il a fait voter par le Reichstag au mois de juillet 1879 reste d'ailleurs, sauf en ce qui concerne les denrées alimentaires, plus libéral, non seulement que notre tarif général, mais même que notre tarif conventionnel. On a invoqué néanmoins cette récente évolution du gouvernement allemand comme exigeant de notre part une évolution semblable, et la commission française du tarif douanier ne paraît pas avoir échappé à cette funeste impression.

Nous avons cependant la conviction que la France ne fera jamais ce pas en arrière qu'on a l'imprudence de lui demander. Et ce n'est pas seulement l'évidence des bienfaits dus au régime inauguré en 1860 qui nous inspire cette confiance. Les symptômes qui la justifient sont nombreux et concluants. C'est le piteux échec qu'éprouvait, il y a quelques mois, en pleine Normandie, une candidature dont le caractère était avant tout protectionniste ; c'est, au contraire, l'accueil sympathique fait, dans le Nord comme dans le Midi, à ces vaillants défenseurs de la liberté commerciale qui ont nom Jules Simon, Frédéric Passy, Raoul Duval, Octave Noël? Avec cela, il ne nous manquait qu'un ministre résolument libre échangiste, et nous l'avons aujourd'hui.

Mais il est un des collègues de M. Tirard, qui, avec moins de conviction, aura peut-être fait plus encore pour la défaite définitive d'une doctrine surannée : c'est M. de Freycinet. Prodiguer les milliards pour multiplier et pour améliorer les ports, les canaux, les chemins de fer, c'est s'interdire cette politique restrictive qui paralyserait le trafic international : « Je vous demande un peu, s'écriait naguère le ministre de l'agriculture et du commerce (séance de la Chambre des députés du 22 juillet 1879), je vous demande un peu à quoi servirait, sans la liberté des échanges, de faire des chemins de fer, des ports et des canaux ? On a creusé avec l'argent et le génie de la France le canal de Suez. On nous a demandé de l'argent pour faire un chemin de fer au Soudan. A quoi aboutiraient tous ces efforts, tous ces sacrifices, si, après avoir tant dépensé pour permettre aux marchandises d'arriver, aux produits internationaux de s'échanger, on mettait des barrières de douanes qui les empêchent d'entrer ? »

CHAPITRE XVII.

Le budget et la fortune publique.

Les chemins de fer d'État en France et à l'étranger. — Profits particuliers que l'État, en France, retire de l'exécution des chemins de fer. — Garanties d'intérêt. — Subventions. — Résultat financier pour l'État. — Résultat financier pour les capitaux particuliers engagés dans la construction des chemins de fer. — Avantage supérieur procuré au public. — Progrès de la richesse publique, avant et depuis les chemins de fer, en France, en Angleterre, aux États-Unis.

La distinction indiquée par le titre de ce chapitre se justifie d'elle-même. La fortune d'un État, comme celle d'une société quelconque ou d'un particulier, ne se mesure pas uniquement au chiffre des dépenses annuelles ; et deux budgets égaux ne sont pas incompatibles avec des situations de fortune très inégales. Le budget, dans un pays, est à la fortune publique ce qu'est à un bassin alimenté par diverses sources une prise d'eau destinée à faire marcher un moulin. Les meules du moulin sont ici les services publics, et la dérivation qui les met en mouvement, c'est la part de l'avoir commun qui est annuellement consacrée à ces différents services. Or, le volume de cette prise d'eau variera évidemment, sans que le niveau du bassin change, toutes les fois qu'on viendra élever ou abaisser la vanne; ce qui revient à dire que, la fortune publique restant la même, il suffira cependant de diminuer ou d'aggraver les impôts pour réduire ou augmenter le chiffre des revenus publics. Cette comparaison montre bien que la fortune publique et le budget, dans un État, sont choses non seulement distinctes, mais même, jusqu'à un certain point, indépendantes l'une de l'autre.

I

Étudions d'abord l'influence exercée sur les budgets par les moyens de transport perfectionnés et spécialement par les chemins de fer.

Cette influence varie nécessairement selon les règles qui, dans chaque pays, président à la concession, à la construction et à la direction des voies ferrées.

On sait que dans un certain nombre de pays l'État exploite lui-même une partie des chemins de fer [1].

En Belgique, au 1er janvier 1878, sur un réseau total de 3,644 kilomètres, 1,487 seulement étaient exploités par des compagnies; les 2,157 autres étaient exploités par l'État.

En Hollande, l'État a 891 kilomètres de chemins de fer sur 1,681.

En Allemagne, M. de Bismarck a fait figurer sur le programme politique de l'Empire le rachat de tous les chemins de fer; et il y travaille encore en ce moment même (dé-

---

[1] Voir l'*Étude sur l'exploitation des chemins de fer par l'État*, de M. Jacqmin.

cembre 1879). En 1878, les 30,303 kilomètres de chemins de fer existants en Allemagne se décomposaient comme il suit : 12,373 kilomètres appartenant à des compagnies et exploités par elles ; 3,748 kilomètres appartenant à des compagnies, mais exploités soit par l'Empire, soit par tel ou tel État particulier ; et 14,182 kilomètres appartenant à l'Empire, ou aux États et exploités par eux.

Dans l'Empire austro-hongrois, sur 17,984 kilomètres exploités en 1878, c'est à peine si l'État en exploitait 2,000.

En France, nous avons vu que l'État a récemment fait l'acquisition et entrepris l'exploitation d'un réseau dont l'étendue actuelle est de 1,612 kilomètres. Ce n'est peut-être qu'un commencement.

En pareil cas, la situation est bien nette : l'État exerce lui-même et pour son propre compte l'industrie de voiturier. C'est le trésor public qui a payé la construction ou l'achat des lignes ; c'est lui qui supporte les frais d'entretien et d'exploitation ; c'est également lui qui profite des recettes. Une pareille situation peut être avantageuse, quand elle s'applique à des chemins très rémunérateurs, mais elle a aussi de graves inconvénients. Il est dangereux que les tarifs de chemins de fer se trouvent assimilés à des tarifs fiscaux. Les pouvoirs publics, se trouvant maîtres absolus de ces tarifs, peuvent être tentés de les relever brusquement à titre d'expédient budgétaire ou de mesure protectionniste ; ils peuvent aussi être tentés de les réduire plus que de raison, soit pour détourner le trafic des compagnies étrangères, soit tout simplement pour obtenir cette popularité à laquelle tant d'intérêts sérieux sont souvent sacrifiés. C'est d'ailleurs marcher à l'encontre des vrais principes économiques que de multiplier inutilement les attributions de l'État : n'y a-t-il pas assez de fonctionnaires et d'employés dans nos administrations publiques, sans qu'on y ajoute tout le personnel des compagnies?

En France, il y a trop peu de temps que l'État est devenu ou redevenu directeur de chemins de fer pour qu'on puisse apprécier sûrement les conséquences financières de cette expérience; mais, budgétairement parlant, l'affaire sera forcément mauvaise. Le gouvernement lui-même ne se faisait pas d'illusion à cet égard, puisqu'en demandant aux chambres un demi-milliard pour organiser ce réseau d'État, il se faisait ouvrir en outre un crédit annuel d'un million de francs pour couvrir, au besoin, l'insuffisance des recettes par rapport aux frais d'exploitation. En fait, le produit brut des 1,591 kilomètres dont il s'agit, pendant le premier semestre de 1879, ressort à 6,800,000 francs, soit un peu plus de 4,000 francs par kilomètre. Admettons que l'année entière donne 9,000 francs : ce serait de quoi rendre inutile le crédit éventuel qui avait été demandé; ce serait peut-être de quoi constituer un produit net de 1,500 francs à 2,000 francs; mais pour des lignes qui reviennent à environ 200,000 francs le kilomètre, on voit que cela ferait un intérêt d'à peine 1 p. 100.

En Belgique, voici quelles ont été pour l'État, depuis une vingtaine d'années, les recettes et dépenses afférentes aux chemins de fer :

Années.	Recettes. (millions)	Dépenses. (millions)	Produit net. (millions)
1860	27,8	13,8	14,0
1865	35,6	17,9	17,7
1869	39,8	24,0	15,8
1873	61,8	51,5	10,3
1876	80,5	56,7	23,8

Dans le budget de l'Empire allemand pour l'exercice 1878-1879, les chemins de fer ne figurent que pour un produit

brut de 49 millions de francs, donnant un produit net de
14 millions seulement; mais le réseau d'État prussien donne,
à lui seul, comme produit brut, 227 millions de francs; le
réseau bavarois, 107 millions, le réseau wurtembergeois
13 millions, etc...

Dans d'autres pays, comme la Grande-Bretagne, par
exemple, et comme les États-Unis d'Amérique, les compagnies de chemins de fer sont aussi indépendantes que n'importe quelles sociétés industrielles : les lignes leur appartiennent définitivement, et, dans les limites du maximum
qui peut avoir été stipulé, elles sont libres de modifier leurs
prix selon les circonstances. Les chemins de fer anglais
constituent forcément de gros contribuables, tant à l'égard
des impôts directs qu'à l'égard des taxes indirectes; mais la
seule contribution spéciale à laquelle ils soient assujettis est
le droit de 5 p. 100 sur les billets des voyageurs : ce droit a
produit, pour l'exercice 1877-1878, une somme ronde de
742,000 livres sterling (18,550,000 francs).

II

Le système mixte appliqué à la généralité des chemins de
fer français comporte pour le trésor des avantages dont l'importance contraste singulièrement avec l'exiguité des revenus
qu'il tirait autrefois de l'industrie des transports. En 1792,
la ferme des messageries n'était que de 600,000 livres.
L'impôt sur les transports effectués par les voitures publiques
de terre et d'eau donnait 2 millions en 1816, 3 en 1819, 4 en
1823, de 5 à 6 entre 1825 et 1834, de 6 à 8 entre 1835 et
1839, de 8 à 10 entre 1840 et 1844, enfin 10 millions et quelques milliers de francs en 1845 et 1846, date du rendement

maximum de cette taxe, ramenée aujourd'hui à un produit de 5 à 6 millions seulement.

Que sont ces minces revenus à côté de ceux que les chemins de fer procurent aujourd'hui à l'État !

Le ministère des travaux publics fait chaque année dresser un tableau détaillé des *Profits particuliers que l'État retire de l'exécution des chemins de fer*, profits résultant soit de recettes budgétaires réellement encaissées, soit de dépenses évitées ou atténuées.

En 1869, voici comment ce tableau se résumait :

Profits constatés en 1869.

I — RECETTES PERÇUES.

		(francs)
1º	Impôt du dixième sur les voyageurs et la grande vitesse.	32,670,487
2º	Contribution foncière et patentes.	2,560,264
3º	Licences, estampilles, plombs de douane, etc.	323,036
4º	Abonnement pour le timbre des titres	5,007,925
5º	Droit de transmission.	6,692,068
6º	Timbre des récépissés.	6,097,219
7º	Timbres-poste pour les lettres d'avis	592,338
8º	Droits de douanes sur les charbons et métaux importés.	819,613
9º	Frais de contrôle et de surveillance.	2,292,831
	Ensemble.	57,055,781

II. — ÉCONOMIES RÉALISÉES.

1º	Administration des postes.	27,482,616
2º	Transport des militaires et marins	24,255,376
3º	Transports de la guerre.	931,956
4º	Transports de l'administration des finances	984,736
5º	Transport des prisonniers	998,940
6º	Transport gratuit des agents des contributions et des douanes.	478,268
7º	Lignes télégraphiques (personnel et matériel)	2,303,872
	Ensemble.	57,435,764
	Total des recettes perçues et des économies réalisées.	114,491,545

(soit 7,080 francs en moyenne par kilomètre.)

L'année suivante,.en 1870, le même calcul aboutissait à un total de 200,454,282 francs, mais les transports de guerre (hommes et matériel) figuraient dans ce chiffre pour 117 millions.

En 1873, c'est par suite des impositions nouvelles que les recettes perçues montent à 118,717,407 francs, ce qui, avec 54,901,598 francs d'économies réalisées, donne un total de 173,619,005 francs.

En 1874, l'impôt de 5 p. 100 sur la petite vitesse, voté le 21 mars, porte à 140,115,078 francs les recettes perçues, soit, avec 58,763,568 francs d'économies, un total de 198,878,646 francs.

En 1875, les recettes montent à 153,242,467 francs, les économies à 66,500,574 francs, l'ensemble à 219,743,041 francs.

En 1876, on a 159,120,790 francs de recettes et 69,834,152 francs d'économies, total : 228,954,942 francs.

Pour 1877, le total est presque identique. En voici le détail :

Profits constatés en 1877.

I. — RECETTES PERÇUES

		(francs)
1°	Impôt sur les voyageurs et la grande vitesse.	70,103,840
2°	Impôt de 5 p. 100 sur la petite vitesse	22,262,876
2°	Contribution foncière et patentes.	4,029,340
4°	Licences, estampilles, plombs de douane, etc.	406,971
5°	Abonnement pour le timbre des titres.	7,738,295
6°	Droit de transmission.	11,656,271
7°	Impôt sur le revenu des valeurs mobilières.	15,913,119
8°	Timbre des récépissés et lettres de voiture.	19,748,138
9°	Timbres-poste pour les lettres d'avis	1,009,988
10°	Droits de douanes sur les charbons et métaux importés . .	1,690,793
11°	Frais de contrôle et de surveillance.	3,018,702
12°	Droits de timbre sur les quittances, acquits, etc.	1,218,673
	Ensemble.	158,802,006

II. — ÉCONOMIES RÉALISÉES.

(francs)

1° Administration des postes.   33,636,026
2° Transport des militaires et marins   27,424,719
3° Transports de la guerre.   2,685,392
4° Transports de l'administration des finances.   1,040,425
5° Transport des prisonniers.   1,252,148
6° Transport gratuit des agents des contributions et des
      douanes.   615,662
7° Lignes télégraphiques (personnel et matériel)   2,492,795

Ensemble.   69,147,167

Total des recettes perçues et des économies réalisées. .   227,949,173
(soit 11,460 fr. en moyenne par kilomètre).

Voici d'ailleurs comment ces profits, pour 1877, se répartissaient entre les divers réseaux :

Profits constatés en 1877.

Réseaux.	Recettes perçues. (francs)	Économies réalisées. (francs)	Totaux. (francs)
Nord.	21,915,777	7,122,044	29,037,821
Est	18,639,544	8,651,809	27,291,353
Ouest	22,794,727	10,195,419	32,990,146
Orléans.	26,754,779	12,761,098	39,515,877
Méditerranée	49,962,252	20,760,650	70,722,902
Midi	13,454,642	6,621,280	20,075,922
Vendée.	424,054	514,606	938,660
Charentes.	1,595,850	1,552,416	3,148,266
Autres	3,260,381	967,845	4,228,226
Totaux.	158,802,006	69,147,167	227,949,173

On voit que les profits procurés par les chemins de fer à l'État ont doublé de 1869 à 1877, puisqu'ils se sont élevés dans cet intervalle de 114 millions, chiffre rond, à 228. Ce doublement est dû en partie aux développements de l'exploitation et en partie aux créations ou augmentations d'impôts résultant particulièrement des lois des 23 août 1871, 28 février et 30 mars 1872 (timbre des récépissés), de la loi du 16 septembre 1871 (second dixième sur les transports de grande vitesse), et de la loi du 21 mars 1874 (taxe sur la petite vitesse). Cette dernière taxe a été abolie, à dater du 1er juillet 1878, par la loi du 26 mars 1878, portant fixation du budget des recettes de l'exercice 1878 ; mais les autres ont été maintenues, et l'on peut encore évaluer à au moins 210 millions de francs, avec les plus-values des dernières années, les avantages pécuniaires que l'État tire chez nous des chemins de fer.

Il convient, à vrai dire, de retrancher de ces profits la charge résultant pour le trésor de. la garantie d'intérêt accordée aux grandes compagnies par les conventions de 1859 et 1863, garantie à laquelle deux seulement de ces compagnies n'ont pas eu à recourir (Lyon et Nord).

Quelle est l'importance de cette charge ?

Le maximum théorique de l'annuité pouvant tomber à la charge du trésor ressortait à 145,800,000 francs d'après les conventions de 1859 et à 186,000,000 d'après celles de 1863. Mais, en tenant compte des recettes probables du second réseau et de l'accroissement de celles de l'ancien réseau, M. de Franqueville, directeur général des chemins de fer, estimait que la garantie commencerait à s'exercer en 1863 sur le pied de 33 millions, qu'elle atteindrait vers 1872 un maximum de 48 à 50 millions, qu'elle redescendrait à 34 millions en 1875, date de l'achèvement des lignes alors concédées ; enfin, qu'elle s'éteindrait en 1884 et que les remboursements à l'État stipulés par les conventions commenceraient en 1885.

Ces prévisions, quelque peu modifiées, ont été annexées à la loi du 11 juin 1866 (aujourd'hui abrogée), qui affectait la nu-propriété des chemins de fer à la caisse d'amortissement. Voici rapprochées dans le même tableau la série des annuités prévues [1] et celle des sommes réellement payées aux compagnies, ou, pour les dernières années, réclamées par elles :

Années.	Chiffres prévus en 1866. (francs)	Sommes payées ou réclamées [2]. (francs)
1863	»	1,492,959
1864	»	15,367,882
1865	»	28,667,303
1866	»	24,324,175
1867	31,000,000	21,943,230
1868	31,000,000	31,479,478
1869	26,000,000	25,058,041
1870	26,000,000	62,225,894
1871	41,000,000	28,132,598
1872	41,000,000	32,522,168
1873	43,000,000	45,701,217
1874	42,000,000	55,729,977
1875	37,000,000	41,619,086
1876	32,000,000	45,735,000
1877	28,000,000	49,400,000
1878	25,000,000	48,000,000
1879	21,000,000	58,000,000
1880	17,000,000	»
1881	14,000,000	»
1882	11,000,000	»
1883	6,000,000	»
1884	1,000,000	»

Ce tableau nous montre que les garanties d'intérêts consenties par l'État ne réduisent pas à moins de 160 millions de francs le profit net qu'il retire des chemins de fer.

Quant aux sacrifices que l'État s'est imposé pour la construction de nos lignes ferrées d'intérêt général, l'importance en est indiquée dans le tableau ci-dessous, qui a été publié

[1] Les prévisions indiquées ici se sont trouvées modifiées par les conventions de 1875.

[2] Les chiffres de cette colonne, un peu différents de ceux de M. Aucoc (*Conférences sur le droit administratif*, tome III, page 443), ont été pris dans les rapports des commissions des budgets de 1878 et 1880.

par le ministère des travaux publics en 1875 et qui comprenait les chemins faits ou à faire à cette époque :

Longueurs kilométriques et coût d'établissement des réseaux français.

Compagnies.	Longueurs des divers réseaux. (kilomètres)	Dépenses à la charge			Prix kilométrique. (francs)
		des compagnies. (millions)	de l'État. (millions)	de divers. (millions)	
NORD :					
Ancien réseau.	1,174	520	7	2,8	470,017
Nouveau réseau	650	200	9,8	1,1	324,462
EST :					
Ancien réseau.	994	363,2	120,4	0,1	486,620
Nouveau réseau	2,107	872,1	70,3	6,9	460,546
OUEST :					
Ancien réseau.	900	512,1	101,6	3,5	685,778
Nouveau réseau	1,994	736	182,6	11,2	466,209
LYON :					
Ancien réseau.	4,298	1,989,5	338,3	6,1	543,020
Nouveau réseau	1,720	602,4	143,4	0,1	433,663
ORLÉANS :					
Ancien réseau.	2,017	589,2	232,6	4	409.420
Nouveau réseau	2,302	845,7	117,8	1,1	413,814
MIDI :					
Ancien réseau.	796	328,7	51,5	0,2	477,889
Nouveau réseau	1,576	559	165,2	2	410,787
Grandes compagnies . .	20,528	8,127,9	1,540,5	39,1	472,891
Compagnies diverses . .	1,459	329	98	4	295,408
Totaux.	21,987	8,456,9	1,638,5	43,1	461,113

10,138,5

La part de l'État dans les frais d'établissement de nos 22,000 premiers kilomètres de chemins de fer ressort ici à 1,638,500,000 francs sur un peu plus de 10 milliards. Une dépense de 1,600 millions, chiffre rond, a donc aujourd'hui pour contre-partie un profit annuel de 160 millions, garantie d'intérêts déduite.

On arriverait ainsi à cette conclusion que l'État, en subventionnant les chemins de fer, a fait un placement dont le taux moyen n'est pas inférieur à 10 p. 100.

C'est déjà un beau résultat, et le calcul qui précède suffirait, ce nous semble, pour justifier, même dans l'hypothèse de concessions perpétuelles, le système des subventions partout où elles peuvent être considérées comme une condition *sine qua non*.

A plus forte raison se trouve-t-il justifié avec des concessions limitées, comme celles des compagnies françaises, à une durée maximum de quatre-vingt-dix-neuf ans. Ce capital de 10 milliards, auquel l'État n'a guère contribué que pour un septième, lui reviendra tout entier au milieu du siècle prochain ; et grâce à cette gigantesque rentrée, on pouvait dire avec quelque vraisemblance, avant 1870, que la propriété des chemins de fer éteindrait un jour, à elle seule, la dette publique de la France.

III

On vient de voir que, même sans tenir compte des profits indirects que lui procurent les chemins de fer en enrichissant le pays, le trésor public, en France, est largement indemnisé des sacrifices qu'il a faits pour eux dans le passé. Demandons-nous maintenant quel a été le sort de l'ensemble des capitaux engagés dans cette grande œuvre. Pour le savoir, il faut connaître l'importance respective des recettes et des dépenses d'exploitation, et tel est l'objet du tableau suivant qui donne, par année, les recettes et dépenses totales, d'une part, et, d'autre part, les recettes et dépenses kilométriques moyennes :

Résultats annuels de l'exploitation.

Années.	Longueurs moyennes exploitées. (kilomètres)	Recettes totales (impôts non compris). (millions de francs)	Dépenses totales. (millions de francs)	Recettes par kilomètre. (milliers de francs)	Dépenses par kilomètre. (milliers de francs)
1841	499	13	8,3	26	16,6
1846	1,049	41,2	19,5	39,2	20,7
1851	3,248	106,1	47,6	32,7	14,6
1856	5,852	305,2	133,8	52,2	22,9
1861	9,626	473,8	212,9	49,2	22,1
1862	10,522	492,4	228,7	46,8	21,7
1863	11,533	512,2	235,6	44,4	20,4
1864	12,362	543,9	256,1	44	20,7
1865	13,227	578,5	268,2	43,7	20,3
1866	13,915	623,4	290,3	44,8	20,9
1867	15,000	677,8	321,7	45,2	21,4
1868	15,855	687,9	329,2	43,4	20,8
1869	16,465	704,3	319,8	42,8	19,4
1870	15,544	634	312,8	40,8	20,1
1871	15,632	713,8	331,2	45,7	21,2
1872	17,438	792	395	45,4	22,7
1873	18,139	833,2	434,2	45,9	23,9
1874	18,744	818,2	427,2	43,6	22,8
1875	19,357	862,8	440,3	44,6	22,7
1876	20,068	867,6	442	43,3	22,1
1877	20,547	866,8 [1]	438,4	40,2	21
1878	21,731	905,9	»	41,7	»

Les derniers chiffres de ce tableau ne sont encore donnés que comme provisoires. Remontons donc un peu plus haut. Les 19,357 kilomètres qui constituent la moyenne des longueurs kilométriques exploitées en 1875 représentent, au

[1] Sur cette recette totale, 4,881,489,160 voyageurs kilométriques (c'est-à-dire 142,004,353 personnes transportées à une distance moyenne de 34 kilomètres) ont fourni une recette brute de 253,644,910 francs (1 fr. 79 par voyageur); et 8,185,073,149 tonnes kilométriques (c'est-à-dire 61,603,968 tonnes transportées à une distance moyenne de 133 kilomètres) ont fourni une recette brute de 488,157,628 francs (7 fr. 92 par tonne).

La grande vitesse, les recettes accessoires et diverses complètent les 867 millions.

coût moyen d'établissement, un capital d'environ 9 milliards. Or, en déduisant le chiffre total des frais d'exploitation du chiffre total des recettes, nous trouvons que le produit net de l'exploitation a été de 422 millions et demi. Le réseau, tel qu'il était constitué en 1875, a donc donné cette année-là un intérêt moyen de 4,7 p. 100, abstraction faite des compléments d'intérêt fournis par l'État.

Que si des 9 milliards de capital engagé on retranche les 1,500 millions représentant les subventions, qui ne participent pas à la répartition du produit net, le taux moyen de l'intérêt annuel acquis aux 7 milliards et demi restants, c'est-à-dire aux actions et obligations, monte de 4,7 à 5,6 p. 100.

Enfin, si au produit net on ajoute les 40 et quelques millions réclamés à l'État à titre de garantie d'intérêts, les 7 milliards et demi versés par les actionnaires ou obligataires ayant à se partager, non plus 422 millions, mais 460 et plus, le taux moyen de l'intérêt obtenu s'élève encore et arrive entre 6 et 6,5 p. 100.

Ainsi, les chemins de fer français par eux-mêmes ne rapportent pas tout à fait 5 p. 100 de ce qu'ils coûtent ; mais, en tenant compte du concours de l'État (participation aux frais d'établissement et garanties d'intérêts), ils rapportent en moyenne plus de 6 p. 100 aux capitaux privés engagés dans leur construction.

Ce sont là, à vrai dire, des résultats supérieurs à ceux que les chemins de fer ont donné dans la plupart des pays étrangers.

En Angleterre, l'intérêt obtenu ne dépasse pas 4 1/2 p. 100. Voici les chiffres officiels [1] : 3,78 p. 100 en 1858, 4,19 en 1870,

---

[1] Voir le *Bulletin de statistique et de législation comparée* de novembre 1877 p. 258, et de décembre 1878, p. 380.

4,52 en 1872, 4,35 en 1873, 4,14 en 1874, 4,25 en 1875, 4,17 en 1876, 4,13 en 1877 (capital engagé 16 milliards 850 millions de francs, recettes brutes 1 milliard 516 millions, frais d'exploitation 820 millions, recette nette 695 millions).

Dans les autres pays de l'Europe, voici quels seraient, d'après le *Journal de la Société de statistique de Paris* (livraison de septembre 1877), les intérêts acquis au capital chemins de fer : 5,2 p. 100 dans les États scandinaves, 4,3 en Suisse, 4,1 en Allemagne, 3,2 en Belgique, 2,6 en Italie et en Espagne.

Aux États-Unis, l'intérêt moyen était tombé de 4,19 p. 100 en 1871 à 2,53 en 1878. Il tend à se relever.

Pour le monde entier, M. de Neumann-Spallart évaluait, fin 1875, le capital engagé dans les 295,000 kilomètres de chemins de fer alors existants à 81 milliards et demi; et M. Stürmer leur attribuait une recette brute de 8 milliards 430 millions, réduite par les frais d'exploitation (5 milliards 100 millions) à la somme encore respectable de 3 milliards 330 millions ou 3 milliards un tiers. L'intérêt obtenu ressortirait ainsi à environ 4 p. 100.

IV

Un intérêt de 4 p. 100 n'est pas à dédaigner aujourd'hui, surtout quand il s'adresse à une somme de capitaux qui dépassera bientôt 100 milliards. Mais ce n'est pas seulement comme placement que les chemins de fer ont exercé sur la fortune publique des peuples civilisés une puissante et féconde influence.

On a vu que les seuls chemins de fer français ont donné en 1875, 1876 et 1877 une recette brute de 860 millions, chiffre rond. Sur ce chiffre total, les voyageurs ont fourni 250 millions, et les marchandises 610. Or, dans la première partie de ce travail, nous avons évalué à 60 p. 100 pour les voyageurs, à plus de 70 p. 100 pour les marchandises, l'économie résultant de la substitution des chemins de fer aux anciens modes de locomotion. Si donc les transports effectués en 1875 sur nos voies ferrées avaient dû s'effectuer par les routes ordinaires, la dépense n'aurait pas été augmentée de moins de 375 millions pour les voyageurs, et d'au moins 1,500 millions pour les marchandises, total 1,875 millions. D'où il suit que, là où les capitaux engagés recueillent un produit brut de 860 millions et un produit net de 420 millions, le public, voyageurs et commerçants, agriculteurs, industriels, etc., trouverait une économie deux fois ou deux fois et demie égale au produit brut et quatre ou cinq fois égale au produit net. Autrement dit, nos chemins de fer qui rapportent, brut, de 9 à 10 p. 100, et, net, de 4 1/2 à 5 p. 100 du capital engagé dans leur construction, procureraient un avantage de plus de 20 p. 100 à ceux qui s'en servent.

Et ceci n'est point spécial à la France.

Sir J. Hawkshaw, le grand ingénieur anglais, disait en 1875 dans son discours à la *British Association for the advancement of science :* « Ce que les chemins de fer ajoutent à la richesse d'une nation est énorme. Il y a plus de vingt-cinq ans que je démontrais devant une commission de la Chambre des communes que le chemin de fer des comtés d'York et Lancastre, dont j'étais alors l'ingénieur, et qui reliait plusieurs villes populeuses, faisait économiser au public une somme supérieure à tous les dividendes de la compagnie propriétaire. Ces calculs étaient uniquement fondés sur la différence entre les tarifs nouveaux et ceux des anciennes voitures. Je ne comptais pour rien l'économie du temps, bien qu'il soit vrai de dire, surtout en Angleterre, que : *Time is money*. Comme depuis cette époque beaucoup de tarifs de chemins de fer ont été réduits, on peut affirmer avec confiance que les railways des Iles Britanniques font économiser maintenant au peuple anglais une somme beaucoup plus considérable que le total brut de tous les dividendes payés aux propriétaires, et cela sans tenir compte de l'économie du temps... Je ne dis pas cela pour en faire honneur aux constructeurs de chemins de fer, car ils sont d'ordinaire moins préoccpés du bien du pays que de leur intérèt personnel. Seulement, de pareils résultats montrent combien sont injustes ceux qui dénoncent les compagnies de chemins de fer comme des ennemis publics. »

Sir Hawkshaw ajoutait : « Il faut conclure de là que toutes les fois que l'on peut construire un chemin de fer dans des conditions telles que le capital engagé y trouve un intérèt normal, il y a utilité publique à ce que ce chemin soit construit. Et, quand même le prix de revient serait tel que le dividende se trouvât inférieur à l'intérèt normal de l'argent, la perte qui en résulterait pour quelques-uns serait plus que compensée par le profit de tous; de sorte qu'il y a des cas où il peut être sage, de la part d'un gouvernement, de contribuer d'une manière ou d'une autre à des entreprises qui, sans son concours, ne trouveraient pas un nombre suffisant d'actionnaires. La Russie, par exemple, pour laquelle les moyens de transports perfectionnés ont une importance vitale, a, selon moi, sagement agi en entreprenant certaines lignes ferrées qui, au point de vue des frais d'exploitation et des recettes, constituent une mauvaise spéculation, mais qui sont ou seront un jour réellement fructueuses au point de vue national. Le Brésil, que j'ai visité récemment, a de même reconnu très judicieusement que l'État fait une bonne affaire en garantissant un intérèt de 7 p. 100 à tout chemin de fer susceptible de fournir par lui-même un revenu de 4 p. 100 : l'avantage procuré au pays sera au moins égal à la différence. »

Il n'y a pas de procédé plus simple, pour apprécier l'utilité réelle d'un chemin de fer, que d'ajouter, comme nous le faisions tout à l'heure et comme nous venons de le voir faire à sir Hawkshaw, aux dividendes réalisés par ceux qui ont construit le chemin de fer l'économie résultant pour son trafic de la réduction du prix de transport. C'est ainsi que M. de Freycinet, lui aussi, a raisonné toutes les fois qu'il s'est vu opposer l'improductibilité probable des 15 ou 20,000 kilomètres de voies ferrées nouvelles dont il compte doter à bref délai la France. Il arrivait même à des conclusions plus encourageantes encore que les nôtres : « Une tonne de marchandises coûte aujourd'hui, en moyenne, sur routes, disait-il, 30 centimes de frais de transport par kilomètre. Sur chemin de fer, elle pourra coûter 6 centimes. Il restera donc au négociant ou à l'industriel un bénéfice de 24 centimes par tonne, c'est-à-dire juste le quadruple de la somme qu'il aura versée au concessionnaire. D'où l'on peut conclure que l'utilité des chemins de fer, le bénéfice que le public en retire, doit être évalué au quadruple de la somme versée au concessionnaire, autrement dit au quadruple de la recette brute. » Ainsi, ce bénéfice extérieur que nous évaluions tout à l'heure à quatre ou cinq fois la recette *nette*, M. de Freycinet la porte à quatre fois la recette *brute*.

D'où vient cette différence ?

1° De ce que le ministre base tout son calcul sur les prix anciens et actuels des seuls transports de marchandises, oubliant les transports de voyageurs, qui forment pourtant une part considérable du trafic des chemins de fer, et pour lesquels la réduction des prix est moindre ;

2° De ce qu'évaluant comme nous la tonne kilométrique à 6 centimes par chemin de fer, il en porte l'évaluation à 30 centimes par route, au lieu de 25 [1].

Un autre ingénieur de beaucoup de mérite, M. le sénateur Varroy, tout en maintenant le débat dans ces termes, mais en y introduisant les réserves indiquées autrefois par M. Dupuit, réduit déjà à trois fois la recette brute l'avantage procuré au public par les chemins de fer [2].

M. Krantz voit encore là une grande exagération : « Je comprends très bien, dit-il, qu'un chemin de fer qui fournit l'intérêt des capitaux engagés puisse être entrepris ; cependant, au point de vue de la saine économie, on peut se demander si, actuellement, l'État n'a pas des emplois plus fructueux que cette rémunération de 5 p. 100. J'admets encore à l'extrême limite que, quand l'intérêt net de 5 p. 100 n'est pas produit, on tienne compte des utilités accessoires bien déterminées : c'est légitime. Mais quand un chemin de fer ne fait pas les frais d'exploitation, je vous demande à quel titre il peut être considéré comme accroissant la richesse publique. Je crois que c'est une erreur ; s'il était possible d'accroître quand même la richesse d'un pays uniquement en faisant des chemins de fer, le procédé serait, en vérité, très simple. Mais il est évident que les chemins de fer sont un outil, que l'outil doit

---

[1] Ce qu'il y a surtout d'attaquable dans le raisonnement de M. de Freycinet, au point de vue spécial de son programme, c'est qu'il étend à des lignes qui ne pourront être que très secondaires le prix moyen de 6 centimes par tonne et par kilomètre auquel on n'a pu descendre, pour l'ensemble des lignes d'intérêt général actuellement existantes, que grâce à l'énorme trafic des grosses lignes du premier réseau. Le tableau que nous avons mis sous les yeux du lecteur à la page 70 est, à cet égard, très significatif. Il est impossible d'admettre, pour les lignes restant à construire, des résultats comparables à ceux des lignes antérieures.

[2] Voir dans le *Journal officiel* du 12 juillet 1879 le compte rendu de la séance du Sénat du 11.

être proportionné aux services à rendre et que, quand il dépasse cette proportion, il cesse d'être utile et devient nuisible[1]. » En résumé, M. Krantz n'admet l'utilité d'un chemin de fer que quand ses recettes brutes arrivent assez vite à couvrir les frais d'exploitation[2].

Il y a loin, on le voit, de la formule de M. Krantz à celle de M. de Freycinet, qui justifierait la construction d'une ligne ferrée, coûtant 200,000 francs par kilomètre, si la recette brute kilométrique, tout en restant inférieure de 2,000 francs, par exemple, à la dépense, atteignait 3,000 francs.

Ce que nous concluons de ces appréciations contradictoires d'hommes également autorisés, c'est que le problème, à raison de certains éléments insaisissables qu'il renferme, ne comporte pas de solution positive. Notre calcul personnel a du moins le mérite d'être simple et logique, et comme il nous conduit à peu près à égale distance de la formule de M. Krantz et de celle de M. de Freycinet, nous persistons à le croire digne de confiance.

Revenons en France et récapitulons : nous avons trouvé que les profits particuliers de l'État, recettes perçues, économies réalisées du fait des chemins de fer, dépassent 200 millions par an ; que le produit net à répartir entre les actionnaires et obligataires dépasse 400 millions ; et que les économies réalisées sur les frais de transport approchent de 2 milliards. Il n'y a donc pas d'exagération à chiffrer à 2 milliards et demi l'ensemble des avantages que procurent annuellement au pays nos 10 milliards de chemins de fer et il nous

---

[1] Voir dans le *Journal officiel* du 11 juillet 1879 le compte rendu de la séance du Sénat du 10.

[2] Voir aussi un article intéressant conçu dans le même esprit, qui a été publié sans signature dans le *Journal des Économistes* de novembre 1879.

semble qu'il faudrait être bien exigeant pour trouver ce résultat médiocre, quand on sait que le total annuel de l'épargne nette de la France n'a jamais été évalué à plus de 3 milliards.

A quelles évaluations arriverions-nous donc si nous pouvions calculer, ne fût-ce qu'approximativement, toutes les plus-values indirectement produites par les nouveaux moyens de transport? Nous avons fait voir qu'ils avaient donné une impulsion puissante à la production agricole et industrielle, au commerce intérieur et au commerce extérieur. Par eux, le travail est devenu partout plus actif et plus fécond ; tous les revenus et toutes les consommations ont augmenté ; la valeur du sol a doublé. Conséquemment, tous les impôts indirects sont devenus d'eux-mêmes plus productifs [1]. La richesse en circulation a augmenté et la circulation de cette richesse s'est accélérée, de sorte que le budget moyen des Français n'a pas progressé moins rapidement que le budget même de l'État.

C'est ce que met en lumière, d'une façon très intéressante, la marche progressive des successions annuellement constatées et taxées par l'administration de l'enregistrement. Le tableau ci-dessous, publié par le ministère des finances, montre que, malgré les énormes aggravations d'impôts de la période 1871-1874, le poids du budget, relativement à la richesse publique, a souvent été plus lourd qu'aujourd'hui :

[1] Il résulte d'un tableau publié par le ministère des finances (voir le *Bulletin de statistique et de législation comparée* de février 1877, p. 74) que, sur les 959 millions dont le budget de 1877 dépassait les recettes effectuées en 1869, les impôts nouveaux représentaient 740 millions, et l'amélioration des anciens impôts 219. Depuis lors, les recettes ordinaires auraient encore augmenté, sans les dégrèvements, d'au moins 220 millions, soit une plus-value de près de 5 p. 100 par an. A ce taux, quatorze ans suffiraient pour doubler le revenu de l'État.

Années.	Valeur en capital des successions constatées. (millions)	Recettes ordinaires (budget des ressources spéciales compris). (millions)	Rapport des recettes aux successions.
1826	1,337	983	73 p. 100
1827	1,360	948	70 —
1828	1,356	978	72 —
1829	1,413	992	70 —
1830	1,451	971	67 —
1831	1,286	949	74 —
1832	1,653	985	59 —
1833	1,462	990	68 —
1834	1,459	1,007	69 —
1835	1,540	1,021	66 —
1836	1,540	1,053	68 —
1837	1,676	1,076	64 —
1838	1,516	1,111	73 —
1839	1,530	1,124	73 —
1840	1,608	1,160	72 —
1841	1,640	1,198	73 —
1842	1,768	1,256	71 —
1843	1,747	1,270	73 —
1844	1,789	1,298	72 —
1845	1,742	1,330	76 —
1846	1,701	1,352	79 —
1847	2,055	1,343	65 —
1848	1,995	1,207	60 —
1849	1,890	1,257	66 —
1850	2,025	1,297	64 —
1851	1,831	1,273	69 —
1852	2,047	1,336	65 —
1853	2,016	1,391	69 —
1854	2,006	1,418	71 —
1855	2,407	1,536	64 —
1856	2,194	1,638	75 —
1857	2,141	1,683	79 —
1858	2,568	1,748	68 —
1859	2,443	1,728	71 —
1860	2,724	1,722	63 —
1861	2,463	1,780	72 —
1862	2,680	1,882	70 —
1863	2,741	1,959	71 —
1864	2,996	1,923	64 —
1865	3,029	1,965	64 —

1866.	3,272	2,018	61	—
1867.	3,322	1,963	59	—
1868.	3,455	2,017	58	—
1869.	3,637	2,087	57	—
1870.	3,372	1,940	57	—
1871.	5,011	2,153	43	—
1872.	3,951	2,520	64	—
1873.	3,712	2,815	76	—
1874.	3,931	2,888	73	—
1875 (évaluations provis.).	4,254	3,012	71	—
1876 —	4,702	3,097	66	—
1877 —	4,438	3,122	70	—

On voit, en examinant de près ce tableau, que le développement de la masse successorale va en s'accélérant à mesure que notre réseau ferré s'étend et se fortifie. De 1826 à 1841, en quinze ans, elle augmente à peine d'un quart (23 p. 100). Pendant les quinze années suivantes, de 1841 à 1856, elle augmente d'un peu plus d'un tiers (34 p. 100). Puis, en dix ans seulement, de 1856 à 1866, elle augmente de 50 p. 100, et encore de 40 p. 100 pendant les dix années suivantes, malgré nos désastres et malgré la mutilation du territoire national !

Sans doute les variations du chiffre annuel des successions ne donnent pas exactement la mesure des variations de la fortune publique. Outre l'influence des mortalités, particulièrement sensible en 1871, il y a à tenir compte de certains éléments qui viennent grossir les évaluations fiscales, sans que le pays soit pour cela plus riche. Les rentes sur l'État, par exemple, qui jouent un rôle de plus en plus important dans les fortunes particulières, n'ajoutent rien à la richesse publique du pays, qui s'en paie à lui-même les intérêts annuels. Les masses des dernières années se trouvent aussi grossies, comparativement aux précédentes, par la loi du 21 juin 1875, qui a porté de 20 à 25 p. 100 le taux de capitalisation que l'administration de l'enregistrement est tenue d'appliquer aux revenus des immeubles ruraux pour la détermination du capital imposable : cette réforme, justifiée d'ailleurs par le taux ordinaire des placements en terres, a suffi pour augmenter de quelques centaines de millions le chiffre annuel des valeurs atteintes par les droits de mutation par décès.

Mais, ces réserves faites, il reste acquis que l'ensemble des fortunes individuelles n'a jamais tant augmenté que depuis les chemins de fer ; et la fortune publique elle-même a certainement doublé depuis trente ou quarante ans.

Quant à l'importance actuelle du capital national ainsi accru, une étude attentive de la question[1] nous a permis de l'évaluer approximativement à 200 milliards, ainsi répartis :

Propriété non bâtie	100 milliards.
Propriété bâtie	25 —
Créance nette sur l'étranger	15 —
Métaux précieux	8 —
Meubles, effets, objets d'art	10 —
Matériel agricole	4 —
Animaux de ferme et autres	5 —
Approvisionnement agricole	5 —
Autres capitaux commerciaux	5 —
Autres capitaux industriels	20 —
Marine, arsenaux, etc.	3 —
Total	200 milliards.

Sur ce capital de 200 milliards, une plus-value annuelle de 2 p. 100 représenterait 4 milliards ; et le mouvement des impôts, comme aussi l'exemple de la Grande-Bretagne, nous donnent la conviction que cette hypothèse n'a rien d'exagéré.

L'éminent directeur de la statistique du *Board of Trade*, M. Giffen, dans un remarquable mémoire lu à la Société de

---

[1] *De quelques évaluations récentes du capital national.* — Voir l'*Économiste français* des 28 décembre 1878, 4 et 18 janvier 1879.

statistique de Londres[1], évaluait la fortune publique de l'Angleterre à 210 ou 215 milliards en 1875, et admettait qu'elle avait augmenté de 30 p. 100 de 1855 à 1865 et de 44 p. 100 de 1865 à 1875, l'accroissement annuel atteignant 5 milliards à la fin de cette période.

Aux États-Unis, les recensements périodiques donnent les résultats suivants :

Années.	Population. (millions)	Richesse totale. (millions de francs)	Capital moyen par tête. (francs)
1790	3,9	3,750	935
1800	5,3	5,360	1,010
1810	7,2	7,500	1,036
1820	9,6	9,410	975
1830	12,9	13,265	1,030
1840	17,1	18,820	1,100
1850	23,2	35,679	1,538
1860	31,5	80,795	2,560
1870	38,6	150,345	3,885

Voilà trois pays différents comme situation géographique, comme histoire et comme législation (spécialement comme législation douanière), où la fortune publique a pris, depuis les chemins de fer, un essor sans précédents. Il est bien clair qu'il n'y a pas là une simple coïncidence et que c'est surtout la vapeur qui a ainsi enrichi les peuples civilisés.

[1] Voir la traduction de ce mémoire dans le *Bulletin de statistique et de législation comparée,* livraisons de février, mars et avril 1878.

CHAPITRE XVIII.

La fortune privée.

Progrès de la fortune privée. — Immeubles. — Richesse mobilière. — Le crédit. — Rentes. — Actions et obligations de chemins de fer. — Salaires. — Augmentation du bien-être dans les classes laborieuses.—Les victimes de la révolution des transports.—Voituriers, aubergistes, etc... — Compensations. — Personnel employé par les compagnies de chemins de fer.

La fortune privée étant, par rapport à la fortune publique, ce qu'est la partie par rapport au tout, il nous suffirait d'avoir démontré que les nouveaux moyens de transport ont imprimé aux ressources nationales de la France une impulsion extraordinaire, pour être en droit d'affirmer que les revenus individuels ont, par la même cause, considérablement progressé depuis un demi-siècle. Mais la certitude d'une conclusion prévue est loin d'ôter ici tout intérêt à l'étude directe des phénomènes. Le progrès pourrait ne pas avoir été général ; certains groupes peuvent avoir souffert, tandis que la masse profitait. La société humaine, en effet, n'a pas l'homogénéité d'un cours d'eau ou d'un morceau de fer dont toutes les molécules sont identiques, elle ressemble plutôt à la plante, dont les cellules élémentaires ont des sorts très différents selon qu'elles font partie de la racine ou du tronc, de l'écorce ou de la moëlle, des feuilles ou des fleurs. La croissance d'un arbre ne suppose pas, comme condition nécessaire, l'égal développement de toutes ses parties : la prospérité de l'ensemble n'exclut ni certaines langueurs, ni même certaines atrophies locales. Interrogeons donc séparément chacun des facteurs de ce grand produit qui s'appelle la nation française et voyons si les mêmes effets se sont produits à tous les degrés de l'échelle sociale.

I

Nous savons déjà que les propriétaires fonciers sont particulièrement favorisés, puisque le prix moyen de la terre n'a pas augmenté de moins de 150 p. 100 depuis environ un demi-siècle. Il y a infiniment peu de propriétés rurales qui soient restées stationnaires, mais certaines régions de la France, et certaines catégories de biens ont progressé plus vite encore que l'ensemble du pays. Nous avons montré que les chemine de fer avaient surtout profité aux régions qui, comme le bassin de la Loire, par exemple, n'attendaient pour prospérer que des amendements à bon marché et des débouchés faciles. A situation géographique égale, les terres directement exploitées par le propriétaire ont acquis une plus-value supérieure à celle des terres mises en ferme.

M. de Casabianca, dans son rapport au Sénat sur le projet de code rural (août 1856), disait : « Il a été reconnu que (de 1820 à 1850) la valeur de la grande propriété s'était à peine accrue d'un tiers ou d'un quart, tandis que les terrains d'une qualité inférieure, morcelés et acquis presque exclusivement

par des cultivateurs, avaient quadruplé et même quintuplé. »
La disproportion n'est pas restée aussi grande depuis. La
culture scientifique, la culture intensive, comme l'appellent
les agronomes, n'est possible que dans un domaine d'une
certaine étendue, à cause des capitaux et de l'outillage
qu'elle exige ; et, là où elle est organisée avec intelligence, la
grande propriété ne tarde pas à valoir plus que la petite.
Mais la petite propriété a pour elle l'amour du paysan qui,
devenu propriétaire à force d'économies, supplée aux capitaux qui lui manquent, supplée aux méthodes perfectionnées
qui ne sont pas à son usage, par la persévérance, par l'achar-
nement de son travail : *labor improbus*...

Aussi la petite propriété continue-t-elle à se multiplier aux
dépens de la grande ; le nombre des cotes foncières ne cesse
pas d'augmenter :

Années.	Millions de cotes.		Années.	Millions de cotes.
1815	10,0		1865	14,0
1826	10,3		1868	14,3
1835	10,9		1870	14,5
1842	11,5		1871	13,8
1851	12,4 [1]		1872	13,9
1855	12,8		1873	13,9
1857	13,0		1874	14,1
1858	13,1		1875	14,1
1859	13,3		1876	14,1
1862	13,7		1877	14,2

C'est après 1860, au moment où l'action des chemins de
fer concourait avec celle des traités de commerce à enrichir
le cultivateur, que le morcellement du sol s'est particulièrement accéléré. En 1862, la petite propriété (inférieure à

[1] En 1851, le nombre des propriétaires était en France de 7,845,724 pour
12,394,366 cotes, soit 63 pour 100. Mais 3 millions environ de propriétaires ne
payaient pas de contribution personnelle, le plus souvent pour cause d'indi-
gence.

10 hectares) constituait déjà, comme le montrent les chiffres qui suivent, les trois quarts du territoire français :

Exploitations	Nombre.	Proportion.
De 0 à 5 hectares.	1,815,558	56,29 p. 100
De 5 à 10.	619,843	19,19 —
De 10 à 20.	363,769	11,28 —
De 20 à 30.	176,744	5,49 —
De 30 à 40.	95,796	2,98 —
De 40 et au-dessus.	154,167	4,77 —
Ensemble.	3,225,877	100,00

Cette prépondérance de la petite propriété et l'énorme plus-value qu'elle a acquise sont une des principales causes de l'accroissement rapide de la fortune publique depuis un demi-siècle, mais ce n'est pas la seule.

II

Pendant que la richesse immobilière, vivifiée par la création de voies et moyens de transport perfectionnés, prenait cet élan rapide, on peut presque dire que la richesse mobilière naissait. Elle existait à peine autrefois ; son domaine était si restreint qu'il n'y avait rien de paradoxal, de la part des anciens hommes d'État et des anciens économistes, à ne pas en tenir compte. Aujourd'hui les valeurs mobilières forment la base exclusive de beaucoup de fortunes, petites ou grandes. On sait combien tous les gouvernements ont généralisé de notre temps l'usage du crédit public. C'est ainsi que la France en est arrivée, depuis ses désastres, à une dette de vingt milliards, non compris la dette flottante, les bons du trésor et obligations à court terme ni même la dette amortissable créée en 1878. Voici en effet les crédits inscrits au bud-

get de 1880 pour le service de la rente, avec le capital correspondant à chaque nature de titres :

Nature des rentes.	Arrérages à payer. (francs)	Capitaux à rembourser. (francs)
3 p. 100	362,325,399	12,077,513,300
4 p. 100	446,096	11,152,400
4,5 p. 100	37,442,779	832,061,755
5 p. 100	345,743,272	6,914,865,440
Ensemble.	745,957,546	19,835,592,895

Nous avons vu que les chemins de fer payent, à eux seuls,
environ le tiers de ces 750 millions d'arrérages annuels et que
leur valeur actuelle assure déjà à l'État, pour le milieu du
siècle prochain, une rentrée égale à peu près à la moitié de
son énorme dette. Il n'y a donc rien d'excessif à dire que la
France doit, en grande partie, son crédit à ses chemins de
fer.

Les chemins de fer eux-mêmes, dont le crédit personnel
est comparable à celui de l'État, viennent immédiatement
après lui dans l'ordre des émissions de valeurs mobilières.
Au 1er janvier 1876, les six grandes compagnies françaises se
trouvaient représentées par 3,059,000 actions et 20,941,574
obligations, savoir :

Actions émises depuis l'origine.

	Nombre d'actions émises.	Taux moyen d'émission. (francs)	Capital réalisé. (francs)
Nord.	525,000	441,60	231,875,000
Est	584,000	500	292,000,000
Ouest.	300,000	503,15	150,947,918
Orléans.	600,000	512,97	307,784,570
Lyon	800,000	431,94	345,549,216
Midi	250,000	587,44	146,861,852
Ensemble.	3,059,000	482,19	1,475,018,556

Des prix moyens d'émission que nous venons d'indiquer, rapprochons les cours atteints de nos jours à la Bourse :

	Cours au 30 juin 1879. (francs)	Dividende ordinaire. (francs)
Nord	1,560	66
Est	725	33
Ouest	780	35
Orléans	1,205	56
Lyon	1,155	55
Midi.	890	40

Voici maintenant le détail des obligations par compagnies :

Obligations émises depuis l'origine.

	Nombre d'obligations émises.	Taux moyen d'émission. (francs)	Capital réalisé. (francs)
Nord.	1,893,922	309,71	586,574,492
Est.	2,489,972	316,17	787,266,678
Ouest.	3,375,470	296,92	1,002,235,969
Orléans.	3,625,363	294,87	1,068,995,967
Lyon.	7,309,049	312,67	2,285,312,671
Midi	2,247,798	290,08	652,035,709
Ensemble. . .	20,941,574	304,80	6,382,421,486

Le type auquel les compagnies de chemins de fer ont presque toujours eu recours pour leurs obligations et que l'État leur a récemment emprunté (3 p. 100 amortissable), est l'obligation 3 p. 100 remboursable à 500 francs, et généralement émise aux environs de 300 francs. L'intérêt annuel de 15 francs que les compagnies paient à ces obligations représente donc 5 p. 100 du prix ordinaire d'émission, non compris la prime de remboursement, qui en porte le taux à 5 2/3 environ (aujourd'hui le cours de ces obligations oscille entre 380 et 390 francs).

Voilà donc un placement avantageux et absolument sûr,

grâce à la garantie de l'État, que les chemins de fer ont offert à l'épargne nationale et qui n'a pas peu contribué à la développer. Autrefois, le domestique, l'ouvrier, le paysan qui avait réussi à amasser quelques écus, n'avait guère d'autre ressource que de les serrer dans une tire-lire ou de les cacher au fond d'un bas. Plus tard sont venues les caisses d'épargne qui donnaient déjà et qui donnent encore un intérêt de 3 à 3 1/2 p. 100[1]. Mais aujourd'hui, grâce aux grands emprunts publics et grâce aux obligations de chemins de fer, il n'est si mince pécule que son propriétaire ne puisse convertir aisément en une fructueuse créance sur l'État ou sur les grandes compagnies. Les chemins de fer ont donc eu ce double résultat de stimuler l'épargne et de révéler la puissance du crédit. Bien des industries en vivent aujourd'hui qui n'ont compris que par l'exemple des chemins de fer le parti qu'elles pourraient en tirer. L'impôt de 3 p. 100 sur le revenu des valeurs mobilières, qui a été créé par la loi du 29 juin 1872 et dont on n'avait espéré que 24 millions, en a donné 32 dès 1873, de 34 à 35 en 1874, 1875, 1876, 1877 et 1878. Les revenus atteints par cette taxe proportionnelle varient donc entre 1,100 et 1,200 millions de francs. On voit que les titres de chemins de fer forment à eux seuls plus du tiers des revenus mobiliers atteints par le législateur de 1872, et qu'il existe en

---

[1] Les nouveaux placements offerts aux petits capitaux ont plutôt profité que nui aux caisses d'épargne : les fonds y déposés suivent une progression rapide. Le solde dû aux déposants s'est élevé de 35 millions de francs fin 1834, à 192 millions fin 1840, à 393 millions fin 1845. La crise de 1848 l'avait fait retomber, fin 1849, à 74 millions; mais, depuis, la progression a été presque constante : 271 millions fin 1855, 376 millions fin 1860, 493 millions fin 1865, 632 millions fin 1870, 660 millions fin 1875, 1,012 millions fin 1878. C'est un peu plus de 27 francs par tête d'habitant. En 1877, la moyenne individuelle des placements de ce genre n'était que de 16 fr. 66 en Italie ; mais elle dépassait 35 francs en Suède, 50 francs en Angleterre et en Prusse, 60 francs en Autriche, 70 francs en Norwège, 108 francs en Suisse, 137 francs en Danemark.

outre pour plusieurs milliards de valeurs de même forme,
parmi lesquelles figurent les autres entreprises de transport, tramways, bateaux, voitures publiques, etc...

Et il n'est ici question que des entreprises nationales ; car
les revenus des valeurs étrangères possédées par des Français échappent à la taxe de 3 p. 100. Quel en est le chiffre ?
Il est impossible de le dire d'une manière exacte. On peut
cependant, en rapprochant les balances annuelles de nos importations et exportations de marchandises d'une part et de
métaux précieux de l'autre,[1] s'assurer que la France a sur
l'étranger une créance presque égale au chiffre de sa propre
dette, même en ne comptant que les valeurs étrangères réellement productives d'intérêts, ce qui en élimine un bon
nombre, car on sait que des sommes énormes ont été
engagées depuis vingt ans par la France dans une foule d'opérations plus ou moins lointaines, qui, considérées dans leur
ensemble, ont eu des résultats peu satisfaisants. Le mal est
ici, comme partout, à côté du bien. La confiance, souvent
aveugle, inspirée aux capitaux français, anglais et autres
par le succès de certains placements a été cruellement ex-
ploitée par l'esprit d'aventure des uns et par l'improbité des
autres. On a vu des États insolvables trouver à emprunter
des centaines de millions en leur promettant un intérêt dont
le taux extravagant aurait pu ruiner des pays plus riches. On
a vu de véritables bandes de voleurs, déguisées en sociétés anonymes ou en agences financières, se faire livrer par des milliers
de malheureux, au nom de quelque gouvernement chimérique
ou de quelque fantastique entreprise, les économies d'une
vie entière de labeur et de privations. Est-il besoin de rappeler ici l'histoire lugubre des fonds turcs, égyptiens, péru-
viens, mexicains, espagnols même, du Transcontinental

---

[1] Voir l'*Économiste français* du 18 janvier 1879, p. 68.

américain, de ce féerique emprunt d'Honduras, qui sans autre moyen d'action que le nom sonore d'une peuplade américaine à laquelle on ferait grand honneur en la comparant à la République de Saint-Marin, a permis à des repris de justice de se partager les millions par centaines [1].

Les chemins de fer eux-mêmes peuvent être des entreprises ruineuses, quand ils ne sont pas assurés d'un trafic suffisant pour couvrir les dépenses considérables qu'entraînent la construction et l'exploitation. Les État-Unis en savent quelque chose. En quatre ans, de 1872 à fin 1875, ils ont vu pour plus de quatre milliards de faillites de ce genre. En 1876, 615 compagnies sur 811, et notamment toutes celles des États ou territoires de Vermont, Kansas, Nébraska, Missouri, Dakota, Colorado, Caroline du Sud, Floride, Alabama, Mississipi, Louisiane, Texas, Arkansas, Californie, Orégon, Névada et Washington, compagnies représentant ensemble un réseau de 17,700 kilomètres, ont sevré leurs actionnaires de tous dividendes, et, dans bien des cas, les obligataires n'ont pas été mieux partagés. En France même, certaines grandes compagnies ont connu de mauvais jours, et quant aux petites, qui avaient surtout été créées dans ces derniers temps comme instruments de spéculation et d'agiotage, on venait de les voir tomber l'une après l'autre aux pieds de leurs puissantes rivales, quand l'État a cru devoir racheter leurs lignes à des prix qui, tout en dépassant de beaucoup la valeur vénale, restaient fort inférieurs aux capitaux engagés.

C'est que s'il existe, dans chaque région, quelques grandes artères vouées d'avance, par la force des choses, à une circulation extrêmement active, et certaines par suite de prospérer, il en est d'autres qui peuvent tout juste payer l'intérêt des capitaux qu'elles représentent et d'autres enfin qui, à titre

[1] Voir l'Enquête anglaise de 1876 sur les emprunts étrangers.

d'affluents, peuvent présenter une réelle utilité économique, mais qui, considérées au point de vue exclusivement financier, sont condamnées à rester longtemps improductives.

C'est cette inégalité forcée qui justifie à nos yeux le système français, avec ses monopoles partiels et la compensation qui résulte pour chaque compagnie de l'exploitation simultanée d'une ligne excellente et de plusieurs lignes médiocres. Grâce à cette solidarité, il ne se fait pas dans nos chemins de fer de ces fortunes éclatantes que certaines lignes américaines ont procurées à ceux qui les avaient créées, mais il n'y a pas à redouter non plus, pour les capitaux confiés à nos grandes compagnies, de ces catastrophes qui se sont, il y a quelques années, multipliées dans de telles proportions de l'autre côté de l'Atlantique.

Somme toute, les chemins de fer, en contribuant à donner à cette force nouvelle qui s'appelle le crédit l'immense développement qu'elle a pris à nos jours, ont fait beaucoup plus de bien que de mal. L'arme est à deux tranchants ; mais l'humanité, dans sa lutte séculaire contre la matière, lui a déjà dû bien des victoires ; elle lui en devra de plus grandes encore. L'organisation du crédit industriel, agricole, commercial, n'a pas dit son dernier mot. Ses bienfaits iront en grandissant et ses trahisons deviendront de plus en plus rares. Les rudes leçons de l'expérience guériront peu à peu les petits capitaux de cette crédulité funeste qui les perd. L'ignorant lui-même finira par comprendre qu'en fait de placement, comme en toute chose, un *tiens* vaut mieux que deux *tu l'auras*. Peut-être aussi le législateur trouvera-t-il le moyen et reconnaîtra-t-il l'opportunité de protéger plus efficacement l'inintelligence de l'épargne contre les audaces de la spéculation. Dans l'état actuel des choses, l'obligataire, souvent aussi menacé dans ses intérêts que l'actionnaire, n'a même pas le droit de contrôler la gestion dont sa fortune est l'enjeu, si imprudente, si malhonnête qu'elle puisse être. Il y a là une réforme qui nous semble urgente et aisée à tenter. Ce qui serait non moins utile, mais plus difficile, ce serait d'empêcher cette complicité intéressée que toute affaire véreuse est sûre de rencontrer dans certaines agences financières et dans certains organes de publicité. Pour ces intermédiaires habituels de tout appel au crédit, les opérations se jugent surtout par les commissions qu'on en tire; et, comme l'emprunteur est toujours d'autant plus généreux qu'il a moins de surface et de solvabilité, il arrive que les émissions les plus suspectes sont souvent les plus bruyamment prônées. Le pauvre diable qui s'est vu recommander un placement quelconque par des journaux réputés sérieux et par des banquiers réputés millionnaires n'est-il pas excusable de tomber dans le panneau ? Son erreur, en tout cas, est moins coupable que la tromperie de ceux qui lui ont inspiré une confiance malheureuse. Or, en fin de compte, l'affaire se solde, pour le banquier et le journal, par un bénéfice ferme et, pour le souscripteur naïf, par une perte sèche.

La loi qui, actuellement, protège presque en pareil cas l'escroquerie patentée, ne pourrait-elle pas faire enfin passer sa protection du côté de la victime ?

III

Revenons aux chemins de fer.

Nous avons rappelé, au début de ce chapitre, les bienfaits qu'en a reçus la propriété immobilière et l'énorme plus-value qu'elle leur doit.

Nous venons de montrer qu'ils avaient contribué d'une

manière non moins efficace et non moins directe à la création et au développement, nous pourrions dire à l'épanouissement de la fortune mobilière qui, à proprement parler, n'existait pas au siècle dernier.

En ce qui concerne l'influence exercée par eux sur l'industrie et le commerce, nous sommes entrés précédemment dans assez de détails pour être en droit de nous borner ici à affirmer, sans démonstration nouvelle, que les chemins de fer ont communiqué au commerce comme à l'industrie une puissance et par suite une productivité sans précédents. C'est de là que sortent les plus grandes fortunes, et si l'agriculture enfante encore plus de millions que l'industrie, elle produit certainement moins de millionnaires.

Ainsi le capital est, sous toutes les formes, l'obligé des nouveaux moyens de communication et de transport.

Mais, si nombreux que soient devenus les capitalistes, c'est-à-dire ceux qui tirent tout ou partie de leurs moyens d'existence de l'exploitation d'un capital, grand ou petit, ce ne sont pas encore eux qui forment la majorité, même chez les peuples riches ; et c'est toujours le travail, le travail mercenaire, qui nourrit le plus de monde ici-bas.

Avant donc de pouvoir affirmer que les chemins de fer ont bien mérité de l'humanité, il nous reste à prouver que le salarié lui-même leur doit une réelle augmentation de bien-être et d'aisance, et qu'il n'est pas vrai de dire, comme on l'a dit de notre civilisation moderne, que « tandis que le riche y devient de plus en plus riche, le pauvre y devient de plus en plus pauvre. »

Non, le progrès ne comporte pas de pareilles contradictions. Entre le capital et le travail, la solidarité est trop étroite pour que ce qui féconde l'un puisse stériliser l'autre. La vérité, c'est que la classe laborieuse est celle qui a le plus profité de la révolution pacifique dont nous étudions les conséquences. Sans doute, l'ouvrier se plaint de la cherté de la vie; l'homme se plaindra toujours et aura toujours quelque sujet de se plaindre. Mais en fait, quelle qu'ait été depuis vingt-cinq ou cinquante ans l'augmentation du prix des objets de consommation, elle est moindre, sensiblement moindre que l'augmentation du salaire ; et par conséquent l'ouvrier est moins pauvre, absolument et relativement, qu'il ne l'a jamais été. On a vu plus haut (chapitre XII) que, depuis la Restauration, le prix moyen de toutes choses parait s'être élevé d'un tiers environ, ce qui revient à dire que le pouvoir commercial, la faculté d'achat, *the purchase power* de l'argent a baissé d'un quart. Et, en même temps, on a vu que le taux moyen des salaires, dans le même intervalle, s'est accru de 75 p. 100. Ainsi, l'ouvrier qui gagnait 100 francs par mois, il y a cinquante ans, en gagne maintenant 175. Chacun de ces francs, il est vrai, ne vaut plus comparativement que 75 centimes. Mais 175 fois 75 centimes font 131 fr. 25 ; de sorte que le profit réel de l'ouvrier est encore de plus de 30 p. 100.

On nous dira peut-être : « Il se peut que le renchérissement moyen de tout ce qui se vend et s'achète depuis cinquante ans n'excède pas 33 p. 100; mais le prix des articles de première nécessité a progressé plus que cela, et par conséquent la comparaison que vous faites entre l'augmentation particulière du prix de la main-d'œuvre et l'augmentation générale du prix de toutes choses est une comparaison trompeuse. »

L'objection est spécieuse, et, dans une certaine mesure, elle pourrait être fondée.

Serrons donc la vérité de plus près.

Prenons, par exemple, les travailleurs agricoles. Ce sont

de beaucoup les plus nombreux. Le recensement de 1876 évaluait à 53 p. 100 la proportion des Français qui doivent leurs moyens d'existence à l'agriculture.

Or, nos recherches sur les variations successives des salaires ruraux [1] nous ont amené à cette conclusion que le revenu moyen d'une famille agricole [2], depuis deux siècles, peut être chiffré comme il suit :

En 1700, à	180 francs.	En 1852, à	550 francs.
En 1788, à	200 —	En 1862, à	720 —
En 1813, à	400 —	En 1870-1875, à. .	800 —
En 1840, à	500 —		

Si, conformément à la méthode de M. Moreau de Jonnès, on compare, pour chaque époque, ce revenu moyen au prix des 15 hectolitres de blé reconnus nécessaires pour nourrir nne famille moyenne de cinq personnes, on obtient les résultats ci-dessous :

Époques.	Revenu moyen. (francs)	Prix normal de l'hectolitre de blé. (francs)	Prix de 15 hectol. de blé. (francs)	Rapport du revenu au prix des 15 hectolitres.
1700	180	18,85	283	0,63
1788	200	16	240	0,83
1813	400	21	315	1,27
1840	500	20,32	305	1,64
1852	550	19,45	292	1,88
1862	720	21,08	316	2,27
1870-1875 . . .	800	23	345	2,32

On voit combien la progression est rapide.

Mais cette méthode est trop exclusive. Si le pain est le principal besoin du prolétaire, il n'est pas le seul, et la hausse ou la baisse des autres objets de consommation usuelle ne saurait être indifférente à personne. De même pour le taux

[1] Voir l'*Économiste français* des 25 décembre 1875, 8 et 22 janvier 1876.
[2] On suppose cinq têtes par famille, chiffre moyen.

des loyers. Or, les prix des loyers, des boissons, de la viande, des légumes, des vêtements, n'ont pas suivi la même marche que le prix du blé. Le moyen de comparaison pratiqué et préconisé par M. Moreau de Jonnès n'est donc pas à l'abri de toute critique.

Faisons mieux, établissons le budget complet de notre famille type, dans les conditions actuelles d'existence des ouvriers ruraux. On peut compter, en moyenne, une dépense annuelle de 530 francs pour la nourriture, savoir : pain, 280 francs, viande, 80 francs ; légumes et fruits, 50 francs ; laitage, œufs, 25 francs ; boissons, 75 francs; sel, sucre, etc..., 20 francs. Ajoutons : 60 francs pour le loyer et les contributions, 30 francs pour le chauffage et l'éclairage, 80 francs pour l'habillement, 50 francs pour dépenses diverses. Soit en tout 750 francs. Demandons-nous maintenant ce qu'aurait coûté un régime de vie tout pareil il y a soixante ou quatre-vingt-dix ans. Le tableau suivant répond à cette question avec une approximation suffisante :

	Dépenses moyennes d'une famille de paysans en 1870-75. (francs)	Dépenses correspondant à un régime identique	
		avec les prix de 1810-15. (francs)	avec les prix de 1785-90. (francs)
Nourriture.	530	400	350
Loyer et impôts	60	40	25
Feu et lumière.	30	25	20
Habillement	80	140	150
Dépenses diverses.	50	45	30
Totaux.	750	650	575

Ainsi, pour se procurer un bien-être égal à celui qui règne actuellement dans la plupart de nos villages, il aurait fallu à une famille de journaliers : sous le premier Empire,

650 francs de revenu (au lieu de 400 francs), et sous Louis XVI, 575 francs (au lieu de 200 francs.)

On est donc bien autorisé à dire à nos paysans que, comme satisfactions matérielles, leurs grands-pères n'avaient pas les deux tiers de ce qu'ils ont, et que leurs arrière-grands-pères n'en avaient guère que le tiers. Ainsi, il y a progrès réel, progrès considérable. Et si la révolution de 1789 est la principale cause de l'amélioration constatée de 1788 à 1813, dans le sort des travailleurs ruraux, la vapeur est certainement la cause principale de l'amélioration constatée depuis cinquante ans.

Cette amélioration du sort du plus grand nombre, quelques-uns l'ont niée, si évidente qu'elle soit. Mais leurs protestations sont vaines, parce qu'elles ont pour inspirateur l'esprit de parti, et pour moyen de démonstration le sophisme.

Il arrive même à ces aveugles volontaires de se trahir par la contradiction. Tel a été le cas de M. Audiganne, dont l'impartialité n'égalait pas l'incontestable mérite. Il affirmait, en 1871, que l'augmentation des prix avait plus que compensé la hausse des salaires, qu'il déclarait trois fois moindre ! Or, l'auteur des *Chemins de fer aujourd'hui et dans cent ans*[1], avait réfuté d'avance l'auteur de la *Crise des subsistances*[2], et une réfutation nouvelle ferait ici double emploi.

En fait, personne ne peut nier que les salaires, dans leur ensemble, aient haussé d'environ 75 p. 100. Mais, comme il est admis plus généralement encore que « la vie a doublé », ceux qui acceptent sans les contrôler ces axiomes du langage courant peuvent croire qu'en effet le sort de la classe ouvrière ne s'est pas amélioré. Nous leur avons fait toucher du

[1] M. Audiganne.
[2] Idem.

doigt leur méprise en leur montrant que le budget actuel du journalier comporte un bien-être qui, étant donné le mouvement respectif des salaires et des autres prix, aurait exigé une somme de dépenses absolument incompatible avec le revenu de l'ouvrier d'autrefois.

Complétons cette démonstration en donnant la clef de l'erreur si générale qui consiste à dire que le prix de la vie a doublé. C'est la dépense qui a doublé et non les prix. Les prix n'ont guère augmenté, même en ce qui concerne spécialement l'alimentation, que de 40 p. 100. Mais la consommation a augmenté d'au moins autant, et c'est ainsi que la dépense totale, produit de la consommation par les prix, a pu doubler.

Voici, en effet, comment peut se résumer, d'après nos recherches personnelles, l'importance comparative de la consommation individuelle en France, en 1820 et en 1870 [1] :

Valeurs des quantités consommées par tête.

	En 1820 aux prix de 1820. (francs)	En 1820 aux prix de 1870. (francs)	En 1870 aux prix de 1820. (francs)	En 1870 aux prix de 1870. (francs)
I. Alimentation végétale	47,05	63,55	56,86	77,12
II. Alimentation animale	24,35	45,52	33,57	62,64
III. Boissons indigènes	12,30	23	22,60	40,10
IV. Denrées diverses.	8,26	5,17	24,61	15,61
Alimentation totale.	91,96	137,24	137,64	195,47

On voit bien, par cette comparaison numérique, que l'accroissement de la consommation n'a pas moins de part que l'élévation des prix au doublement des frais d'alimentation.

Le tableau précédent s'applique, il est vrai, à la population entière de la France et non pas à la catégorie spéciale des ouvriers agricoles et autres. C'est l'alimentation totale du

---

[1] Voir l'*Économiste français* du 9 janvier 1875.

pays qui donne ces résultats moyens. Mais n'est-il pas manifeste que cela ne fait que donner plus de force à nos conclusions ? En effet, ce n'est évidemment point dans les classes riches ou aisées que le niveau des consommations alimentaires a pu s'élever de 40 p. 100 depuis un demi-siècle. Le premier et le plus impérieux de nos besoins étant de se nourrir, quand la quantité d'aliments que nous absorbons n'est pas limitée par le défaut de ressources, elle ne l'est que par les bornes même de notre appétit. Nous admettons que ceux qui ont 50,000 francs de revenu se nourrissent un peu plus abondamment que ceux qui en ont 10,000. Mais la différence est minime, sinon quant à la qualité, du moins quant à la quantité des mets. Les classes les plus favorisées sont donc celles dont les consommations alimentaires ont le moins varié, proportionnellement ; et une augmentation générale de 40 p. 100, comme celle que l'on vient de constater, suppose, par conséquent, chez le salarié, une augmentation supérieure à 40 p. 100.

Ainsi, pas de doute possible : si le progrès matériel dont les chemins de fer sont l'éclatante personnification a puissamment favorisé la propriété foncière, vivifié l'agriculture, l'industrie et le commerce, il a été plus profitable encore aux prolétaires, aux salariés, à tous ceux dont le travail mercenaire est l'unique ou le principal moyen d'existence.

IV

Maintenant, est-ce à dire que cette grande révolution n'ait pas fait une seule victime ? Est-ce à dire que le nouvel état de choses qui a profité à tant de monde n'ait nui à personne ?

Il y aurait assurément quelque exagération à le prétendre. Chaque fois que la locomotive a fait son entrée dans une province, on y a vu quelques malédictions isolées se mêler aux acclamations de la foule. De quels éléments se compose cette minorité de mécontents ?

Il y a d'abord, et c'est tout simple, les vaincus proprement dits, les maîtres de poste, les relayeurs, les entrepreneurs de messageries et commissionnaires de roulage. Il faut bien que les voitures publiques cessent leur service le jour où leur itinéraire vient à être desservi par une ligne ferrée. Vouloir lutter serait folie. Mais est-on ruiné pour cela? Non : si la concurrence est chose impossible, tout invite au contraire à la collaboration. Le voiturier n'a qu'à changer l'orientation de son parcours pour être sûr de retrouver bientôt une clientèle. Il n'y a plus pour lui presque rien à faire dans la direction même du chemin de fer. Mais chaque station va devenir le point de départ et d'arrivée de plusieurs courants nouveaux de circulation, courants perpendiculaires ou obliques dont l'exploitation s'offre elle-même au voiturier [1].

Dans quelle mesure se trouve-t-il ainsi indemnisé de ce qu'il a perdu? On peut s'en faire une idée en comparant la marche respective de l'impôt de 10 p. 100 créé par la loi du 9 vendémiaire an VI, et successivement augmenté par celles des 6 prairial an VII (premier décime supplémentaire), 14 juillet 1855 (second décime) et 16 septembre 1871 (taxe additionnelle de 10 p. 100). Voici les chiffres :

Années	Voitures publiques de terre et d'eau. (francs)	Chemins de fer. (francs)
1830	5,297,000	»
1835	6,164,000	»
1840	8,258,000	193,000
1845	10,021,000	681,000
1850	7,194,000	1,904,000
1855	7,233,000	9,195,000

[1] Voir le chapitre VI, pages 113 et suivantes.

(Loi du 14 Juillet 1855. — Second décime supplémentaire).

1856	7,476,000	15,239,000
1860	6,056,000	20,462,000
1865	5,599,000	26,839,000
1869	5,145,000	33,033,000
1870	4,657,000	23,945,000
1871	3,980,000	37,260,000

(Loi du 16 septembre 1871. — Taxe additionnelle de 10 p. 100).

1872	5,734,000	72,703,000
1875	5,487,000	79,208,000
1878	5,883,000	81,210,000

On voit, dans ce tableau, le produit de l'impôt sur les voitures publiques tomber de 10 millions en 1845, à 5 millions en 1869, pendant que dans le même intervalle, l'impôt sur les chemins de fer monte de moins de 1 million à plus de 33 ; et tandis que de 1869 à 1878, l'impôt, presque doublé par la loi de 1871, porte de 33 à 81 millions le contingent des voies ferrées, celui des voituriers s'élève péniblement de 5,1 à 5,9.

Il faut dire que les voitures publiques servant au transport des voyageurs sont classées au point de vue de l'impôt en deux catégories : 1° voitures « en service régulier d'un point à un autre », acquittant un droit proportionnel au prix des places porté en 1871 à 22 p. 100 ; 2° voitures « partant d'occasion et à volonté », ou, par une assimilation qui date de la loi du 28 juin 1833, voitures qui, « dans leur service habituel, ne sortent pas d'une même ville ou d'un rayon de 15 kilomètres » ; dans ce cas, le droit perçu est un droit fixe réglé d'après le nombre des places, et qui n'a pas été augmenté comme l'autre en 1871. Ainsi s'explique la faible augmentation du produit total de la taxe sur les voitures publiques depuis 1869. Mais il est certain que la loi du 16 septembre 1871 en allouant au trésor 22 p. 100 de la recette brute des voitures en service régulier dépassant un rayon de 15 kilomètres, leur avait créé une situation de plus en plus difficile et en avait fait disparaître un grand nombre. Une loi toute récente (loi du 11 juillet 1879) a porté de 15 à 40 kilomètres le rayon dans lequel le bénéfice du droit fixe est assuré au voiturier, et on a calculé que sur 2,350 voitures de terre dont le parcours dépassait 15 kilomètres, 1,973, ayant un trajet de moins de 40 kilomètres, ne paieront plus ensemble, grâce à cette réforme, que 331,733 francs au lieu de 1,247,108 francs. C'est un soulagement dont les effets ne tarderont sans doute pas à se manifester.

Dans bien des cas, ce sont les compagnies de chemins de fer elles-mêmes qui organisent les correspondances par voitures destinées à faciliter l'accès de leurs stations aux habitants des communes voisines. Voici quelle était récemment, d'après M. Brunfaut, sur nos six grands réseaux, la proportion respective des localités desservies directement et de celles qui profitent de ces sortes de correspondances :

Réseaux.	Nombre des localités desservies directement.	Nombre des localités desservies par correspondance.
Nord	449	216
Est	448	190
Ouest	493	554
Orléans	662	395
Lyon	908	412
Midi	293	112
Ensemble	3,253	1,879

Nombre total des localités desservies. 5,132

L'industrie du voiturier n'est pas, on le voit, une industrie ruinée ; c'est seulement une industrie diminuée et transformée. Ce qui prouve bien que la vapeur, d'une manière générale, n'a pas eu pour effet de condamner au repos l'espèce

chevaline, c'est que le nombre et le prix des chevaux ont presque toujours été en augmentant. La France comptait
1,800,000 chevaux en 1789 (d'après Lavoisier), 2,300,000 en
1812, 2,818,000 en 1840, et 3,300,000 en 1866. On n'en trouvait plus, il est vrai, que 2,743,000 à la fin de 1873 ; mais
cette réduction s'explique surtout par la guerre francoallemande et par la perte de nos provinces de l'Est. Quant
à l'augmentation du prix des chevaux, elle est notoire,
et les taux d'évaluation successivement adoptés par la
commission permanente des valeurs de douanes suffiraient
pour le démontrer. Les chevaux hongres, par exemple, figurent dans les tableaux du commerce extérieur depuis 1826,
avec les prix moyens ci-dessous :

Années.	Chevaux hongres	
	importés. (francs)	exportés. (francs)
1826.	360	360
1847.	550	500
1855.	750	760
1860.	780	850
1865.	815	820
1870.	950	890
1875.	1,400	900
1878.	1,300	900

L'industrie des hôteliers et aubergistes, atteinte presque
aussi directement que celle des entrepreneurs de transport
par la création des chemins de fer, a trouvé également une
certaine compensation à ses souffrances dans la multiplication des voyages. Il est incontestable qu'il y a aujourd'hui,
en France et dans les autres pays de l'Europe, plus de journées d'hôtel qu'autrefois. Il y a aussi plus d'hôtels et ils sont
meilleurs. Mais ce n'est pas sur les mêmes points qu'il y a
cinquante ans qu'afflue l'argent des voyageurs. Quand il fallait faire douze étapes pour aller de Paris à Strasbourg, il y

avait douze villes ou villages dont les hôteliers percevaient sur tout voyageur engagé dans cette laborieuse odyssée un tribut assuré. L'accélération des voyages avait déjà, à la fin du xviiie siècle, supprimé, au détriment des aubergistes locaux, le plus grand nombre de ces stations. Les chemins de fer ont fait mieux, et l'on ne s'arrête plus maintenant que là où l'on a plaisir ou intérêt à s'arrêter. Il s'ensuit que, malgré le nombre infiniment plus grand des voyageurs, certaines localités, éloignées des chemins de fer et dépourvues de tout ce qui pourrait les faire visiter pour elles-mêmes, se voient de plus en plus désertées. Il résulte de là, pour l'hôtelier comme pour le voiturier, des nécessités de déplacement qui sont plus onéreuses pour l'un que pour l'autre, parce qu'il est moins facile de transporter une auberge qu'une diligence. En tous cas, le nombre des hôtels qui ont dû disparaître reste très inférieur à celui des hôtels nouveaux qui ont été construits. Rappelez-vous que ni le Grand-Hôtel, ni l'hôtel du Louvre, ni l'hôtel Continental, ni aucun établissement du même ordre n'existaient à Paris dans la première moitié du siècle : ce n'est donc qu'en se plaçant au point de vue des intérêts individuels et locaux que l'on peut considérer l'industrie dont nous nous occupons comme ayant été atteinte dans sa prospérité par la création des chemins de fer.

Pour ce qui est du commerce en général, nous avons déjà fait connaître (voir chapitre XV) le préjudice causé par la nouvelle organisation sociale aux petits détaillants des grandes villes. Leur situation actuelle est comparable à celle de ces aubergistes de province dont il était question il n'y a qu'un instant, et leur déclin a exactement la même cause. Dans un cas comme dans l'autre, c'est le rapprochement des points extrêmes qui a pour conséquence l'élimination de quelques intermédiaires. L'acheteur va tout droit de la Bastille au *Bon-Marché* ou de Vaugirard à la *Ménagère*, comme le voyageur va tout droit de Marseille à Bordeaux ou de Paris à Bruxelles.

Quant au commerce des départements, les chemins de fer ne lui ont pas fait, d'une manière générale, le tort dont ils semblaient d'abord le menacer. « Les habitants de beaucoup de villes de province, dit M. Jacqmin, habitués à trouver chez eux les objets d'habillement, de consommation qui leur étaient nécessaires, ont, au moment de l'ouverture des chemins de fer, abandonné ces magasins pour chercher dans de grands centres plus de facilités, plus de choix, pour nous servir du terme consacré. Pendant un certain temps, on a pu croire que le commerce de détail d'un grand nombre de petites villes allait disparaître au. profit des villes plus importantes. Mais il n'en a rien été. D'une part, les propriétaires de ces maisons de commerce ont, à leur tour, profité des facilités que leur offraient les chemins de fer pour augmenter leurs approvisionnements ; d'autre part, la clientèle s'est augmentée. Si on a perdu quelques clients de la bourgeoisie, on a gagné les clients de la campagne en bien plus grand nombre, et, à mesure que les chemins de fer ont fait pénétrer l'aisance chez les producteurs du sol, le commerce des villes a pris de l'importance. Si on comparait la somme d'échanges qui s'effectuent aujourd'hui dans une ville de 8 à 10,000 âmes à celle qui s'effectuait dans la même ville il y a vingt ans, on trouverait une différence extraordinaire. »

Une catégorie d'individus qui nous paraît avoir été plus sérieusement atteinte que le commerce départemental, ce sont les petits rentiers qui jadis trouvaient à la campagne la vie à bon marché et dont la cherté est venue relancer jusqu'au village l'imprudente oisiveté. Qu'on se rappelle ce que nous avons dit du double mouvement qui concourt à niveler partout les prix. Nous avons montré qu'il y avait tendance à la baisse dans les grands centres de consommation et tendance à la hausse dans les lieux de production. En ce qui touche particulièrement les denrées alimentaires, pain, viande, beurre, légumes, fruits, etc..., le renchérissement n'a épargné ni les champs, ni la ville; mais il a été plus sensible encore à la campagne qu'ailleurs, parce que, pour le citadin, l'atténuation des frais de transport compense partiellement l'augmentation des prix. Ainsi, tel produit agricole qui a augmenté de 50 p. 100 à Paris, se vend, au lieu même de production, le double de ce qu'il y coûtait autrefois. Pour le producteur, c'est tout bénéfice. Mais pour le rentier, pour l'oisif, pour celui qui consomme sans produire, il y a là un dommage réel.

Nous nous souviendrons de ce préjudice causé au rentier rural par l'inégal renchérissement des objets de consommation quand nous verrons, dans le chapitre qui va suivre, que la campagne se dépeuple de plus en plus au profit des villes. Au nombre des déserteurs de la vie rurale, il doit y avoir beaucoup d'individus qui ne se résignaient que par économie à vivre loin des cités, et qui en ont repris le chemin le jour où il n'y a plus eu le même profit à s'exiler au fond de la province.

En définitive, la perturbation momentanée et les souffrances passagères que la transformation de l'industrie des transports a pu déterminer dans certaines branches du travail national ou dans certaines classes de la société sont bien peu de chose à côté des bienfaits que nous avons déjà constatés et de ceux que nous constaterons encore.

L'imprimérie, elle aussi, a eu à se reprocher la ruine de quelques calligraphes, et la gloire de Guttemberg n'en est pas obscurcie!

V

N'oublions pas d'ailleurs que, si un certain nombre d'emplois ont été supprimés ou stérilisés par les chemins de fer dans les pays où ils ont pris racine, le nombre de ceux qu'ils ont directement créés est infiniment supérieur. Voici, en effet, d'après les documents officiels, à quel chiffre s'élève le personnel de nos seules compagnies d'intérêt général :

En 1869.	138,247 individus.
En 1870.	128,398 —
En 1871.	141,623 —
En 1872.	149,141 —
En 1873.	159,745 —
En 1874.	162,221 —
En 1875.	167,954[1] —
En 1876.	174,094[2] —

Sur ces 174,094 individus, les ouvriers payés à la journée figurent pour 47,077 ; les femmes employées par les compagnies sont au nombre de 13,350, et les anciens militaires au nombre de 56,751.

Ajoutez à cela les mille et mille entrepreneurs, commissionnaires, facteurs, voituriers, buvetiers, restaurateurs, libraires, industriels et ouvriers de toute sorte... qui, sans faire partie du personnel des compagnies, leur doivent presque exclusivement leurs moyens d'existence, et vous arriverez à cette conclusion qu'il y a bien un Français sur cent dont les chemins de fer constituent le gagne-pain, tandis qu'il n'y en a pas un sur mille à qui ils aient nui.

---

[1] En 1875, les 94 compagnies de chemins de fer existant en Angleterre et dans le pays de Galles occupaient un personnel de 228,958 employés.

[2] Le rapport entre la longueur du réseau et le nombre des agents employés varie beaucoup d'une compagnie à l'autre : on compte, en 1876, de 29 à 30 individus par kilomètre sur la ligne de Ceinture (rive droite) ; on en compte 14,75 sur le Nord, 9,59 sur l'Est, 9,12 sur le Lyon-Méditerranée, 8,80 sur l'Ouest, 8,30 sur le Midi, 5,70 sur l'Orléans.

CHAPITRE XIX.

Les mouvements de la population.

Variations successives du mode de distribution des hommes sur le globe terrestre. — La croissance des villes accélérée par les nouveaux moyens de transports. — Dépopulation correspondante des campagnes. — Causes des migrations intérieures. — L'émigration de peuple à peuple et de continent à continent.

Tout le monde connaît cette curiosité scientifique que la physique amusante a depuis longtemps empruntée à la physique sérieuse et qu'on appelle l'expérience des plaques vibrantes. Sur une plaque de métal solidement fixée, on répand, aussi également que possible, une poussière fine et colorée. Puis on frotte avec un archet le bord de la plaque, comme pour en tirer des sons. La poudre aussitôt se met en mouvement, fuyant les ventres de la vibration et s'accumulant sur les nœuds, de sorte que l'espèce de teinte plate qu'on avait d'abord sous les yeux se trouve remplacée par une zébrure plus ou moins symétrique dont la forme varie chaque fois que l'on change soit le point d'appui de la plaque, soit le point d'attaque de l'archet.

Il arrive ici-bas quelque chose d'analogue toutes les fois

que le contre-coup d'une grande révolution économique fait pour ainsi dire vibrer la terre sous nos pas. La poudre humaine alors s'agite aussi ; elle obéit, sans le savoir, aux forces qui la sollicitent ; et il vient un moment où, de cette multitude de déplacements individuels et inconscients, résulte un état d'équilibre nouveau que nul n'avait su prévoir ni prédire, mais qui cependant n'a rien d'arbitraire et dont les lois sont presque aussi fatales que celles qui déterminent les dessins formés sur la surface vibrante dont nous parlions tout à l'heure.

I

Notre siècle n'est pas le premier qui ait vu le groupement social se modifier ainsi sous l'influence des conquêtes successives de la civilisation.

Aux peuples chasseurs et vagabonds, premiers hôtes du globe, succèdent les peuples pasteurs et nomades. Ensuite vient le régime agricole proprement dit qui fixe l'homme à la terre et tend d'abord à proportionner les populations aux surfaces cultivables. Peu à peu, par la division méthodique du travail, par l'association raisonnée des efforts individuels et par les bienfaits de l'esprit d'invention, la productivité humaine augmente considérablement. C'est alors que, l'exploitation du sol n'absorbant plus à elle seule tous les bras, le commerce et l'industrie recrutent leurs premiers soldats, et font çà et là surgir ces deux éléments nouveaux : l'atelier et le magasin. Les villes sont fondées ou du moins semées : leur développement n'est plus qu'une question de temps.

On peut, d'une manière générale, poser en principe que l'importance relative des populations urbaines a toujours été en augmentant depuis le commencement du monde. Les bases de la société ne se sont jamais ébranlées sans qu'il y ait eu rapprochement ou convergence, sur certains points privilégiés, d'un nombre plus ou moins grand de molécules humaines. Mais il s'en faut de beaucoup que ce mouvement de concentration ait eu la même puissance à toutes les époques, et il est certain qu'aucun siècle n'a vu les villes, en France et ailleurs, grandir avec autant de rapidité, on pourrait presque dire avec autant de violence que de nos jours.

Interrogeons spécialement le développement chronologique des capitales de l'Allemagne, de l'Angleterre et de la France.

Voici les populations successives de Berlin :

Au temps du grand électeur.	20,000 âmes.
En 1789.	120,000 —
En 1817.	188,000 —
En 1833.	350,000 —
En 1851.	430,000 —
En 1867.	702,000 —
En 1871.	828,000 —
Et en juillet 1879	1,061,289 —

Londres nous donne les résultats suivants :

En 1801.	864,845 âmes.
En 1811.	1,009,546 —
En 1821.	1,225,694 —
En 1831.	1,471,941 —
En 1841.	1,873,676 —
En 1851.	2,359,640 —
En 1861.	2,803,034 —
En 1867.	3,067,536 —
En 1876.	4,025,000 —

A Paris, voici les chiffres généralement admis pour les siècles passés :

En 363, sous Julien.	8,000 âmes.
En 510, sous Clovis.	30,000 —
En 1220, sous Philippe-Auguste	120,000 —
En 1380, sous Charles V	150,000 —
En 1605, sous Henri IV.	200,000 —
En 1715, fin du règne de Louis XIV.	500,000 —
En 1767, sous Louis XV.	570,000 —

. Dans le cours de notre siècle, les recensements officiels ont
donné les résultats suivants :

En 1810, sous Napoléon Iᵉʳ.	600,000	âmes.
En 1817, sous Louis XVIII.	714,000	—
En 1831, sous Louis-Philippe	786,000	—
En 1836, —	899,000	—
En 1841, —	935,000	—
En 1846, —	1,054,000	—
En 1851, sous la République.	1,053,000	—
En 1856, sous Napoléon III	1,171,000	—
En 1861 (après l'annexion des banlieues, soit 348,000 habitants).	1,696,000	—
En 1866, sous Napoléon III.	1,825,000	—
En 1872, après les deux sièges	1,794,380	—
En 1876, sous la République.	1,988,806	—

On se rendra compte de ce qu'une semblable croissance a
d'exorbitant par cette seule considération que, si chaque période de trente-cinq ans doublait désormais, comme l'ont fait
les trente-cinq années dernières, la population de la capitale de
la France, elle aurait 4 millions d'habitants vers 1910, 8 millions
vers 1945, 16 millions vers 1980, 32 millions vers 2015...
Et comme à cette époque, d'après l'allure générale de la
population française, notre pays n'aurait encore que de 70
à 80 millions d'habitants, on voit que cette progression respective ferait passer dans Paris, en moins d'un siècle et demi,
la moitié de la nation.

Ce résultat étant inacceptable, il faut bien admettre que
l'époque de la création des chemins de fer aura été pour la
capitale une période de développement exceptionnellement
rapide.

Et ce serait une erreur de croire que Londres et Paris, qui
sont les deux plus grandes villes du monde occidental soient,
au point de vue qui nous occupe ici, des exceptions. On trouvera la preuve du contraire dans un curieux mémoire du

docteur Dunant [1], qui donne, pour trente et une villes d'Europe : 1° le taux annuel de l'accroissement de la population dans les derniers temps ; 2° la proportion dans laquelle l'excédant des naissances et l'immigration contribuent respectivement à cet accroissement. Sur certains points particuliers de ce travail, nous aurions des réserves à formuler ; mais il ne s'agit ici que de la marche générale des phénomènes. Or, en rangeant les trente et une villes observées dans l'ordre de leurs accroissements proportionnels, on va voir que Londres n'aura que le dix-septième rang et Paris le vingt-sixième, les premiers rangs se trouvant occupés par des villes d'importance secondaire, telles que : Odessa, Stuttgard, Breslau, etc...

Villes.	Accroissement annuel pour 1,000 habitants.	Proportion sur 1,000 habitants nouveaux	
		des immigrés.	des excédants de naissances.
Buda-Pesth	15,2	944	56
Vienne	21,6	652,3	347,7
Prague.	8,6	1,197,5	))
Trieste	46,6 ·	909,6	90,4
Munich	16,5	916,5	83,5
Leipzig.	43	809,7	190,3
Stuttgard	52,2	643,1	356,9
Hambourg	28,8	700,7	299,3
Rome.	39	1,191,6	))
Palerme	12,6	888,7	111,3
Venise	7,7	1,541,9	))
Milan.	1,4	5,175,8	))
Stockholm	17	892,1	107,9
Christiana.	33,8	454,7	545,3
Copenhague.	16,8	563,1	436,9
Saint-Pétersbourg . . .	14,9	1,665,8	))

[1] *Influence de l'immigration de la population des campagnes dans les villes*, par le Dr Dunant, professeur d'hygiène à Genève. Ce mémoire, présenté au congrès international des sciences médicales de Genève, le 11 septembre 1877, a été reproduit dans les *Annales de démographie internationale* (septembre 1877).

Moscou.	30,3	133,3	866,7
Odessa	56,5	1,447,4	»
Bucharest.	40,1	1,302,6	»
Gand.	1,8	»	2,676,5
Liège.	14,2	744,3	255,7
Anvers	28,9	770,6	229,4
La Haye	13,8	340,3	659,7
Rotterdam.	13,3	540,8	459,2
Berlin	47,3	838,6	161,4
Cologne.	10	150,4	849,6
Breslau.	51	852,1	147,9
Naples	»	»	»
Paris.	8,3	829,1	170,9
Londres.	15,2	198,1	801,9
Turin.	3,8	379,5	620,5
Ensemble.	18,5	784,6	215,4

L'augmentation annuelle de près de 18,5 p. 1,000, soit près de 2 p. 100, qui ressort de ce tableau pour l'ensemble des villes qu'on y fait figurer, correspond à une période de doublement d'environ quarante ans.

Le même résultat moyen se dégage des chiffres suivants, publiés il y a quelques années par le *Fremdenblatt* et montrant le progrès de la population de neuf des principales cités européennes de 1833 à 1873 :

Villes.	Population	
	en 1833.	en 1873.
Londres	1,624,000	3,350,000
Constantinople	1,000,000	1,500,000
Paris	880,000	1,795,000
Saint-Pétersbourg.	480,000	691,000
Naples.	358,000	480,000
Vienne.	310,000	901,000
Dublin.	300,000	360,000
Moscou	280,000	611,000
Berlin.	350,000	907,000
Ensemble.	5,582,000	10,595,000

On voit, en effet, que la population collective de ces neuf villes a à très peu près doublé en quarante ans. Et, ici aussi, ce n'est ni Paris, ni Londres, mais bien Vienne, Moscou et Berlin qui présentent la plus grande augmentation.

Nous trouverions des exemples de croissance plus rapide encore en traversant l'Atlantique. Chicago, qui est aujourd'hui comme la capitale agricole des États-Unis, n'était, il y a cinquante ans, qu'un comptoir ignoré, comptant au plus une centaine d'habitants. En 1837, ce n'était encore qu'un bourg de 4,000 âmes. En 1850, le bourg était devenu ville et renfermait une population de 20,000 âmes. En 1870, le nombre des habitants approchait de 500,000, et aujourd'hui, malgré l'épouvantable incendie de 1871, le chiffre d'un demi-million est certainement dépassé. Ainsi, de 1840 à 1870, la population de Chicago a, en moyenne, doublé tous les cinq ans, et si cette progression se continuait, ce serait, bien avant la fin du siècle, la ville la plus peuplée du monde.

En France même, si on fait pour Paris la part de l'annexion des banlieues, on verra que les grandes villes de province ont progressé, depuis un siècle, presque aussi vite que la capitale.

Voici, par exemple, quelles ont été, depuis 1789, les étapes successives des neuf villes autres que Paris qui comptent aujourd'hui plus de 100,000 âmes :

Populations successives des grandes villes de France
(en milliers d'habitants).

Villes.	1789.	1821.	1836.	1851.	1866.	1872.	1876.
Lyon	139	149	151	177	324	323	343
Marseille	76	109	146	195	300	313	319
Bordeaux	83	89	99	131	194	194	215
Lille	13	64	72	76	155	158	163
Toulouse	55	52	77	93	127	125	132
Saint-Étienne	9	26	42	36	97	110	126
Nantes	65	68	76	96	112	119	122
Rouen	65	87	92	100	101	102	105
Ensemble	505	644	755	904	1,410	1,444	1,525

Ici aussi, c'est bien au moment où les chemins de fer se répandaient sur la France qu'on voit surtout le progrès des grandes villes s'accélérer. Il est en moyenne de 85 à 90 p. 100 de 1851 à 1876.

Pour les quinze villes françaises qui ont aujourd'hui plus de 50,000 habitants et moins de 100,000, l'augmentation dans le même intervalle ressort encore à plus de 35 p. 100 :

	Population	
	en 1851.	en 1876.
Le Havre.	28,954	92,068
Roubaix.	34,698	83,661
Reims	45,754	81,328
Toulon.	69,474	70,509
Amiens.	52,149	66,896
Brest.	61,160	66,828
Nancy	45,129	66,303
Nîmes	53,619	63,001
Limoges	41,630	59,011
Rennes.	39,505	57,177
Angers.	46,599	56,846
Montpellier	45,811	55,258
Besançon	41,295	54,404
Nice [1]	»	53,397
Orléans.	47,393	52,157
Le Mans	27,059	50,175
Ensemble.	680,229	975,622

Passons aux villes ayant actuellement de 30,000 à 50,000 âmes :

	Population	
	en 1851.	en 1876.
Versailles	35,367	49,847
Tourcoing	27,615	48,634
Tours.	33,530	48,325
Dijon	32,253	47,939
Grenoble.	31,340	45,426
Clermont.	33,516	41,772
Troyes.	27,376	41,275
Caen	45,280	41,181

[1] Nice n'était pas ville française en 1851.

Boulogne	30,783	40,075
Saint-Quentin	24,953	38,924
Béziers	19,333	38,227
Avignon.	35,890	38,008
Cherbourg.	28,012	37,186
Bourges	25,037	35,785
Lorient	25,094	35,165
Dunkerque.	29,080	35,071
Saint-Denis	15,792	34,908
Poitiers	29,277	33,253
Ensemble.	530,128	731,001

Soit une augmentation de 35 à 40 p. 100.

Ainsi en France, la rapidité du développement des centres de population varie en raison directe de leur importance. Les villes de second ordre et de troisième ordre, tout en faisant de rapides progrès, grandissent moins vite que les villes de premier ordre.

II

Maintenant d'où viennent à nos villes ces renforts inégaux ? La fécondité des citadins est loin de se proportionner à l'importance des villes, et par conséquent il faut bien que ce soit aux dépens des campagnes que les villes s'accroissent.

Ce phénomène social, diversement apprécié dans ses causes et dans ses effets, est unanimement constaté par les observateurs. Le moraliste et l'homme d'État s'en préoccupent; l'agriculture se plaint d'avoir à payer plus cher une main-d'œuvre devenue plus rare. Au point de vue de la production agricole, cependant, il n'y a pas à s'alarmer outre mesure de cette désertion, puisque nos campagnes, malgré la réduction de leur population, produisent plus qu'autrefois. Quant à l'économiste, c'est pour lui chose toute naturelle que de voir ainsi, quand les procédés de production se perfectionnent, l'agriculture céder une partie de son personnel primitif à l'industrie. L'espace sur lequel s'exerce dans un pays l'action de l'agriculture est limité par les bornes mêmes de ce pays : la carrière ouverte à l'industrie est au contraire, illimitée, et plus on ira, plus la ferme sera désertée pour l'usine.

Quelle a été, depuis le commencement des chemins de fer, l'importance de ces déplacements ?

En classant comme urbaine toute population agglomérée de 2,000 âmes et au-dessus, on a la progression suivante :

Années.	Population urbaine.	Population rurale.
1846	24,42 p. 100	75,58 p. 100
1851	25,52 —	74,48 —
1856	27,31 —	72,69 —
1861	28,86 —	71,14 —
1866	30,46 —	69,54 —
1872	31,12 —	68,88 —
1876	32,44 —	67,56 —

Il s'ensuit que la population urbaine ne représentait en 1846 que le quart et représente aujourd'hui le tiers de la population totale. Mais il ne faut pas ici se laisser tromper par une fausse apparence, et conclure des chiffres qui précèdent qu'en trente ans, le douzième de l'effectif national a déserté la campagne pour la ville. La progression indiquée ci-dessus n'est si rapide que parce que chaque dénombrement nouveau a fait passer dans la catégorie des populations urbaines un certain nombre de localités qui comptaient comme agglomérations rurales quand elles avaient 18 ou 1900 habitants et qui, arrivées à 2,000, sont devenues par cela seul communes urbaines dans les statistiques officielles.

L'émigration rurale n'a donc pas l'importance que lui a quelquefois attribuée une fausse interprétation des recensements périodiques, mais elle n'en existe pas moins.

Pour voir comment elle varie d'une région à l'autre, nous avons comparé les résultats des recensements de 1831, 1851, 1872 et 1876 dans les divers départements. De 1831 à 1851, huit départements, Calvados, Eure et Orne, d'une part, Gers, Lot-et-Garonne et Tarn-et-Garonne, d'autre part, enfin Cantal et Basses-Alpes, reculent au lieu de progresser ; le Doubs est stationnaire. Les bords de la Loire et du Rhône sont, en dehors des départements qui ont pour chefs-lieux des villes de premier ordre, les points du territoire où les accroissements de population sont le plus sensibles.

De 1851 à 1872, nous trouvons beaucoup moins de départements en progrès et beaucoup plus de départements en décroissance. C'est que c'est la période où nous avons vu les villes, les grandes villes surtout exercer avec le plus de puissance cette sorte d'aspiration dont les populations rurales sont devenues l'objet. L'influence de la guerre se fait également ment sentir.

La Seine, le Nord, les Bouches-du-Rhône, la Gironde, la Loire-Inférieure, la Loire, le Rhône, ne doivent leurs accroissements de population qu'aux rapides progrès que font Paris, Lille, Marseille, Bordeaux, Nantes, Saint-Étienne, Lyon. Hors de là, il n'y a plus guère que le bassin de la Loire qui continue à voir croître son effectif. L'Eure et l'Orne, le Gers et le Cantal, les Basses-Alpes sont toujours au nombre des départements les plus éprouvés par la dépopulation. Mais la Manche, la Meuse, la Haute-Saône et les Hautes-Alpes sont à leur tour décimées. La Haute-Garonne, malgré Toulouse, reste stationnaire.

Les quatre années dernières se présentent sous un aspect un peu moins inquiétant. L'augmentation de 802,867 têtes que fait ressortir le dénombrement de 1876, par rapport à celui de 1872, profite à 67 départements et 19 seulement sont en perte.

C'est bien encore autour des grandes villes que se rencontrent les plus grands accroissements. Paris seul donne 137,000 âmes sur les 191,000 que la Seine a acquises. Lille, Roubaix, Tourcoing, Dunkerque comptent pour près de 20,000 dans les 72,000 nouveaux habitants du département du Nord. La Gironde, qui gagne 30,000 unités en doit à Bordeaux seul 21,000. Reims représente la moitié du gain total de la Marne, et Saint-Étienne qui a conquis 15,000 habitants aide la Loire à en donner 40,000 de plus qu'en 1872.

Mais, sans parler de la Lorraine française qui doit surtout ses progrès à l'émigration des arrondisssements annexés, la Bretagne semble avoir retrouvé quelque chose de son ancienne fécondité, et le bassin de la Loire conserve la sienne. Il n'y a que la Normandie et les départements de la Garonne (Gironde exceptée) qui continuent à se dépeupler peu à peu. Dans le Sud-Est, plusieurs départements restent stationnaires ; mais il n'y en a que deux, Vaucluse et Basses-Alpes, où le nombre des habitants ait réellement baissé. Il a augmenté même dans la région que le phylloxéra et la maladie des vers à soie ont le plus maltraitée depuis quelques années.

III

L'analyse sommaire, mais concluante qui précède suffit pour permettre d'apprécier les principales causes de ces mouvements intérieurs de la population. On se trouverait fort désorienté si, dans ce dédale de faits complexes, on voulait prendre pour fil conducteur la loi jadis classique de Malthus. Sa théorie était bien simple : progression arithmétique des subsistances, progression géométrique des populations ; d'où misère croissante pour les pays qui s'abandonneraient trop librement à la reproduction. Si l'économiste anglais venait à ressusciter, il s'apercevrait que, depuis sa mort, les subsistances ont beaucoup plus augmenté que le nombre des consommateurs dans les pays civilisés [1]. Il verrait que ce sont surtout les classes riches ou aisées qui ont mis ses conseils en pratique, et non sans en avoir singulièrement dénaturé l'esprit, car leur stérilité volontaire ne provient qu'exceptionnellement du *moral restreint* qu'il prêchait aux pauvres. Il y aurait là de quoi donner à réfléchir à l'auteur du fameux principe de population, et nous croyons que si sa résurrection le faisait Français, il se joindrait plutôt à M. Léonce de Lavergne, dont le cri d'alarme [2] a naguère eu tant d'écho dans le pays, qu'à M. Joseph Garnier, dont toute la science et tout l'esprit feront difficilement prévaloir la thèse, au moins paradoxale, qu'il aime à soutenir. Si la France était, comme l'Angleterre, une île fermée à toute invasion, on pourrait faire passer l'intérêt individuel avant l'intérêt collectif. Mais en présence de la fécondité persistante des peuples voisins, comment ne pas voir un grave péril dans le ralentissement de la reproduction en France ?

La loi de Malthus, disions-nous tout à l'heure, est si bien en contradiction avec la réalité actuelle des faits que c'est maintenant chez le riche qu'on trouve le moins d'enfants et chez le pauvre qu'il y en a le plus.

Il y a plusieurs raisons à cette anomalie. Le pauvre, qui n'a pas le choix entre les jouissances intellectuelles et les autres, obéit avec d'autant plus d'abandon aux sollicitations de la nature qu'il sait qu'en somme ses fils seront au moins

[1] Voir le chapitre précédent.
[2] Voir l'*Économiste français* du 19 août 1876.

ses égaux, n'eussent-ils comme lui-même que leurs deux bras pour capital. A tous les degrés de la richesse ou de l'aisance, au contraire, partout où il y a un patrimoine, si opulent ou si modeste qu'il puisse être, on voit la plupart des pères de famille redouter comme un malheur une trop abondante postérité. C'est quelquefois simple égoisme, le bien-être dans une maison dépendant forcément du nombre des parties prenantes. Mais le plus souvent c'est l'amour paternel qui, chose étrange ! refuse l'existence aux enfants qui pourraient naître ; les parents, ne voulant pas que ceux qui perpétueront leur nom soient condamnés à déchoir, font en sorte que leur succession ne se divise pas ou se divise peu.

A ce point de vue, on pourrait attribuer en partie aux nouveaux moyens de transport la responsabilité de l'insuffisance actuelle du nombre des naissances, puisque nous avons démontré que ces moyens perfectionnés avaient augmenté et multiplié la richesse dans des proportions extraordinaires. Mais ce n'est là, en tout cas, qu'une responsabilité bien indirecte, et il faut tout l'illogisme de l'être humain pour que ce qui augmente la production puisse diminuer le nombre des consommateurs.

Au surplus, le mouvement ascensionnel ou rétrograde de la population, dans une province, ne dépend pas seulement du rapport qui y existe entre les décès et les naissances.

L'homme ne tient pas par des racines, comme le chêne, au sol qui l'a vu naître, et de tout temps il y a eu, dans l'intérieur même de chaque pays, de véritables migrations. Ce n'est pas seulement des départements voisins, mais de la France entière que viennent ces milliers d'hommes et de femmes qui, plus que les naissances locales, augmentent chaque année le nombre des habitants de Paris, par voie d'annexion volontaire. Le rayon d'attraction des autres villes est moins étendu et diminue avec leur importance ; mais on n'aurait pas besoin de chercher longtemps pour trouver, même en dehors des casernes et des services publics, des Bretons à Lyon, des Normands à Lille, des Gascons à Marseille, des Bourguignons à Bordeaux.....

Quel est le mobile ordinaire de ces déplacements?

Personne ne l'ignore : c'est l'intérêt. Sur 37 millions de Français, il en est bien peu qui n'aient à prendre conseil que de leur caprice pour choisir une résidence. Pour le plus grand nombre, il y a une question qui domine tout ; il faut vivre, et vivre le moins pauvrement possible. Si donc les moyens d'existence font défaut là où l'on est, il faut aller chercher fortune ailleurs. Pour celui que séduit l'industrie comme pour celui que ses goûts attirent vers le commerce, pour l'artiste comme pour le savant, pour le petit employé comme pour le domestique, la ville offre plus de ressources que le village ; et c'est ainsi que la campagne envoie chaque jour à Paris, à Lyon, à Marseille, etc... un certain nombre d'enfants du sillon. L'ouvrier proprement dit, ouvrier industriel, ouvrier agricole, a aussi la préoccupation légitime de trouver un salaire aussi rémunérateur que possible. Or, le taux des salaires résultant du rapport qui existe entre l'offre et la demande, il y a forcément, dans une période de transition comme celle qui a commencé vers le milieu du siècle pour l'industrie et pour l'agriculture, de grandes inégalités dans le prix de la main-d'œuvre. La conséquence naturelle et le correctif nécessaire de ces inégalités, c'est précisément le va-et-vient de la partie la plus mobile de la classe laborieuse, qui tend toujours à s'éloigner des points où le travail, moins demandé qu'offert, est par suite peu payé, pour se concentrer sur les points où le travail trouve au contraire un placement lucratif, parce qu'il y est moins offert que demandé [1].

On quitte donc des départements comme la Manche, le Calvados, l'Orne... où la multiplication des prairies artificielles diminue la quantité de main-d'œuvre nécessaire pour l'exploitation du sol, et l'on se porte de préférence vers le bassin de la Loire où nous savons que les chemins de fer ont déterminé la mise en culture d'une foule de terrains improductifs qui n'attendaient que des amendements à bon marché et des débouchés suffisants pour se transformer en bonnes terres arables ou en pâturages succulents.

On quitte à plus forte raison les régions dont le climat ou la topographie rendent la vie dure et pénible pour se porter vers ceux qui offrent des conditions d'existence plus douces et plus attrayantes. C'est ce qui fait que les départements

[1] Le moyen âge lui-même avait pourvu, par un mécanisme ingénieux, aux variations inévitables de la demande en fait de main-d'œuvre. M. Ach. Mercier explique ainsi cette organisation dans un intéressant travail, publié en 1875 *Le projet de loi électorale et l'émigration intérieure* : « La France était entourée d'une ceinture de stations ou de *villes de devoir* qui étaient : Paris, Sens, Auxerre, Chalon-sur-Saône, Lyon, Clermont-Ferrand, Avignon, Marseille, Nîmes, Béziers, Montpellier, Toulouse, Bordeaux, La Rochelle, Angoulême, Nantes, Angers, Saumur, Tours, Orléans. En s'adressant dans chacune de ces villes, la petite industrie, qui existait seule alors, était certaine de trouver les bras qui lui manquaient. Il y avait là un réservoir qui ne tarissait jamais, et cela dans un temps où les routes étaient à peu près inconnues, où les voyages étaient semés de périls. Le moyen employé était le suivant : si Lyon avait besoin d'ouvriers, il s'adressait à Chalon-sur-Saône, qui les fournissait. Le vide fait à Chalon était comblé par un départ effectué à Auxerre. Auxerre, voyant le travail moins offert que demandé, appelait à son secours Sens, qui au besoin s'appuyait sur Paris. Un homme de semaine, nommé *rôleur*, enregistrait partout la demande, connaissait des départs et des arrivées, s'assurait que tout homme enrôlé avait rempli précédemment les conditions de son louage. Ainsi, tous s'ébranlaient à la fois sur une demande de travail, si lointaine qu'elle fût, comme ferait un régiment en colonne, marchant d'une seule pièce et n'avançant que de quelques pas.

« Au moyen de ce curieux mécanisme, les dangers et la longueur du voyage étaient répartis entre tous. Chacun avait une part légère du fardeau, et le travail se répandait sur tous les points. »

montagneux et maritimes sont, en général, les plus délaissés. Un ingénieur distingué, M. Cézanne, appelait sur ce fait caractéristique l'attention de l'Assemblée nationale le 19 février 1873 :

« J'ai fait, disait-il, avec les chiffres du recensement de 1872, le travail que voici. J'ai divisé tous les départements de la France en trois groupes. Dans le premier groupe, j'ai placé les départements qui appartiennent exclusivement aux montagnes ; j'en ai compté vingt-deux. Dans le second groupe, j'ai réuni les départements maritimes, ceux qui bordent la mer, la Manche, l'Océan ou la Méditerranée ; ils sont au nombre de dix-sept. Enfin, dans le dernier groupe, j'ai recueilli les départements qui ne touchent ni à la mer ni aux montagnes ; ce sont, si vous le voulez, les départements de la « plaine intérieure ». J'ai calculé pour chaque département et pour chaque groupe la proportion de la dépopulation, c'est-à-dire le rapport entre la perte d'habitants et les chiffres de la population telle qu'elle était donnée par le recensement précédent. J'ai ramené ces chiffres à des bases simples pour les rendre plus sensibles. Voici les résultats : si je représente par 10 la dépopulation des quarante-sept départements de la plaine, la dépopulation des vingt-deux départements montagneux est représentée par 30, et la dépopulation des dix-sept départements maritimes par 35 !

« Ces chiffres, ajoutait l'orateur, sont un signe de ce temps adonné au bien-être et à la mollesse. Partout où la vie est difficile, partout où elle exige du courage, de la persévérance, de la patience, partout où l'homme est condamné à la lutte, lutte contre la mer ou contre la rudesse du climat, la population recule, elle recule trois fois plus rapidement que dans la plaine, ou, pour mieux dire, elle déserte. Oui, cette expression n'est pas trop forte, car les départements qui touchent à l'Océan et à la Méditerranée, aux Pyrénées et aux Alpes, sont chargés de garder les remparts de la France. Ces populations de montagnes chez lesquelles l'attachement au sol natal était traditionnel, qui, à travers les âges, étaient restées immuables, conservant les traits de leur race, leur langage, leurs usages, leur religion, qui avaient résisté aux tranformations historiques, qui avaient vu pendant de longs siècles les flots des invasions barbares se briser à leurs pieds, les voilà frappées d'un mal mystérieux, elles désertent.

« Dans les Hautes-Alpes, la dépopulation est représentée par 52 ; dans les Basses-Alpes, par 50 ; dans le Cantal, par 50 ; dans la Corrèze, par 51 ; dans les Hautes-Pyrénées, par 41.

« Dans ces départements mêmes, la population augmente au chef-lieu : Toulouse est en augmentation ; Tarbes est en augmentation ; mais l'ensemble du département présente une dépopulation considérable. Vous jugez ce que serait le chiffre des vallées supérieures. »

L'influence des voies ferrées, que M. Cézanne ne mettait pas en cause, nous paraît ici manifeste.

Les pays très montagneux sont naturellements ceux qui ont le moins de chemins de fer : ajoutons que ce sont ceux où les chemins de fer rendent le moins de services, parce qu'ils n'y desservent généralement que d'étroites vallées séparées du reste du monde par des barrières infranchissables. Voyez la ligne d'Aurillac à Arvant : il n'y en a pas de plus pittoresque ; elle s'élève par moments jusqu'à 1,250 mètres au-dessus du niveau de la mer. Mais, au point de vue des intérêts locaux, son action est des plus étroites ; on pourrait presque dire qu'elle traverse le Cantal *incognito*. Et nous savons tel village qui entend le sifflet des locomotives sans pouvoir communiquer avec aucune station. Les départements montagneux restent donc privés des avantages de toutes sortes que les chemins de fer apportent avec eux dans les grandes plaines ou dans les larges vallées. Et il n'est pas étonnant que cette nouvelle infériorité, ajoutée à tant d'autres, fasse déserter chaque année un certain nombre de montagnards.

Ainsi les chemins de fer provoquent par eux-mêmes des déplacements [1]. En outre, ils prêtent aux causes antérieures de migration un concours puissant, en permettant à l'ouvrier d'obéir plus facilement aux attractions du dehors. Pourquoi les eaux pluviales gagnent-elles plus vite les fonds des vallées alpestres ou pyrénéennes, depuis que les déboisements se sont multipliés ? La pente est la même qu'avant et l'eau n'est devenue ni plus lourde ni plus fluide ; mais les résistances qu'elle rencontrait chemin faisant ont diminué ; rien ne l'arrête plus dans sa chute, et c'est ce qui rend si promptes et si meurtrières les crues actuelles de la Garonne ou du Rhône. Eh bien ! l'ouvrier, dans un pays où le marché du travail présente des inégalités sensibles, peut se comparer à la goutte d'eau qui tombe sur un sol accidenté. Il y a une attraction qui s'exerce dans le cas comme dans l'autre ; mais il y a aussi des obstacles et des frottements qui diminuent la puissance de cette attraction. Pour l'ouvrier, c'est la crainte de l'inconnu, c'est la peur de lâcher la proie pour l'ombre en s'expatriant, c'est l'habitude, c'est l'amour de la famille et du sol natal. Il y a entre chacun de nous et le pays où il

---

[1] Il convient de signaler, en passant, les déplacements d'ouvriers auxquels donne lieu la construction même des chemins de fer. Il y a des terrassiers belges, piémontais, français, dont la spécialité consiste à suivre de kilomètre en kilomètre une ligne ferrée, depuis les premiers travaux jusqu'aux derniers. On sait que la réputation de ces nomades, de ces *cheminots*, comme les appellent nos paysans, laisse quelque peu à désirer.

est né une adhérence analogue à celle qui fait qu'une goutte d'eau ne se met pas toujours en mouvement sur un plan incliné. Chez certains individus, cette adhérence est invincible ; chez d'autres, l'esprit d'aventure ou l'intérêt l'emporte sur la routine. Mais n'est-il pas évident que les chemins de fer ont réduit chez tous cette résistance passive en rapprochant le but du voyage du point de départ ? Le méridional qui jadis quittait son clocher pour s'en aller tenter la chance à Paris avait besoin de plus de courage et de résolution qu'aujourd'hui. Il était moins renseigné sur la capitale que ne le sont aujourd'hui nos émigrants sur l'Amérique. Il savait qu'il se trouverait là bas très isolé. Plus d'un était parti avant lui dont on n'avait jamais eu de nouvelles. Il ne pouvait pas dire « au revoir », à sa mère, à sa fiancée, à ses amis ; il fallait dire « adieu » et peut-être un adieu éternel. Le voyage même était chose ardue, périlleuse, insolite. Enfin la seule dépense qu'entraînait alors le transport d'un individu, des bords de la Garonne ou de la Durance aux rives de la Seine, était pour beaucoup une interdiction absolue de songer au départ.

Aujourd'hui, rien de semblable. Quelques heures seulement séparent le Midi du Nord, et un billet de troisième classe ne coûte pas cher. On sera demain à Paris, au milieu de ces merveilles dont le récit a tant de fois éveillé la curiosité du voyageur. On ira trouver, en débarquant, un tel et un tel, qui sont partis il y a un an, cinq ans, dix ans, et qui ont réussi. On écrira à ceux qui restent et on recevra leurs lettres. Si tout marche à souhait, on reviendra de temps en temps passer quelques semaines au pays. Si l'on échoue, eh bien ! le malheur ne sera pas grand. On en sera quitte pour revenir « Gros-Jean comme devant » !

Ainsi ce voyage lointain, qui était autrefois un épouvantail, devient une tentation à laquelle il est de plus en plus difficile de résister !

Tel est le rôle des chemins de fer dans les migrations intérieures. Ils ont augmenté la mobilité des hommes et ils ont ajouté de nouveaux motifs à ceux qui, de tout temps, ont dépeuplé certaines régions au profit de certaines autres. Il était donc certain que ces mouvements individuels ou collectifs se multiplieraient à mesure que les chemins de fer se multiplieraient eux-mêmes [1].

Nous n'avons guère parlé jusqu'ici que de la France. Dans les autres pays de l'Europe où les transports à vapeur ont également pris un développement considérable, les phénomènes intérieurs sont les mêmes : importance croissante des existences urbaines par rapport aux existences rurales, déplacements de province à province, correspondant, par l'intermédiaire du salaire, aux transformations successives de la production agricole ou industrielle.

IV

Il se produit d'ailleurs, de pays à pays, des infiltrations analogues à celles que nous venons de constater de provinces à provinces, et les progrès de l'industrie des transports n'ont pas moins servi les unes que les autres.

Le trafic international, développé comme il l'est actuellement, suffirait pour imposer à beaucoup de personnes un exil temporaire ou définitif. Mais le plus grand nombre de

---

[1] Sur 100 Français recensés, ceux qui étaient nés dans le département où le recensement les rencontrait étaient au nombre de 87 en 1866, 85 en 1872, 83,74 en 1876. Pour le département de la Seine, la proportion n'était que de 56,3 en 1876.

ceux qui passent à l'étranger, autrement qu'à titre de touristes [1], y sont conduits par le désir d'améliorer leur situation matérielle. C'est ainsi que les Belges pullulent dans nos houillères et dans nos usines du Nord, les Italiens en Provence, les Allemands à Paris...

Voici d'ailleurs les principaux contingents étrangers relevés lors des dénombrements de 1851, 1866 et 1876 :

Nationalités.	1851.	1866.	1876.
Belges	128,103	275,888	374,498
Allemands et Austro-Hongrois.	57,061	106,606	66,526
Italiens.	63,307	99,624	165,313
Espagnols.	29,736	32,650	62,437
Russes.	25,485	42,270	50,203
Anglais. . . . . ,.	20,357	29,856	30,077

La proportion totale des étrangers fixés en France, par rapport à l'ensemble de la population, est montée de 1,06 p. 100 en 1851, à 1,33 en 1861, à 1,67 en 1866, à 2,03 en 1872, à 2,17 en 1876. On voit que le chiffre a doublé depuis le commencement du siècle.

Rien que dans le département de la Seine, on a compté, en 1876, 135,642 étrangers, dont :

Belges	40,816	Hollandais.	9,438
Allemands	21,834	Américains	6,226
Suisses.	15,225	Russes et Polonais. . .	4,796
Italiens.	12,838	Autrichiens et Hongrois.	3,667
Anglais.	10,519	Espagnols.	3,467

L'émigration intercontinentale n'a pas moins d'importance que les autres. Les mêmes attractions économiques qui se produisent à l'intérieur de la France et à l'intérieur de l'Eu-

[1] Les voyages d'agrément se sont plus multipliés encore que les autres. Les expositions universelles ont déterminé à certaines époques, avec le concours des chemins de fer, d'énormes mouvements. En 1878, on a constaté à Paris, du 1er mai au commencement de novembre, l'arrivée de 203,157 étrangers : 58,916 Anglais, 28,830 Belges, 21,778 Allemands, 14,968 Italiens, 13,573 Américains des États-Unis, 11,080 Suisses, 10,004 Espagnols, etc.

rope s'exerce également de continent à continent. Les résistances à vaincre sont évidemment plus fortes quand il s'agit d'entraîner un homme ou une famille d'un bout du monde à l'autre. Mais les différences de niveau dans le taux des salaires sont elles-mêmes beaucoup plus grandes, de sorte que le courant s'établit sans peine, malgré la distance.

C'est ainsi que, depuis la découverte du nouveau monde (1492), l'ancien monde n'a pas cessé de lui envoyer des habitants.

L'émigration transatlantique se composa d'abord de conquérants et de pillards qui s'abattaient, comme des oiseaux de proie, sur des peuples sans défense. La création des colonies donna, à cette invasion un caractère plus régulier, mais non moins immoral, car les Indes occidentales allaient devenir le quartier général de l'esclavage, et on allait avoir, pendant des siècles, l'odieux spectacle de l'Afrique mise en coupe réglée par l'Europe pour peupler d'esclaves l'Amérique.

On rougit de penser que cet abominable trafic de l'homme par l'homme existait encore il y a quinze ans ! C'était bien une vraie marchandise que le nègre. L'assimilation était si complète que si l'on veut savoir combien de ces malheureux ont traversé l'Océan, condamnés à l'exil en même temps qu'à la servitude, il faut en chercher la trace, non dans les statistiques de l'immigration, mais dans celles de l'importation, au chapitre des animaux vivants.

Un tableau reproduit par M. de Molinari dans le *Dictionnaire d'économie politique* au mot « *Esclavage* », fait ressortir à plus de cinq millions le nombre des esclaves qui ont encore été introduits en Amérique depuis 1807, date de l'abolition de la traite en Angleterre, jusqu'en 1847. Et ce nombre de nègres *importés* est loin de représenter la totalité de ceux qui ont été arrachés à leur patrie pendant la même période, car les négriers n'avaient pas à beaucoup près pour le bétail humain les égards qu'on a aujourd'hui pour les bœufs qu'on amène d'Amérique en Europe, et le « déchet », pendant le voyage, dépassait parfois le quart de ces cargaisons humaines : de 1835 à 1840, on compte que, sur une moyenne annuelle de 135,800 noirs embarqués sur les rivages de l'Afrique, il n'en arrivait que 101,900 à destination : 33,900 périssaient en route !

Quant aux immigrants volontaires, voici les résultats constatés en ce qui concerne spécialement les États-Unis : En quatre-vingt-dix années, dix millions d'étrangers ont été se fixer de l'autre côté de l'Atlantique ! Dix millions ! c'est un fait unique dans l'histoire du monde que cet immense courant d'immigration, ce *human Mississipi*, comme les Américains l'appellent.

Jusqu'en 1820, on n'avait pas enregistré avec le même soin que depuis cette époque les variations annuelles du nombre des immigrants; mais on estime que de 1776 à 1819, il était arrivé 250,000 Européens environ aux États-Unis.

En 1817, 22,940 émigrants débarquent sur le sol américain. L'élan était donné.

Du 1er octobre 1819 au 30 septembre 1830, on compte 176,476 immigrants, soit, en moyenne, 16,000 par an.

Pour les périodes décennales finissant en 1840, 1850 et 1860, on a : 640,085, 1,768,175 et 2,873,180 immigrants, soit, en moyenne :

64,000 par an, de 1830 à 1840 ;

176,800 par an, de 1840 à 1850 ;

287,300 par an, de 1850 à 1860.

Voici maintenant les chiffres annuels des dernières années.

---

1 Années finissant le 31 décembre.

En 1859	118,816	En 1868	289,145
1860	150,461	1869	385,287
1861	89,498	1870	356,303
1862	89,168	1871	346,938
1863	174,591	1872	404,806
1864	196,180	1873	422,545
1865	248,401	1874	313,333
1866	313,905	1875	191,231 [1]
1867	293,601	1876-1877	141,857

Voici comment se décomposait, par races, l'immigration de 1873, la plus considérable qui ait jamais été enregistrée aux États-Unis :

Race anglo-saxonne.	69,600
— celtique.	89,755
— teutonique	137,781
— magyare	7,825
— scandinave	34,555
— teuto-latine.	3,223
— latine.	20,158
— slave.	6,466
— sémitique.	108
— mongole	18,179
— africaine	12
— indo-latine	3,255
— kanaque (îles Sandwich)	777

On remarquera particulièrement dans cette énumération les 18,000 immigrants de race mongole qui y figurent. Il n'y a pas plus de trente ans que la Chine a commencé à déverser un peu de son trop plein sur l'autre rive du Pacifique. Les premières relations qui aient existé entre Hong-Kong et San-Francisco datent de la découverte des mines d'or de la Californie. Un courant s'est alors formé et il a toujours été depuis en s'accélérant. De 1855 à 1860, la moyenne annuelle était déjà de 4,530 immigrants chinois; de 1860 à 1865, elle monte

---

[1] Cette immigration n'est que faiblement compensée par l'émigration : de 1867 à 1875, tandis que 3 millions d'étrangers venaient se fixer sur le sol des États-Unis, 420,000 individus seulement s'en éloignaient définitivement.

à 6,600; de 1865 à 1870, elle atteint 9,310; et de 1870 à 1875, elle dépasse 13,000.

L'influence des moyens de transport économiques est ici bien manifeste : les grandes compagnies maritimes de Hong-Kong ont pu successivement, sans cesser de faire de bonnes affaires, réduire le prix du voyage de 250 à 200 francs, puis de 200 à 150, puis de 150 à 100 et enfin de 100 à 60.

L'extrème sobriété des coolies leur permet de se contenter de salaires inférieurs à ceux des autres ouvriers des États-Unis et de faire cependant plus d'économies. De là, la jalousie croissante dont ils sont devenus l'objet et dont le législateur lui-même s'est fait dans ces derniers temps le complice. La nouvelle constitution de la Californie traite les Chinois en parias et le Congrès fédéral a voté lui-même (janvier et février 1879) une loi qui interdisait le débarquement sur le territoire de l'Union de plus de 15 mongols à la fois. Le Président Hayes a, il est vrai, opposé son *veto* à cette loi qui violait à la fois les principes généraux du droit des gens et les stipulations particulières des traités conclus entre les États-Unis et le Céleste Empire en 1858 et 1868; mais il y a lieu de prévoir que, d'une manière ou d'une autre, l'immigration chinoise en Amérique sera bientôt rendue moins libre et par suite moins abondante qu'elle ne l'a été dans les derniers temps.

Les États-Unis restent au contraire largement ouverts à l'immigration occidentale. On a vu qu'en 1873 les trois quarts des immigrants appartenaient aux races anglo-saxonne, teutonique et celtique. C'est de l'Europe surtout que viennent ces essaims de travailleurs auxquels l'Amérique offre des terres à vil prix et des salaires supérieurs, surtout en apparence, à ceux de nos pays. De grandes inégalités apparaissent dans l'intensité de cette sorte d'écoulement de main-d'œuvre qui enrichit le nouveau monde sans appauvrir l'ancien. Au milieu du siècle, la crise européenne et la fièvre de l'or multipliaient les départs. Il y eut un moment où l'Irlande semblait émigrer tout entière. Plus tard, la guerre de sécession, et, après 1873, la crise américaine ont au contraire ralenti le mouvement. Mais il reprend depuis quelque temps toute son activité. En tous cas, les chiffres moyens antérieurs et postérieurs à 1850 ne laissent aucun doute sur les progrès de l'émigration transatlantique. Ses développements coïncident donc, comme ceux des migrations intérieures de l'Europe, avec la multiplication des transports à vapeur, sur terre et sur mer. Comment ne pas reconnaître que cette coïncidence n'a rien de fortuit ? Ce que nous avons dit de l'influence exercée par les nouveaux moyens de locomotion sur les mouvements de la classe laborieuse de départements à départements s'applique mieux encore aux voyages de long cours : « Lorsqu'une pensée de départ commence à germer dans un esprit, disait, il y a treize ans, M. Desbassayns de Richemont [1], la perspective d'un long séjour sur mer et la douleur d'une expatriation sans retour se dressent tout d'abord pour la comprimer. Rien n'a dû plus efficacement combattre ces deux terreurs instinctives que la connaissance de plus en plus générale des facilités actuelles de communication. L'application de la vapeur a opéré déjà de considérables transformations. En abrégeant la traversée, en diminuant le voyage, souvent de la moitié, parfois des deux tiers, elle tend constamment à multiplier les relations. Dix lignes de steamers réguliers desservent maintenant Liverpool, Glasgow, Galway, Southampton, le

---

[1] *L'Émigration européenne au xix* siècle*, rapport fait à la Société d'économie charitable, par M. D. de Richemont, et reproduit par la *Revue d'économie chrétienne* en novembre et décembre 1864.

Havre, Hambourg, Brême, et, se rendant à Boston, Portland
où New-York, franchissent 350 fois par an la distance qui
sépare l'Europe des États-Unis. » Et quant à la cruelle éven-
tualité des naufrages, l'émigrant a de moins en moins à s'en
effrayer, car le nombre proportionnel des victimes, dans la
traversée de l'Atlantique, est tombé à 13 pour 10,000.

Ajoutons que, dès 1850-1855, les émigrants pouvaient
passer en Amérique moyennant 106 francs de Brême ou
Hambourg, 90 francs du Havre, 80 francs d'Anvers, et
jusqu'à 38 francs de Liverpool.

On comprend que, du jour où le prolétaire irlandais, allemand, suédois, a pu, dans de pareilles conditions de bon
marché et de sécurité, échanger la certitude d'une vie misérable contre l'espoir de faire fortune, l'Amérique ait vu
arriver dans ses ports, par centaines de mille, les exilés
volontaires du vieux sol européen.

CHAPITRE XX.

Mœurs, arts, littérature, presse, enseignement.

Influence des migrations intérieures et de la multiplication des voyages
sur les mœurs. — Le paysan. — L'ouvrier. — Le citadin. — La vérité,
le réalisme et la technicité dans l'art et dans la littérature. — Le
théâtre. — La presse et son développement. — L'enseignement. —
Langues mortes et langues vivantes.

Nous venons de montrer que la révolution économique
dont la vapeur a été l'àme aura provoqué de notables chan-
gements dans le mode de distribution des unités humaines à
la surface du globe. Certains groupes d'origine ancienne,
n'ayant plus les mèmes raisons d'être qu'autrefois, tendent à
s'atrophier ou à se dissoudre; de nouveaux centres d'attraction se sont formés; les principales agglomérations de chaque
région ont pris tout à coup, aux dépens des localités d'ordre
inférieur, un énorme développement; et, même en dehors
des villes, certaines régions ont vu le niveau respectif de
leurs populations monter ou descendre, par une sorte de flux
et de reflux dont il faut chercher la principale cause dans les

chemins de fer, comme il faut chercher dans les astres la cause première du flux et du reflux des eaux de l'Océan.

I

Quand de nouveaux courants se produisent ainsi dans la mer humaine, ils sont toujours précédés, accompagnés et suivis de mouvements analogues dans les esprits et dans les mœurs.

Comment toutes les manifestations de notre activité intellectuelle et morale ne se ressentiraient-elles pas de ce rapprochement et de cette mobilisation des individus qui sont la double conséquence de l'accélération et de la multiplication des transports? L'habitude étant une seconde nature, tout ce qui change nos habitudes influe nécessairement sur la direction de nos actes et de nos idées. Est-ce que cette dépopulation partielle des campagnes au profit des villes, que nous constations dans notre précédent chapitre, n'est pas forcément le point de départ d'une métamorphose complète pour ces émigrants de la vie rurale qui viennent remplir nos faubourgs? Où trouver deux types plus dissemblables que celui du paysan et celui de l'ouvrier? Tout en eux est différent : physionomie extérieure, régime, travail, aptitudes, notions et tendances, de sorte que le fait, pour un pays, de compter un million de paysans de moins et un million d'ouvriers de plus ne laisse pas d'avoir, à tous les points de vue, une portée considérable.

D'ailleurs, ceux-là mêmes qui ne songent pas à déserter l'air pur des champs pour l'atmosphère enfumée des cités, subissent aussi dans une certaine mesure, l'influence de la vie des villes. C'est que, par suite de la facilité actuelle des voyages, il n'y a plus un seul campagnard qui ne soit, un jour ou l'autre, sorti de son canton. Tout le monde ne connait pas Paris, mais on connaît au moins, si arriéré que l'on soit, le chef-lieu de son département, et le vieux vigneron des bords de l'Aude qui, s'il faut en croire la chanson, « n'avait jamais vu Carcassonne », est aujourd'hui une espèce disparue. Or, on aurait tort de penser que de quelques heures passées sur le pavé des places publiques il ne reste rien dans l'esprit du villageois. Il n'oublie pas ce qu'il a vu là; il y pense souvent, tout en gardant ses vaches ou en poussant sa charrue. Hélas! ce n'est pas toujours le bon grain que l'air des villes a jeté sur cette terre inculte : si le paysan en revient parfois avec quelques erreurs de moins, il en revient souvent avec un vice de plus.

M. Guizot l'a dit avec raison, dans ses belles études sur l'*État actuel de la religion chrétienne* : « La facilité, la rapidité, l'universalité des communications, qui ont tant de part à la force et à la grandeur de la civilisation moderne, sont au service du bien comme du mal, de l'erreur comme de la vérité ! »

II

Les chemins de fer, qui ont initié les populations rurales aux bienfaits et aux périls d'un contact plus fréquent avec les populations urbaines, ont, en revanche, initié aux charmes de la nature ces millions de captifs auxquels nos capitales servaient autrefois de prisons.

Ici tout est profit. A l'amélioration progressive de l'état sanitaire des cités populeuses, à la réduction du nombre et de l'importance des épidémies, il y a certainement plusieurs causes; mais on peut mettre au premier rang l'abondance et le bon marché des communications existant actuellement entre les grandes villes et leurs environs. Pour ces monstres humains qui s'appellent Londres et Paris, comme pour les léviathans de la mer, c'est une condition vitale que de pouvoir de temps en temps respirer un peu d'air. Or, à cet égard, il n'y a pas de comparaison possible entre le présent et le passé. Rappelons-nous ce qu'était le dimanche dans le vieux Paris? Les fashionables allaient faire un tour aux Champs-Élysées à cheval ou en voiture, répandant sur les badauds tantôt la boue et tantôt la poussière. On ne poussait jusqu'au bois de Boulogne, plus boueux ou plus poudreux encore, que pendant la semaine sainte : cela s'appelait aller à Longchamp. Les bourgeois piétinaient le bitume des boulevards ou le pavé des quais. Les marchands restaient incrustés dans leurs comptoirs. Le peuple ne sortait guère des quartiers obscurs et fétides où ses haillons le retenaient. Une excursion *extra muros*, un déjeuner sur l'herbe, une course d'ânes à la Porte-Maillot, étaient choses rares et exceptionnelles. Aujourd'hui, chaque dimanche d'été trouve Paris abandonné et la campagne envahie [1]. Toute famille ayant château ou villa y passe la moitié de l'année ; les rentiers partent presque aussitôt que les

---

[1] **M. Ed.** Laboulaye, dans un discours prononcé le 10 avril 1877 à la Société d'encouragement pour les études géographiques, disait : « Autrefois, on ne quittait guère sa ville natale, et, quoique je ne sois pas encore centenaire, je me rappelle avoir connu dans mon enfance une foule de Parisiens et de Parisiennes qui n'avaient jamais vu la mer, et qui en étaient fiers. On allait se promener à Passy, on allait cueillir des lilas à Romainville, mais on ne songeait pas à voyager beaucoup plus loin. Nous avons changé tout cela. Aujourd'hui, on ne tient pas en place. Autrefois, on restait à Paris toute l'année. Aujourd'hui, les femmes ont mal aux nerfs, les enfants sont pâles. Comment rester à Paris pendant l'été? Il faut aller à la campagne. Mais cela ne suffit plus, la campagne : un mari qui n'aurait à offrir qu'une maison de campagne serait un monstre ou un tyran... Il faut encore aller aux eaux. Si l'on ne va pas aux eaux, on va à la mer. Si l'on ne va pas à la mer, on va en Italie. »

propriétaires et vont peupler tour à tour les stations thermales
du Midi et de l'Est, puis les bains de mer des côtes flamande,
picarde, normande et bretonne. Ce besoin d'émigration, que
les chemins de fer favorisent, a fait naître une ville à côté de
chaque source minérale comme au bord de chaque plage.
Quant à ceux des Parisiens à qui l'exiguité de leurs ressources ou les exigences de leur profession ne permettent pas de
se faire ordonner par la Faculté les eaux de Cauterets, Lu-
chon, Royat, Plombières... ou les bains de mer de Dieppe,
Étretat, Trouville, Dinard, Biarritz... ne les plaignons pas
trop. Les environs de Paris sont charmants, et vingt chemins de fer, cinquante bateaux, cent tramways, mille omnibus sont là, prêts à les porter à Versailles, à Saint-Cloud, à
Saint-Germain, à Enghien, à Montmorency, à Chantilly, à
Nogent, à Joinville, au Raincy, etc... C'est par centaines de
mille qu'ils vont tous les huit jours inonder ainsi de leurs
flots bruyants le département de Seine-et-Oise. Et les autres ?
Non licet omnibus ire... Mais attendez. Mahomet était obligé
d'aller au-devant de la montagne, parce que la montagne ne
venait pas à lui : le Parisien a des privilèges que Mahomet
n'avait pas. La montagne, c'est-à-dire la nature, avec ses
beautés et ses bienfaits, vient à lui, s'il ne va pas à elle. Le
bois de Boulogne et le bois de Vincennes sont maintenant à
quelques minutes de lui, et une baguette magique y a su
faire jaillir des eaux limpides où se mirent à la fois d'antiques futaies et des fleurs toujours fraîches. Ailleurs les
Buttes-Chaumont nous donnent, entre le boulevard et les
fortifications, un échantillon de la Suisse. Les Champs-Élysées malgré le palais de l'Industrie, le jardin des Tuileries
malgré ses ruines et sa rue, le Luxembourg malgré ses mu-
tilations, constituent de merveilleuses promenades. Le parc
Monceaux, jadis clos de murs et fermé au public, est devenu

un séjour charmant. Tous les quartiers ont maintenant leurs fontaines et leurs squares, et si la plupart des jardins particuliers de l'ancien Paris ont disparu, le nombre des voies plantées est maintenant si grand qu'en rassemblant tous ces arbres échelonnés le long de nos avenues, on ferait presque une forêt. Une ville de deux millions d'âmes, ainsi aménagée, est plus saine, les statistiques médicales sont là pour l'affirmer, qu'une ville cinq fois moindre où manquent l'air, la lumière et la verdure.

III

Le corps n'est pas seul à profiter de cette fréquentation de la nature que les chemins de fer ont rendue si facile et si nécessaire aux citadins. Le repos de la campagne est également favorable à l'esprit et à l'âme. Plus la vie devient fiévreuse dans le tourbillon parisien, plus nous jouissons, quand l'occasion s'en présente, du calme et du silence des champs. C'est ce contraste saisissant qui rend notre génération si sensible aux muettes poésies de la création. Le sentiment vrai de la nature, dans la littérature et dans l'art modernes, ne date guère que de Jean-Jacques Rousseau, et n'est devenu général qu'au xixe siècle, où Chateaubriand, Lamartine et Georges Sand en ont été l'expression la plus éloquente. Eh bien! Rousseau, Chateaubriand, Lamartine, Georges Sand elle-même, ont tous voyagé, et deux au moins de ces grands écrivains ont été de grands voyageurs. N'est-on pas en droit de penser qu'ils n'ont si bien senti et si bien rendu les beautés de l'œuvre de Dieu que parce qu'ils en connaissaient tous les aspects? Et, par suite, n'est-il pas logique d'expliquer l'amour croissant de l'homme pour la nature, dans les milieux civilisés, par la multiplication de leurs points de contact? L'Orient nous fait mieux apprécier l'Occident ; les splendeurs du Midi nous rendent plus sensibles aux grâces du Nord, et réciproquement.

Voyez quels progrès depuis un demi-siècle dans l'art de reproduire sur la toile les mille faces diverses du merveilleux décor dans lequel se joue la comédie humaine. Nul n'admire plus que nous les sobres et larges compositions que le ciel et la terre d'Italie ont dictées à notre grand Poussin ; nous aimons autant que qui ce soit le romantisme anticipé de Salvator Rosa ; et il est tel soleil couchant de Claude Lorrain devant lequel nous n'avons jamais pu nous défendre d'une profonde et religieuse émotion. Mais ce n'est pas faire injure à ces maîtres illustres que de qualifier le paysage d'art essentiellement moderne. On n'aurait pas compris autrefois la reproduction pure et simple d'un site quelconque ; on ne l'admettait qu'à titre de cadre, pour ainsi dire, et la figure humaine devait en occuper le centre et lui servir d'excuse. Ajoutons que les anciens paysages sont presque tous inventés, composés de toutes pièces et non exécutés d'après nature. Nos paysagistes, eux, se bornent à choisir les vues qui leur plaisent et à les exécuter de leur mieux sans y rien ajouter de leur crû. Il est vrai que chacun voit et interprète les choses à sa manière. Supposez toute l'école moderne assise le même jour au coin du même bois. Voilà vingt tableaux qui auront le même titre, et il n'y en aura pas deux qui se ressemblent. Le Corot sera gris, vaporeux et nacré ; le Théodore Rousseau sera précis comme une photographie et grenu comme une mosaïque, sans être pour cela moins vivant ni moins chaud ; le Daubigny aura les blancheurs indécises des fraîches matinées de printemps, le Jules Dupré les vives lumières d'un jour d'été, le Fromentin les reflets irisés des belles soirées d'automne. Mais il y aura plus de sincérité, plus de fidélité, plus de vérité dans chacune de ces traductions diverses d'un texte unique que dans les grêles silhouettes sur lesquelles se détachent les vierges adorables de Raphaël ou que dans les horizons étranges que Léonard de Vinci met au fond de ses mystérieuses compositions.

Le même besoin d'observation directe et consciencieuse, la même haine de tout ce qui sent le lieu commun et la convention se retrouvent aujourd'hui dans les autres genres de peinture ; et si l'on ne dépassait jamais le but, il ne faudrait pas s'en plaindre, car une réaction était nécessaire après les écarts de l'art charmant, mais essentiellement artificiel du xviiie siècle. On comprend aujourd'hui que les exquises fantaisies de cette peinture de salon ou de boudoir ne sont pas les modèles qu'il convient de proposer à ceux qui débutent dans la carrière. Les marquises poudrées et mouchetées de Latour, les nymphes court-vêtues et provoquantes de Fragonard, les amours de Boucher, les bergères de Watteau ont fait leur temps. Et qu'on ne nous oppose pas la passion croissante des collectionneurs pour ces jolies frivolités : leur engouement même ne prouve-t-il pas qu'ils ont le pressentiment qu'on ne fera plus guère de ces tableaux-là, et que la matière première en est épuisée, tout comme celle des vieux craquelés de la Chine ou des pâtes tendres de Sèvres ?

Malheureusement on a passé d'un extrême à l'autre. L'imagination est aujourd'hui le moindre de nos défauts. Quelles sont, outre le paysage, les spécialités dans lesquelles l'école contemporaine excelle ? Ce sont celles qui réclament le moins d'initiative et de puissance créatrice : c'est le portrait, c'est la nature morte. Le grand art s'en va et le réalisme est né, le réalisme qui est la négation de l'art, puisque le sentiment du beau n'y joue aucun rôle. Passe encore pour le réalisme austère et philosophique d'un Millet, bien que toute la vérité de ses ramasseuses de pommes de terre ne vale pas, selon nous, la saine poésie des faneuses ou des moissonneuses d'un Jules Breton. Mais Millet conduit à Courbet, Courbet conduit à Manet, et Manet aux impressionnistes, aux indépendants et autres excentriques du même genre. L'impressionniste ne fait pas plus de choix que le réaliste entre les beautés et les laideurs de la nature, et il ne se donne même pas, comme le réaliste, la peine de reproduire scrupuleusement ce qu'il voit. D'un coup d'œil et d'un coup de pinceau, jetés l'un et l'autre au hasard, il fait ce qu'il appelle un tableau. Le *nec plus ultra* du genre consisterait à ne plus rien mettre sur la toile, et nous sommes le premier à reconnaître que ce serait un perfectionnement.

L'influence exercée sur l'architecture est plus visible encore et plus directe que celle dont l'art du peintre s'est ainsi ressenti. Le seul style nouveau qui se soit révélé de nos jours est celui qui repose sur l'emploi du fer. Nos palais et nos églises ne sont que des copies. Nos halles, nos gares sont au contraire des créations originales, et le caractère utilitaire de ces constructions toutes modernes n'exclut pas un certain mérite artistique. Les chemins de fer ont doublement contribué à faire naître cette architecture pratique ; ce sont eux qui l'ont à la fois rendue nécessaire et possible !

IV

Dans la littérature aussi, le réalisme est à la mode. Les Flaubert, les de Goncourt, les Zola en dernier lieu, se sont fait tour à tour une réputation en promenant amoureusement leur loupe sur les plus hideuses plaies de notre société et en mettant ainsi en lumière une foule de choses répu-

gnantes que l'on s'appliquait autrefois à laisser dans l'ombre.
Nous n'avons pas à discuter ici certaines aberrations récentes, dont le dégoût indigné des lecteurs délicats a déjà fait
justice ; mais il faut bien en avouer le succès, puisque leurs
auteurs se vantent de l'emporter sur tous leurs confrères
par le nombre des éditions, et nous ne sommes pas bien sûr
que ce ne soit pas là une des conséquences indirectes de
cette grande révolution industrielle que personnifient les
chemins de fer.

« Quel rapport, dira-t-on, peut-il y avoir entre les tendances réalistes de nos artistes ou de nos romanciers et
l'invention des railways ? »

Évidemment le lien ne saurait être fort étroit ; mais pour
nous il y en a un, et voici comment nous le compre-
nons.

Les sciences ont longtemps été comme les sœurs cadettes
des lettres : elles étaient même très petites filles auprès de
leurs aînées. Buffon, pour faire de la zoologie, empruntait à
Racine, en même temps que ses manchettes brodées, son
style élégant et majestueux. Fontenelle jugeait prudent de
dissimuler sous les fleurs d'une rhétorique précieuse l'ari-
ridité naturelle d'un traité d'astronomie... Aujourd'hui les
rôles sont renversés. La science a pris depuis cent ans un
tel essor et sa puissance a éclaté de nos jours d'une manière
si prodigieuse que l'on peut dire qu'elle a conquis de vive
force son droit d'aînesse. La muse littéraire et la muse
artistique se sentent éclipsées par celle qui a pour sceptre
un compas, et, comme tous les vaincus, elles cherchent à
s'approprier, pour se relever de leur chute, les armes par
lesquelles elles ont été terrassées. Ce ne sont plus les naturalistes et les astronomes qui se font littérateurs ; ce sont les
écrivains, romanciers, auteurs dramatiques, poètes même, qui

se font astronomes, naturalistes, médecins, chimistes, physiciens etc... Et cela leur réussit assez. Il n'y a pas eu, depuis bien des années, de plus grand succès de librairie, parmi ceux que l'on peut avouer sans en rougir, que les contes scientifiques de Verne, étranges conceptions où le possible et l'impossible sont si adroitement enlacés que peu de lecteurs seraient capables d'en opérer le départ. Le Robinson Crusoé de Daniel de Foë est un philosophe, et étant donné la date de l'ouvrage, il ne pouvait guère en être autrement; le capitaine Nemo de Jules Verne, vrai Robinson du xixe siècle, est surtout un ingénieur. Edmond About a d'ailleurs démontré, par quelques joyeux volumes, dont une physiologie fantaisiste fait les frais, qu'il n'est pas besoin d'être très savant pour exploiter ainsi la science.

La transformation est plus grande encore au théâtre que dans le roman. Les conditions mêmes de l'industrie théâtrale ont changé du tout au tout. Autrefois les directeurs étaient condamnés à varier incessamment leur spectacle, parce que leur clientèle, même dans une ville comme Paris, restait fort limitée. Il fallait rappeler souvent les mêmes personnes par des attractions nouvelles, sous peine de jouer devant des banquettes vides. Aujourd'hui que les chemins de fer amènent chaque jour, du fond de la province ou des pays étrangers, de nombreux essaims de visiteurs, une pièce à succès peut aisément fournir 100, 200, 300, 500 représentations. C'est un grand avantage pour les théâtres parisiens. En revanche, les théâtres des villes secondaires souffrent de ce nouvel état de choses, et plus ils sont près du centre, plus ils ont peine à subsister. En effet, leur inévitable infériorité frappe davantage, depuis que chacun est à même de leur comparer l'Opéra ou la Comédie Française. C'est ainsi que les directeurs non subventionnés de Rouen, de Lille, de Nantes, etc... ne font guère parler d'eux que quand sonne l'heure de la faillite : il est vrai qu'elle sonne souvent.

La vapeur, l'électricité intéressent à un autre point de vue l'art dramatique. Entrez dans nos théâtres ; vous les y rencontrerez d'abord dans les coulisses, d'où elles projettent sur la scène la lumière et le mouvement. Souvent aussi vous les retrouverez au cœur même de l'action. L'ingénieur est devenu le *deus ex machina* favori de nos dramaturges. Le médecin vient ensuite. Quand ni l'un ni l'autre ne figurent au nombre des personnages d'une pièce nouvelle, c'est que l'auteur, hésitant entre l'École polytechnique et la Faculté de médecine, est resté à moitié chemin et s'est laissé tenter par l'École de droit. Il n'y aura bientôt plus un seul article du code qui n'ait été mis en œuvre par les auteurs du jour. La police elle-même est devenue une mine féconde, et le *detective* est le véritable héros de toute une série de romans contemporains. L'amour du technique en toute chose est devenu si épidémique que le génie lui-même n'a pas échappé à la contagion. Victor Hugo n'a-t-il pas éprouvé, un jour, le besoin d'intercaler dans un chapitre des *Travailleurs de la mer* le vocabulaire complet de l'art naval ? On nous objectera que la technicité n'est pas le réalisme. Non, sans doute ; mais elle y conduit les cerveaux mal équilibrés. Pour la science, toute vérité est bonne à dire, et tout problème est utile à résoudre. Le magistrat n'est pas libre de choisir, et il lui faut souvent descendre des hauteurs sereines de la justice et du droit pour aller interroger, dans les bas-fonds d'une société corrompue, des fanges dont il serait trop heureux de pouvoir détourner les yeux. L'ingénieur qui creuse un port ou construit une route remue plus de boue que de granit. Le chimiste vit au milieu des odeurs les moins flatteuses. Le médecin, plus que tout autre, est con-

damné à ne reculer devant aucune des laideurs de l'humanité souffrante. Cela étant, faut-il s'étonner que, du jour où
les littérateurs se sont mis à faire la cour à la science, certains d'entre eux aient peu à peu perdu dans son intimité
cette délicatesse naturelle qui s'appelle le goût et qui, en
d'autres temps, les eût éloignés presque machinalement des
sujets répugnants et malsains dans lesquels ils semblent se
complaire. Leur erreur n'est pas moins grossière que celle
qui consisterait à transporter au Louvre le musée Dupuytren;
mais on voit qu'elle s'explique, si elle ne se justifie pas.

V

L'influence du progrès scientifique et industriel sur la
littérature est plus saisissante encore d'un autre côté. Nous
voulons parler du développement énorme que le journalisme a pris, et de la puissance presque illimitée qu'il a con-
quise depuis une trentaine d'années. L'histoire de la presse
commence bien au delà, nous le savons, et son action politique date au moins de la Révolution : l'*Ami du Peuple*, de
Marat, le *Père Duchesne*, d'Hébert, le *Vieux Cordelier*, de Camille
Desmoulins, ont laissé dans nos annales une trace trop san-
glante pour être aisément oubliée. Plus tard, d'autres feuilles,
également disparues, comme la *Quotidienne*, l'ancien *National*, etc., ont également joué un rôle véritablement historique ; on peut dire que c'est la presse qui a renversé
Charles X et Louis-Philippe. Mais quelle transformation pour
les journaux depuis que le suffrage universel, d'une part, a
fait pénétrer la politique jusqu'au fond des moindres ha-
meaux et que, d'autre part, le rapide perfectionnement des
moyens de communication a, pour ainsi dire, investi la
presse quotidienne du don d'ubiquité. « Le journal, disait

M. John Lemoinne dans son discours de réception à l'Académie française, le journal est venu répondre aux exigences d'une civilisation nouvelle, dont la vitesse a été décuplée, centuplée par les miracles de la science. La presse a suivi une marche parallèle à celle de la vapeur et de l'électricité. Il a fallu parler et écrire à grande vitesse, et faire la photographie de l'histoire courante... Il est possible que la maturité de la pensée et la correction de la langue perdent à cette production hâtive, mais combien d'idées mourraient sans cette incorporation soudaine et incessante?... C'est à ce besoin que répond le journal, et c'est pourquoi le journalisme a pris sa place au soleil. »

Quand on compare la presse actuelle à celle d'il y a cinquante ans, ce qui frappe surtout c'est, d'une part, l'accélération introduite dans le service de l'information proprement dite, dans la propagation des nouvelles de toute sorte ; c'est, d'autre part, l'augmentation toujours croissante du nombre des lecteurs. Nous avons sous les yeux un numéro du *Journal de Paris* du 1er mai 1811. Les nouvelles venues de Strasbourg, de Lyon, de Brest, ont six jours de retard. Les correspondances d'Anvers sont datées du 24 avril, celles de Rome du 20 avril, celles de Madrid du 10, celles de Hongrie du 8 ! Comme nouvelles de Paris, cette feuille naïve n'avait à apprendre à ses lecteurs que l'adjudication d'un égout et la mort de l'abbé Émery. La partie littéraire est plus développée. Un petit entrefilet intitulé : « Modes », les cours du marché de Sceaux, une liste des spectacles et une petite cote de la Bourse complètent le contenu du journal. Et cela coûtait 56 francs par an. Aujourd'hui, la moindre feuille à un sou donne, sous forme de dépêches télégraphiques, le résumé de tout ce qui s'est passé d'important la veille, en Europe, en Amérique, en Asie, en Afrique !

On comprend dès lors que le tirage des journaux quotidiens a dû singulièrement s'accroître.

Aux termes d'un rapport demandé à Rœderer par le premier Consul, le 6 mai 1803, voici ce que les principaux journaux du temps comptaient d'abonnés en province :

Les Débats	8,160
La Gazette de France	3,250
Le Publiciste	2,850
Le Moniteur	2,450
Le Journal du Commerce	1,580
Le Citoyen français	1,300
Le Journal de Paris	600

En 1824, un rapport confidentiel trouvé dans les archives du ministère de la justice et rendu public attribue les nombres d'abonnés ci-après aux feuilles les plus répandues :

Le Constitutionnel	16,250
Les Débats	13,000
La Quotidienne	5,800
Le Journal de Paris	4,175
Le Courrier français	2,975
Le Journal du commerce	2,830
L'Étoile	2,749

Passons à la monarchie de juillet.

Un rapport officiel de l'administration du timbre, en date de 1835, attribue pour 1833 et 1834, aux principaux journaux du temps, les tirages ci-dessous :

	Tirage en 1833.	Tirage en 1834.
Le Constitutionnel	13,752	10,902
Les Débats	10,888	10,250
La Gazette de France	8,002	6,527
Le Courrier français	6,593	6,249
Le Temps	5,763	5,717
La Quotidienne	4,938	4,335
Le National	4,360	4,412
Le Journal des Maires	3,695	3,065
Le Nouveau Journal de Paris	2,662	2,396
Le Moniteur	2,593	2,500

Voici maintenant quels étaient approximativement, fin 1877, d'après un document dont la publication ne paraît avoir provoqué aucune contradiction de la part des intéressés, les tirages respectifs des principaux journaux politiques de Paris :

		Tirage approximatif.
Le Petit Journal	(à 5 centimes)	500,000
Le Petit Moniteur	(id.)	140,000
Le Figaro	(à 15 centimes)	100,000
La Petite République française	(à 5 centimes)	95,000
La France	(à 10 centimes)	80,000
Le Rappel	(id.)	65,000
Le Petit National	(à 5 centimes)	60,000
La Lanterne	(id.)	55,000
Le Temps	(à 15 centimes)	50,000
Le Petit Caporal	(à 5 centimes)	40,000
Le Soleil	(à 5 centimes)	40,000
La Petite Presse	(id.)	40,000
Le Petit Parisien	(id.)	35,000
Le Peuple	(id.)	30,000
Le XIXe siècle	(à 15 centimes)	30,000
Le Bien public	(à 10 centimes)	30,000
La Liberté	(id.)	22,000
Le National	(id.)	22,000
La République française	(à 15 centimes)	20,000
Le Siècle	(id.)	20,000
L'Estafette	(à 10 centimes)	16,000
L'Événement	(à 15 centimes)	14,500
Le Gaulois	(id.)	12,000
La France nouvelle	(à 5 centimes)	11,000
Les Débats	(à 20 centimes)	10,000
L'Assemblée nationale	(à 10 centimes)	10,000

Et nous ne citons là qu'une partie des journaux politiques de Paris. Tous ensemble représentaient un tirage collectif de plus de 1,500,000 numéros, ce qui suppose bien 5 millions de lecteurs ! La presse politique départementale, dont le tirage dépassait déjà 500,000 en 1874 [1], doit porter aujourd'hui à plus de 7 millions le nombre de ceux qui, en France,

[1] Voir le *Figaro* du 4 décembre 1874.

lisent un journal d'intérêt général [1]. Et, en dehors de la presse politique, que de journaux littéraires ou soi-disant tels, artistiques, scientifiques, financiers, professionnels, etc,... etc...

Il va sans dire que la clientèle des journaux ne s'est pas multipliée moins rapidement à l'étranger qu'en France.

En Angleterre, le *Lloyd Weekly*, journal hebdomadaire à un sou, tire à plusieurs centaines de mille exemplaires. Le *Daily Telegraph* tire à 150 ou 200,000 ; le *Standard* à 100,000 ; le *Daily News* à 80,000. Le *Times* qui, comme notoriété, l'emporte sur tous ses confrères, n'imprime que de 30 à 40,000 numéros chaque jour, mais l'élévation relative de son prix (30 centimes) compense et au delà, au point de vue de sa prospérité, la médiocrité relative de ce tirage. On a constaté en Angleterre, en 1875, l'existence de 1,609 journaux, dont 133 quotidiens. En 1846, le Royaume-Uni avait déjà 549 feuilles périodiques ; à vrai dire, 14 seulement paraissaient tous les jours.

Mais c'est surtout aux États-Unis que les journaux pullulent d'une manière incroyable. Le *Harper's Magasine* dit qu'en 1870 les publications américaines s'élevaient au nombre de 5,871, alors que l'Europe, l'Afrique et l'Asie n'en donnaient ensemble que 7,642. « Depuis lors, ajoute la revue new-yorkaise, nos journaux se sont développés dans de telles proportions, qu'ils atteignent un chiffre égal à celui que fournissent tous les autres peuples réunis. » Le tirage des feuilles américaines les plus lues ne dépasse guère cependant 100,000. Le fameux *New-York Herald* ne tirait encore, il y a quelques années, qu'à 70,000. En 1879, il annonce un tirage moyen de

---

[1] En 1877, à la veille des élections, le nombre total des journaux politiques en France était de 938, et leurs cautionnements réunis formaient une somme de 6,593,312 francs.

105 à 115,000 ; quand il contient des nouvelles à sensation, il dépasse parfois 150,000 [1]. On estime que le nombre total des feuilles imprimées qui circulent annuellement sur le territoire de l'Union dépasse deux milliards.

On comprend que le domaine de la presse n'a pas pu s'étendre de cette façon sans que celui de la littérature proprement dite se soit trouvé quelque peu rétréci. Le journal n'a pas tué le livre, et il ne le tuera pas, mais il lui fait une redoutable concurrence. Le livre ne vient plus, même dans la vie des hommes instruits, qu'après le journal, et tant de choses aujourd'hui remplissent l'existence que venir au second rang, c'est risquer souvent d'arriver trop tard. L'Amérique, qui est si fière de ses milliers de journaux, ne paie-t-elle pas cette supériorité par l'infériorité de sa littérature ?

Quelles conséquences pourra avoir sur les destinées futures de l'humanité l'avènement de cette puissance nouvelle qui s'appelle le journal ? Est-ce le bien, est-ce le mal qui l'emportera dans l'œuvre de cette gigantesque et terrible machine, dont l'électricité et la vapeur sont comme les deux bras, et qui sème sur la terre entière, mêlés et confondus, le bon grain et l'ivraie, l'erreur et la vérité ? Grave question, obscur problème, que nous nous bornons à poser.

Ce qui contribuerait sans doute à faire pencher la balance du bon côté, ce serait une meilleure direction donnée à l'enseignement public. Les rhéteurs et les sophistes auraient moins de prise sur l'opinion si l'éducation de chacun était mieux appropriée aux exigences particulières de la profession à laquelle il est destiné. Plus on respecte et plus on aime les belles lettres, plus on doit regretter l'étrange abus qui en est fait de nos jours. Ce serait folie de continuer à imposer

[1] Voir le *New-York Herald* du 27 juillet 1879.

à tant d'esprits indistinctement l'étude des langues mortes, le thème grec, le discours latin, que dis-je? le vers latin ! En voulant faire trop de lettrés, on multiplie les non-valeurs, les incapables, les déclassés. Une réforme à cet égard est indispensable. Nous devons d'ailleurs constater que cette réforme est commencée, et nous avons le droit de dire que la vapeur est encore ici pour quelque chose. Le jour où les voyages sont devenus faciles et fréquents pour chacun de nous, on ne pouvait plus hésiter à reconnaître les inconvénients du système pédagogique qui consacre des années à l'étude des langues mortes et qui accorde à peine quelques heures à l'étude des langues vivantes.

« Un des caractères les plus manifestes des peuples modernes, disait M. Michel Chevalier le 7 décembre 1875, est le penchant qui les porte les uns vers les autres. Leurs intérêts commerciaux se confondent de plus en plus. On se visite et on s'apprécie chaque jour davantage. On voyage cent fois plus qu'il y a un siècle. Les chemins de fer, les paquebots à vapeur et le télégraphe électrique rendent les rapports de plus en plus faciles et commodes. On fait le tour du monde en quatre-vingts jours...

« La séparation résultant de ce qu'un grand nombre de personnes, même parmi les classes instruites, ne parlent que leur langue nationale, fait obstacle à un courant qu'on ne saurait trop encourager et entretenir. C'est une barrière qu'il est indispensable d'écarter... De toutes les grandes nations, la France, il faut l'avouer, est celle qui a le plus à faire en ce genre, parce que c'est elle qui jusqu'ici a fait le moins[1]. »

L'honorable professeur ne contestait pas, d'ailleurs, qu'il y eût déjà progrès sur ce point. L'anglais, l'allemand ont pris

---

[1] Discours prononcé à l'ouverture du cours d'économie politique au Collège de France.

une place sérieuse dans le programme de nos lycées et des examens universitaires. Ce qu'on en apprend sur les bancs de l'école n'est pas encore assez; mais enfin c'est quelque chose, tandis que naguère encore ce n'était rien.

Autre effet de la même cause : la géographie commence à être enseignée et étudiée d'une manière sérieuse et intelligente. Les esprits les plus éminents n'ont pas dédaigné de se faire les apôtres de cette utile réhabilitation [1]. La malheureuse guerre de 1870, qui a si cruellement affirmé la supériorité des officiers allemands sur les officiers français au point de vue de la science géographique, a certainement contribué à en faire mieux saisir l'importance. Mais il suffisait de la mobilité actuelle de l'homme pour lui imposer l'obligation de bien connaitre ce globe, dont il lui est si aisé maintenant de faire le tour!

[1] « Nous ne sommes plus, dit M. Laboulaye, au temps dont parle Voltaire dans son joli conte de *Jeannot et Colin.* Madame la marquise de la Jeannotière déclare que son fils n'a pas besoin de savoir la géographie, parce que cela regarde les postillons qui sauront bien le conduire dans ses terres. C'est à la même époque que, devant une dame, on lisait *Bajazet.* Le lecteur commence : « La scène est à Constantinople. » — « Oh! vraiment, dit la dame, je ne croyais pas que la Seine allàt si loin que cela! » Telle était la géographie de nos mères. »

CHAPITRE XXI.

L'organisation politique et administrative.

Transformations successives de l'état social des peuples. — La France il y a cent ans et la France aujourd'hui. — Influence des moyens de transport perfectionnés. — Tendance à l'homogénéité. — Généralisation du système représentatif. — Autorité et liberté. — Centralisation diplomatique et administrative. — Unification de l'Italie et de l'Allemagne.

Qui n'a parfois regretté que notre courte vie, au lieu de rester enfermée tout entière dans un des anneaux de cette chaine sans fin qui s'appelle le temps, n'ait pu se partager entre les différentes époques de l'histoire? Sans remonter au déluge, supposez que vous soyez né au moyen âge et que vos souvenirs d'enfant restent pleins des bruits confus de ce temps troublé. Supposez-vous ensuite assistant tour à tour, sous les lambris dorés du palais de Versailles, aux pompes orgueilleuses du règne de Louis XIV, aux corruptions raffinées et aux intrigues funestes du règne de Louis XV, aux fatales illusions du règne de Louis XVI. Passez maintenant sans transition de 1780 à 1880, de la veille de 1789 au lendemain de 1870, du dernier de nos rois à la troisième des républiques françaises. Tout est si changé cette fois, la métamorphose politique est si complète et si profonde qu'il semblerait qu'autant de générations séparent M. Grévy de Louis XVI que Louis XVI de François Ier. Quels bouleversements à tous les degrés de l'échelle sociale! Ce siècle a réalisé brutalement le mot du psalmiste : « *Deposuit potentes de sede et exaltavit humiles.* » La place Louis XV a bu le sang de Louis XVI, et le lourd monolithe qui, des bords du Nil, est venu se poser comme une pierre funéraire sur cette tache ineffaçable, voit le soleil se lever chaque matin derrière les ruines calcinées du palais des Tuileries et rejoindre chaque soir l'horizon derrière l'arche triomphale qui affirme encore, après Waterloo et Sedan, la gloire de ce petit officier corse qui est devenu le grand Empereur! La noblesse est morte : celles de nos vieilles familles chez lesquelles les préjugés ont survécu aux privilèges et qui n'admettent encore pour leurs enfants ni les servitudes du travail ni l'humiliation des mésalliances, rentrent peu à peu dans l'ombre, éclipsées par une aristocratie nouvelle où les quartiers sont remplacés par les millions et les parchemins par les titres de rentes. Passez en revue tous ces châteaux princiers dont les noms remplissent notre histoire: ceux qui n'ont pas changé de maîtres sont l'exception ; la plupart sont devenus la propriété de marchands, de banquiers, d'armateurs, de filateurs de coton, de maîtres de forges, de fabricants de sucre. Il en est un où trônait naguère encore une courtisane enrichie. Nous n'en sommes pas tout à fait arrivés au même point que les Yankees, qui ne voient dans l'homme que le capital réalisé ou réalisable, et qui disent : « Un tel vaut 10,000 dollars, 50,000 dollars, 100,000 dollars, 1,000,000 de dollars ? »

Mais nous y marchons, car l'inégalité des fortunes est presque la seule qui ait su résister jusqu'ici aux coups de la Révolution. Et encore ! la voix du balayeur illettré qui nettoie nos ruisseaux ne vaut-elle pas, dans l'aveugle balance du suffrage universel, la voix d'un Rothschild, comme elle vaut la voix d'un Guizot ou d'un Thiers, d'un Noailles ou d'un Montmorency? Ainsi le veut le droit moderne : les égoutiers de Paris peuvent plus, légalement, en ce qui concerne les destinées de la France et de sa capitale, que l'Institut tout entier !

Mais ce ne sont là que les mauvais côtés d'une transformation sociale qui, tout compte fait, mérite l'approbation universelle et la reconnaissance du plus grand nombre. Les sanglantes folies de la Terreur n'ont pu déshonorer rétrospectivement les grands principes, les principes essentiels, qu'a acclamés et proclamés la France de 1789. De même, les aberrations révolutionnaires, socialistes et matérialistes qui auront été la plaie du XIX⁰ siècle ne lui ôteront pas aux yeux de la postérité l'honneur insigne d'avoir complété l'œuvre sublime du christianisme, en déclarant la guerre à toutes les tyrannies, à toutes les persécutions. Le nouveau monde n'a pas trop payé de tant de sang et de tant d'or l'abolition de l'esclavage qui souillait encore son jeune sol il y a vingt ans [1]. Le servage, au même moment, grâce à une haute et généreuse initiative, disparaissait du seul pays de l'Europe qui le connût encore. La liberté individuelle, l'égalité devant la loi, la liberté de conscience, sont devenues pour la plupart des peuples civilisés des réalités précieuses, et s'il y est encore porté quelquefois atteinte, c'est au prix de telles protestations qu'on peut dire que l'exception confirme ici

[1] L'esclavage existe encore dans l'île de Cuba ; mais l'Espagne entreprend, en ce moment même, de l'y abolir.

la règle. Notre siècle, quelles que soient ses misères visibles ou cachées, est donc de ceux qui ont bien mérité de l'humanité !

I

En signalant ainsi les principaux sujets d'humiliation ou de légitime fierté que suggère la comparaison de notre temps avec ceux qui l'ont précédé, avons-nous l'intention d'en attribuer aux chemins de fer la responsabilité ou l'honneur? Non certes. Watt n'a été pour rien dans la grande révolution qui, des ruines de l'ancienne France a fait sortir la France nouvelle, et Stephenson n'a pas contribué davantage à la chute de la Restauration. La série de nos diverses incarnations politiques, depuis quatre-vingts ans, 1804, 1815, 1830, 1848, 1852, 1871, 1875, est loin de correspondre chronologiquement aux phases successives de l'œuvre économique du XIXe siècle. Le plus populaire de nos orateurs politiques a décerné un jour à la locomotive un brevet solennel de civisme républicain : s'il est vrai qu'elle soit républicaine, c'est du moins une républicaine opportuniste, qui sait s'accommoder de régimes très dissemblables. Elle n'a encore brisé ni le trône de la Reine d'Angleterre, ni celui du Czar, ni celui de l'Empereur d'Allemagne. Il serait cependant téméraire de contester aux grandes conquêtes de la science moderne toute influence sur l'esprit et même sur la forme des gouvernements. De même que la découverte de la poudre à canon et l'emploi de l'artillerie ont décidé et hâté la ruine du régime féodal; de même que l'invention de l'imprimerie, en faisant perdre au clergé le monopole des lettres et des sciences, a été le point de départ de la discussion en matière politique comme en matière religieuse; de même les chemins de fer, les bateaux à vapeur, la poste, la télégraphie électrique sont incontestablement appelés à exer-cer, dans l'ordre politique comme dans l'ordre moral, litté-raire et artistique, une action plus ou moins puissante. Cette impulsion particulière est trop récente encore pour que l'on puisse discerner sûrement, par la seule observation des faits, les tendances nouvelles qui en résulteront pour les sociétés. Mais la raison peut nous dire quels devront être, dans l'orga-nisation des peuples, les effets d'une révolution économique dont nous savons que le caractère essentiel est de rappro-cher les nations et de mobiliser les individus.

De ce rapprochement et de cette mobilisation résultera forcément pour l'espèce humaine un acheminement plus ra-pide vers l'homogénéité.

Voyez ce qui se passe pour le vêtement. Nul ne regrette plus que nous l'harmonieuse diversité de ces anciens costu-mes locaux qui donnaient à chaque pays, à chaque province, quelquefois à chaque paroisse, comme en Bretagne, une physionomie spéciale et caractéristique. Nous sommes donc loin de voir un progrès dans cette uniformité extérieure à laquelle les peuples civilisés se condamnent de plus en plus et qui pénètre déjà jusqu'au Bosphore, que dis-je ? jusqu'au Japon. Mais il n'est douteux pour personne que ce soit là le résultat très direct du mélange croissant des nationalités.

Et la même cause produit certainement à l'intérieur des es-prits un travail analogue. L'homme est par nature trop on-doyant et trop divers pour qu'on puisse craindre de voir un jour l'humanité en arriver à se composer, comme l'air du ciel ou l'eau de la mer, de molécules identiques. Mais il est certain que le mouvement, que le frottement agit sur nous comme sur ces cailloux que le flot roule au fond des rivières ou le long des plages et qui, quels qu'en soient la forme et le grain, silex aigus, granits irréguliers, marbres bruts, ardoises feuilletées, confondent peu à peu dans un moule unique leur originalité première. Ce travail d'assimilation, pour l'homme comme pour la pierre, est nécessairement très lent, et plusieurs siècles se passeront peut-être avant que les conséquences politiques des nouveaux moyens de transport deviennent visibles à tous les yeux. Mais un résultat de ce genre est inévitable et, comme en pareil cas, les aspérités les plus saillantes sont celles qui disparaissent les premières, on constate déjà de certains côtés et on peut prédire partout à bref délai l'abolition de tous les régimes ayant, en Europe ou ailleurs, un caractère exceptionnel et choquant. Nous avons déjà cité, comme faits accomplis, l'émancipation des nègres, l'affranchissement des serfs, la Chine et surtout le Japon ouverts enfin à l'invasion civilisatrice de l'Occident. Tous les grands scandales sociaux finiront par succomber ainsi : les chemins de fer sont le meilleur instrument de publicité internationale qui puisse exister, et l'on sait qu'il n'y a pas de meilleur remède contre le scandale que la publicité. Soyez sûrs, pour ne citer qu'un exemple, que, Brigham Young mort, le mormonisme n'a pas longtemps à vivre : quelques railways suffiront pour faire bientôt de l'Utah un État comme les autres.

De même, en ce qui concerne les formes de gouvernement proprement dites, on peut compter que les chemins de fer contribueront, plus qu'aucun autre moyen de propagande civilisatrice, à tempérer les rigueurs du despotisme partout où il sévit encore avec l'inflexible brutalité des anciens temps. Il n'y a déjà plus en Europe qu'un seul pays où la volonté du maître fasse loi d'une manière absolue ; et sans trop prendre au sérieux l'essai récent, en Turquie, d'une sorte de régime constitutionnel et représentatif, il faut bien constater

le fait, comme une des surprises que le progrès de la civilisation réservait à notre époque.

II

Une question plus délicate est de savoir si, dans un pays
comme la France, où le système parlementaire existe depuis
près d'un siècle, mais où dix révolutions successives l'ont fait
successivement pencher vers l'absolutisme ou vers l'anarchie,
l'extension des chemins de fer sera favorable à l'action du
pouvoir ou aux principes de liberté. Nous avons déjà vu tout
ce que la liberté commerciale doit au développement et au
perfectionnement des moyens de communication, soit intérieurs, soit internationaux. Mais il s'agit ici de liberté politique ; et l'histoire des États-Unis prouve assez que, même
aujourd'hui, ces deux libertés ne sont pas inséparables.

M. Lavollée, il y a dix ou douze ans, se posait cette question [1], et sa conclusion était rassurante : « L'antagonisme qui
se produit trop souvent entre l'autorité et la liberté, disait-il,
n'est point un antagonisme fondamental et nécessaire. Lorsque malheureusement il existe, on doit l'attribuer, soit à ce
que le pouvoir, servi par de mauvais agents, trompé par de
faux rapports, gouverne et administre mal, soit à ce que la
liberté, mal éclairée sur les intentions du pouvoir, égarée par
de fausses impressions, proteste et s'insurge. La guerre qui
se déclare alors par suite d'erreurs et de torts réciproques,
n'est le plus souvent que l'effet d'un malentendu qu'ont en-
venimé les circonstances et les passions des hommes, et qui
aboutit un jour ou l'autre à la tyrannie ou à la révolution. Si
donc on fournit au pouvoir un moyen de mieux surveiller

---

[1] *Les chemins de fer en France*, par C. Lavollée, 1866.

es agents, de connaître plus directement les vœux et les doléances de la nation, d'observer avec plus de sûreté le véritable courant de l'opinion publique ; si, en même temps, on donne à la liberté un moyen de contrôler et d'apprécier plus exactement les intentions et les actes du pouvoir, il semble que l'antagonisme risquera moins de se produire, et que la réconciliation sera plus prompte. Les chemins de fer offrent précisément ce moyen ; ils établissent entre le gouvernement et les gouvernés des relations plus fréquentes, qui sont destinées à calmer tout à la fois les défiances instinctives du pouvoir et les ardeurs excessives de la liberté. »

M. Lavollée ajoutait : « Portons nos regards sur l'ensemble de l'Europe. Il est impossible de ne point remarquer que, depuis l'extension des voies ferrées, les principes de liberté sont en progrès parmi les peuples, sans que l'autorité ait rien perdu de sa force. Les nations sont assurément mieux administrées, et les gouvernements, de leur côté, en jugeant de plus près les idées, les choses et les hommes, sont moins timides à se démunir des garanties, souvent oppressives, qui, à une époque où l'éloignement augmentait les défiances, pouvaient leur paraître nécessaires. En un mot, les chemins de fer, considérés au point de vue politique, représentent un lien et non pas une arme, ils servent tout à la fois le pouvoir et le principe de liberté : ils contribuent à la bonne administration des pays et à l'harmonie générale. »

L'heure semblera peut-être peu propice pour contresigner sans réserve ces encourageantes appréciations. Les souvenirs de 1871 et la recrudescence actuelle des passions révolutionnaires dans plusieurs parties de l'Europe semblent leur opposer un triste démenti. Et cependant, sans que la conciliation promise soit un fait accompli, sans que les défiances mutuelles aient diminué, nous restons convaincu qu'il y a

plus de vérité que d'erreur dans l'optimisme raisonné dont
nous venons d'invoquer le témoignage. Ce sont, nous l'avons
dit et nous le répétons, de lentes influences que celles qui
sont ici en jeu, mais il est permis d'espérer, il est permis de
croire que l'avenir ne ressemblera pas au présent.

III

Ce qu'il y a de plus visible aujourd'hui, dans le rôle politique des nouveaux moyens de transport, c'est le secours
qu'ils prêtent aux tendances centralisatrices. Le télégraphe
électrique est venu, à cet égard, compléter l'œuvre des chemins de fer. Le transport des personnes d'une extrémité à
l'autre de tout pays muni de voies ferrées n'étant plus qu'une
question d'heures, et la transmission d'une nouvelle, d'un
ordre ou d'une interrogation quelconque, n'étant plus qu'une
question de minutes, l'unité d'action se trouve assurée dans
l'organisme gouvernemental, comme elle l'est, par exemple,
dans le corps humain par l'instantanéité des transmissions
nerveuses.

Un ambassadeur autrefois emportait avec lui, par la force
des choses, une délégation presque illimitée du prince qui
venait de l'accréditer auprès de telle ou telle puissance. On
lui avait bien donné des instructions ; mais elles ne pouvaient lui dicter sa conduite dans ces mille circonstances
imprévues dont se compose l'histoire politique des peuples.
Aujourd'hui, la situation du diplomate comporte moins d'initiative. « Les gouvernements actuels ont le télégraphe à leur
disposition, et ils s'en servent pour donner chaque jour, et
même, au besoin, plusieurs fois par jour, des directions à
leurs agents sur toutes les affaires importantes que ceux-ci

peuvent avoir à traiter. Il en résulte que l'impulsion, en matière de diplomatie, s'est concentrée de plus en plus entre les mains du ministre, et qu'il ne reste à l'ambassadeur ou au plénipotentiaire d'autres moyens d'action que ceux qui proviennent de son caractère, de sa force de persuasion et de la sympathie qu'il inspire à ceux auprès desquels il est accrédité. Là est presque toute la révolution qui s'est introduite dans la diplomatie, mais elle est fondamentale [1]. »

La même concentration s'est produite dans l'administration intérieure.

Un gouverneur ou intendant de province, sous Louis XIV, avait, par la force des choses, beaucoup plus d'initiative et beaucoup plus d'indépendance que n'en ont aujourd'hui les préfets de la République. L'administration locale comporte une foule d'incidents imprévus qui exigent de promptes solutions. Quand on était à cinq, dix ou quinze jours de la capitale, il fallait savoir prendre spontanément un parti et marcher de l'avant. Actuellement, le gouverneur de l'Algérie lui-même peut en moins d'une semaine aller à Paris et en revenir; il peut, en moins d'une heure, interroger les ministres et recevoir leur réponse. A plus forte raison, les préfets : ils n'ont donc plus, dans bien des cas, que le rôle secondaire d'un agent de transmission; et le pouvoir central a ainsi gagné, comme importance et comme responsabilité, tout ce que les autorités départementales ont perdu. Les décrets soi-disant décentralisateurs du 25 mars 1852 et du 13 avril 1861 sont loin d'avoir compensé pour nos préfets, par l'extension qu'ils donnent à leur compétence spéciale, l'espèce de *capitis diminutio* qui résulte pour eux d'un état de choses presque équivalent à la perpétuelle présence du ministre dans leur cabinet.

Le moyen de compenser cette atteinte portée à la situa-

[1] M. Valfrey. Voir son livre sur *Hugues de Lionne*.

tion des administrateurs locaux consisterait dans la réduction de leur nombre. Les départements sont devenus trop petits. Lorsqu'en 1789 l'Assemblée nationale décomposa ainsi les anciennes provinces, elle ne prévoyait pas les chemins de fer et ne songeait qu'à hâter l'unification du pays. Le moyen était excellent. Mais aujourd'hui il est permis de regretter ce morcellement exagéré du territoire. S'il y avait des barrières à renverser, la locomotive y aurait suffi, et il est certain que la France contemporaine serait mieux aménagée, étant donnée l'échelle actuelle des distances, avec trente ou quarante circonscriptions contenant en moyenne un million d'habitants, qu'avec ses quatre-vingt-six départements, subdivisés chacun en trois, quatre, cinq, six et jusqu'à sept arrondissements. Tout le monde reconnaît aujourd'hui qu'il y aurait grand avantage à réduire de moitié le nombre de ces divisions : ce serait réduire, dans la même proportion, le nombre, évidemment exagéré, des administrateurs et des magistrats. Ce serait par conséquent réaliser d'un seul coup une grande économie d'hommes et d'argent. Malheureusement rien n'est plus difficile qu'une réforme de ce genre. Outre les problèmes scabreux qu'elle ferait surgir de toutes parts, au point de vue juridique et administratif, il y a là des questions d'intérêt local ou personnel devant lesquelles il est probable qu'on reculera longtemps. Quel est le gouvernement qui se sentira assez fort pour pouvoir braver à la fois et la mauvaise humeur des villes qu'il faudrait déclasser et le mécontentement des fonctionnaires qu'il faudrait décimer? Il faut se résigner à voir ici comme ailleurs l'intérêt public longtemps sacrifié aux considérations purement politiques [1].

---

[1] La réduction du nombre des départements n'a jamais été proposée par le gouvernement, et certaines villes, le Havre, par exemple, ont élevé à plusieurs

Nous disions tout à l'heure que l'établissement des chemins de fer aurait suffi pour accomplir spontanément dans le pays ce travail d'unification, de centralisation qui était le but avoué et qui a été le résultat effectif du décret du 22 décembre 1789. Qui le contestera? L'homogénéité de la France d'il y a cent ans laissait quelque peu à désirer, nous le reconnaissons. Il n'y avait pas plus d'égalité de province à province que d'individu à individu. Certaines régions du territoire étaient investies de divers privilèges, comme certaines classes de la société; et les tendances autonomiques de quelques parties de pays pouvaient paraître inquiétantes pour l'unité nationale. Mais qu'était-ce que cela à côté de l'état de division absolu dans lequel se trouvaient, il y a quelques années encore, l'Italie et l'Allemagne? Il y avait là autant de principautés distinctes que de villes pour ainsi dire : en Italie, le royaume de Sardaigne, la Lombardie, la Vénétie, devenues provinces autrichiennes; les grands duchés de Parme, de Modène, de Toscane ; les États de l'Église, le royaume des Deux-Siciles...; en Allemagne : la Prusse, la Bavière, le Wurtemberg, Bade, la Saxe, le Hanovre, le Brunswick, le Nassau, la Hesse, le Mecklembourg, l'Oldenbourg, les villes libres, etc., en tout, quarante drapeaux différents. Que reste-t-il

reprises la prétention d'augmenter ce nombre pour devenir chefs-lieux. A défaut d'une mesure générale, dont on ne peut se dissimuler l'extrême difficulté, la réduction de certains personnels a été poursuivie directement. Deux projets de lois, l'un de M. Dufaure, l'autre de M. Leroyer, tendent à diminuer le nombre des magistrats. Les ministres des finances ont ramené peu à peu, de 24,612 en 1814 à environ 7,500 aujourd'hui, le nombre des percepteurs et receveurs municipaux. Les officiers ministériels sont eux-mêmes moins nombreux aujourd'hui qu'à la fin du premier Empire :

	Nombre au 1er avril 1814.	Nombre au 1er avril 1877.
Notaires.	12,220	10,051
Avoués	3,872	3,139
Huissiers et commissaires-priseurs	10,881	7,068

de ce morcellement, qui n'était pas l'œuvre du hasard, tant s'en faut, puisque l'Europe entière l'avait consacré par des traités solennels ? Une teinte uniforme a remplacé sur la carte les confuses bigarrures d'autrefois, et c'est à peine si les grands États du Sud de l'Allemagne s'y distinguent encore du reste de l'Empire germanique. L'unité a partout succédé à la division. Et comment ? Par la guerre ? Ah ! sans doute, c'est au bruit du canon, en 1859, en 1866 et en 1870, que les murailles sont tombées. Mais elles ne se seraient pas écroulées de la sorte si la vapeur et l'électricité n'y avaient, à l'avance, fait brèche de toutes parts. Le moyen de perpétuer mille sub-divisions arbitraires dans un pays où tout le monde parle la même langue, alors que l'accélération des transports et la multiplication des échanges ont rapproché les populations et confondu les intérêts ? Il n'y a que les vraies frontières, celles qui séparent des peuples et non des morceaux de peuple, sur lesquelles la roue de fer des locomotives puisse longtemps passer et repasser sans les faire disparaître.

Et voyez : ce n'est pas seulement dans l'ordre temporel que les idées d'unité et de centralisation tendent à prévaloir. La papauté leur a dû en partie la perte de ses domaines terrestres, mais ne leur a-t-elle pas dû, par contre, dans l'ordre religieux, l'abdication, l'effacement de toute autorité autre que la sienne ? Il s'est produit au sein de l'Église le même phénomène que nous constations, il n'y a qu'un instant, dans l'organisation civile des sociétés. Les pouvoirs locaux se sont affaiblis et le pouvoir central a grandi. Cette substitution de la compétence directe du Saint-Père à celle de ses délégués qui résulte, pour certaines questions, de la récente promulgation du dogme de l'infaillibilité papale n'est devenue pratiquement possible que depuis qu'il existe, à Rome comme ailleurs, des lignes de chemins de fer et un office télégraphique. Ces progrès purement matériels aident évidemment la grande voix du Souverain Pontife à dominer, comme elle le fait aujourd'hui, la voix des évêques. Il n'a jamais été si vrai de dire, quand le Pape ouvre la bouche, qu'il parle *urbi et orbi*.

CHAPITRE XXII.

La guerre et la paix.

Les guerres du XIXᵉ siècle. — La guerre scientifique. — Impossibilite
croissante du désarmement. — La guerre sera-t-elle éternelle? —
Adoucissement des mœurs. — Impopularité croissante de la guerre
et déclin du militarisme. — Conclusion.

Nous touchons au terme de cette longue étude, et le moment est venu de faire face à un dernier point d'interrogation dont nous avons déjà plus d'une fois rencontré l'ombre sur notre chemin, mais dont nous nous étions toujours détourné jusqu'ici, réservant pour les dernières pages la plus obscure et la plus troublante des questions soulevées par le programme que nous nous sommes tracé...

Cette grave question, que tout le monde s'est posée et à laquelle personne n'ose répondre, la voici :

La guerre survivra-t-elle indéfiniment à cette transformation profonde que la science est en train de faire subir à la société humaine, ou bien l'ère de paix universelle que tous les siècles ont rêvée est-elle enfin sur le point de devenir une réalité, et pourra-t-on dire un jour, en montrant d'un côté le canon devenu muet, de l'autre la locomotive triomphante :

« Ceci a tué cela » ?

I

Si nous nous contentions, pour répondre à cette question, de consulter l'histoire des vingt-cinq dernières années, notre réponse ne se ferait pas longtemps attendre, et elle serait bien triste !

Est-ce que l'on s'est moins battu, depuis un quart de siècle, dans les pays qui ont des chemins de fer que dans ceux qui ne les connaissent pas ?

A quoi étaient occupés, il y a vingt-cinq ans, les bateaux à vapeur de l'Angleterre et de la France? A porter au fond de la mer Noire les deux armées à qui la prise de Sébastopol devait coûter tant d'efforts et tant de victimes.

Qui est-ce qui aurait inauguré, s'il eût été ouvert il y a vingt ans, le tunnel du Mont-Cenis? L'armée française courant au secours de l'Italie, à la veille de ces grandes journées qui ont nom Magenta et Solférino.

Il y a quinze ans, c'est l'Amérique du Nord qui voyait tout à coup ses usines se changer en manufactures d'armes et les monitors à tourelles prendre dans ses chantiers la place des grands clippers à voiles et des steamers transatlantiques.

Il y a treize ans, c'est la Prusse et l'Autriche qui, après s'être disputé les dépouilles du Danemark lâchement mutilé, d'alliées deviennent ennemies et donnent au monde le spectacle imprévu du sanglant coup de foudre de Sadowa.

Il y a neuf ans, c'est l'Allemagne tout entière qui, par un guet-apens savamment prémédité, force les portes de la

France, endormie dans une prospérité trompeuse, sans qu'un seul de nos alliés de 1854 ou de 1859 se soit levé pour nous défendre ou seulement pour demander grâce !

Tout récemment encore, le canon ne grondait-il pas en Europe et en Asie? L'ambition moscovite et le fanatisme musulman ensanglantaient à la fois les Balkans et le Caucase, et chaque jour le télégraphe, cet instrument de paix, lançait de l'Orient à l'Occident la nouvelle de quelque bataille meurtrière et stérile ou de quelque lâche égorgement que nul ne songeait à punir !

Et si aujourd'hui l'Europe est en paix, l'Asie a la guerre de l'Afghanistan, l'Afrique la guerre des Zoulous, l'Amérique du Sud la guerre du Pérou et du Chili.

Il n'est donc que trop vrai : ce dieu moderne qui s'appelle le Progrès n'a rien pu jusqu'ici contre l'antique dieu de la Guerre, et notre siècle n'aura pas voué à cette divinité maudite moins d'hécatombes que les siècles passés. On a dit un jour : « L'Empire, c'est la paix ! » et les évènements ont bientôt donné à celui qui parlait ainsi un terrible démenti. Si nous disions à notre tour : « Les chemins de fer, c'est la paix ! » n'entendrions-nous pas protester d'une voix unanime tous ceux qui, autour de nous, pleurent un père, un frère, un fils tombé sur les champs de bataille de la Crimée ou du Piémont, du Mexique, de la Syrie ou de la Chine, de la Lorraine ou de la Loire ? Et les familles que la guerre a ainsi mises en deuil ne se comptent-elles pas par millions ?

II

Loin d'avoir supprimé la guerre, l'industrie contemporaine n'a, jusqu'à présent, servi qu'à la rendre plus redoutable.

Toutes les ressources de la science et de l'esprit d'invention ont été utilisées pour augmenter la portée, la puissance et la précision des engins de mort, déjà très perfectionnés, dont se contentaient les générations précédentes. Il y a presque autant de différence entre les fusils actuels et ceux d'il y a cent ans qu'entre le mousquet de nos pères et l'arc des sauvages. Les balles vont aujourd'hui plus loin que les boulets d'autrefois. Quant à nos obus, une distance de huit kilomètres n'est rien pour eux, et Paris, pendant le siège, s'est vu criblé de monstrueux projectiles dont le point de départ était à Meudon (Seine-et-Oise).

Cela ne suffisait pas encore. L'explosion d'un obus ne pouvant guère tuer plus d'une quinzaine d'hommes, on a imaginé la mitrailleuse qui, au lieu de projeter sur un même point tout le fer dont elle est chargée, le distribue méthodiquement de gauche à droite, de manière à pouvoir d'un seul coup faucher un bataillon. On n'a pas encore réussi à faire passer toute une armée de vie à trépas en quelques secondes. Mais ne désespérons pas. On cherche et on trouvera peut-être.

De même pour la guerre navale. Ce n'est pas seulement l'hélice mue par la vapeur qui, dans la marine militaire comme dans la marine marchande, s'est substituée à la voile gonflée par le vent. Il faut aujourd'hui aux vaisseaux une cuirasse de fer pour résister à l'artillerie et un éperon gigantesque pour aller éventrer, si l'occasion s'en présente, les bâtiments ennemis. Un *man of war* armé de la sorte coûte 10 millions. Et que dure-t-il? C'est selon. Les plus vieux sont encore bien jeunes, et il en a déjà péri plus d'un. Outre que ces lourdes masses de fer ne sont nullement à l'abri du naufrage, il leur suffit quelquefois de s'entrechoquer accidentellement pour s'entredétruire. Jugez dès lors de ce que pourrait être un combat naval dans de pareilles conditions. Et puis, il y a les torpilles. Encore une invention sublime ! On met cela sur le chemin d'une de ces frégates dont le prix représente le revenu de dix mille familles d'ouvriers ; et, en un instant, le navire est brisé, réduit en pièces, englouti avec tout son équipage.

Tout cela est horrible, n'est-ce pas ?

Jamais, non jamais la vie humaine n'avait été sacrifiée avec cette folle et atroce prodigalité ! La guerre, autrefois, était avant tout une question de courage personnel : la victoire était au plus brave. Maintenant, tout se réduit à une question de nombre d'abord et d'outillage ensuite. Si les Allemands nous ont terrassés, ce n'est pas, Dieu merci ! que le soldat prussien se soit montré supérieur en vaillance au soldat français : rappelez-vous Wissembourg, Gravelotte, Coulmiers, Champigny... C'est que l'Allemagne a su jeter d'un seul coup sur nos frontières un million d'hommes merveilleusement armés et surprendre ainsi nos forces défensives en pleine formation. Du temps de Napoléon Ier, c'était aux régiments eux-mêmes qu'il fallait demander ces prodiges de rapidité. On montrait à une armée le Saint-Bernard ; elle entrait dans la neige avec armes et bagages, tombait à l'improviste du haut des Alpes sur la plaine lombarde, et Marengo était la récompense de ce tour de force inattendu. De nos jours, c'est aux chemins de fer qu'il appartient de préparer les victoires ; il faut qu'en huit jours un pays comme la France puisse lancer au Nord, au Midi, à l'Est surtout, trois cents régiments prêts à faire feu. Il faut que l'on puisse, en vingt-quatre heures, passer du pied de paix au pied de guerre.

Mais voyez où cela nous mène. Du jour où il a été démontré que la vapeur pouvait jeter presque instantanément des armées d'un pays sur un autre, tous les peuples, ceux-là mêmes qui ne se connaissaient pas d'ennemis, se sont sentis menacés. Puisque les maitres actuels de l'Europe n'hésitent pas à déclarer que la force prime le droit, qui peut se croire à l'abri de tout danger d'agression? N'y a-t-il pas cent provinces en Europe que ceux qui les possèdent peuvent avoir à défendre du jour au lendemain contre des revendications plus ou moins spécieuses? La France a longtemps considéré le Rhin comme sa frontière naturelle. La Russie convoite le Bosphore depuis plus d'un siècle et ne s'en est pas laissé éloigner sans regret par le traité de Berlin. L'Espagne a perdu Gibraltar. Le Danemark a perdu le Schleswig et le Holstein. L'Italie a repris à l'Autriche la Vénétie, mais reste au fond de l'Adriatique une *Italia irredenta*. La Pologne n'a pas renoncé à reconquérir son indépendance. L'Allemagne unifiée et agrandie rêve encore de nouvelles conquêtes. Et voilà pourquoi, tout en multipliant les protestations pacifiques, on s'arme partout jusqu'aux dents, réorganisant les armées nationales de manière à y incorporer toute la partie valide des populations, et dépensant les millions par centaines pour créer des forteresses et remplir les arsenaux. La Prusse enrichie de nos dépouilles se ruine en fusils Dreyse, en canons Krupp, en casernes, en voies stratégiques et en fortifications. La France, à qui ses récents désastres ont coûté deux provinces et près de quinze milliards, se fait encore un devoir d'ajouter d'importants subsides extra-budgétaires aux cinq cents millions de francs qui constituent notre budget normal de la guerre. Et ainsi des autres. L'Angleterre elle-même, l'heureuse Angleterre, qui a pour unique frontière l'Océan, mais dont les colonies ne jouissent pas du même privilège, vient d'avoir la preuve qu'il lui faut, à elle aussi, une armée sérieuse. Comment oser parler de paix universelle quand tout est ainsi préparé pour faire de l'Europe, le jour où le feu serait mis aux poudres — et il ne faudrait pour cela qu'une étincelle — un immense champ de bataille?

Les Romains, il est vrai, avaient jadis, pour justifier la même façon d'agir, un mot que la sagesse des nations — étrange sagesse ! — a mis au nombre des proverbes : *Si vis pacem, para bellum.* Oui, sans doute, la faiblesse n'a pas cessé d'être un danger ; mais la force a-t-elle cessé d'être une tentation ? Comment voir une promesse de paix durable dans ces armements ruineux et formidables qui font que la guerre peut éclater n'importe où, à l'improviste, avec l'instantanéité et la violence du tonnerre ? Direz-vous, si vous voyez le hasard mettre en présence deux hommes qui s'envient et se haïssent : « Il n'y a rien à craindre : tous deux ont à la main un révolver chargé. » Telle est, hélas ! et telle sera longtemps encore la situation de l'Europe. Dans de semblables conditions, qui oserait prédire à un moment quelconque, je ne dis pas cinquante années de paix, ni vingt-cinq, ni dix, ni cinq,... mais seulement six mois ?

III

Eh bien ! malgré tout, la conscience et la raison humaines se refusent à admettre que la guerre doive être éternelle ; et, au risque de voir railler l'obstination de notre optimisme, nous persistons à ambitionner, à espérer même pour le siècle auquel nous appartenons, l'honneur d'avoir, sinon réalisé, du moins préparé de loin, l'avènement d'une ère sincèrement et réellement pacifique. Ce temps heureux se fera longtemps attendre, c'est évident. Il s'écoulera bien probablement des centaines d'années avant que l'équilibre des peuples puisse être ainsi basé sur la justice au lieu d'être fondé sur la force ; mais le monde, il faut l'espérer, ne finira pas sans que ce grand jour ait lui ; et notre conviction est que la science

par ses conquêtes aura plus contribué à cette œuvre bénie
que la philosophie par ses enseignements. Il y a eu des phi-
losophes à toutes les époques, et tous ont condamné la
guerre : c'est peut-être le seul point sur lequel on les trouve
d'accord ; mais quel conflit ont-ils su prévenir? Les religions
elles-mêmes ont fait verser plus de sang qu'elles n'en ont
épargné, et, à lire l'histoire des peuples chrétiens, on ne se
douterait guère que le précepte fondamental de l'Évangile
soit celui-ci : « Aimez-vous les uns les autres ; aimez votre
prochain comme vous-même. » Pourquoi n'entrerait-il pas
dans le plan mystérieux de la Providence de faire du progrès
matériel un instrument de progrès moral ? Nous sommes
souvent témoins d'un effet tout contraire ; mais nous avons
la vue courte : nous voyons où vont les hommes, nous ne
voyons pas où va l'humanité. L'ingénieur devenant à son
insu le collaborateur de l'apôtre ne serait pas chose plus
invraisemblable que l'abolition de l'esclavage résultant aux
États-Unis d'un vulgaire conflit d'intérêts entre le Nord et le
Sud.

Est-ce qu'à considérer attentivement les choses, la grande
œuvre industrielle des cinquante dernières années n'a pas
déjà porté de précieux fruits?

Que de préventions détruites, que d'intérêts divergents
conciliés, que de haines endormies par ce perpétuel va et
vient des hommes et des choses dont la vapeur est devenue
l'agent! On se fait encore la guerre de peuple à peuple,
mais le sentiment du devoir et l'amour de la patrie ne sont
plus accompagnés dans le cœur du soldat de cette aveugle
aversion qui faisait que le mot d'étranger était anciennement
presque synonyme d'ennemi. A Sébastopol, les officiers français et les officiers russes se tendaient la main aux jours
d'armistice. L'accueil que la France fait aux Autrichiens et

l'accueil que l'Autriche fait aux Français montrent que la guerre d'Italie n'a diminué ni le respect du vainqueur pour le vaincu, ni l'estime du vaincu pour le vainqueur. L'affreuse boucherie de 1870 n'a laissé d'âpres souvenirs des deux côtés du Rhin que parce que l'annexion brutale de l'Alsace-Lorraine en perpétue les violences ; et, malgré cela, Paris a vu revenir dans ses murs les 20,000 Allemands qui mangent notre pain sans que leur sécurité ait été un instant menacée, sans que leurs moyens d'existence se soient trouvés un seul jour compromis. Mais il y a plus : au cœur même de la mêlée, la pitié aujourd'hui suit de près la colère. L'inflexible logique des combats sans quartier n'a plus cours que chez les sauvages ; le respect, le salut des blessés est devenu la loi suprême de nos batailles. Étranges contradictions ! Voilà un homme qu'il fallait tuer tout à l'heure : s'il tombe raide mort, foudroyé d'un coup de pistolet ou éventré d'un coup de bayonnette, tout est pour le mieux, et le meurtrier a droit aux félicitations de ses chefs. Mais s'il n'est pas frappé mortellement, s'il n'a qu'une jambe cassée, un bras enlevé, un poumon traversé, tout change : le voilà devenu sacré ; le fer se détourne, et ceux qui tout à l'heure exposaient leur vie pour avoir la sienne mettent maintenant à le sauver la même ardeur téméraire. C'est louable assurément, c'est généreux, c'est noble. Mais avouez que cela est loin d'être rationnel. Et comme ces scrupules subits montrent bien tout ce qu'il y a de factice dans les fureurs inspirées à des hommes qui, s'ils savent quelquefois *pour qui* ils se battent, ne savent presque jamais *pourquoi*.

Ainsi, tout concourt à le prouver : les haines s'en vont ; et il n'est pas douteux que la vapeur a infiniment contribué à ce résultat, dont nous nous réjouissons, en multipliant dans d'énormes proportions les relations personnelles et les

échanges commerciaux de peuple à peuple et de pays à pays.
Nos pères, nos ancêtres surtout, ne connaissaient guère les
Anglais, les Allemands, les Russes, que pour les avoir ren-
contrés de temps à autre sur le champ de bataille, et ce
n'était pas le moyen d'arriver aisément à une équitable ap-
préciation de leurs bonnes ou mauvaises qualités. Aujour-
d'hui, grâce à la facilité des voyages, grâce au développement des rapports internationaux, nous avons tous hors de
France des correspondants, des clients, des associés, des
amis. Or, il en est de certaines passions nationales comme
des électricités contraires que quelques points de contact suffisent pour désarmer [1].

En même temps que les préjugés haineux s'évanouissent
chez les nations civilisées, leur répugnance pour les violences de la guerre augmente visiblement et, sans prétendre que
les progrès de l'éducation n'y soient pour rien, on peut affirmer que les progrès du bien-être y sont pour beaucoup.
L'aisance, qui naguère était l'exception, devient peu à peu la
règle : le plus humble de nos artisans est mieux nourri, mieux

[1] « Le rapprochement qui s'est opéré entre les nations du monde civilisé
fournira l'une des plus belles pages de l'histoire de notre siècle. Commencé par
quelques savants illustres qui ont mis les intérêts de la science au-dessus des
antipathies politiques et nationales, il a été favorisé par la rapidité et l'exacti-
tude des moyens de communication sur terre et sur mer. Il est devenu plus
actif et plus prononcé à l'occasion des expositions universelles que chaque pays
veut avoir à son tour. De pacifiques congrès se sont ouverts et se renouvellent
périodiquement pour l'étude des plus hautes questions d'un intérêt général,
questions littéraires, scientifiques, administratives. Le sentiment de charité
fraternelle qui nous porte à soulager les maux de nos semblables ne pouvait
pas rester étranger à ce généreux mouvement des esprits. On s'est concerté,
on s'est dévoué pour prévenir ou atténuer les désastres de la guerre. Un fléau
qui s'abat sur une contrée lointaine devient une calamité domestique ; nous
frémissons au récit des effroyables malheurs qui ont frappé les populations des
bords de la Theiss ou de la Segura ; on s'empresse de réunir pour elles des
secours... N'est-il pas permis aux amis de la paix d'espérer que cette généreuse passion de notre temps exercera quelque jour une influence encore plus
active sur le sort des nations ? » Dufaure, *Paris-Murcie*, page 3.

vêtu, mieux logé, mieux servi à tous égards que n'importe quel prince des temps barbares. Le sacrifice imposé aujourd'hui à ceux que la patrie appelle aux fatigues de la guerre, aux hasards des combats, est donc incomparablement plus grand que celui que nos ancêtres avaient à faire en pareil cas. Dans ces temps de misère universelle et d'universelle sauvagerie que l'histoire nous raconte, c'était presque une jouissance pour un peuple que de pouvoir se ruer sur un autre peuple ; c'était une fête que le meurtre, le vol et l'incendie ; c'était une bonne fortune que le pillage ; et la mort, après tout, était presque une délivrance, de sorte qu'on mourait en riant. De nos jours le soldat, qui a moins soif du sang de l'ennemi, tend aussi à devenir plus avare de sa propre vie ; et l'esprit militaire décroît de plus en plus chez les nations riches et prospères. Il est permis de s'en plaindre à un certain point de vue. Qui n'a regretté, à certaines heures, ce vieux chauvinisme français dont on riait quelquefois en France, mais dont on ne riait guère à l'étranger? Tout le monde était fier alors de porter l'uniforme, et le simple galon du sergent avait plus de prestige que n'en a aujourd'hui l'épée dont il a fallu parer les sous-officiers. A cette satisfaction toute extérieure s'ajoutent une solde moins réduite et plus de sécurité pour l'avenir. N'importe : le recrutement des cadres devient de plus en plus difficile. L'épaulette elle-même inspire peu d'envie : les familles aristocratiques envoient encore volontiers leurs fils à Saint-Cyr, mais la plupart donnent leur démission le jour où ils se marient. L'institution du volontariat éloigne plus de jeunes gens de la carrière militaire qu'elle n'en attire.

La guerre, on le voit, devient chez nous de plus en plus impopulaire, et nous avons d'autant moins de scrupule à le constater ici que cette décadence du militarisme n'exclut pas,

en France, le respect des lois militaires et le sentiment sin-
cère du devoir national. On n'a plus d'enthousiasme, mais
on ne connaît encore, grâce à Dieu, ni l'indifférence, ni la
peur.

Nous n'oublierons jamais l'impression profonde que nous
avons éprouvée le jour où, au lendemain de nos premières
défaites, en août 1870, il nous fut donné de concourir, sur
une plage normande, à la mobilisation des enfants du pays.
Ils ne riaient pas ; ils ne chantaient point ; ils n'avaient pas
mis de rubans à leurs chapeaux, comme font ailleurs les
conscrits. Ils arrivaient un à un de la campagne, graves et
muets, mais soumis et résignés. Pas un ne manquait à l'appel, et si parfois, pendant nos marches, quelques-unes de ces
têtes blondes se détournaient un instant pour chercher à
l'horizon la fumée du toit paternel ou le clocher du hameau
natal, tous apportaient à l'exercice une telle volonté de bien
faire, que les vieux officiers qui nous aidaient à les instruire
en étaient surpris et émus. Le courage dont ces braves garçons devaient faire preuve en toute circonstance ne ressem-
blait pas assurément à l'exubérante vaillance des zouaves ou
des turcos ; mais il n'y avait pas en eux moins de vrai pa-
triotisme. Nous entendions, un jour, un de ces artilleurs
improvisés répéter sans le savoir, et presque en termes
identiques, le mot charmant de Théophile Gautier : « On bat
notre mère : c'est bien le moins que nous allions la défendre. » Et le pesant accent cauchois avec lequel ce paysan
illettré se faisait l'écho inconscient du plus raffiné des poëtes
ne rendait pas l'image moins touchante.

Quoi qu'il en soit, de même que nous disions tout à
l'heure : « Les haines s'en vont, » nous pouvons dire : « Le
militarisme s'en va. » Les mœurs s'adoucissent ; l'esprit public, en même temps, s'éclaire. La dernière guerre aura eu
l'avantage de démontrer d'une manière éclatante cette vérité

longtemps méconnue que la guerre, même heureuse, ne saurait être un moyen d'enrichissement ni une cause de prospérité. Plus l'Allemagne s'est appliquée à chercher avant tout dans ses victoires inespérées l'assouvissement d'une cupidité égoïste, plus les embarras financiers, commerciaux et économiques auxquels on reste en proie sur la rive droite du Rhin prouvent surabondamment cette fatale stérilité de la violence. Nos cinq milliards n'ont pas enrichi la Prusse [1]. Le peuple allemand, grisé par ses conquêtes, s'est cru sincèrement devenu le premier peuple du monde ; et tandis que ses maîtres rendaient à la guerre, sous forme d'armements nouveaux, de travaux défensifs, de pensions militaires, etc.. la plus grande partie de cette somme gigantesque que la guerre leur avait mise dans les mains, mille entreprises particulières destinées à mieux affirmer cette supériorité de fraîche date sortaient de terre sur tous les points du territoire germanique. On voulait avoir des exploitations minières et métallurgiques pareilles à celles de l'Angleterre ; on voulait accaparer l'industrie textile ; on voulait doubler, du jour au lendemain, le chiffre de son commerce extérieur ; on voulait surtout se faire une capitale dont l'importance, la richesse et la beauté fissent promptement pâlir la renommée de cet odieux Paris, qu'on venait de bombarder. Tel était le programme. Voici maintenant les résultats : la faillite élevée, d'un bout à l'autre de l'Allemagne, à la hauteur d'une institution ; le vide se faisant à la fois dans ces

[1] M. Karl Vogt, le célèbre professeur positiviste, écrivait en 1877 à la *Gazette de Francfort* : « Renchérissement de tout, stagnation des affaires, pauvreté croissante ! La conscience de la force ne console pas les estomacs à jeun. Pendant qu'on s'enivrait des voluptés du triomphe, l'ennemi écrasé s'est remis au travail, a fait des économies, et, d'après le calcul des gens experts, nous a déjà repris, comme avec une pompe aspirante, les milliards perdus. Moins de profits et plus d'impôts : voilà le résultat de nos victoires et conquêtes ! »

usines colossales où l'on avait enfoui des millions, et dans ces palais manqués dont on venait d'encombrer Berlin, sans se demander qui les habiterait ; mille sociétés anonymes créées et ruinées à quelques mois de distance ; le prix de toutes choses augmenté dans des proportions inouïes, non par la vulgarisation de l'aisance et le développement de la consommation, mais par les folies de la production ; les impôts aggravés sans qu'on ait encore obtenu l'équilibre budgétaire ; un régime militaire de plus en plus onéreux ; la ville de l'intelligence (*die Stadt der hohen Intelligenz*) envahie, non par cette élite des sociétés étrangères qu'on prétendait nous soustraire, mais par le rebut de la bohème cosmopolite [1].

Voilà les fruits de la victoire. Ceux de la défaite, nous ne les connaissons que trop.

IV

Espérons que de pareilles leçons finiront par être comprises. Espérons que le jour est proche où toute guerre offensive rencontrera dans l'opinion publique une énergique opposition. Ce jour-là, la guerre n'aura pas dit son dernier mot, l'opinion n'étant pas encore partout la loi des gouvernements, mais elle n'aura plus bien longtemps à vivre, car la liberté sera d'autant plus prompte à faire le tour du monde qu'on verra la paix marcher derrière elle...

A quelles lois nouvelles obéira alors l'humanité régéné-

[1] Parmi les 133,693 émigrants de l'Allemagne qui, après la guerre, se sont abattus sur la capitale, comme sur la terre promise des milliards, il n'y en avait que 3,104 accompagnés de leurs familles. Les autres, au nombre de 130,489, arrivaient seuls et se décomposaient comme suit : hommes, 95,000 ; femmes domestiques, 10,000 ; femmes non mariées, 20,000 ; femmes séparées, 5,400,

rée? Comment s'organisera cette mutuelle alliance des peuples? Quel sera le code définitif de la fraternité humaine?

Peu nous importe !

Ce n'est pas à nous, ce n'est pas même à nos enfants qu'incombera la solution de ce grand problème. Nous n'osons pas dire, comme Victor Hugo : « La paix, c'est le nom de baptême du xxᵉ siècle [1]. » Mais il nous suffit de sentir que ce problème ne sera pas insoluble, lorsqu'enfin l'histoire le posera. Le progrès continu, quoique lent, des institutions politiques a déjà conquis à l'ordre et à la légalité toutes les unités successives du groupement social : la famille, la commune, la cité, la province, la nation. Baser la perpétuité de la paix sur la création d'une autorité souveraine, commune à tous les peuples, acceptée ou imposée, est chose plus difficile sans doute, mais non pas chose impossible. Et du moment où l'humanité tout entière se sera unie pour maudire et combattre la guerre, comme elle s'est unie déjà pour maudire et combattre la peste ou le choléra, la guerre sera morte !

La guerre sera morte !

Oh ! alors, si la main d'un Dieu jaloux ne fait pas rentrer tout à coup la terre dans le néant d'où il l'a tirée, quel glorieux avenir ! quelles sublimes destinées ! Plus d'armées ruineuses ! Plus de tragiques hécatombes ! Les races réconciliées ! Les peuples confondus ! Toutes les forces vives que nous voyons occupées à se neutraliser et à s'entre-détruire désormais unies en faisceaux et devenant ainsi toutes-puissantes ! Le travail rendu à la fois moins pesant et plus fécond ! La matière vivifiée ! La création transformée ! Le mal, sous toutes ses formes, attaqué, assiégé, vaincu ! Le bien propagé

[1] Discours prononcé le 25 mars 1877 au Château-d'Eau.

et glorifié ! La vérité triomphante ! L'esprit humain maître du monde !

S'il est donné à notre postérité, fût-ce la plus lointaine, de voir réalisé tout ou partie de ce beau rêve, nous nous plaisons à imaginer qu'elle voudra consacrer sa reconnaissance par un monument digne d'une si grande œuvre. Pourquoi ne ferait-elle pas de quelque haute montagne le piédestal d'une gigantesque statue de la Paix? On y graverait les noms de tous les bienfaiteurs du genre humain. Les conquérants dont la gloire est faite de sang n'y figureraient pas ; mais on y mettrait, d'un eôté, tous ceux qui, par la parole ou l'exemple, auraient prêché à leurs semblables la sagesse, l'honneur, la charité; de l'autre, tous ceux qui, par la transformation scientifique des conditions matérielles de la vie, auraient coopéré d'une manière moins directe, mais non moins efficace, à la conversion de l'humanité...

Et nous avons l'ambition de croire que, sur ce livre d'or de l'histoire du progrès, notre siècle tiendrait à lui seul autant de place que tous ceux qui l'ont précédé.

FIN.

TABLE DES MATIÈRES

CHAPITRE VII.

La navigation intérieure.

CHAPITRE VIII.

Les transports maritimes.

CHAPITRE IX.

La circulation dans les villes.

CHAPITRE X.

La Poste.

CHAPITRE XI.

La Télégraphie.

DEUXIÈME PARTIE

Effets indirects de la transformation des voies et moyens de transport.

CHAPITRE XII.

Les prix.

CHAPITRE XIII.

L'agriculture.

CHAPITRE XIV.

L'Industrie.

CHAPITRE XV.

Le commerce.

CHAPITRE XVI.

Législation et régime commercial.

CHAPITRE XVII.

Le budget et la fortune publique.

CHAPITRE XVIII.

La fortune privée.

CHAPITRE XIX.

Les mouvements de la population.

CHAPITRE XX.

Mœurs, arts, littérature, presse, enseignement.

CHAPITRE XXI.

L'organisation politique et administrative.

CHAPITRE XXII.

La guerre et la paix.

FIN DE LA TABLE DES MATIÈRES.

Saint-Denis. — Imprimerie Ch. LAMBERT, 17 rue de Paris.

www.ingramcontent.com/pod-product-compliance
Lightning Source LLC
LaVergne TN
LVHW011217170726
843501LV00002B/271